科学出版社“十三五”普通高等教育本科规划教材

离散数学

祝清顺　贾利新　刘　楠　编著

科学出版社

北　京

内 容 简 介

本书全面而系统地介绍了离散数学的经典理论和方法. 内容共分为集合论、代数系统、图论、数理逻辑四篇. 第一篇包括集合、关系、函数与无限集合；第二篇包括代数系统、几类典型的代数系统、格与布尔代数；第三篇包括图论基础、树；第四篇包括命题逻辑、谓词逻辑. 各篇相对独立而又有机联系，证明力求严格完整. 全书取材广泛，内容深入浅出，叙述简洁，实例突出，便于学习. 每章配有大量与计算机科学相关的有实际背景的例题与习题，便于学生对教学内容的理解和掌握. 本书还附有配套的电子教案 PPT，有需要的读者可扫描每章末的二维码进行阅读和使用.

本书可作为高等院校计算机科学、计算机工程技术与应用、信息安全等相关专业离散数学课程的教材，也可作为相关专业技术人员的参考书.

图书在版编目（CIP）数据

离散数学／祝清顺，贾利新，刘楠编著. —北京：科学出版社，2017.8
科学出版社“十三五”普通高等教育本科规划教材
ISBN 978-7-03-054024-9

Ⅰ. ①离… Ⅱ. ①祝… ②贾… ③刘… Ⅲ. ①离散数学-高等学校-教材 Ⅳ. ①O158

中国版本图书馆 CIP 数据核字（2017）第 179351 号

责任编辑：张中兴 梁 清／责任校对：张凤琴
责任印制：赵 博／封面设计：迷底书装

科学出版社 出版
北京东黄城根北街 16 号
邮政编码：100717
http://www.sciencep.com
三河市骏杰印刷有限公司印刷
科学出版社发行 各地新华书店经销
*
2017 年 8 月第 一 版 开本：720 × 1000 1/16
2025 年 1 月第十次印刷 印张：20
字数：403 000
定价：69.00 元
（如有印装质量问题，我社负责调换）

前　言

《离散数学》一书是在作者多年来为中国人民解放军信息工程大学学生授课讲义的基础上整理而成. 它既可以作为高等院校计算机科学与技术及相关专业学生的教材, 也可作为从事计算机工作相关人员的参考书.

本书内容包括离散数学四大分支的基础理论, 它们是集合论、代数系统、图论和数理逻辑. 由于数论在计算机科学及其密码学中的重要性, 限于教学时数和多数学校的教学现状, 我们不再单独设置一章, 而是将初等数论知识融入第 1 章与第 2 章之中. 在体系安排上, 根据我们的教学实践, 先从集合论入手, 依次介绍代数系统、图论与数理逻辑, 这样比先介绍数理逻辑, 而只通过命题联结词贯穿全书这种结构更容易被学生接受.

本着离散数学为计算机及其他专业课程的学习提供必要数学基础的原则, 在编写过程中, 我们既注重离散数学内容本身的系统与完善, 又注重与计算机专业的密切联系, 同时也尽量地将各部分内容的特色表达清楚. 本书在文字的处理上力求简洁、浅显易懂, 适合自学; 在内容上力求取材详略得当, 叙述清楚流畅, 论证科学严谨, 例题、练习精选独特, 同时本书也列举了部分实际应用中的问题, 使学生知道如何利用离散数学的理论去解决计算机中的实际问题.

教完全书需要 60～80 学时, 不需要特殊先修知识, 只需具有初等数学知识, 并具有一定的逻辑思维能力即可, 但仍建议在大学二、三年级开设. 书中每章习题数量较多, 可选做一半, 但不要少于三分之一.

本书在编写过程中, 得到了中国人民解放军信息工程大学理学院和统计学与应用数学教研室的大力支持和鼓励, 在此表示衷心感谢.

教材建设是一项长期的艰苦过程, 由于作者水平有限, 书中难免有不妥或错误之处, 恳请读者不吝指正并提出宝贵意见, 以便不断改进和完善.

编　者

2016 年 12 月

离散数学课程简介

目　　录

第三篇　图　　论

第四篇　数 理 逻 辑

第一篇 集 合 论

本篇由集合、关系、函数等三部分与集合论相关的内容组成，它们以集合为基础并进一步扩展与延伸组成一个内容关联的整体. 在计算机科学领域中，集合论是不可缺少的数学工具，它在形式语言、自动机、人工智能、数据库、C 语言等领域都有着非常重要的应用.

第 1 章 集 合

集合是数学中最基本的概念，它是 19 世纪初由德国数学家康托尔(G. Cantor)提出并发展起来的，集合的概念和方法已渗透到数学的所有分支，亦是离散数学和计算机科学中经常应用的基本概念.

1.1 集合的基本概念

1.1.1 集合与元素

集合是一个不能精确定义的基本数学概念. 一般地，所谓**集合**是指具有某种特定性质的对象的全体，组成这个集合的对象称为集合的**元素**. 元素可以理解为存在于世界上的客观事物，当然，这些事物可以是具体的，也可以是抽象的. 由于一个集合的存在，世界上的对象可分成两类：或属于该集合或不属于该集合，二者必居其一.

例 1.1.1 全体中国人构成一个集合，而每个中国人是该集合的元素.

例 1.1.2 26 个英文字母构成一个集合，而每个英文字母是该集合的元素.

例 1.1.3 全体自然数构成一个集合，而每个自然数是这个集合的元素.

例 1.1.4 学校图书馆的所有藏书构成一个集合，而学校图书馆的每本书是该集合的元素.

通常用带标号或不带标号的大写英文字母 A, B, C, A_1, M_i 等来表示集合，用带标号或不带标号的小写英文字母 a, b, c, x_1, y_1 等表示集合中的元素. 若元素 a 属于

集合 M, 则记作 $a\in M$, 亦称 a 在 M 中, 或 a 是 M 的成员. 若元素 a 不属于 M, 则记作 $a\notin M$, 亦称 a 不在 M 中, 或 a 不是 M 的成员.

常见数的集合如下: 自然数集合 $\mathbf{N}$(在离散数学中认为 0 也是自然数), 整数集合 $\mathbf{Z}$, 有理数集合 $\mathbf{Q}$, 实数集合 $\mathbf{R}$, 复数集合 $\mathbf{C}$.

给出一个集合的方法通常有两种.

(1) **枚举法**　把集合中的所有元素一一列举出来, 元素之间用逗号隔开, 两端用花括号括起来. 在能清楚地表示集合元素的情况下可使用省略号.

例 1.1.5　大于 3 而小于 9 的所有自然数集合可表示为

$$A=\{4, 5, 6, 7, 8\}.$$

例 1.1.6　全体正奇数的集合可表示为

$$B=\{1, 3, 5, 7, 9, \cdots\}.$$

(2) **描述法**　若集合中元素 x 具有某种公共特征 $P(x)$, 则集合可记作

$$M=\{x \mid x \text{ 具有特征 } P(x)\}, \text{或简记为 } M=\{x \mid P(x)\}.$$

例 1.1.7　xOy 平面上, 坐标满足方程 $x^2+y^2=1$ 的所有点的集合.

$$C=\{(x, y) \mid x, y \text{ 为实数且 } x^2+y^2=1\}.$$

例 1.1.8　方程 $x^2-1=0$ 的所有解的集合.

$$D=\{x \mid x \text{ 是 } x^2-1=0 \text{ 的解}\}.$$

对集合作几点说明:

(1) 有些集合可以用两种方法来表示, 如例 1.1.8, D 也可以写成 $\{-1, 1\}$. 但是有些集合不可以用枚举法表示, 如实数集合. 枚举法的好处是可以具体看清集合的元素, 描述法的好处是给出了元素的共同特征.

(2) 集合中的元素可以是任何类型的对象, 一个集合也可以作为另一个集合的元素. 但是, 一旦集合确定, 对于任一个元素都能判定它属于这个集合, 或不属于这个集合, 二者必居其一. 例如 $A=\{a, \{b, c\}, g, \{1, 2\}\}$, 则 $a\in A$, $\{b, c\}\in A$, $b, c\in\{b, c\}$, 但 $b\notin A$, $c\notin A$.

(3) 集合中的元素是互不相同的, 并且彼此之间没有次序关系. 若集合中有相同的元素, 则相同的元素仅算一个, 也只用一个符号表示. 例如, 集合 $\{1, 2, 2, 2, 3, 3, 4, 5\}$, $\{3, 2, 1, 4, 5\}$ 与 $\{1, 2, 3, 4, 5\}$ 都表示同一个集合.

集合元素的个数不做任何限制. 一个集合若包含有限多个元素, 则称这个集合为**有限集合**, 其所包含的元素个数称为集合的基数; 一个集合若包含无限多个元素, 则称这个集合为**无限集合**或**无穷集**. 例如, 教室中正上课的学生的集合为有限集合; 有理数集合为无限集合.

特别地, 仅含有一个元素的集合称为单元素集合. 应把单元素集合与这个元素区别开来. 例如, $\{A\}$与 A 不同, $\{A\}$表示仅以 A 为元素的集合, 而 A 对$\{A\}$而言, A 仅是$\{A\}$的一个元素, 当然, 这个元素也可以是一个集合, 如 $A=\{1, 2\}$.

不含任何元素的集合称为**空集**, 记作$\varnothing$. 与空集相对应的是全集. 一个集合, 如果它能包括我们考虑范围之内的所有元素, 那么此集合称为**全集**, 记作 E.

例如, 在实数集范围内讨论方程 $x^2+1=0$ 的解, 则此方程的解集是空集$\varnothing$. 在讨论人类问题时, 全体人类构成一个全集 E.

1.1.2　集合间的关系

定义 1.1.1　如果集合 A 和集合 B 的所有元素都相同, 那么称这两个集合是**相等**的, 记作 $A=B$; 否则称这两个集合是不相等的, 记作 $A\neq B$.

定义 1.1.2　设 A, B 为集合, 如果 B 中的每个元素都是 A 中的元素, 那么称 B 是 A 的子集合, 简称**子集**. 这时也称 B 被 A 包含, 或 A 包含 B, 记作 $B\subseteq A$. 若 B 不被 A 包含, 则记作 $B\not\subseteq A$.

定义 1.1.3　设 A, B 为集合, 若 $B\subseteq A$ 且 $B\neq A$, 则称 B 是 A 的**真子集**, 记作 $B\subset A$.

例如, $\mathbf{N}\subset\mathbf{Z}\subset\mathbf{Q}\subset\mathbf{R}\subset\mathbf{C}$, 但 $\mathbf{Z}\not\subset\mathbf{N}$.

例 1.1.9　设 A 表示方程 $x^2-1=0$ 的所有解的集合, $B=\{-1, 1\}$, 则 $A=B$.

例 1.1.10　(1) 设 $A=\{1, 2, 3, \cdots, 100\}$, $B=\mathbf{N}$, 则 $A\subset B$;

(2) 设 $A=\{x\mid x\geqslant 6\}$, $B=\{x\mid x\geqslant 20\}$, 则 $B\subset A$.

在表示集合间的关系时, 较为直观的和应用广泛的是**文氏**(John Venn)**图**. 在文氏图中, 用一个平面上的区域表示全集, 而对包含于全集内的子集则用平面区域内的圆表示. 这样, 集合间的相互关系就可用平面区域内圆之间的关系来表示. 相等、包含等关系可以很形象地用文氏图表示, 如图 1.1 所示.

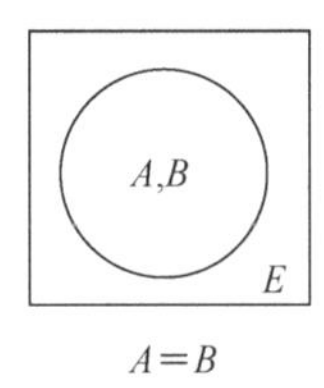

$A=B$

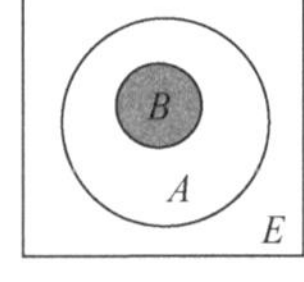

$B\subset A$

图 1.1

对于集合有如下一些定理.

定理 1.1.1　空集是一切集合的子集.

证　假设$\varnothing\not\subseteq A$, 则至少存在一个元素 x, 使得 $x\in\varnothing$且 $x\notin A$, 但是$\varnothing$中不包含任何元素, 故 $x\notin\varnothing$, 与假设矛盾, 从而得证.

定理 1.1.2 对任一集合 A, 必有 $A\subseteq E$.

定理证明较为简单, 省略.

由定理 1.1.1 和定理 1.1.2 得到以下结论.

推论 1.1.1 对任一集合 A, 必有 $\varnothing\subseteq A\subseteq E$.

定理 1.1.3 设有集合 A, B, 则 $A=B$ 的充分必要条件是 $B\subseteq A$ 且 $A\subseteq B$.

证 **充分性** 设 $B\subseteq A$ 且 $A\subseteq B$. 假设 $B\neq A$, 由定义 1.1.2 知, 至少存在一个元素属于其中一个集合, 而不属于另一集合. 如果 $x\in A$, $x\notin B$, 但由于 $A\subseteq B$, 故当 $x\in A$ 时必有 $x\in B$, 此与 $x\notin B$ 矛盾; 同理对于 $x\in B$, $x\notin A$ 亦可产生矛盾. 这表明必有 $A=B$.

必要性 设 $A=B$ 且假设 $B\subseteq A$, $A\subseteq B$ 中至少有一个不成立; 不妨设 $B\subseteq A$ 不成立, 则必至少存在一个 $x\in B$ 但 $x\notin A$, 这与 $A=B$ 矛盾. 故 $B\subseteq A$, $A\subseteq B$ 应同时成立.

推论 1.1.2 空集是唯一的.

证 假设有两个空集 $\varnothing_1, \varnothing_2$, 由定理 1.1.1 有 $\varnothing_1\subseteq\varnothing_2$ 和 $\varnothing_2\subseteq\varnothing_1$, 由定理 1.1.3 有 $\varnothing_1=\varnothing_2$.

例 1.1.11 判断下列式子是否成立.

(1) $\varnothing\subseteq\varnothing$; (2) $\varnothing\in\varnothing$; (3) $\varnothing\subseteq\{\varnothing\}$; (4) $\varnothing\in\{\varnothing\}$.

解 (1)、(3)、(4) 正确, (2) 不正确.

由这个例题可以看出 $\varnothing$ 与 $\{\varnothing\}$, $\in$ 与 $\subseteq$ 的区别. $\varnothing$ 中不含任何元素, 而 $\{\varnothing\}$ 中有一个元素 $\varnothing$, 所以 $\varnothing\neq\{\varnothing\}$. $\in$ 表示集合的元素(可以为集合)与集合本身的从属关系, $\subseteq$ 表示两个集合之间的包含关系.

1.2 集合的基本运算

给定集合 A, B, 可以通过集合的并 $\cup$、交 $\cap$、差 $-$、补 $\overline{\ }$ 和对称差 $\oplus$ 等运算而产生新的集合.

定义 1.2.1 由集合 A 和集合 B 中所有元素合并组成的集合, 称为集合 A 和 B 的**并集**, 记作 $A\cup B$, 而 $\cup$ 称为**并运算**.

例 1.2.1 设 $A=\{a, b, c, d\}$ 和 $B=\{b, c, e\}$, 则

$$A\cup B=\{a, b, c, d, e\}.$$

定义 1.2.2 由集合 A 和集合 B 中所有共同元素组成的集合, 称为集合 A 和 B 的**交集**, 记作 $A\cap B$, 而 $\cap$ 称为**交运算**.

例 1.2.2 设 $A=\{1, 2, 4, 6, 7, 9\}$, $B=\{3, 6, 7\}$, 则

$$A \cap B=\{6, 7\}.$$

定义 1.2.3　如果集合 A 和 B 满足 $A \cap B=\varnothing$, 那么称 A 和 B 是**不相交的或分离的**. 如果 C 是一个集合的族, 使 C 的任意两个不同元素都不相交, 那么 C 是(两两)不相交集合的族.

例 1.2.3　设 $C=\{\{0\}, \{1\}, \{2\}, \cdots\}=\{\{i\} \mid i \in \mathbf{N}\}$, 则 C 是不相交集合的族.

把以上定义加以推广, 可以得到 n 个集合的并集和交集, 即

$$A_1 \cup A_2 \cup \cdots \cup A_n=\{x \mid x \in A_1 \text{ 或 } x \in A_2 \text{ 或 } \cdots \text{ 或 } x \in A_n\};$$

$$A_1 \cap A_2 \cap \cdots \cap A_n=\{x \mid x \in A_1 \text{ 且 } x \in A_2 \text{ 且 } \cdots \text{ 且 } x \in A_n\}.$$

n 个集合的并集和交集可简记为 $\bigcup_{i=1}^{n} A_i$ 和 $\bigcap_{i=1}^{n} A_i$, 即

$$\bigcup_{i=1}^{n} A_i = A_1 \cup A_2 \cup \cdots \cup A_n;$$

$$\bigcap_{i=1}^{n} A_i = A_1 \cap A_2 \cap \cdots \cap A_n.$$

当 n 无限增大时, 可以记为

$$\bigcup_{i=1}^{\infty} A_i = A_1 \cup A_2 \cup \cdots;$$

$$\bigcap_{i=1}^{\infty} A_i = A_1 \cap A_2 \cap \cdots.$$

定义 1.2.4　由集合 A 和集合 B 中属于集合 A 而不属于集合 B 的所有元素组成的集合, 称为集合 A 和 B 的**差集**, 记作 $A-B$, 而“$-$”称为**差运算**.

例 1.2.4　设 $A=\{2, 4, 6, 9\}$, $B=\{1, 3, 6, 7, 8\}$, 则

$$A-B=\{2, 4, 9\}.$$

例 1.2.5　设 A 是素数集合, B 是奇数集合, 则

$$A-B=\{2\}.$$

定义 1.2.5　设 E 为全集, $A \subseteq E$, 则称 $E-A$ 为集合 A 的**补集**, 记作 $\overline{A}$, 即

$$\overline{A}=E-A.$$

而“$\overline{}$”称为补运算.

例 1.2.6　设 $E=\{a, b, c, d, e, f\}$, $A=\{b, c, e\}$, $C=\varnothing$, 则

$$\overline{A}=\{a, d, f\}, \quad \overline{C}=E.$$

定义 1.2.6　集合 A 与 B 的**对称差**定义为

$$A \oplus B=(A-B) \cup (B-A),$$

而⊕称为对称差运算.

例 1.2.7　设 $A=\{0, 1, 2, 3\}$, $B=\{2, 4\}$, 则

$$A\oplus B=\{0, 1, 3\}\cup\{4\}=\{0, 1, 3, 4\}.$$

以上定义了集合的五种基本运算, 其中并运算、交运算、差运算和对称差运算为二元运算, 而补运算为一元运算, 这些运算均可用文氏图直观地表示出来, 如图 1.2 所示.

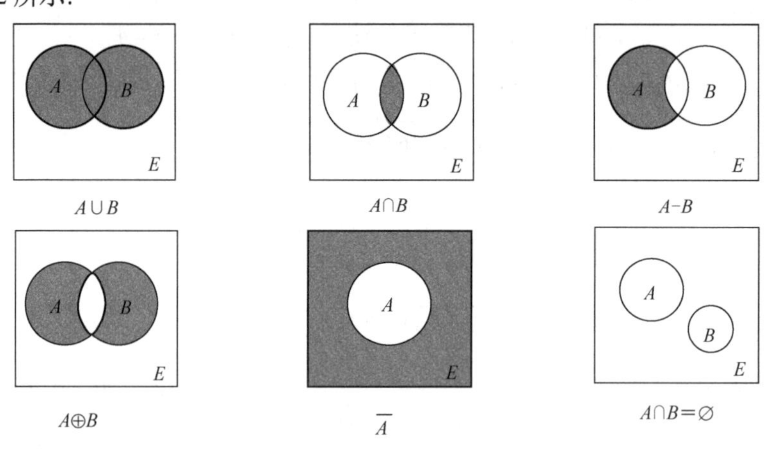

图 1.2

任何代数运算都遵从一定的运算律, 集合运算也不例外. 下面列出如上所定义的五种集合运算的主要运算律, 其中 A, B, C 表示任意的集合.

交换律　$A\cap B=B\cap A$;

$A\cup B=B\cup A$.

结合律　$(A\cap B)\cap C=A\cap(B\cap C)$;

$(A\cup B)\cup C=A\cup(B\cup C)$.

分配律　$A\cup(B\cap C)=(A\cup B)\cap(A\cup C)$;

$A\cap(B\cup C)=(A\cap B)\cup(A\cap C)$.

幂等律　$A\cap A=A$;

$A\cup A=A$.

同一律　$A\cup\varnothing=A$;

$A\cap E=A$.

零　律　$A\cap\varnothing=\varnothing$;

$A\cup E=E$.

吸收律　$A\cup(A\cap B)=A$;

$A\cap(A\cup B)=A$.

由定义还可以得到有关空集、全集及补集的运算律.

矛盾律　$A\cap\overline{A}=\varnothing$.

排中律　$A\cup\overline{A}=E$.

互补律　$\overline{\varnothing}=E$;

$\overline{E}=\varnothing$.

德·摩根律　$\overline{A\cup B}=\overline{A}\cap\overline{B}$;

$\overline{A\cap B}=\overline{A}\cup\overline{B}$.

双重否定律　$\overline{\overline{A}}=A$.

证明恒等式的基本方法有两种，一种方法是利用已知的恒等式来代入.

另一种方法是利用元素法. 其基本思路如下：欲证 $A=B$，即证

$$A\subseteq B \quad 且 \quad B\subseteq A.$$

也就是要证：对于任意的 x，有 $x\in A$ 推出 $x\in B$ 且 $x\in B$ 推出 $x\in A$ 成立. 将这两个方向推理的式子合起来就是

$$x\in A \text{ 的充分必要条件是 } x\in B.$$

例 1.2.8　证明幂等律中公式: $A=A\cup A$.

证　$A=A\cup\varnothing$　　同一律

$=A\cup(A\cap\overline{A})$　　矛盾律

$=(A\cup A)\cap(A\cup\overline{A})$　　分配律

$=(A\cup A)\cap E$　　排中律

$=A\cup A$.　　同一律

例 1.2.9　证明 $A-(B\cup C)=(A-B)\cap(A-C)$.

证　若对于任意的 $x\in A-(B\cup C)$，则 $x\in A$ 且 $x\notin B\cup C$. 由 $x\notin B\cup C$，得 $x\notin B$ 且 $x\notin C$，从而有 $x\in A, x\notin B$ 且 $x\in A, x\notin C$，因此 $x\in A-B$ 且 $x\in A-C$，故 $x\in(A-B)\cap(A-C)$，即 $A-(B\cup C)\subseteq(A-B)\cap(A-C)$.

反之，设 $x\in(A-B)\cap(A-C)$，则 $x\in A-B$ 且 $x\in A-C$，从而 $x\in A, x\notin B$ 且 $x\in A, x\notin C$，有 $x\in A, x\notin B\cup C$，故 $x\in A-(B\cup C)$，即 $(A-B)\cap(A-C)\subseteq A-(B\cup C)$.

例 1.2.10　证明 $(A-B)\cup B=A\cup B$.

证　$(A-B)\cup B=(A\cap\overline{B})\cup B$

$=(A\cup B)\cap(\overline{B}\cup B)$

$=(A\cup B)\cap E$

$=A\cup B$.

除了以上所列出的运算律，还有一些关于集合的重要运算公式，为了便于应用，现将它们的证明省略列在下面.

(1) 若 $A\subseteq B$，则 $\overline{B}\subseteq\overline{A}$.

(2) $A-\varnothing=A$.

(3) $A-B\subseteq A$;

$A\subseteq A\cup B$;

$A\cap B\subseteq A$.

(4) 如果 $A\subseteq B$ 和 $C\subseteq D$，那么，$A\cup C\subseteq B\cup D$, $A\cap C\subseteq B\cap D$.

(5) $\overline{A}\oplus\overline{B}=A\oplus B$.

(6) $(A\oplus B)\oplus C=A\oplus(B\oplus C)$.

(7) $A\oplus A=\varnothing$;

$A\oplus\varnothing=A$.

(8) 若 $A\oplus B=A\oplus C$，则 $B=C$.

例 1.2.11 证明 $A\oplus B=(A\cup B)\cap(\overline{A}\cup\overline{B})=(A\cup B)-(A\cap B)$.

证 因为

$$\begin{aligned}A\oplus B&=(A\cap\overline{B})\cup(B\cap\overline{A})\\&=(A\cap\overline{B}\cup B)\cap(A\cap\overline{B}\cup\overline{A})\\&=(A\cup B)\cap(\overline{A}\cup\overline{B}),\end{aligned}$$

但

$$\begin{aligned}(A\cup B)\cap(\overline{A}\cup\overline{B})&=(A\cup B)\cap\overline{A\cap B}\\&=(A\cup B)-(A\cap B),\end{aligned}$$

所以，$A\oplus B=(A\cup B)\cap(\overline{A}\cup\overline{B})=(A\cup B)-(A\cap B)$.

例 1.2.12 化简 $((A\cup B\cup C)\cap(A\cup B))-(A\cup(B-C))\cap A$.

解 因为 $A\cup B\subseteq A\cup B\cup C$, $A\subseteq A\cup(B-C)$，故有

$$(A\cup B\cup C)\cap(A\cup B)=A\cup B,$$

$$(A\cup(B-C))\cap A=A.$$

所以，$((A\cup B\cup C)\cap(A\cup B))-(A\cup(B-C))\cap A=(A\cup B)-A=B-A$.

1.3 整数的性质

本节介绍整数集合 **Z** 中最基本也是最经典的内容：整除性、最大公因数与欧几里得算法以及它们的一些应用. 对这些内容的学习，可加深对整数性质的

理解, 更深入地理解其他相邻的学科, 便于后续内容的学习.

1.3.1 整数的整除性

定义 1.3.1 设 a, b 是整数, 且 $a \neq 0$, 如果存在整数 c, 使得

$$b = ac$$

成立, 那么称 a 能**整除** b, 或者 b 能被 a 整除, 记作 $a \mid b$. 如果不存在整数 c 使得 $b = ac$, 那么称 a 不能整除 b, 或者 b 不能被 a 整除, 记为 $a \nmid b$.

当 $a \mid b$ 时, b 称为 a 的**倍数**, a 称为 b 的**因子**. b 的正因子也称为 b 的**约数**. 通常将被 2 整除的整数称为**偶数**, 不被 2 整除的整数称为**奇数**.

显然, 任何整数 a 都有因子 $\pm 1, \pm a$, 称这四个数为 a 的**平凡因子**, a 的其他因子称为**非平凡因子**或**真因子**.

例如, -3 是 12 的真因子; -20 是 4 的倍数; 5 是 -15 的约数.

下面给出整除的基本性质.

定理 1.3.1 设 a, b, c 为整数, 下面的结论成立.

(1) 如果 $a \mid b$ 且 $b \mid c$, 那么 $a \mid c$;

(2) 如果 $a \mid b$, 那么对于任意整数 $m \neq 0$, 有 $am \mid bm$;

(3) 如果 $a \mid b$ 且 $b \mid a$, 那么 $|a| = |b|$ 或 $a = \pm b$;

(4) 如果 $a \mid b$ 且 $a \mid c$, 那么对于任意整数 m, n, 有 $a \mid (mb + nc)$;

(5) 如果 $a \mid b$ 且 $b \neq 0$, 那么 $|a| \leqslant |b|$. 特别地, 当 a 是 b 的真因子时, 必有 $1 < |a| < |b|$.

证 这里仅证明(5), 其他结论利用整除的定义易证.

因为 $a \mid b$, 故存在整数 c, 使得 $b = ac$, 从而可知

$$|b| = |ac| = |a||c|.$$

由于 $b \neq 0$, 故 $b = ac$ 中的 c 是非零整数, 所以 $|c| \geqslant 1$, 从而可得 $|a| \leqslant |b|$.

另外, 由 $|a| = 1$ 以及 $|a| = |b|$, 分别可得 $a = \pm 1$ 及 $a = \pm b$, 它们都是 b 的平凡因子, 因此, 当 a 是 b 的真因子时, 必有 $1 < |a| < |b|$.

根据定理 1.3.1(5)可知, 任何非零整数的不同因子的个数是有限的. 由此还可推知零是唯一能被任何非零整数整除的整数.

1.3.2 素数

定义 1.3.2 如果一个正整数 $p > 1$ 只有因子 $\pm 1, \pm p$, 即 p 只有平凡因子, 那么称 p 是**素数**或**质数**. 如果正整数 $n > 1$ 不是素数, 那么称 n 为**合数**.

例如, 整数 3 和 5 是素数; 而 $15=3 \cdot 5$ 与 $21=3 \cdot 7$ 都是合数.

定理 1.3.2 任何大于 1 的整数 a 都至少有一个素因子.

证　若 a 是素数，则 a 本身就是 a 的素因子，显然定理成立.

若 a 不是素数，则它至少有两个正的非平凡因子，设它们是 $d_1, d_2, \cdots, d_k$. 不妨设 d_1 是其中最小的. 若 d_1 不是素数，则存在 $e_1 > 1, e_2 > 1$，使得 $d_1 = e_1e_2$，因此，e_1 和 e_2 也是 a 的正的非平凡因子，这与 d_1 的最小性矛盾，所以 d_1 是素数，即 a 必有素因子 d_1.

根据定理 1.3.2 的证明过程可直接得到如下结论.

推论 1.3.1　如果 a 是大于 1 的正整数，那么 a 的大于 1 的最小因子必为素数.

由推论 1.3.1 可知，当 $a > 1$ 时，如果 a 不能被任何小于 a 的素数整除，那么 a 必为素数. 根据这一思路，古希腊数学家 Eratosthenes 提出了一种求不超过某个正整数 a 的所有素数的方法，称为**筛法**.

例 1.3.1　写出不超过 50 的所有的素数.

解　将不超过 50 的正整数排列如下：

~~1~~　2　3　~~4~~　5　~~6~~　7　~~8~~　~~9~~　~~10~~
11　~~12~~　13　~~14~~　~~15~~　~~16~~　17　~~18~~　19　~~20~~
~~21~~　~~22~~　23　~~24~~　~~25~~　~~26~~　~~27~~　~~28~~　29　~~30~~
31　~~32~~　~~33~~　~~34~~　~~35~~　~~36~~　37　~~38~~　~~39~~　~~40~~
41　~~42~~　43　~~44~~　~~45~~　~~46~~　47　~~48~~　~~49~~　~~50~~

按以下步骤进行：

(1) 删去 1，剩下的后面的第一个数是 2, 2 是素数；

(2) 删去 2 后面的被 2 整除的数，剩下的 2 后面的第一个数是 3, 3 是素数；

(3) 再删去 3 后面的被 3 整除的数，剩下的 3 后面的第一个数是 5, 5 是素数；

……

按照以上步骤可以依次得到素数 2, 3, 5, 7, 11, 13, 17, 19, 23, 29, 31, 37, 41, 43, 47.

利用 Eratosthenes 筛法寻找素数的方法，它可以求出不超过任何固定整数的所有素数，这在理论上是可行的，但在实际应用中，这种列出素数的方法需要大量的计算时间，却是不可取的.

证明一个给定的整数是素数往往是很重要的，例如在密码学中信息加密的某些方法要用到大量的素数. 根据下面的定理可以得到证明给定的正整数 a 为素数的更为简便的方法.

定理 1.3.3　设 a 是大于 1 的正整数. 如果 a 不能被任何满足 $p \leqslant \sqrt{a}$ 的素数 p 整除，则 a 必为素数.

证　利用反证法. 若 a 不是素数，则存在大于 1 的正整数 p, q，使得 $a = pq$，不妨设 $q>p$，则 $p^2 \leqslant a$，即 $p \leqslant \sqrt{a}$. 由此可知，a 必可被某个满足 $p \leqslant \sqrt{a}$ 的素数 p 整除.

例 1.3.2 证明 101 是素数.

证 不超过 $\sqrt{101}$ 的素数是 2, 3, 5 和 7. 因为 101 不能被 2, 3, 5 和 7 整除, 所以 101 是素数.

1.3.3 算术基本定理

任给一个正整数, 要么为素数要么为合数, 而合数可以写成素数的乘积. 例如, 15, 35 和 1729 不是素数, 但它们都可以写成素数的乘积:

$$15 = 3 \cdot 5, \quad 35 = 5 \cdot 7, \quad 1729 = 7 \cdot 13 \cdot 19.$$

一般地, 我们有如下定理.

定理 1.3.4 任何大于 1 的整数都可以写成素数的乘积.

证 利用数学归纳法证明.

当 $n = 2$ 时, 因为 2 是素数, 所以 $n = 2$ 就是一个素数的乘积.

假设 $n > 2$, 并且定理对于小于 n 的正整数均成立. 如果 n 是素数, 那么 n 是素数的一个乘积. 如果 n 是合数, 那么存在 $a < n, b < n$, 使得 $n = ab$. 由数学归纳法可得, a 和 b 是素数的乘积, 因此 $n = ab$ 也是素数的乘积.

定理 1.3.4 说明, 如果大于 1 的整数 a 写成素数 $p_1, p_2, \cdots, p_n$ 的乘积, 即

$$a = p_1p_2\cdots p_n,$$

按照 $p_1 \leqslant p_2 \leqslant \cdots \leqslant p_n$ 重新排列素因子 $p_1, p_2, \cdots, p_n$ 的顺序, 那么 $a = p_1p_2\cdots p_n$ 的形式是唯一的. 更进一步, 把所有相同的素数合并起来, 我们有

定理 1.3.5 (算术基本定理) 任何大于 1 的整数 n 都可以唯一地表示成

$$n = p_1^{\alpha_1} p_2^{\alpha_2} \cdots p_k^{\alpha_k},$$

其中 $p_1, p_2, \cdots, p_k$ 是素数, 且 $p_1 < p_2 < \cdots < p_k$, $\alpha_1, \alpha_2, \cdots, \alpha_k$ 是正整数.

定理 1.3.5 中的表示式称为 n 的**标准分解式**. 对于给定的正整数 n, 一般可以通过在小于 n 的素数中逐个找出 n 的素因子的方法来求出 n 的标准分解式, 这一过程称为对 n 进行**素因子分解**.

例 1.3.3 写出 600, 999, 51480 的标准分解式.

解 我们有

$$600=2 \cdot 2 \cdot 2 \cdot 3 \cdot 5 \cdot 5=2^3 \cdot 3 \cdot 5^2;$$

$$999=3 \cdot 3 \cdot 3 \cdot 37=3^3 \cdot 37;$$

$$\begin{aligned} 51480 &= 2 \cdot 25740 = 2^2 \cdot 12870 = 2^3 \cdot 6435 \\ &= 2^3 \cdot 5 \cdot 1287 = 2^3 \cdot 5 \cdot 3 \cdot 429 \\ &= 2^3 \cdot 5 \cdot 3^2 \cdot 143 = 2^3 \cdot 3^2 \cdot 5 \cdot 11 \cdot 13. \end{aligned}$$

1.3.4 带余除法

一个整数不一定能被另一个整数整除. 例如, 54 不能被 12 整除. 如果引入商和余数的概念, 则 12 除 54 可以写成

$$54 = 4 \cdot 12 + 6.$$

一般地, 我们有下面定理.

定理 1.3.6 (带余除法) 设 a 与 b 是两个整数, $a \neq 0$, 则存在唯一的两个整数 q 和 r, 使得

$$b = aq + r, \quad 0 \leqslant r < |a|$$

成立, 其中, q 和 r 分别称为 a 除 b 的商和余数.

例 1.3.4 (1) 若 $b = 18, a = 7$, 则商 $q = 2$, 余数 $r = 4$, 即 $18= 2 \cdot 7+4$.

(2) 若 $b = 5, a = 8$, 则商 $q = 0$, 余数 $r = 5$, 即 $5= 0\cdot 8+5$.

(3) 若 $b = -23, a = 6$, 则商 $q = -4$, 余数 $r = 1$, 即$-23= (-4) \cdot 6+1$.

带余除法是初等数论中最基本和最常用的工具. 带余除法中商可以为负数, 余数必须为正数. 例 1.3.4 中(3), 不能说商 $q = -3$, 余数 $r = -5$, 即等式$-23= (-3) \cdot 6+(-5)$虽然也成立, 但不是带余除法的正确表示.

计算机科学中经常使用二进制、八进制和十六进制数, 不同的数制通过下标以示区别. 例如, $(25)_8$表示八进制, $(67)_{16}$表示十六进制. 对于十进制数, 通常将下标连同括号一起省略. 将十进制数转化为其他进制数可以利用带余除法进行.

例 1.3.5 将十进制数 5621 转化为八进制数.

解 令 $a = 8$, 利用带余除法可得下列 5 个等式

$$5621 = 702 \cdot 8+5,$$
$$702 = 87 \cdot 8+6,$$
$$87 = 10 \cdot 8+7,$$
$$10 = 1 \cdot 8+2,$$
$$1 = 0 \cdot 8+1.$$

由以上 5 个等式可得

$$5621 = 1 \cdot 8^4 + 2 \cdot 8^3 + 7 \cdot 8^2+ 6 \cdot 8 + 5 \cdot 8^0,$$

即

$$5621 = (12765)_8 .$$

带余除法与整除有如下关系.

推论 1.3.2 整除关系 $a \mid b$ 成立的充分必要条件是 a 除以 b 的余数 $r = 0$.

1.3.5 最大公因数

定义 1.3.3 设 a, b, k 都是整数且 a, b 不全为零, 如果 $k \mid a, k \mid b$, 那么称 k 为 a

和 b 的**公因数**. 若 d 是 a 和 b 的所有公因数中的最大者, 则称 d 是 a 和 b 的**最大公因数**, 记作 $d=\gcd(a, b)$.

由于 1 能整除任何整数, 所以任何两个整数 a 和 b 都存在最大公因数, 并且 a 和 b 的任何最大公因数都不可能大于$|a|$和$|b|$.

如果整数 a, b 的最大公因数 $\gcd(a, b)=1$, 则称 a 和 b 是**互素的**或**互质的**.

例 1.3.6 求 $\gcd(30, 105)$.

解 30 的因子是$\pm1, \pm2, \pm3, \pm5, \pm6, \pm10, \pm15, \pm30$;

105 的因子是$\pm1, \pm3, \pm5, \pm7, \pm15, \pm21, \pm35, \pm105$.

所以 30 和 105 的公因子是$\pm1, \pm3, \pm5, \pm15$, 从而有 $\gcd(30, 105)=15$.

下面给出最大公因数具有的简单性质.

设 a, b 是整数, 则下列等式成立.

(1) $\gcd(a, b)=\gcd(|a|, |b|)$;

(2) $\gcd(a, 1)=1$, $\gcd(a, 0)=|a|$, $\gcd(a, a)=|a|$;

(3) $\gcd(a, b)=\gcd(b, a)$;

(4) 若 $a \mid bc$ 且 $\gcd(a, b)=1$, 则 $a \mid c$;

(5) 若 p 是素数, a 是整数, 则 $\gcd(p, a)=1$ 或 $\gcd(p, a)=p$.

证 留给读者作为练习.

定理 1.3.7 设 a 与 b 是两个整数, $a \neq 0$, 若 $b=aq+r$, 则

$$\gcd(a, b)=\gcd(a, r).$$

证 设 d 是 a, b 的一个公因数, 则有 $d \mid a$, $d \mid b$, 而 $r=b-aq$, 因此 $d \mid r$, 故 d 是 $\gcd(a, r)$的公因数.

反之, 若 d 是 a, r 的公因数, 则 $d \mid a$, $d \mid r$, 从而 $d \mid b=aq+r$. 因此 d 也是 $\gcd(a, b)$ 的公因数.

由此可知, a 与 b 的全体公因数的集合就是 b 与 r 的全体公因数的集合, 这两个集合中的最大正数当然相等, 即 $\gcd(a, b)=\gcd(b, r)$.

如果两个整数比较小, 求它们的最大公因数不算太麻烦. 如果两个整数至少有一个比较大, 求它们的最大公因数就不简单了. 下面介绍一种寻找最大公因数的最古老和最著名的算法: **辗转相除法**, 又称**欧几里得算法**. 它是数论中的一个重要方法, 在其他数学分支中也有广泛的应用.

设 a 和 b 是整数, $b \neq 0$, 依次做带余数除法:

$$a=bq_1+r_1, \quad 0<r_1<|b|,$$

$$b=r_1q_2+r_2, \quad 0<r_2<r_1,$$

$$\cdots\cdots$$

$$r_{k-1}=r_kq_{k+1}+r_{k+1}, \quad 0<r_{k+1}<r_k,$$

……

$$r_{n-2} = r_{n-1}q_n + r_n, \quad 0 < r_n < r_{n-1},$$

$$r_{n-1} = r_n q_{n+1}.$$

由于 a 和 b 是有限整数, 余数经过有限次辗转相除后必定会为 0. 如上式中 $r_{n-1} = r_n q_{n+1}$, 这时 r_n 整除 r_{n-1}, r_n 与 r_{n-1} 的最大公因数是 $\gcd(r_n, r_{n-1}) = r_n$. 由定理 1.3.7 可得

$$r_n = \gcd(r_{n-1}, r_n) = \gcd(r_{n-2}, r_{n-1}) = \cdots = \gcd(r_1, r_2) = \gcd(b, r_1) = \gcd(a, b).$$

例 1.3.7　用辗转相除法求 gcd(540, 168).

解　运用辗转相除法可得

$$540 = 3 \cdot 168 + 36,$$

$$168 = 4 \cdot 36 + 24,$$

$$36 = 1 \cdot 24 + 12,$$

$$24 = 2 \cdot 12 + 0,$$

所以,

$$\gcd(540, 168) = 12.$$

由前面我们介绍的辗转相除法的倒数第二个等式, 我们有

$$r_n = r_{n-2} - r_{n-1}q_n.$$

再由倒数第三个等式, $r_{n-1} = r_{n-3} - r_{n-2}q_{n-1}$, 代入上式可消去 r_{n-1}, 得到

$$r_n = r_{n-2} - (r_{n-3} - r_{n-2}q_{n-1})q_n = (1 + q_{n-1}q_n)\, r_{n-2} - q_n r_{n-3}.$$

然后根据同样的方法用上面的等式逐个地消去 $r_{n-2}, \cdots, r_1$, 再合并就可以得到 r_n 用 a 和 b 表示的线性组合, 即可以找到唯一一组整数 s 和 t, 使得

$$r_n = \gcd(a, b) = as + bt.$$

例 1.3.8　将 gcd(540, 168)表示成 540 与 168 的线性组合.

解　由例 1.3.7 的结果知, gcd(540, 168) = 12. 将例 1.3.7 的解题过程倒过来, 有

$$12 = 36 - 1 \cdot 24,$$

$$24 = 168 - 4 \cdot 36,$$

$$36 = 540 - 3 \cdot 168,$$

所以有

$$\begin{aligned}\gcd(540, 168) = 12 &= 36 - 1 \cdot 24 \\ &= 36 - 1 \cdot (168 - 4 \cdot 36) = 5 \cdot 36 - 1 \cdot 168 \\ &= 5 \cdot (540 - 3 \cdot 168) - 1 \cdot 168 \\ &= 5 \cdot 540 - 16 \cdot 168.\end{aligned}$$

1.3.6　最小公倍数

定义 1.3.4　设 a, b, k 都是整数且 a, b 不为零, 如果 $a \mid k$, $b \mid k$, 那么称 k 为 a 和 b 的**公倍数**. 若 c 是 a 和 b 的所有公倍数中的最小者, 则称 c 是 a 和 b 的**最小公倍数**, 记作 $c = \mathrm{lcm}(a, b)$.

根据最小公倍数的定义, 有如下简单性质.

设 a, b 是非零整数, 则下列等式成立.

(1) $\mathrm{lcm}(a, 1) = |a|$, $\mathrm{lcm}(a, a) = |a|$;

(2) $\mathrm{lcm}(a, b) = \mathrm{lcm}(b, a)$;

(3) 若 $a \mid b$, 则 $\mathrm{lcm}(a, b) = |b|$.

证　留给读者作为练习.

最小公倍数和最大公约数之间有如下重要关系.

定理 1.3.8　设 a 和 b 是正整数, 则

$$\mathrm{lcm}(a, b) = \frac{ab}{\gcd(a,b)}.$$

证　设 m 是 a 和 b 的一个公倍数, 那么存在整数 k_1, k_2, 使得 $m = ak_1, m = bk_2$, 因此 $ak_1 = bk_2$, 于是有

$$\frac{a}{\gcd(a,b)}k_1 = \frac{b}{\gcd(a,b)}k_2.$$

由于 $\gcd\left(\frac{a}{\gcd(a,b)}, \frac{b}{\gcd(a,b)}\right) = 1$, 所以由最大公因数具有的简单性质(4)得到

$$\frac{b}{\gcd(a,b)} \Big| k_1, \quad \text{即 } k_1 = \frac{b}{\gcd(a,b)}t,$$

其中 t 是某个整数. 将上式代入式 $m = ak_1$ 得到

$$m = \frac{ab}{\gcd(a,b)}t.$$

另一方面, 对于任意的整数 t, 由上式所确定的 m 显然是 a 与 b 的公倍数, 它可以表示 a 与 b 的所有公倍数. 当 $t = 1$ 时, 得到最小公倍数

$$\mathrm{lcm}(a, b) = \frac{ab}{\gcd(a,b)}.$$

例 1.3.9　求 $\mathrm{lcm}(540, 168)$.

解　由例 1.3.7 知, $\gcd(540, 168) = 12$. 所以有

$$\mathrm{lcm}(540, 168) = \frac{540 \cdot 168}{\gcd(540,168)} = \frac{90720}{12} = 7560.$$

需要说明的是公因数、公倍数、最大公因数和最小公倍数的概念都可以推广到多个整数的情形, 本书不再介绍, 有兴趣的读者可以参阅专门的数论书籍.

1.4 有限集合的计数

根据集合所含元素的数量, 可将集合分为有限集合与无限集合两类. 我们经常要考虑有限集合经过运算后的新集合的计数问题, 本节介绍两类常用的方法.

定义 1.4.1 有限集合 S 的元素个数称为 S 的**基数**, 记作 $|S|$ 或 card S.

对于两个集合的计数问题, 我们先看一个简单的例子.

例 1.4.1 某计算机公司要雇用35名程序员从事系统程序设计工作, 50名程序员从事应用程序设计工作. 在这些被雇用的人员当中, 希望有 15 人能完成两类工作. 问必须雇用多少名程序员?

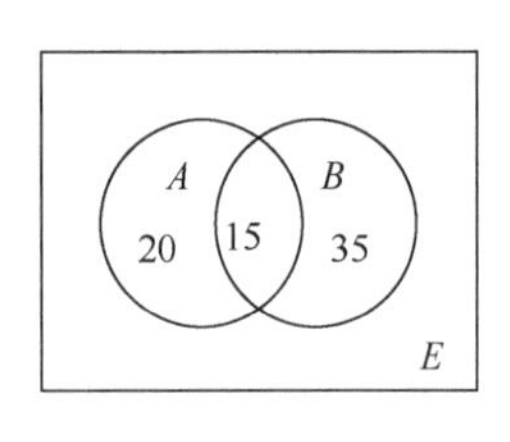

图 1.3

解 设 A, B 分别表示从事系统程序和应用程序的程序员的集合, 则此问题可用图 1.3 来表示. 将熟悉两种语言的对应人数 15 填到 $A \cap B$ 的区域内, 易知

$$|A-B|=|A|-|A \cap B|=35-15=20,$$

$$|B-A|=|B|-|A \cap B|=50-15=35,$$

从而得到, $|A \cup B|=20+35+15=70$, 所以必须雇用 70 名程序员.

从例 1.4.1 可以看出, 使用文氏图可以很方便地解决有限集合的计数问题. 其一般方法如下:

(1) 首先根据已知条件把对应的文氏图画出来. 一般地, 每一条性质决定一个集合, 有多少条性质, 就有多少个集合. 如果没有特殊说明, 任何两个集合都画成相交的.

(2) 将已知集合的元素个数填入表示该集合的区域内. 通常从 n 个集合的交集填起, 根据计算的结果将数字逐步填入所有的空白区域. 如果交集的数字是未知的, 可以设为 x, 根据题目中的条件, 列出一次方程或方程组, 就可以求得所需要的结果.

例 1.4.2 对 24 名会外语的科技人员进行掌握外语情况的调查. 其统计结果如下: 会英、日、德和法语的人数分别为 13, 5, 10 和 9 人, 其中同时会英语和日语的有 2 人, 会英、德和法语中任两种语言的都是 4 人. 已知会日语的人既不懂法语也不懂德语, 分别求只会一种语言(英、德、法、日)的人数和会三种语言的人数.

解 令 A, B, C, D 分别表示会英、法、德、日语的人的集合. 设同时会三种语

言的有 x 人, 只会英、法或德语一种语言的分别有 y_1, y_2 和 y_3 人.

根据题意画出文氏图, 将 x 和 y_1, y_2, y_3 填入图中相应的区域, 然后依次填入其他区域的人数. 如图 1.4 所示. 由已知条件, 列出方程组如下:

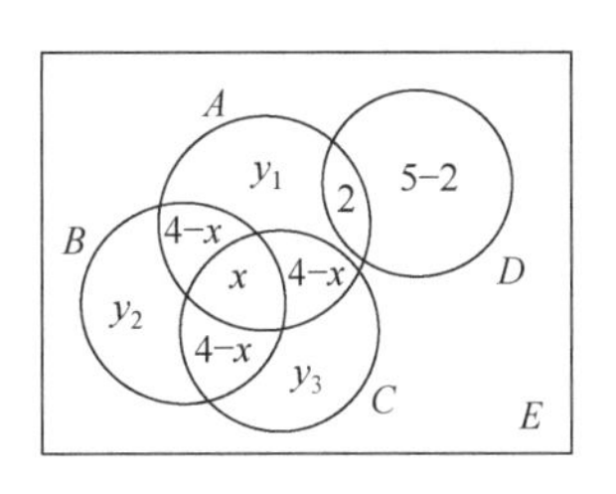

图 1.4

$$\begin{cases} y_1 + 2(4-x) + x + 2 = 13, \\ y_2 + 2(4-x) + x = 9, \\ y_3 + 2(4-x) + x = 10, \\ y_1 + y_2 + y_3 + 3(4-x) + x = 19. \end{cases}$$

解之得, $x=1, y_1=4, y_2=2, y_3=3$.

除了文氏图的方法外, 对于集合的计数方法还有如下重要的定理——容斥原理.

定理 1.4.1 设 A, B 为有限集合, 则有

$$|A\cup B| = |A| + |B| - |A\cap B|.$$

证 (1) 若 A 与 B 不相交, 即 $A\cap B=\varnothing$, 则 $A\cup B$ 中的元素要么在 A 中要么在 B 中, 但不能同时在两者中, 所以有

$$|A\cup B| = |A| + |B|.$$

(2) 若 $A\cap B\neq\varnothing$, 则 $A\cap B$ 中的元素属于两个集合, 并且其和 $|A|+|B|$ 已把 $A\cap B$ 中的元素计数了两次, 为了校正这种重复计数, 必须减去 $|A\cap B|$, 即

$$|A\cup B| = |A| + |B| - |A\cap B|.$$

这个定理通常称为**包含排斥原理**或**容斥原理**. 容斥原理是组合学中基本的计数定理之一.

对于 3 个有限集合 A, B, C, 定理 1.4.1 的结果可以推广为

$$|A\cup B\cup C| = |A| + |B| + |C| - |A\cap B| - |A\cap C| - |B\cap C| + |A\cap B\cap C|.$$

由 3 个集合的情况, 很容易想到 n 个集合时公式会有怎样的形式. 定理 1.4.2 就是 n 个集合的容斥原理.

定理 1.4.2 设 $A_1, A_2, \cdots, A_n$ 为有限集合, 则

$$|A_1\cup A_2\cup\cdots\cup A_n| = \sum_{i=1}^{n}|A_i| - \sum_{1\leqslant i<j\leqslant n}|A_i\cap A_j| + \sum_{1\leqslant i<j<k\leqslant n}|A_i\cap A_j\cap A_k| \\ -\cdots + (-1)^{n-1}|A_1\cap A_2\cap\cdots\cap A_n|.$$

证 用数学归纳法证明.

当 $n=2$ 时, 由定理 1.4.1 已经证明成立, 即 $|A_1\cup A_2| = |A_1| + |A_2| - |A_1\cap A_2|$.

设 $n-1$ $(n\geqslant 3)$ 个集合时公式成立, 现证明对于 n 个集合时公式也成立. 因为

$$|A_1\cup A_2\cup\cdots\cup A_n|=|A_1\cup A_2\cup\cdots\cup A_{n-1}|+|A_n|-|(A_1\cup A_2\cup\cdots\cup A_{n-1})\cap A_n|,$$

根据归纳假设得

$$\begin{aligned}|A_1\cup A_2\cup\cdots\cup A_n|&=\sum_{i=1}^{n-1}|A_i|-\sum_{1\leqslant i<j\leqslant n-1}|A_i\cap A_j|+\cdots+(-1)^{n-2}|A_1\cap A_2\cap\cdots\cap A_{n-1}|\\&\quad+|A_n|-\left[\sum_{i=1}^{n-1}|A_i\cap A_n|-\sum_{1\leqslant i<j\leqslant n-1}|A_i\cap A_j\cap A_n|+\cdots\right.\\&\quad\left.+(-1)^{n-2}|A_1\cap A_2\cap\cdots\cap A_{n-1}\cap A_n|\right]\\&=\sum_{i=1}^{n}|A_i|-\sum_{1\leqslant i<j\leqslant n}|A_i\cap A_j|+\cdots+(-1)^{n-1}|A_1\cap A_2\cap\cdots\cap A_n|.\end{aligned}$$

例 1.4.3　120 名学生参加考试, 这次考试有 A, B, C 共 3 道题, 考试结果如下: 12 名学生 3 道题都做对了; 20 名学生做对 A 题与 B 题; 16 名学生做对 A 题与 C 题; 28 名学生做对 B 题与 C 题; 做对 A 题的有 48 名学生; 做对 B 题的有 56 名学生; 还有 16 名学生一题也没做对. 试求做对 C 题的学生有多少名?

解　设做对 A 题, B 题, C 题的学生的集合分别为 S_A, S_B, S_C. 由题意, 可得

$$|S_A\cap S_B\cap S_C|=12,\quad |S_A\cap S_B|=20,\quad |S_A\cap S_C|=16,\quad |S_B\cap S_C|=28,$$

$$|S_A|=48,\quad |S_B|=56,\quad |\overline{S}_A\cap\overline{S}_B\cap\overline{S}_C|=16.$$

所以

$$|S_A\cup S_B\cup S_C|=120-16=104.$$

根据容斥原理, 有

$$104=48+56+|S_C|-20-16-28+12.$$

因此, $|S_C|=52$, 即做对 C 题的学生有 52 名.

1.5　幂集与集合的笛卡儿积

1.5.1　幂集

定义 1.5.1　由集合 A 的所有子集(包括空集$\varnothing$和 A 本身)所组成的集合称为集合 A 的**幂集**, 记作$\rho(A)$或 2^A, 即

$$\rho(A)=\{X\mid X\subseteq A\}.$$

一个集合的幂集是唯一的, 求一个集合的幂集是以该集合为运算对象的一元运算.

例 1.5.1 若 $A=\{1, 2\}$, 则 $\rho(A)=\{\varnothing, \{1\}, \{2\}, \{1, 2\}\}$.

例 1.5.2 设 $A=\{\varnothing\}$, $B=\rho(\rho(A))$, 问下列各式成立吗?

(1) $\varnothing \in B, \varnothing \subseteq B$.

(2) $\{\varnothing\} \in B, \{\varnothing\} \subseteq B$.

(3) $\{\{\varnothing\}\} \in B, \{\{\varnothing\}\} \subseteq B$.

解 设 $x=\varnothing$, 则 $\rho(A)=\{\varnothing, \{x\}\}=\{\varnothing, \{\varnothing\}\}$.

再设 $y=\{\varnothing\}$, 则 $\rho(A)=\{x, y\}$. 所以, $\rho(\rho(A))=\{\varnothing, \{x\}, \{y\}, \{x, y\}\}$. 回代, 得

$$B=\rho(\rho(A))=\{\varnothing, \{\varnothing\}, \{\{\varnothing\}\}, \{\varnothing, \{\varnothing\}\}\}.$$

由幂集 B 及集合与元素之间的关系易知, 题中各式皆成立.

从上面的例子可以看出, 求一个集合的幂集就是要找出它的所有子集合, 然而一个集合究竟有多少个子集合呢? 我们有如下定理.

定理 1.5.1 设集合 A 是由 n 个元素组成的有限集, 则 $\rho(A)$是有限的且基数为 2^n.

证 设 A 是由 n 个元素组成的有限集, 则 A 的所有由 k 个元素组成的子集数为从 n 个元素中取 k 个的组合数 C_n^k. 此外, 由于 $\varnothing \subseteq A$, 根据二项式定理知, $\rho(A)$ 的元素个数共有

$$N = \mathrm{C}_n^0 + \mathrm{C}_n^1 + \mathrm{C}_n^2 + \cdots + \mathrm{C}_n^n = (1+1)^n = 2^n \text{ (个)}.$$

例 1.5.3 若 $A=\{a, b, c\}$, 则 $\rho(A)$共有 $2^3=8$ 个元素. 其幂集为

$$\rho(A)=\{ \varnothing, \{a\}, \{b\}, \{c\}, \{a, b\}, \{b, c\}, \{c, a\}, \{a, b, c\}\}.$$

1.5.2 有序对

在现实生活中, 许多事物是成对出现的, 而且这种成对出现的事物, 具有一定的顺序. 例如, 上、下, 左、右, 东、西; 中国地处亚洲; 平面直角坐标系中点的坐标等.

定义 1.5.2 由两个元素 x 和 y 按照一定的顺序排列成的二元组称为**二重组**或**有序对**或**序偶**, 记作$\langle x, y\rangle$, 其中 x 称为**第一分量**, y 称为**第二分量**.

由定义可知, 有序对刻画了两个客体之间的顺序, 当顺序不同时, 有序对也是不同的. 例如, 平面直角坐标系中点的坐标, 一般情况下, $\langle x, y\rangle \neq \langle y, x\rangle$.

定义 1.5.3 对于两个有序对$\langle x, y\rangle$, $\langle u, v\rangle$, 如果 $x=u$ 且 $y=v$, 那么称两个有序对**相等**. 记作$\langle x, y\rangle=\langle u, v\rangle$.

由有序对相等的定义, 两个有序对相等不仅要求它们的分量相等, 而且次序也要相同.

例 1.5.4 已知$\langle 4x-2, 3\rangle=\langle 6, 2x+y\rangle$, 求 x 和 y.

解 由有序对相等的定义, 有

$$4x-2=6, \quad 2x+y=3.$$

解之得, $x=2, y=-1$.

在实际问题中有时会用到 3 元有序组, 4 元有序组, …, n 元有序组. 因此有必要对有序对的概念加以推广.

定义 1.5.4　一个 n ($n>2$)元有序组是一个有序对, 其中第一个元素是一个 $n-1$ 元有序组, 一个 n 元有序组记作$\langle a_1, a_2, \cdots, a_n\rangle$, 即

$$\langle a_1, a_2, \cdots, a_n\rangle=\langle\langle a_1, a_2, \cdots, a_{n-1}\rangle, a_n\rangle,$$

第 i 个元素 a_i 称作 n 元有序组的第 i 个分量或坐标.

从定义可以看出, n 元有序组是一个二重组, 其中第一个分量是 $n-1$ 元有序组. 如$\langle 2, 3, 5\rangle$代表$\langle\langle 2, 3\rangle, 5\rangle$, 而不代表$\langle 2, \langle 3, 5\rangle\rangle$, 按定义后者不是三重组, 并且$\langle\langle 2, 3\rangle, 5\rangle\neq\langle 2, \langle 3, 5\rangle\rangle$.

定义 1.5.5　两个 n 元有序组$\langle a_1, a_2, \cdots, a_n\rangle$与$\langle b_1, b_2, \cdots, b_n\rangle$, 若

$$a_i=b_i \quad (i=1, 2, \cdots, n),$$

则称两个 n 元有序组相等.

例 1.5.5　信息工程大学某学院某系某专业之某学生可以用 5 元有序组〈信息工程大学、学院、系、专业、学生〉来表示.

例 1.5.6　一个人的身份证号码是由所在省、市、区及出生年、月、日以及性别等 7 元有序组〈省、市、区、年、月、日、性别〉组成.

形式上也可以把$\langle a\rangle$看作 1 元有序组, 只不过这里的顺序性没有实际意义, 它实质上仍代表一个元素. 以后提到 n 元有序组, 其中的 n 可以是任意的正整数.

需要说明的是, 有序对$\langle a, b\rangle$中两个元素不一定来自同一个集合, 它们可以代表不同类型的事物. 例如, a 代表操作码, b 代表地址码, 则有序对$\langle a, b\rangle$就代表一条单地址指令. 因此, 任给两个集合 A 和 B, 我们都可以定义一种有序对的集合.

1.5.3 笛卡儿积

给定一些集合, 我们可以按照下列方式构造出"新"的集合.

定义 1.5.6　设 A, B 为集合, 所有用 A 中元素为第一分量, B 中元素为第二分量构成的有序对组成的集合称为 A 和 B 的**笛卡儿积或叉积**, 记作 $A\times B$, 即

$$A\times B=\{\langle x, y\rangle \mid x\in A, y\in B\}.$$

例 1.5.7　设 $A=\{a, b\}$, $B=\{0, 1, 2\}$, 求 $A\times B$, $B\times A$, $A\times A$, $(A\times B)\cap(B\times A)$.

解　$A\times B=\{\langle a, 0\rangle, \langle a, 1\rangle, \langle a, 2\rangle, \langle b, 0\rangle, \langle b, 1\rangle, \langle b, 2\rangle\}$;

$B\times A=\{\langle 0, a\rangle, \langle 0, b\rangle, \langle 1, a\rangle, \langle 1, b\rangle, \langle 2, a\rangle, \langle 2, b\rangle\}$;

$A\times A=\{\langle a, a\rangle, \langle a, b\rangle, \langle b, a\rangle, \langle b, b\rangle\}$;

$(A\times B)\cap(B\times A)=\varnothing$.

由例 1.5.7 可以看出, $A\times B\neq B\times A$.

我们约定: 若 $A=\varnothing$ 或 $B=\varnothing$, 则 $A\times B=\varnothing$.

例 1.5.8 设 $A=\{1, 2\}$, 求 $\rho(A)\times A$.

解 $\rho(A)\times A=\{\varnothing, \{1\}, \{2\}, \{1, 2\}\}\times\{1, 2\}$

$=\{\langle\varnothing, 1\rangle, \langle\varnothing, 2\rangle, \langle\{1\}, 1\rangle, \langle\{1\}, 2\rangle, \langle\{2\}, 1\rangle, \langle\{2\}, 2\rangle, \langle\{1, 2\}, 1\rangle, \langle\{1, 2\}, 2\rangle\}$.

关于笛卡儿积, 我们有以下结论.

定理 1.5.2 设 A, B, C 为任意三个集合, 则有

(1) $A\times(B\cup C)=(A\times B)\cup(A\times C)$;

(2) $(B\cup C)\times A=(B\times A)\cup(C\times A)$;

(3) $A\times(B\cap C)=(A\times B)\cap(A\times C)$;

(4) $(B\cap C)\times A=(B\times A)\cap(C\times A)$.

证 我们仅证明等式(1), 其他等式的证明请读者自己完成.

任取 $\langle x, y\rangle\in A\times(B\cup C)$, 由笛卡儿积定义, $x\in A$ 且 $y\in B\cup C$. 由 $y\in B\cup C$ 得 $y\in B$ 或 $y\in C$, 因此有 $x\in A$ 且 $y\in B$ 或 $x\in A$ 且 $y\in C$, 即 $\langle x, y\rangle\in A\times B$ 或 $\langle x, y\rangle\in A\times C$, 从而 $\langle x, y\rangle\in(A\times B)\cup(A\times C)$, 故 $A\times(B\cup C)\subseteq(A\times B)\cup(A\times C)$.

反过来, 设 $\langle x, y\rangle\in(A\times B)\cup(A\times C)$, 则 $\langle x, y\rangle\in A\times B$ 或 $\langle x, y\rangle\in A\times C$, 从而 $x\in A, y\in B$ 或 $x\in A, y\in C$, 有 $x\in A$ 且($y\in B$ 或 $y\in C$), 故 $x\in A$ 且 $y\in B\cup C$, 得到 $\langle x, y\rangle\in A\times(B\cup C)$. 所以 $(A\times B)\cup(A\times C)\subseteq A\times(B\cup C)$. 因此, $A\times(B\cup C)=(A\times B)\cup(A\times C)$.

两个集合的笛卡儿积仍是一个集合, 因此可以将两个集合的笛卡儿积推广到 $n(n>2)$ 个集合的笛卡儿积.

定义 1.5.7 设 n 个集合 $A_1, A_2, \cdots, A_n$, 它们的 n 阶笛卡儿积可表示为

$$A_1\times A_2\times\cdots\times A_n=\{\langle a_1, a_2, \cdots, a_n\rangle \mid a_i\in A_i, i=1, 2, \cdots, n\}.$$

特别地, 当 $A_1=A_2=\cdots=A_n$ 时, n 阶笛卡儿积可记作 A^n, 即

$$A^n=\underbrace{A\times A\times\cdots\times A}_{n}.$$

例 1.5.9 设 $A=\{1, 2\}, B=\{a, b\}$, 则

$$A^2=A\times A=\{\langle 1, 1\rangle, \langle 1, 2\rangle, \langle 2, 1\rangle, \langle 2, 2\rangle\};$$

$$A^2\times B=\{\langle 1, 1, a\rangle, \langle 1, 1, b\rangle, \langle 1, 2, a\rangle, \langle 1, 2, b\rangle, \langle 2, 1, a\rangle, \langle 2, 1, b\rangle, \langle 2, 2, a\rangle, \langle 2, 2, b\rangle\}.$$

定理 1.5.3 如果所有 $A_i\ (i=1, 2, \cdots, n)$ 都是有限集合, 那么

$$|A_1\times A_2\times\cdots\times A_n|=|A_1|\cdot|A_2|\cdot\cdots\cdot|A_n|.$$

证 $n=1$ 时, $|A_1|=|A_1|$ 显然成立. 对 $n\geqslant 2$ 用归纳法证明.

当 $n=2$ 时, 设 $|A_1|=p, |A_2|=q$, A_1 中的每一个元素与 A_2 中的 q 个不同元素可以

构成 q 个不同有序对，故总共可构成 pq 个不同有序对，所以

$$|A_1\times A_2|=pq=|A_1|\cdot|A_2|.$$

设对于任意 $n\geqslant 2$ 定理成立，现证 $n+1$ 也成立.

$$|A_1\times A_2\times\cdots\times A_n\times A_{n+1}|=|A_1\times A_2\times\cdots\times A_n|\cdot|A_{n+1}|$$
$$=|A_1|\cdot|A_2|\cdots\cdots|A_n|\cdot|A_{n+1}|.$$

这里第一步是根据笛卡儿积定义，第二步是根据归纳假设，所以，对一切 $n\geqslant 1$，定理成立.

集合论

习 题 1

1. 用枚举法表示下列集合.

(1) $A=\{x\mid x\in\mathbf{N}, y\in\mathbf{N}, x+y=3\}$;

(2) $A=\{(x, y)\mid x\in\mathbf{Z}, y=x^2-1, |x|\leqslant 2\}$;

(3) $A=\{x\mid x\in\mathbf{Z}, (x+2)^2\leqslant 3\}$;

(4) $A=\{x\mid x\in\mathbf{N}, |3-x|<3\}$;

(5) $A=\{$实数范围内方程 $x^2+5x-6=0$ 的所有根$\}$.

2. 用描述法表示下列集合.

(1) $\{2, 4, 6, 8, \cdots, 100\}$;

(2) 能被 6 整除的整数的集合;

(3) 平面内到一个定点 O 的距离等于定长 $r\ (r>0)$ 的所有的点 P;

(4) 大于 15 而小于 40 的素数的集合.

3. 求使得下列集合等式成立时，a, b, c, d 应该满足的条件.

(1) $\{a, b\}=\{a, b, c\}$;

(2) $\{a, b, a\}=\{a, b\}$;

(3) $\{\{a, \varnothing\}, b, \{c\}\}=\{\{\varnothing\}\}$;

(4) $\{a, \{b, c\}\}=\{a, \{d\}\}$.

4. 已知 $A=\{x\in\mathbf{R}\mid a\in\mathbf{R}, ax^2-3x+2=0\}$，若 A 中至多只有一个元素，求 a 的取值范围.

5. 写出下列集合的子集.

(1) $A=\{a, \{b\}, c\}$;

(2) $B=\{\varnothing\}$;

(3) $C=\varnothing$.

6. 设某集合有n个元素，试问:

(1) 可构成多少个子集?

(2) 其中有多少个子集元素个数为奇数?

(3) 是否有$n+1$个元素的子集?

7. 设 $A=\{x \mid x\in\mathbf{N}, x^2<16\}$，验证下列各关系式是否成立.

(1) $\{0, 1, 2, 3\} \subseteq A$;

(2) $\{-3, -2, -1\} \subseteq A$;

(3) $\{x \mid x\in\mathbf{N}, |x|<4\} \subseteq A$;

(4) $A \subseteq \{-3, -2, -1, 0, 1, 2, 3\}$.

8. 对于任意集合 A, B 和 C，下述论断是否正确？为什么?

(1) 若 $A\subseteq B$ 且 $B \in C$，则 $A \in C$;

(2) 若 $A\subseteq B$ 且 $B \in C$，则 $A\subseteq C$;

(3) 若 $A \in B$ 且 $B\not\subseteq C$，则 $A\notin C$;

(4) 若 $A\subseteq B$ 且 $B \in C$，则 $A\notin C$.

9. 集合 $A=\{1, \{2\}, 3, 4\}, B=\{a, b, \{c\}\}$，判定下列各题的正确与错误.

(1) $\{1\} \in A$;　(2) $\{c\} \in B$;　(3) $\{1, \{2\}, 4\} \subseteq A$;

(4) $\{a, b, c\} \subseteq B$;　(5) $\{2\} \subseteq A$;　(6) $\{c\} \subseteq B$;　(7) $\varnothing \subset A$;

(8) $\varnothing \subseteq \{\{2\}\} \subseteq A$;　(9) $\{\varnothing\} \subseteq B$;　(10) $\varnothing \in \{\{2\}, 3\}$.

10. 设全集 $E=\{a, b, c, d, e\}, A=\{a, d\}, B=\{a, b, e\}, C=\{b, d\}$，求下列集合.

(1) $A\cap \overline{B}$;

(2) $(A\cap B)\cup \overline{C}$;

(3) $\overline{A} \cup (B-C)$;

(4) $A\oplus B$.

11. 请画出下列集合的文氏图.

(1) $\overline{A} \cup \overline{B}$;

(2) $(A\oplus B) - \overline{C}$;

(3) $(A\cap B)\cup C$;

(4) $(A\cap \overline{B})\cup (C-\overline{B})$.

12. 用一个公式表示如图 1.5 所示的文氏图的阴影部分.

13. 设集合 $A=\{1, 2, 3, 4\}, B=\{2, 3, 5\}$，求 $A\cap B, A\cup B, A-B, B-A, A\oplus B$.

14. 设A, B, C为任意集合，回答下列问题.

(1) 已知$A\cup B=A\cup C$，是否一定有$B=C$?

(2) 已知$A\cap B=A\cap C$, 是否一定有$B=C$?

(3) 已知$A\oplus B=A\oplus C$, 是否一定有$B=C$?

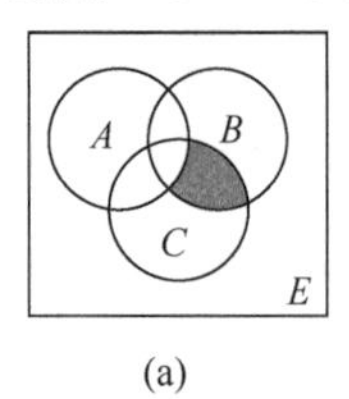

(a)

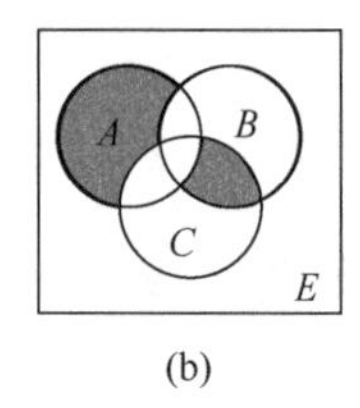

(b)

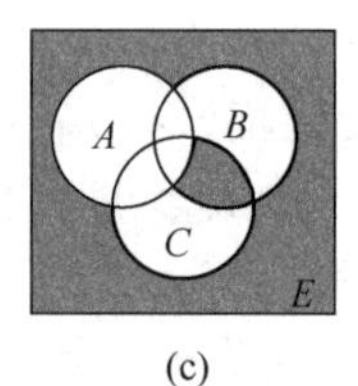

(c)

图 1.5

15. 设A, B, C, D为任意集合, 下列论断是否正确? 说明理由.

(1) 若$A\subseteq B, C\subseteq D$, 则$A\cap C\subseteq B\cap D$;

(2) 若$A\subset B, C\subset D$, 则$A\cap C\subset B\cap D$.

16. 给定自然数集 **N** 的子集$A=\{1, 2, 7, 8\}$, $B=\{i \mid i^2<50\}$, $C=\{i \mid i$ 可以被 3 整除且 $0\leqslant i\leqslant 30\}$, $D=\{i \mid i=2^k$ 且 $k\in \mathbf{Z}, 0\leqslant k\leqslant 6\}$. 求下列集合

(1) $A\cup(B\cup(C\cap D))$;

(2) $A\cap(B\cap(C\cup D))$;

(3) $B-(A\cup C)$;

(4) $(\overline{A}\cup B)\cup D$.

17. 已知 $A=\{x \mid x>a\}$, $B=\{x \mid x>3\}$, 若 $A\cup B=B$, 求 a 的范围.

18. 设二次方程 $x^2+ax+b=0$ 和$x^2+cx+15=0$的解集分别为A和B, 又$A\cup B=\{3, 5\}$, $A\cap B=\{3\}$, 求 a, b, c 的值.

19. 设 $A=\{x \mid x^2-ax+a^2-19=0\}$, $B=\{x \mid x^2-5x+6=0\}$, $C=\{x \mid x^2+2x-8=0\}$.

(1) 若 $A\cap B=A\cup B$, 求 a 的值;

(2) 若 $A\cap B\neq\varnothing, A\cap C=\varnothing$, 求 a 的值.

20. 已知 $x\in\mathbf{R}$, 集合 $A=\{-3, x^2, x+1\}$, $B=\{x-3, 2x-1, x^2+1\}$, 如果 $A\cap B=\{-3\}$, 求 $A\cup B$.

21. 设集合 A, B 是全集 $E=\{1, 2, 3, 4\}$的子集, 若$\overline{A}\cap B=\{1\}$, $A\cap B=\{3\}$, $\overline{A}\cap\overline{B}=\{2\}$, 求 A, B.

22. 试证 $A-(B-C)=(A-B)\cup(A\cap C)$.

23. 化简下列各式.

(1) $((A\cup(B-C))\cap A)\cup(B-(B-A))$;

(2) $((A\cup B)\cap B)-(A\cup B)$;

(3) $((A\cup B\cup C)-(B\cup C))\cup A$.

24. 利用 Eratosthenes 筛法写出不超过 100 的所有的素数.

25. 证明: 若$(m-p)\mid(mn+pq)$, 则$(m-p)\mid(mq+np)$.

26. 若 n 是奇数, 则 $8 \mid (n^2 - 1)$.

27. 证明: 101 是素数.

28. 写出 240, 504, 654, 51480 的标准分解式.

29. 根据整数 a 和 b 的下列各对组合, 求满足 $a = qb+r$ 和 $0 < r < |b|$的整数 q 和 r.

(1) $a = 258$ 和 $b = 12$;

(2) $a = 573$ 和 $b = -15$;

(3) $a = -367$ 和 $b = 24$;

(4) $a = -334$ 和 $b = -13$.

30. 将十进制数 4475 转化为八进制数.

31. 对于每对整数 a 和 b, 求 $d = \gcd(a, b)$, 并求出整数 m 和 n, 使得 $d = ma + nb$.

(1) $a = 195$ 和 $b = 934$;

(2) $a = 369$ 和 $b = 25$;

(3) $a = 1287$ 和 $b = 165$;

(4) $a = 356$ 和 $b = 42$.

32. 求正整数 a, b, 使得 $a + b = 120$, $\gcd(a, b) = 24$, $\mathrm{lcm}(a, b) = 144$.

33. 设 $a = 8316$ 和 $b = 10920$.

(1) 求 a 和 b 的最大公因数 $d = \gcd(a, b)$;

(2) 求整数 m 和 n, 使得 $d = ma + nb$;

(3) 求 a 和 b 的最小公倍数 $\mathrm{lcm}(a, b)$.

34. 证明: 如果 $am + bn =1$, 那么 $\gcd(a, b) = 1$.

35. 设 A, B, C 是有限集合, 且$|A|=6$, $|B|=8$, $|C|=6$, $|A \cup B \cup C|=11$, $|A \cap B|=3$, $|A \cap C|=2$, $|C \cap B|=5$, 求$|A \cap B \cap C|$.

36. 一个班里有 50 名学生, 在第一次考试中有 26 人得 A, 在第二次考试中有 21 人得 A. 如果两次考试中都没有得 A 的学生是 17 人, 那么有多少学生在两次考试中都得到 A?

37. 一个学校只有三门课程: 数学、物理、化学. 已知修这三门课的学生分别有 170, 130, 120 人, 同时修数学、物理两门课的学生 45 人, 同时修数学、化学的 20 人, 同时修物理、化学的 22 人, 同时修三门课的 3 人. 问这学校共有多少学生?

38. 求从 1 到 500 的整数中能被 3 或 5 除尽的数的个数.

39. (1) 求在 $1, 2, \cdots, 1000$ 中至少能被 5, 6 和 8 之一整除的数的个数.

(2) 求在 $1, 2, \cdots, 1000$ 中不能被 5, 6 和 8 中的任何一个数整除的数的个数.

40. 现有 75 名儿童到游乐场去玩, 他们可以骑旋转木马, 坐滑行轨道, 乘宇宙飞船. 已知其中 20 人玩过这三种玩具, 有 55 人至少玩过其中的两种. 若每种玩具乘坐一次的费用都是5元, 游乐场总共收入700元. 问有多少名儿童没有玩过其中任何一种玩具?

41. 调查260名大学生, 获得数据如下: 64人选修线性代数课程, 94人选修概率课程, 58人选修计算机科学课程, 28人同时选修线性代数课程和计算机科学课程, 26人同时选修线性代数课程和概率课程, 22人同时选修概率课程和计算机科学课程, 14人对这三门课程都选修.

(1) 三门课程都不选修的学生有多少?

(2) 只选计算机科学课程的学生有多少?

42. 确定下列集合的幂集.

(1) $A=\{a, \{a\}\}$;

(2) $A=\{\{1, \{2, 3\}\}\}$;

(3) $A=\{\varnothing, a, \{b\}\}$;

(4) $A=\rho(\varnothing)$;

(5) $A=\rho(\rho(\varnothing))$.

43. 如果 $\rho(A)=\{\varnothing, \{m\}, \{n\}, \{m, n\}\}$, 求 A.

44. 设A, B为任意集合, 证明下列结论.

(1) $\rho(A)\cap\rho(B)=\rho(A\cap B)$;

(2) $\rho(A)\subseteq\rho(B)$当且仅当 $A\subseteq B$;

(3) $\rho(A)\cup\rho(B)\subseteq\rho(A\cup B)$, 并举例说明$\rho(A)\cup\rho(B)\neq\rho(A\cup B)$.

45. 设$A=\{a, b, c\}$, $B=\{1, 2, 4\}$, $C=\{\alpha, \beta\}$, 确定下列集合.

(1) $A\times B\times C$;

(2) $B\times A$;

(3) $A\times B^2$;

(4) $(A\times C)^2$.

46. 设A, B, C, D为任意集合.

(1) 若$A\subseteq C, B\subseteq D$, 则$A\times B\subseteq C\times D$;

(2) 若$A\times A=B\times B$, 则$A=B$;

(3) 若$A\cap B\neq\varnothing$, 则$(A\cup B)\times(A\cap B)\subseteq(A\times A)\cup(B\times B)$;

(4) 证明: $(A\cap B)\times(C\cap D)=(A\times C)\cap(B\times D)$.

第2章　关　　系

世界上存在着各种各样的联系，这种联系正是各门学科所关注的根本问题.例如，人与人之间有父子、兄弟、师生关系；数与数之间有大于、小于、等于关系；电学中有电压、电阻与电流间的关系；元素与集合之间的属于关系；计算机科学中程序间的调用关系，程序执行过程中状态之间的转换关系，程序执行前变量取值状况和执行后变量取值状况的关系等. 在离散数学中，“关系”被抽象为一个基本概念，在通常情况下，“关系”是由至少两个集合在给定条件下产生的新集合，它提供了一种描述事物间多值依赖的工具，为计算机科学提供了一种很好的数学模型.

2.1　关系的基本概念

2.1.1　关系的定义

关系的数学概念是建立在日常生活中关系的概念之上的. 在日常生活中我们都熟悉关系这个词的含义，例如，兄弟关系，上下级关系，位置关系等. 在数学上关系可表达集合中元素间的联系. 如“3 小于 6”，“x 大于 y”，“点 a 在 b 与 c 之间”等. 我们又知道，有序对可以表达两个客体、三个客体或 n 个客体之间的联系，因此用有序对表达关系这个概念是非常自然的，下面先以实例说明.

例 2.1.1　设 $A=\{a, b, c, d\}$是某乒乓球队的男队员集合，$B=\{e, f, g\}$是女队员集合. 如果 A 和 B 元素之间有混双配对关系的是 a 和 g，d 和 e，b 和 f. 这些混双配对的示意图如图 2.1 所示.

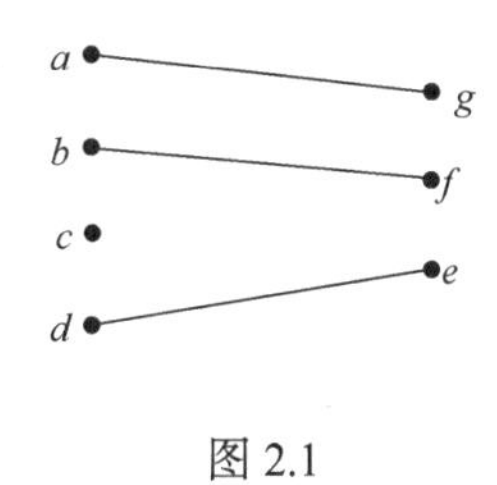

图 2.1

用 R 表示这种混双配对关系，由图 2.1 可以很清楚地看出 a 和 g 存在配对关系 R，记作 aRg；同样可以看出 c 和 e 不存在配对关系，记作 $c\not R e$. 将满足 R 的所有关系列出如下:

$$aRg,\quad bRf,\quad dRe.$$

由此可以看出:

(1) 满足 R 的关系 pRq 可以表示成一个有序对的形式$\langle p, q\rangle$，如上面 aRg 可以写成有序对$\langle a, g\rangle$.

(2) 满足 R 的所有有序对组成一个集合, 此集合即可叫关系 R, 例 2.1.1 中 R 可以表示为

$$R=\{\langle a, g\rangle, \langle b, f\rangle, \langle d, e\rangle\}.$$

上面这种关系 R 仅是两个客体之间的关系, 称之为二元关系. 除了二元关系, 还有三元关系、四元关系及多元关系. 但这里主要讨论二元关系, 因为二元关系是最基本的关系, 二元关系搞清楚了, 其他多元关系也就清楚了. 以后凡是出现关系的地方, 除非特别指明均为二元关系.

(3) 考虑所有可能具有混双配对关系的有序对的集合是

$$\begin{aligned} A\times B&=\{\langle x, y\rangle \mid x\in A, y\in B\} \\ &=\{\langle a, e\rangle, \langle a, f\rangle, \langle a, g\rangle, \langle b, e\rangle, \langle b, f\rangle, \langle b, g\rangle, \langle c, e\rangle, \langle c, f\rangle, \langle c, g\rangle, \\ &\quad \langle d, e\rangle, \langle d, f\rangle, \langle d, g\rangle\}. \end{aligned}$$

则例 2.1.1 中的关系 R 中的每个元素都是 $A\times B$ 中的元素, 即 R 是 $A\times B$ 的子集, 或写作 $R\subseteq A\times B$. 此时, 我们称关系 R 为从 A 到 B 的二元关系.

下面给出二元关系的一般定义.

定义 2.1.1　设 A, B 为集合, $A\times B$ 的任何子集称为从 A 到 B 的**二元关系**, 简称为**关系**, 记作 R. 特别地, 当 $A=B$ 时, 称 R 为 A 上的二元关系.

对于二元关系 R, 若$\langle x, y\rangle\in R$, 则称 x, y 有关系 R, 可记作 xRy, 读作 x 与 y 有 R 关系; 若$\langle x, y\rangle\notin R$, 则记作 $x\not R y$, 读作 x 与 y 没有 R 关系. 一般地, $\langle x, y\rangle\neq\langle y, x\rangle$, 因此, $xRy\neq yRx$.

例 2.1.2　$A=\{0, 1\}$, $B=\{1, 2, 3\}$, 那么 $R_1=\{\langle 0, 2\rangle\}$, $R_2=A\times B$, $R_3=\varnothing$, $R_4=\{\langle 0, 1\rangle\}$ 等都是从 A 到 B 的二元关系, 而 R_3 和 R_4 也可以视为是 A 上的二元关系.

例 2.1.3　设 $A=\{2, 3, 4, 6\}$, 下列各式定义的 R 都是 A 上的关系, 试用元素法表示二元关系 R.

(1) $R=\{\langle x, y\rangle \mid y$ 能整除 $x\}$;

(2) $R=\{\langle x, y\rangle \mid x<y\}$;

(3) $R=\{\langle x, y\rangle \mid x\neq y\}$.

解　(1) $R=\{\langle 2, 2\rangle, \langle 4, 2\rangle, \langle 6, 2\rangle, \langle 6, 3\rangle, \langle 3, 3\rangle, \langle 4, 4\rangle, \langle 6, 6\rangle\}$.

(2) $R=\{\langle 2, 3\rangle, \langle 2, 4\rangle, \langle 2, 6\rangle, \langle 3, 4\rangle, \langle 3, 6\rangle, \langle 4, 6\rangle\}$.

(3) $R=\{\langle 2, 3\rangle, \langle 3, 2\rangle, \langle 2, 4\rangle, \langle 4, 2\rangle, \langle 2, 6\rangle, \langle 6, 2\rangle, \langle 3, 4\rangle, \langle 4, 3\rangle, \langle 3, 6\rangle, \langle 6, 3\rangle, \langle 4, 6\rangle, \langle 6, 4\rangle\}$.

设 R 是从 A 到 B 的二元关系, 通常情况下, 并非 A 和 B 的所有元素都出现在 R 的有序对中. 在研究关系的时候, 我们最关心的是哪些元素出现在 A 和 B 的关系中, 而它们分别构成了 A 和 B 的子集, 这就是关系的定义域和值域.

定义 2.1.2　设 R 为从 A 到 B 的二元关系. A 称为关系 R 的**前域**, B 称为关系 R 的**陪域**.

(1) 由 $\langle x, y\rangle\in R$ 的所有 x 组成的集合称为 R 的**定义域**, 记作 dom (R), 即

$$\text{dom}\,(R)=\{x \mid \text{存在}\ y\ \text{使得}\langle x, y\rangle \in R\}.$$

(2) 由 $\langle x, y\rangle\in R$ 的所有 y 组成的集合称为 R 的**值域**, 记作 ran (R), 即

$$\text{ran}\,(R)=\{y \mid \text{存在}\ x\ \text{使得}\langle x, y\rangle \in R\}.$$

(3) R 的定义域和值域一起称为 R 的**域**, 记作 fld (R), 即

$$\text{fld}\,(R)=\text{dom}\,(R)\cup \text{ran}\,(R).$$

例 2.1.4　设 $A=\{1, 2, 3, 5, 6\}$, $B=\{1, 2, 4\}$, 从 A 到 B 的二元关系

$$R=\{\langle 1, 2\rangle, \langle 1, 4\rangle, \langle 2, 4\rangle, \langle 3, 4\rangle, \langle 6, 2\rangle\},$$

求 dom (R), ran (R), fld (R).

解　dom $(R)=\{1, 2, 3, 6\}$; ran $(R)=\{2, 4\}$; fld $(R)=\{1, 2, 3, 4, 6\}$.

将二元关系推广到多元关系, 我们有以下结论.

定义 2.1.3　称 $A_1\times A_2\times\cdots\times A_n$ 的子集 R 为 $A_1\times A_2\times\cdots\times A_n$ 上的一个 n 元关系, 当 $A_1=A_2=\cdots=A_n=A$ 时称为 A 上的一个 ***n* 元关系**.

集合 A 上的二元关系的数目依赖于 A 中的元素个数.

如果 $|A|=n$, 那么 $|A\times A|=n^2$, $A\times A$ 的子集就有 2^{n^2} 个. 每一个子集代表一个 A 上的二元关系, 所以 A 上有 2^{n^2} 个不同的二元关系.

例如, $|A|=3$, 则 A 上有 $2^{3^2}=512$ 个不同的二元关系.

如果 $|A_i|=m_i$ $(i=1, 2, \cdots, n)$, 那么 $|A_1\times A_2\times\cdots\times A_n|=m_1\cdot m_2\cdot\cdots\cdot m_n$, 因此 $A_1\times A_2\times\cdots\times A_n$ 上有 $2^{m_1\cdot m_2\cdot\cdots\cdot m_n}$ 个不同的 n 元关系.

对于任意集合 A 都有 3 种特殊的关系, 其中之一是空集$\varnothing$, 它是 $A\times A$ 的子集, 也是从 A 上的关系, 称为**空关系**, 另外两类是**恒等关系**: $I_A=\{\langle x, x\rangle \mid x\in A\}$和**全域关系**: $E_A=\{\langle x, y\rangle \mid x\in A, y\in A\}=A\times A$.

除了 3 种特殊的关系之外, 还有如下一些重要关系:

(1) 小于或等于关系: $L_A=\{\langle x, y\rangle \mid x\leqslant y, x, y\in A\}$, 这里 $A\subseteq \mathbf{R}$;

(2) A 上的整除关系: $D_A=\{\langle x, y\rangle \mid x, y\in A, x\ \text{整除}\ y\}$, 这里 $A\subseteq \mathbf{Z}^+$ (非负整数集);

(3) A 上的包含关系: $R_\subseteq=\{\langle x, y\rangle \mid x, y\in A, x\subseteq y\}$, 这里 A 是集合族.

类似地还可以定义大于等于关系、小于关系、大于关系、真包含关系等.

例 2.1.5　设 $A=\{1, 2, 3\}$, $B=\{a, b\}$, $C=\rho(B)=\{\varnothing, \{a\}, \{b\}, \{a, b\}\}$, 则

$$L_A=\{\langle 1, 1\rangle, \langle 1, 2\rangle, \langle 1, 3\rangle, \langle 2, 2\rangle, \langle 2, 3\rangle, \langle 3, 3\rangle\}.$$

$$D_A=\{\langle 1, 1\rangle, \langle 1, 2\rangle, \langle 1, 3\rangle, \langle 2, 2\rangle, \langle 3, 3\rangle\}.$$

C 上的包含关系:

$$R_{\subseteq}=\{\langle\varnothing,\varnothing\rangle,\langle\varnothing,\{a\}\rangle,\langle\varnothing,\{b\}\rangle,\langle\varnothing,\{a,b\}\rangle,\langle\{a\},\{a\}\rangle,\langle\{a\},\{a,b\}\rangle,$$
$$\langle\{b\},\{b\}\rangle,\langle\{b\},\{a,b\}\rangle,\langle\{a,b\},\{a,b\}\rangle\}.$$

2.1.2 关系的表示

关系是有序对的集合, 二元关系除了用集合表示以外, 还可以用矩阵和图来表示.

设给定集合 $A=\{a_1, a_2, \cdots, a_m\}$, $B=\{b_1, b_2, \cdots, b_n\}$, R 为从 A 到 B 的一个二元关系. 用集合 A 的元素标注矩阵的行, 集合 B 的元素标注矩阵的列, 可以构造一个 $m\times n$ 矩阵 $M_R=(r_{ij})_{m\times n}$, 矩阵的元素规定为: 对于 $a\in A$ 和 $b\in B$,

$$r_{ij}=\begin{cases}1, & aRb,\\ 0, & a\not R b,\end{cases}$$

即若 $\langle a, b\rangle\in R$, 则在行 a 和列 b 交叉处标 1, 否则标 0. 这样得到的矩阵称为关系 R 的**关系矩阵**, 记作 M_R, 即

$$M_R=(r_{ij})=\begin{bmatrix} r_{11} & r_{12} & \cdots & r_{1n}\\ r_{21} & r_{22} & \cdots & r_{2n}\\ \vdots & \vdots & & \vdots\\ r_{m1} & r_{m2} & \cdots & r_{mn}\end{bmatrix}.$$

例 2.1.6 空关系的关系矩阵为全 0 矩阵: $M_{\varnothing}=0$;

全域关系的关系矩阵为全 1 矩阵, 记为 J;

恒等关系的关系矩阵为单位矩阵: $M_I=E$.

例 2.1.7 设 $A=\{3, 5, 6, 9\}$, A 上的二元关系 $R=\{\langle x, y\rangle \mid x>y\}$, 试求出关系 R 的关系矩阵.

解 关系 R 的集合表示为

$$R=\{\langle 9,3\rangle,\langle 9,5\rangle,\langle 9,6\rangle,\langle 6,3\rangle,\langle 6,5\rangle,\langle 5,3\rangle\}.$$

关系矩阵为

$$M_R=\begin{bmatrix}0&0&0&0\\1&0&0&0\\1&1&0&0\\1&1&1&0\end{bmatrix}.$$

有限集合上的二元关系也可以用有向图来表示.

(1) 设 R 为从 A 到 B 的二元关系, 其中集合 $A=\{a_1, a_2, \cdots, a_m\}$, $B=\{b_1, b_2, \cdots, b_n\}$. 具体做法如下:

在平面上作出 m 个小圆圈或黑点，分别标记 $a_1, a_2, \cdots, a_m$，每个小圆圈或黑点称为一个**结点**. 同样作出标记为 $b_1, b_2, \cdots, b_n$ 的 n 个结点. 如果 $\langle a_i, b_j\rangle \in R$，那么自结点 a_i 到结点 b_j 作一条带箭头的有向边，称为**边**或**有向弧**，其箭头由结点 a_i 指向结点 b_j (a_i 为始点，b_j 为终点，次序不能颠倒). 如果 $\langle a_i, b_j\rangle \notin R$，那么结点 a_i 到结点 b_j 之间没有边连接. 用这种方法联结的图称为 R 的**关系图**，记作 G_R.

(2) 当 R 为 A 上的二元关系时，关系图有一个更为简明的形式，因为这时没有必要区别前域和陪域，故只需画出 A 中元素的结点即可. 若 $\langle a_i, a_j\rangle \in R$，则自结点 a_i 到结点 a_j 作出一有向边. 若 $\langle a_i, a_i\rangle \in R$，则通过结点 a_i 画一个带箭头的圆圈，称为**环**.

例 2.1.8　设 $A=\{2, 3, 4, 5\}$, $B=\{a, b, c\}$, $R=\{\langle 2, a\rangle, \langle 2, b\rangle, \langle 3, c\rangle, \langle 4, a\rangle, \langle 4, b\rangle, \langle 5, c\rangle\}$，画出 R 的关系图.

解　关系图如图 2.2 所示.

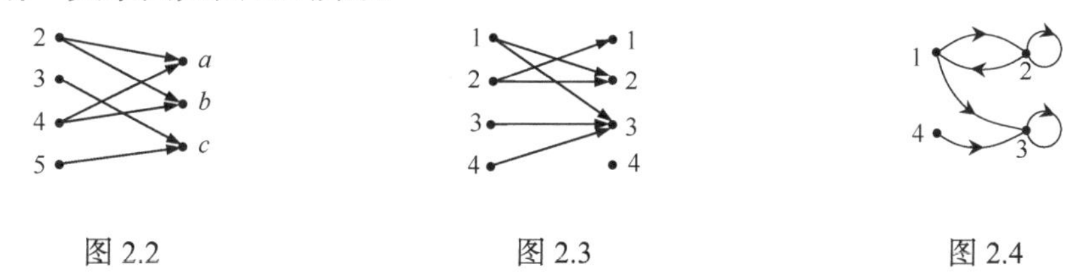

图 2.2　　图 2.3　　图 2.4

例 2.1.9　设集合 $A=\{1, 2, 3, 4\}$, A 上关系 $R=\{\langle 1, 2\rangle, \langle 1, 3\rangle, \langle 2, 1\rangle, \langle 2, 2\rangle, \langle 3, 3\rangle, \langle 4, 3\rangle\}$,画出 R 的关系图.

解　按关系图的画法, R 的关系图可以画成图 2.3 所示或图 2.4 所示的形式，但图 2.4 所示的形式是普遍使用的画法.

比较关系的三种表示方法可知，用集合表示关系有利于用数学方法去描述、求证关系之间的性质以及进行运算；用矩阵表示关系有利于通过计算机去存储和处理；用图形表示关系有利于直观地设计、分析和讨论.

2.2　关系的运算

2.2.1　关系的并、交、差、补

关系是有序对的集合，集合的各种运算在这里都适用，因此，对它可进行集合运算，运算结果定义一个新的关系.

设 R 和 S 是给定集合上的两个二元关系，则 $R\cup S$, $R\cap S$, $R-S$, $\overline{R}$ 分别称为关系 R 与 S 的**并关系**, **交关系**, **差关系**和 R 的**补关系**，可分别定义如下:

$x(R\cup S)y$ 当且仅当 xRy 或 xSy.

$x(R\cap S)y$ 当且仅当 xRy 且 xSy.

$x(R-S)y$ 当且仅当 xRy 且 $x\not{S}y$.

$x\overline{R}y$ 当且仅当 $x\not{R}y$.

这样一来, 可以从已知关系派生出各种新的关系.

例 2.2.1 设 $X=\{1, 2, 3, 4\}$, $H=\{\langle x, y\rangle \mid (x-y)/2$ 是整数$\}$, $S=\{\langle x, y\rangle \mid (x-y)/3$ 是整数$\}$是 X 上的二元关系, 求 $H\cup S$, $H\cap S$, $\overline{H}$, $S-H$.

解 $H=\{\langle 1, 1\rangle, \langle 1, 3\rangle, \langle 2, 2\rangle, \langle 2, 4\rangle, \langle 3, 3\rangle, \langle 3, 1\rangle, \langle 4, 4\rangle, \langle 4, 2\rangle\}$;

$S=\{\langle 1, 1\rangle, \langle 1, 4\rangle, \langle 2, 2\rangle, \langle 3, 3\rangle, \langle 4, 1\rangle, \langle 4, 4\rangle\}$;

$H\cup S=\{\langle 1, 1\rangle, \langle 1, 3\rangle, \langle 1, 4\rangle, \langle 2, 2\rangle, \langle 2, 4\rangle, \langle 3, 3\rangle, \langle 3, 1\rangle, \langle 4, 4\rangle, \langle 4, 2\rangle, \langle 4, 1\rangle\}$;

$H\cap S=\{\langle 1, 1\rangle, \langle 2, 2\rangle, \langle 3, 3\rangle, \langle 4, 4\rangle\}$;

$\overline{H}=\{\langle 1, 2\rangle, \langle 2, 1\rangle, \langle 2, 3\rangle, \langle 3, 2\rangle, \langle 3, 4\rangle, \langle 4, 3\rangle, \langle 1, 4\rangle, \langle 4, 1\rangle\}$;

$S-H=\{\langle 1, 4\rangle, \langle 4, 1\rangle\}$.

例 2.2.2 设 $A=\mathbf{R}$, R 是 A 上的小于等于关系$\leqslant$, S 是大于等于$\geqslant$, 则有

R 的补是大于关系$>$, S 的补是小于关系$<$.

$R\cap S$ 是相等关系, 因为 $a\,(R\cap S)\,b$ 当且仅当 $a\leqslant b$ 和 $a\geqslant b$, 即当且仅当 $a=b$.

$R\cup S=E_{\mathbf{R}}$ 是全域关系, 因为对于任意 a, b, $a\leqslant b$ 或 $a\geqslant b$ 必定有一个成立.

2.2.2 关系的合成

除了集合运算外, 下面介绍一种对关系来说, 更为重要的运算——合成运算.

定义 2.2.1 设 R 是从集合 A 到 B 的关系, S 是从集合 B 到 C 的关系, 则 R 与 S 的**合成关系**为从 A 到 C 的关系, 记为 $R\circ S$, 其中$\circ$表示合成运算, 定义为

$$R\circ S=\{\langle a, c\rangle \mid a\in A,\ c\in C,\ \text{至少存在一个 } b\in B \text{ 使得}\langle a, b\rangle\in R \text{ 且}\langle b, c\rangle\in S\}.$$

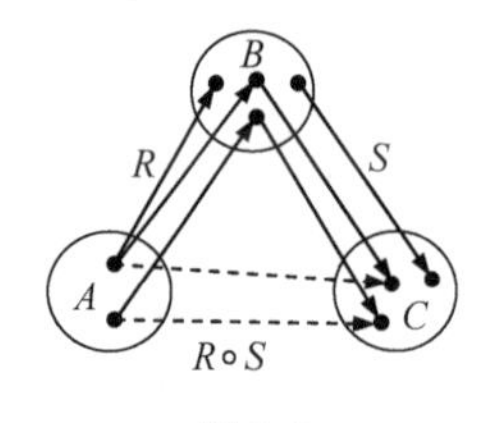

图 2.5

合成关系 $R\circ S$ 是一个从集合 A 到 C 的关系, 如果在关系图上, 从 $a\in A$ 到 $c\in C$ 有一长度(路径中边的条数)为 2 的路径, 其第一条边属于 R, 其第二条边属于 S, 那么$\langle a, c\rangle\in R\circ S$. 合成关系 $R\circ S$ 就是由$\langle a, c\rangle$这样的有序对组成的集合. 如图 2.5 所示.

例 2.2.3 设集合 $A=\{1, 2, 3, 4, 5\}$, R 和 S 都是 A 上的二元关系, 如果

$R=\{\langle 2, 5\rangle, \langle 3, 1\rangle, \langle 4, 3\rangle, \langle 5, 4\rangle\}$;

$S=\{\langle 1, 3\rangle, \langle 2, 4\rangle, \langle 4, 3\rangle, \langle 5, 1\rangle\}$.

那么

$$R\circ S=\{\langle 2,1\rangle,\langle 3,3\rangle,\langle 5,3\rangle\};$$
$$S\circ R=\{\langle 1,1\rangle,\langle 2,3\rangle,\langle 4,1\rangle\};$$
$$R\circ R=\{\langle 2,4\rangle,\langle 4,1\rangle,\langle 5,3\rangle\};$$
$$S\circ S=\{\langle 2,3\rangle,\langle 5,3\rangle\}.$$

由这个例子不难看出，合成运算不满足交换律，即对于任何关系 R 和 S，一般说来，$R\circ S\neq S\circ R$.

当集合的元素较少时，关系的合成可以用图示法来表示，现举一例.

例 2.2.4 设集合 $A=\{1,2,3,4\}$, $B=\{2,3,4\}$, $C=\{4,6,8\}$, R 是从 A 到 B 的关系，S 是从 B 到 C 的关系：

$$R=\{\langle x,y\rangle\mid x+y=6\}=\{\langle 2,4\rangle,\langle 3,3\rangle,\langle 4,2\rangle\},$$
$$S=\{\langle y,z\rangle\mid y\text{ 整除 }z\}=\{\langle 2,4\rangle,\langle 2,6\rangle,\langle 2,8\rangle,\langle 3,6\rangle,\langle 4,4\rangle,\langle 4,8\rangle\},$$

则 $R\circ S=\{\langle 2,4\rangle,\langle 2,8\rangle,\langle 3,6\rangle,\langle 4,4\rangle,\langle 4,6\rangle,\langle 4,8\rangle\}$，用图示法表示的合成关系如图 2.6 所示.

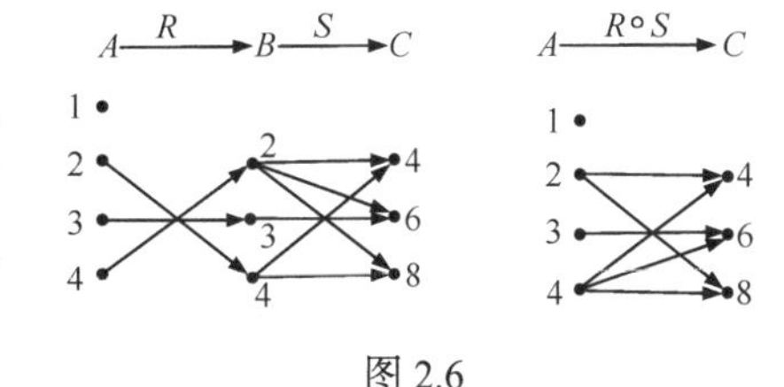

图 2.6

关系的合成运算亦可用矩阵来表示.

定理 2.2.1 设 $A=\{x_1,x_2,\cdots,x_m\}$, $B=\{y_1,y_2,\cdots,y_n\}$, $C=\{z_1,z_2,\cdots,z_p\}$, R 是集合 A 到 B 的关系，$M_R=(a_{ij})$ 是 $m\times n$ 矩阵，S 是 B 到 C 的关系，$M_S=(b_{ij})$ 是 $n\times p$ 矩阵. 则

$$M_{R\circ S}=(c_{ij})=M_R\times M_S,$$

这里 $c_{ij}=a_{i1}\cdot b_{1j}+a_{i2}\cdot b_{2j}+\cdots+a_{in}\cdot b_{nj}$, $i=1,2,\cdots,m$, $j=1,2,\cdots,p$. 这里的加法+是逻辑加法运算，即

$$0+0=0,\quad 0+1=1,\quad 1+0=1,\quad 1+1=1.$$

证 因为如果存在某个 k 使 a_{ik} 和 b_{kj} 都等于 1，则 $c_{ij}=1$. 但 a_{ik} 和 b_{kj} 都等于 1 意味着 $x_i\,R\,y_k$ 和 $y_k\,S\,z_j$. 所以 $x_i\,(R\circ S)\,z_j$. 可见如此求得的 $M_{R\circ S}$ 确实表达了 $R\circ S$ 的关系. 因此上述等式是正确的.

如果不仅存在一个 k 使 a_{ik} 和 b_{kj} 都是 1，此时 c_{ij} 仍为 1，只是从 x_i 到 z_j 不止一条长度为 2 的路径，但等式仍然成立. 上段的论证，已隐含了不止一个 k 的情况.

本定理说明合成关系矩阵可用关系矩阵(布尔矩阵)的乘法来表示.

在例 2.2.4 中，

$$M_R=\begin{bmatrix}0&0&0\\0&0&1\\0&1&0\\1&0&0\end{bmatrix},\quad M_S=\begin{bmatrix}1&1&1\\0&1&0\\1&0&1\end{bmatrix}.$$

故

$$M_{R\circ S}=M_R\times M_S=\begin{bmatrix}0&0&0\\0&0&1\\0&1&0\\1&0&0\end{bmatrix}\times\begin{bmatrix}1&1&1\\0&1&0\\1&0&1\end{bmatrix}=\begin{bmatrix}0&0&0\\1&0&1\\0&1&0\\1&1&1\end{bmatrix}.$$

定理 2.2.2 设 R, S, T 分别是从集合 A 到 B, B 到 C, C 到 D 的关系, 则

$$(R\circ S)\circ T=R\circ(S\circ T).$$

证 先证$(R\circ S)\circ T\subseteq R\circ(S\circ T)$.

设$\langle a, d\rangle\in(R\circ S)\circ T$, 则存在某个 $c\in C$ 使得$\langle a, c\rangle\in R\circ S$ 和$\langle c, d\rangle\in T$. 因为$\langle a, c\rangle\in R\circ S$, 存在 $b\in B$ 使得$\langle a, b\rangle\in R$ 和$\langle b, c\rangle\in S$. 因为$\langle b, c\rangle\in S$ 和$\langle c, d\rangle\in T$, 得$\langle b, d\rangle\in S\circ T$, 所以$\langle a, d\rangle\in R\circ(S\circ T)$. 这样, 就证明了$(R\circ S)\circ T\subseteq R\circ(S\circ T)$.

$R\circ(S\circ T)\subseteq(R\circ S)\circ T$ 的证明是类似的.

定理 2.2.3 设 R 是从集合 A 到 B 的关系, S, T 是从集合 B 到 C 的关系, F 是从集合 C 到 D 的关系, 则

(1) $R\circ(S\cup T)=R\circ S\cup R\circ T$;

(2) $R\circ(S\cap T)\subseteq R\circ S\cap R\circ T$;

(3) $(S\cup T)\circ F=S\circ F\cup T\circ F$;

(4) $(S\cap T)\circ F\subseteq S\circ F\cap T\circ F$.

证 我们仅证明(2), (1), (3), (4)的证明留作练习.

设$\langle a, c\rangle\in R\circ(S\cap T)$, 则存在某个 $b\in B$ 使得$\langle a, b\rangle\in R$ 和$\langle b, c\rangle\in S\cap T$. 由$\langle b, c\rangle\in S\cap T$, 有$\langle b, c\rangle\in S$ 且$\langle b, c\rangle\in T$. 因为$\langle a, b\rangle\in R$ 和$\langle b, c\rangle\in S$, 得$\langle a, c\rangle\in R\circ S$; 同时有$\langle a, b\rangle\in R$ 和$\langle b, c\rangle\in T$, 得$\langle a, c\rangle\in R\circ T$, 因此, $\langle a, c\rangle\in R\circ S\cap R\circ T$. 这样, 就证明了 $R\circ(S\cap T)\subseteq R\circ S\cap R\circ T$.

此包含可能是真包含. 举反例说明.

如果 $A=\{a\}$, $B=\{b_1, b_2, b_3\}$, $C=\{c\}$, A 到 B 的关系 $R=\{\langle a, b_1\rangle, \langle a, b_2\rangle\}$, B 到 C 的关系 $S=\{\langle b_1, c\rangle, \langle b_3, c\rangle\}$, $T=\{\langle b_2, c\rangle, \langle b_3, c\rangle\}$. 那么, $R\circ(S\cap T)=\varnothing$, $R\circ S\cap R\circ T=\{\langle a, c\rangle\}$. 此时 $R\circ(S\cap T)\neq R\circ S\cap R\circ T$.

由于关系的合成满足结合律, 关系 R 与自身的合成运算是一个新关系 $R\circ R$, 可以表示为 R^2, 同理 $R\circ R\circ R$, 可以表示为 R^3, 一般地, 我们可以定义关系的幂.

定义 2.2.2 设 R 是集合 A 上的二元关系, n 为自然数, 则 R 的 n 次幂记为 R^n, 定义如下:

(1) R^0 为 A 上的恒等关系, 即 $R^0=\{\langle x, x\rangle \mid x\in A\}$;

(2) $R^n=R^{n-1}\circ R$.

由定义可以知道, R^0 就是 A 上的恒等关系 I_A, 易证下列等式成立:

$$R \circ R^0 = R = R^0 \circ R.$$

由此等式立即可以得到

$$R^1 = R^0 \circ R = R.$$

在有限集合 A 上，给定了关系 R 和自然数 n，求 R^n 可以有 3 种方法，即集合运算、关系矩阵和关系图法.

用集合运算法就是先计算 $R \circ R = R^2$，然后再计算 $R^2 \circ R = R^3, \cdots, R^{n-1} \circ R = R^n$.

例 2.2.5 设 $A=\{a, b, c, d\}$, $R=\{\langle a, b\rangle, \langle b, c\rangle, \langle c, d\rangle, \langle a, c\rangle, \langle d, d\rangle\}$，求 R^0, R^1, R^2, R^3, R^4 和 R^5.

解 R 的各次幂为

$$R^0=\{\langle a, a\rangle, \langle b, b\rangle, \langle c, c\rangle, \langle d, d\rangle\}=I_A,$$
$$R^1=R=\{\langle a, b\rangle, \langle b, c\rangle, \langle c, d\rangle, \langle a, c\rangle, \langle d, d\rangle\},$$
$$R^2=R \circ R=\{\langle a, c\rangle, \langle a, d\rangle, \langle b, d\rangle, \langle c, d\rangle, \langle d, d\rangle\},$$
$$R^3=R^2 \circ R=\{\langle a, d\rangle, \langle b, d\rangle, \langle c, d\rangle, \langle d, d\rangle\},$$
$$R^4=R^5=R^3.$$

如果用关系矩阵的方法，就是先找出 R 的关系矩阵 M_R，然后计算 R^n 的关系矩阵为

$$M_R^n = M_R \times M_R \times \cdots \times M_R.$$

例 2.2.5 中 R^3 的关系矩阵为

$$M_R \times M_R \times M_R = \begin{bmatrix} 0 & 1 & 1 & 0 \\ 0 & 0 & 1 & 0 \\ 0 & 0 & 0 & 1 \\ 0 & 0 & 0 & 1 \end{bmatrix} \times \begin{bmatrix} 0 & 1 & 1 & 0 \\ 0 & 0 & 1 & 0 \\ 0 & 0 & 0 & 1 \\ 0 & 0 & 0 & 1 \end{bmatrix} \times \begin{bmatrix} 0 & 1 & 1 & 0 \\ 0 & 0 & 1 & 0 \\ 0 & 0 & 0 & 1 \\ 0 & 0 & 0 & 1 \end{bmatrix} = \begin{bmatrix} 0 & 0 & 0 & 1 \\ 0 & 0 & 0 & 1 \\ 0 & 0 & 0 & 1 \\ 0 & 0 & 0 & 1 \end{bmatrix}.$$

所以，有 $R^3=\{\langle a, d\rangle, \langle b, d\rangle, \langle c, d\rangle, \langle d, d\rangle\}$.

如果用关系图的方法，可以直接由图 G_R 得到 R^n 的关系图 G'. G'的结点集与 G 相同.考虑 G_R 中的每个结点 x，如果存在从 x 出发长度为 n 的路径且终点为 y，那么 G'中有一条从 x 到 y 的有向边. 当把所有这样的有向边都找到以后，就得到图 G'.

例如，例 2.2.5 中 R^3 的关系图的寻找方法是，在 R 的关系图 G_R 中，从 a 出发长为 3 的路径为 $a\to b\to c\to d$, $a\to c\to d\to d$；从 b 出发长为 3 的路径为 $b\to c\to d\to d$；从 c 出发长为 3 的路径为 $c\to d\to d\to d$；从 d 出发长为 3 的路径为 $d\to d\to d\to d$. 所以，在 R^3 的关系图中共有 4 条有向边，即 $a\to d, b\to d, c\to d, d\to d$. 如图 2.7 所示.

图 2.7 给出了 R 的各次幂的关系图.

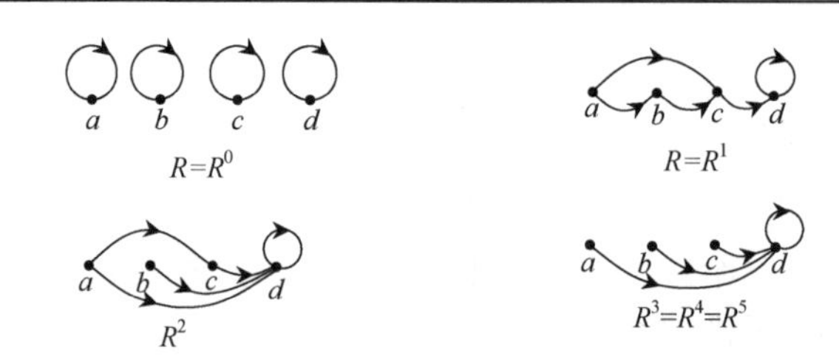

图 2.7

关于幂的运算有如下定理.

定理 2.2.4 设 R 是集合 A 上的二元关系, m, n 为自然数, 则下列等式成立.

(1) $R^m \circ R^n = R^{m+n}$;

(2) $(R^m)^n = R^{mn}$.

证明留给读者作为练习.

2.2.3 逆关系

定义 2.2.3 设 R 是从集合 A 到 B 的关系, 则关系 R 的**逆**或称 R 的**逆关系**记作 R^{-1}, 是从集合 B 到 A 的关系, 定义为

$$R^{-1}=\{\langle y, x\rangle \mid \langle x, y\rangle \in R\}.$$

利用关系 R 可以很容易地求出逆关系 R^{-1} 的 3 种形式.

把 R 中每个有序对的第一和第二分量都加以交换, 就可得到逆关系 R^{-1} 的所有元素, 即对 $x\in A$ 和 $y\in B$ 来说, 这意味着 xRy 当且仅当 $yR^{-1}x$.

把 R 的关系矩阵 M_R 的行和列交换即可得到 $M_{R^{-1}}$, 即

$$M_{R^{-1}} = M_R^{\mathrm{T}},$$

M_R^{T} 表示 M_R 的转置.

颠倒 R 的关系图中的每条有向边的方向, 就得到 R^{-1} 的关系图.

例 2.2.6 设集合 $A=\{a, b, c, d\}$, $B=\{2, 3, 4\}$, 从集合 A 到集合 B 的关系为

$$R=\{\langle a, 2\rangle, \langle a, 3\rangle, \langle b, 4\rangle, \langle c, 2\rangle, \langle d, 3\rangle\},$$

则关系 R 的逆关系 R^{-1} 为

$$R^{-1}=\{\langle 2, a\rangle, \langle 3, a\rangle, \langle 4, b\rangle, \langle 2, c\rangle, \langle 3, d\rangle\}.$$

关系图如图 2.8 所示.

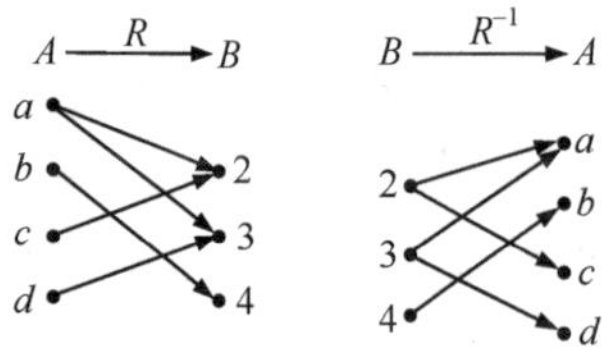

图 2.8

关于逆关系有如下性质.

定理 2.2.5 设 R 和 S 都是从集合 A 到 B 的二元关系, 则有

(1) $(R^{-1})^{-1}=R$;

(2) $(R\cap S)^{-1}=R^{-1}\cap S^{-1}$;

(3) $(R\cup S)^{-1}=R^{-1}\cup S^{-1}$;

(4) $(R-S)^{-1}=R^{-1}-S^{-1}$;

(5) $\overline{R}^{-1}=\overline{R^{-1}}$.

由逆关系的定义, 定理的证明很容易, 请读者自己完成.

定理 2.2.6 设 R 是从集合 A 到 B 的二元关系, S 是从集合 B 到 C 的二元关系, 则有

$$(R\circ S)^{-1}=S^{-1}\circ R^{-1}.$$

证 对于任意的 $\langle c, a\rangle\in(R\circ S)^{-1}$, 则 $\langle a, c\rangle\in R\circ S$, 由合成关系的定义, 存在 $b\in B$, 使得 $\langle a, b\rangle\in R$ 且 $\langle b, c\rangle\in S$, 从而有 $\langle c, b\rangle\in S^{-1}$ 且 $\langle b, a\rangle\in R^{-1}$, 因此, $\langle c, a\rangle\in S^{-1}\circ R^{-1}$, 即 $(R\circ S)^{-1}\subseteq S^{-1}\circ R^{-1}$.

同理可证: $S^{-1}\circ R^{-1}\subseteq(R\circ S)^{-1}$.

综上所述, $(R\circ S)^{-1}=S^{-1}\circ R^{-1}$.

2.3 关系的特性

在研究和使用各种关系时, 具有某些特性的关系起着特殊的作用, 这一节中将给予介绍.

定义 2.3.1 设 R 是 A 上的一个二元关系,

(1) 如果对于 A 中的任一 x, 都有 $\langle x, x\rangle\in R$, 那么称 R 是**自反的**.

(2) 如果对于 A 中的任一 x, 都有 $\langle x, x\rangle\notin R$, 那么称 R 是**反自反的**.

例 2.3.1 实数集合中, 关系 "$\leqslant$" 是自反的, 但不是反自反的. 因为对于任意的 x, 都有 $x\leqslant x$ 成立.

例 2.3.2 实数集合中, 关系 "$<$" 不是自反的, 但是反自反的. 因为在实数集中不存在 $x<x$.

例 2.3.3 设集合 $A=\{a, b, c\}$ 上的关系

$$R=\{\langle a, a\rangle, \langle a, b\rangle, \langle b, b\rangle, \langle c, b\rangle, \langle c, c\rangle\}.$$

此关系为自反的, 其关系图如图 2.9 所示, 关系矩阵为 M_R.

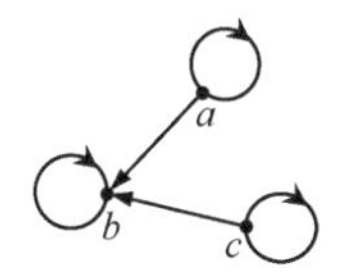

图 2.9

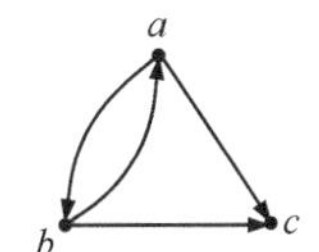

图 2.10

$$M_R=\begin{bmatrix}1&1&0\\0&1&0\\0&1&1\end{bmatrix}.$$

例 2.3.4　设集合 $A=\{a, b, c\}$上的关系

$$R=\{\langle a, b\rangle, \langle a, c\rangle, \langle b, a\rangle, \langle b, c\rangle\}.$$

此关系为反自反的, 关系图如图 2.10 所示, 其关系矩阵为 M_R.

$$M_R=\begin{bmatrix}0&1&1\\1&0&1\\0&0&0\end{bmatrix}.$$

自反性与反自反性具有如下特点:

自反性体现在集合上, 是自反关系 R 一定包含恒等关系, 即 $I_A\subseteq R$. 体现在关系矩阵上, 是主对角线上元素全为 1. 体现在关系图上, 是每一个结点都有自回路.

反自反性体现在集合上, 是自反关系 R 一定与 I_A 不相交, 即 $I_A\cap R=\varnothing$. 体现在关系矩阵上, 是主对角线上元素全为 0. 体现在关系图上, 是每一个结点都无自回路.

需要说明的是, 非空集合 A 上的关系不是自反的, 并不一定是反自反的. 集合 A 上的关系可以是自反的, 反自反的, 或者既不是自反的也不是反自反的.

例 2.3.5　设 $A=\{1, 2, 3, 4\}$, 令

$$R_1=\{\langle 1, 1\rangle, \langle 1, 2\rangle, \langle 2, 2\rangle, \langle 2, 3\rangle, \langle 3, 3\rangle, \langle 4, 4\rangle\},$$
$$R_2=\{\langle 1, 2\rangle, \langle 2, 3\rangle, \langle 3, 1\rangle\},$$
$$R_3=\{\langle 1, 1\rangle, \langle 1, 2\rangle, \langle 2, 2\rangle, \langle 2, 3\rangle\},$$

则 R_1 是自反的, R_2 是反自反的, R_3 既不是自反的也不是反自反的.

定义 2.3.2　设 R 是 A 上的一个二元关系,

(1) 对于 A 中的任意 x, y, 如果$\langle x, y\rangle\in R$, 必有$\langle y, x\rangle\in R$, 那么称 R 是**对称的**.

(2) 对于 A 中的任意 x, y, 如果$\langle x, y\rangle\in R$ 且$\langle y, x\rangle\in R$, 必有 $x=y$, 那么称 R 是**反对称的**.

例 2.3.6　在人的集合上, “同学”关系是对称的, “父子”关系是反对称的.

例 2.3.7　实数集合中, 关系“$\leqslant$”和“$<$”都是反对称的.

例 2.3.8　设集合 $A=\{1, 2, 3\}$上的关系

$$R=\{\langle 1, 2\rangle, \langle 2, 1\rangle, \langle 1, 3\rangle, \langle 3, 1\rangle, \langle 1, 1\rangle\}.$$

此关系是对称的, 其关系图如图 2.11 所示, 关系矩阵为

$$M_R = \begin{bmatrix} 1 & 1 & 1 \\ 1 & 0 & 0 \\ 1 & 0 & 0 \end{bmatrix}.$$

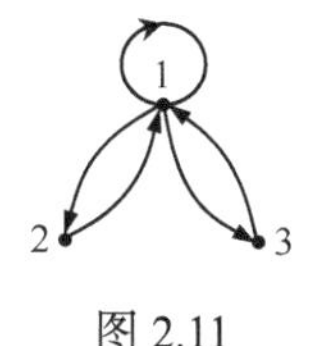

图 2.11

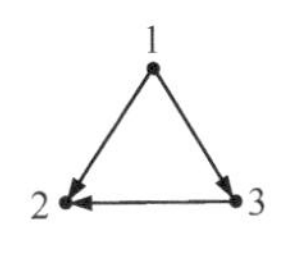

图 2.12

例 2.3.9 设集合 $A=\{1, 2, 3\}$上的关系

$$R=\{\langle 1, 2\rangle, \langle 1, 3\rangle, \langle 3, 2\rangle\}.$$

此关系是反对称的, 其关系图如图 2.12 所示, 关系矩阵为

$$M_R = \begin{bmatrix} 0 & 1 & 1 \\ 0 & 0 & 0 \\ 0 & 1 & 0 \end{bmatrix}.$$

对称性与反对称性具有如下特点:

对称性体现在集合上是关系 R 一定满足 $R^{-1}=R$; 关系矩阵为对称矩阵; 关系图上任意两个结点之间若有有向边, 则必为双向边.

反对称性体现在集合上是该关系 R 一定满足 $R^{-1}\cap R\subseteq I_A$; 关系矩阵关于主对角线对称的元素不能同时为 1; 关系图上任意两个结点之间若有有向边, 则必为单向边.

集合上的关系可以是对称的, 反对称的, 既是对称的又是反对称的, 也可以既不是对称的也不是反对称的.

例 2.3.10 设 $A=\{1, 2, 3\}$, R_1, R_2, R_3 和 R_4 都是 A 上的关系.

$$R_1=\{\langle 1, 1\rangle, \langle 2, 2\rangle\}, \quad R_2=\{\langle 1, 1\rangle, \langle 1, 2\rangle, \langle 2, 1\rangle\},$$

$$R_3=\{\langle 1, 2\rangle, \langle 1, 3\rangle\}, \quad R_4=\{\langle 1, 2\rangle, \langle 2, 1\rangle, \langle 1, 3\rangle\}.$$

说明 R_1, R_2, R_3 和 R_4 是否为 A 上对称和反对称的关系.

解 利用对称和反对称关系的特征, 容易判断其对称性.

R_1 既是对称的也是反对称的; R_2 是对称的但不是反对称的; R_3 是反对称的但不是对称的; R_4 既不是对称的也不是反对称的.

定义 2.3.3 设 R 是 A 上的一个二元关系, 对于 A 中任意 x, y, z, 如果$\langle x, y\rangle\in R$, $\langle y, z\rangle\in R$, 那么必有$\langle x, z\rangle\in R$, 则称 R 是**传递的**.

例 2.3.11 实数集合中, 关系"$\leqslant$"和"$<$"都是传递的.

例 2.3.12 设集合 $A=\{1, 2, 3, 4\}$上的关系 R 为

$$R=\{\langle 2, 2\rangle, \langle 4, 1\rangle, \langle 4, 3\rangle, \langle 4, 2\rangle, \langle 3, 3\rangle, \langle 3, 2\rangle, \langle 3, 1\rangle, \langle 2, 1\rangle\}.$$

此关系是传递的, 关系图如图 2.13 所示, 关系矩阵为

$$M_R=\begin{bmatrix}0&0&0&0\\1&1&0&0\\1&1&1&0\\1&1&1&0\end{bmatrix}.$$

传递性体现在集合上是关系 R 一定满足 $R\circ R\subseteq R$; 在关系矩阵中, 对任意的 $i, j, k\in\{1, 2, \cdots, n\}$, 如果有 $r_{ij}=1$ 且 $r_{jk}=1$, 则必有 $r_{ik}=1$; 在关系图中对任意结点 x, y, z, 如果存在从结点 x 到 y 的有向边和从 y 到 z 的有向边, 则必定有 x 到 z 的有向边.

以上我们介绍了关系的五种特性, 对于具体的关系, 它可能同时具有多种不同的特性.

图 2.13　　　图 2.14

例 2.3.13　设集合 $A=\{1, 2, 3, 4, 5\}$, R 是 A 上的关系, 定义为

$$R=\{\langle 1, 2\rangle, \langle 1, 3\rangle, \langle 1, 4\rangle, \langle 1, 5\rangle, \langle 2, 3\rangle, \langle 2, 4\rangle, \langle 2, 5\rangle,\langle 3, 4\rangle, \langle 3, 5\rangle, \langle 4, 5\rangle\}\cup I_A,$$

试判断 R 在 A 上具有何种特性?

解　写出关系矩阵 M_R, 作出关系图, 如图 2.14 所示.

$$M_R=\begin{bmatrix}1&1&1&1&1\\0&1&1&1&1\\0&0&1&1&1\\0&0&0&1&1\\0&0&0&0&1\end{bmatrix}.$$

(1) 因为对于任一 $x\in A$, $\langle x, x\rangle\in R$ (或 M_R 的主对角线元素都是 1, 或关系图中每个结点都有自回路), 故 R 具有自反性.

(2) 因为 $\langle 1, 2\rangle\in R$, 而 $\langle 2, 1\rangle\notin R$ (或 M_R 不是对称矩阵; 或关系图中每对结点都没有成对出现的方向相反的边), 故 R 不具有对称性.

(3) 因为 $R^{-1}\cap R=I_A\subseteq I_A$ (或 M_R 中当 $i\neq j$ 时, $m_{ij}=0$, 则 $m_{ji}=1$, 或关系图中每对结点没有成对的有向边), 故 R 具有反对称性.

(4) 因为不难验证 $R\circ R=R\subseteq R$ (或关系图中 $\forall a, b, c\in A$, a 到 b 有有向边, b 到 c

有有向边, a 到 c 有有向边), 故 R 具有传递性.

2.4　关系的闭包

本节讨论关系的一种新运算——闭包运算, 它可以把给定的关系用扩充一些有序对的方法得到具有某些特殊性质的新关系.

定义 2.4.1　设 R 是 A 上的二元关系, R 的**自反闭包**(**对称闭包、传递闭包**)是 A 上的二元关系 R', 且 R'满足以下条件:

(1) R'是自反的(对称的、传递的);

(2) $R\subseteq R'$;

(3) 设 R''是自反的(对称的、传递的), 如果 $R\subseteq R''$, 那么 $R'\subseteq R''$.

通常记 R 的自反闭包、对称闭包和传递闭包分别为: $r(R)$, $s(R)$, $t(R)$.

从定义可以看出, 已知一个集合上的二元关系 R, 则 $r(R)$, $s(R)$, $t(R)$是唯一的, 它是包含 R 的最小的自反(对称, 传递)关系. 如果关系 R 本身具有自反性(对称性, 传递性), 那么 R 的自反闭包(对称闭包, 传递闭包)就是 R 自身. 下面通过定理予以说明.

定理 2.4.1　设 R 是集合 A 上的二元关系, 则

(1) R 是自反的当且仅当 $r(R)=R$.

(2) R 是对称的当且仅当 $s(R)=R$.

(3) R 是传递的当且仅当 $t(R)=R$.

证　(1) 如果 R 是自反的, 因为 $R\supseteq R$, 且对于任何包含 R 的自反关系 R'', 有 $R''\supseteq R$, 故 R 满足自反闭包的定义, 即 $r(R)=R$.

反之, 如果 $r(R)=R$, 由定义 2.4.1, R 必是自反的.

(2) 和(3)的证明完全类似, 省略.

例 2.4.1　整数集合 **Z** 上的“$<$”关系的自反闭包是“$\leqslant$”关系, 对称闭包是“$\neq$”; 传递闭包为关系$<$自身.

若 R 不是自反的(对称的, 传递的), 则我们可以补上最少的有序对, 使之变为自反(对称、传递)关系, 从而得到 $r(R)$ ($s(R)$, $t(R)$). 下面几个定理给出了由给定关系 R, 构造 $r(R)$, $s(R)$和 $t(R)$的方法.

定理 2.4.2　设 R 是集合 A 上的二元关系, 则 $r(R)=R\cup I_A$.

证　设 $R'=R\cup I_A$, 显然, R'是自反的且 $R'\supseteq R$.

余下只需证明最小性, 现假设 R''是 A 上的自反关系且 $R''\supseteq R$. 因 R''是自反的, 所以 $R''\supseteq I_A$, 又 $R''\supseteq R$, 所以 $R''\supseteq R\cup I_A=R'$. 这样, 定义 2.4.1 都满足, 所以, $R'=r(R)$.

例 2.4.2 设$A=\{a, b, c, d\}$, $R=\{\langle a, b\rangle, \langle b, a\rangle, \langle b, c\rangle, \langle c, d\rangle, \langle d, b\rangle\}$, 求$R$的自反闭包$r(R)$.

解 由定理 2.4.2 得

$$\begin{aligned} r(R)&=R\cup I_A\\ &=\{\langle a, b\rangle, \langle b, a\rangle, \langle b, c\rangle, \langle c, d\rangle, \langle d, b\rangle\}\cup\{\langle a, a\rangle, \langle b, b\rangle, \langle c, c\rangle, \langle d, d\rangle\}\\ &=\{\langle a, b\rangle, \langle b, a\rangle, \langle b, c\rangle, \langle c, d\rangle, \langle d, b\rangle, \langle a, a\rangle, \langle b, b\rangle, \langle c, c\rangle, \langle d, d\rangle\}. \end{aligned}$$

定理 2.4.3 设R是集合A上的二元关系, 则$s(R)=R\cup R^{-1}$.

证 设$R'=R\cup R^{-1}$, 显然, $R'\supseteq R$. 又

$$R'^{-1}=(R\cup R^{-1})^{-1}=R^{-1}\cup(R^{-1})^{-1}=R^{-1}\cup R=R',$$

故R'是对称的. 现假设R''是对称的且$R''\supseteq R$, 我们证明$R''\supseteq R'$. 设$\langle a, b\rangle\in R\cup R^{-1}$, 如果 $\langle a, b\rangle\in R$, 那么根据前提有$\langle a, b\rangle\in R''$. 如果$\langle a, b\rangle\in R^{-1}$, 那么$\langle b, a\rangle\in R$, 所以$\langle b, a\rangle\in R''$, 但$R''$是对称的, 因此$\langle a, b\rangle\in R''$, 这得出$R\cup R^{-1}\subseteq R''$. 这样, 定义 2.4.1 都满足. 所以, $s(R)=R\cup R^{-1}$.

例 2.4.3 求例 2.4.2 中R的对称闭包$s(R)$.

解 由定理 2.4.3 得

$$\begin{aligned} s(R)&=R\cup R^{-1}\\ &=\{\langle a, b\rangle, \langle b, a\rangle, \langle b, c\rangle, \langle c, d\rangle, \langle d, b\rangle\}\cup\{\langle b, a\rangle, \langle a, b\rangle, \langle c, b\rangle, \langle d, c\rangle, \langle b, d\rangle\}\\ &=\{\langle a, b\rangle, \langle b, a\rangle, \langle b, c\rangle, \langle c, d\rangle, \langle d, b\rangle, \langle c, b\rangle, \langle d, c\rangle, \langle b, d\rangle\}. \end{aligned}$$

定理 2.4.4 设R是集合A上的二元关系, 则

$$t(R)=\bigcup_{i=1}^{\infty}R^i=R\cup R^2\cup R^3\cup\cdots.$$

证 证明分两部分.

(1) 证明$\bigcup_{i=1}^{\infty}R^i\subseteq t(R)$.

利用数学归纳法, 我们先证明: 对任一正整数n, 都有$R^n\subseteq t(R)$.

当$n=1$时, 由传递闭包的定义可知$R\subseteq t(R)$. 假设$n\geqslant 1$时$R^n\subseteq t(R)$. 设$\langle a, b\rangle\in R^{n+1}$, 因为$R^{n+1}=R^n\circ R$, 存在$c\in A$, 使得$\langle a, c\rangle\in R^n$和$\langle c, b\rangle\in R$. 根据归纳假设, $\langle a, c\rangle\in t(R)$和$\langle c, b\rangle\in t(R)$. 因为$t(R)$是传递的, 故$\langle a, b\rangle\in t(R)$. 这证明了$R^{n+1}\subseteq t(R)$. 所以, 对一切$n>0$, $R^n\subseteq t(R)$. 再者, 若$\langle a, b\rangle$是$\bigcup_{i=1}^{\infty}R^i$的任意元素, 则存在某一个正整数$n$, 使得$\langle a, b\rangle\in R^n$, 但$R^n\subseteq t(R)$, 所以$\langle a, b\rangle\in t(R)$. 故$\bigcup_{i=1}^{\infty}R^i\subseteq t(R)$.

(2) 证明 $t(R)\subseteq\bigcup_{i=1}^{\infty}R^i$.

先证明 $\bigcup_{i=1}^{\infty}R^i$ 是传递的. 设 $\langle a, b\rangle$ 和 $\langle b, c\rangle$ 是 $\bigcup_{i=1}^{\infty}R^i$ 的元素, 则存在正整数 $s\geqslant 1, t\geqslant 1$ 使得 $\langle a, b\rangle\in R^s$ 和 $\langle b, c\rangle\in R^t$, 由合成关系的定义知 $\langle a, c\rangle\in R^s\circ R^t$, 而 $R^s\circ R^t=R^{s+t}$, 这样 $\langle a, c\rangle\in\bigcup_{i=1}^{\infty}R^i$. 所以, $\bigcup_{i=1}^{\infty}R^i$ 是传递的, 因为 $t(R)$ 是包含 R 的传递关系中的最小者, 故有 $t(R)\subseteq\bigcup_{i=1}^{\infty}R^i$.

对于有限集合, 还有如下简单结论.

定理 2.4.5　设 R 是有限集合 A 上的二元关系, $|A|=n$, 则

$$t(R)=\bigcup_{i=1}^{n}R^i=R\cup R^2\cup\cdots\cup R^n.$$

证　设 $\langle x, y\rangle\in t(R)$, 则必存在最小的正整数 k, 使得 $\langle x, y\rangle\in R^k$. 现证明 $k\leqslant n$. 若不然, 存在 A 的元素序列 $x=a_0, a_1, a_2, \cdots, a_{k-1}, a_k=y$, 使得 $xRa_1, a_1Ra_2, \cdots, a_{k-1}Ry$. 因为 $k>n$, $a_0, a_1, a_2, \cdots, a_{k-1}, a_k$ 中必有相同者, 不妨设 $a_i=a_j$, $0\leqslant i<j\leqslant k$. 于是

$$xRa_1, a_1Ra_2, \cdots, a_{i-1}Ra_i, a_jRa_{j+1}, \cdots, a_{k-1}Ry$$

成立, 即 $\langle x, y\rangle\in R^s$, 这里 $s=k-(j-i)$, 但这与 k 是最小的假设矛盾, 于是 $k\leqslant n$, 又 $\langle x, y\rangle$ 是任意的, 故定理得证.

例 2.4.4　求例 2.4.2 中 R 的传递闭包 $t(R)$.

解　集合 A 有 4 个元素, 依次计算出 R 的幂 R^1, R^2, R^3, R^4 为

$R^1=\{\langle a, b\rangle, \langle b, a\rangle, \langle b, c\rangle, \langle c, d\rangle, \langle d, b\rangle\}$;

$R^2=\{\langle a, a\rangle, \langle b, b\rangle, \langle a, c\rangle, \langle b, d\rangle, \langle c, b\rangle, \langle d, a\rangle, \langle d, c\rangle\}$;

$R^3=\{\langle a, b\rangle, \langle a, d\rangle, \langle b, a\rangle, \langle b, c\rangle, \langle b, b\rangle, \langle c, a\rangle, \langle c, c\rangle, \langle d, b\rangle, \langle d, d\rangle\}$;

$R^4=\{\langle a, a\rangle, \langle a, b\rangle, \langle a, c\rangle, \langle b, a\rangle, \langle b, b\rangle, \langle b, c\rangle, \langle b, d\rangle, \langle c, b\rangle, \langle c, d\rangle, \langle d, a\rangle, \langle d, b\rangle, \langle d, c\rangle\}$.

由定理 2.4.5 得 R 的传递闭包为

$$\begin{aligned}t(R)&=R\cup R^2\cup R^3\cup R^4\\&=\{\langle a, b\rangle, \langle b, a\rangle, \langle b, c\rangle, \langle c, d\rangle, \langle d, b\rangle, \langle a, a\rangle, \langle b, b\rangle, \langle a, c\rangle, \langle b, d\rangle, \langle c, b\rangle, \langle d, a\rangle, \langle d, c\rangle,\\&\quad\langle a, d\rangle, \langle c, a\rangle, \langle c, c\rangle, \langle d, d\rangle\}.\end{aligned}$$

将上述定理中计算闭包的公式转换成矩阵表示的形式, 就得到求闭包的矩阵方法. 设关系 $R, r(R), s(R), t(R)$ 的关系矩阵分别为 M_R, M_r, M_s, M_t, 则

(1) $M_r=M_R+E$;

(2) $M_s=M_R+M_R^{\mathrm{T}}$;

(3) $M_t=M_R+M_R^2+M_R^3+\cdots$.

其中 E 为同阶的单位矩阵，上述加法仍为布尔加法运算.

在上述各例中，3 个闭包的关系矩阵分别为

$$M_r=\begin{bmatrix}0&1&0&0\\1&0&1&0\\0&0&0&1\\0&1&0&0\end{bmatrix}+\begin{bmatrix}1&0&0&0\\0&1&0&0\\0&0&1&0\\0&0&0&1\end{bmatrix}=\begin{bmatrix}1&1&0&0\\1&1&1&0\\0&0&1&1\\0&1&0&1\end{bmatrix},$$

$$M_s=\begin{bmatrix}0&1&0&0\\1&0&1&0\\0&0&0&1\\0&1&0&0\end{bmatrix}+\begin{bmatrix}0&1&0&0\\1&0&0&1\\0&1&0&0\\0&0&1&0\end{bmatrix}=\begin{bmatrix}0&1&0&0\\1&0&1&1\\0&1&0&1\\0&1&1&0\end{bmatrix},$$

$$M_t=\begin{bmatrix}0&1&0&0\\1&0&1&0\\0&0&0&1\\0&1&0&0\end{bmatrix}+\begin{bmatrix}1&0&1&0\\0&1&0&1\\0&1&0&0\\1&0&1&0\end{bmatrix}+\begin{bmatrix}0&1&0&1\\1&1&1&0\\1&0&1&0\\0&1&0&1\end{bmatrix}+\begin{bmatrix}1&1&1&0\\1&1&1&1\\0&1&0&1\\1&1&1&0\end{bmatrix}=\begin{bmatrix}1&1&1&1\\1&1&1&1\\1&1&1&1\\1&1&1&1\end{bmatrix}.$$

设关系 $R, r(R), s(R), t(R)$的关系图分别记为 G_R, G_r, G_s, G_t，则 G_r, G_s, G_t的结点集与 G_R的结点集相等，除了 G_R的边以外，通过下述添加新边的方法可得闭包的关系图.

(1) 考察 G_R的每个结点，如果结点没有环就添加上一个环，最终得到 G_r;

(2) 考察 G_R的每一条边，如果有一条 x_i到 x_j的单向边，$i\neq j$，则在 G 中加一条从 x_j到 x_i的反方向边，最终得到 G_s;

(3) 考察 G_R的每个结点 x_i，找出从 x_i出发的所有 2 步，3 步，…，n 步长的路径（n 为 G_R 中的顶点数）. 设路径的终点为 x_{j_1}, x_{j_2}，…，x_{j_p}，如果没有从 x_i 到 x_{j_p} (p=1, 2，…，k)的边，就加上这条边，当检查完所有的结点后就得到图 G_t.

上述各例中使用上述方法直接从 R 的关系图 G_R得到 $r(R), s(R), t(R)$的关系图，如图 2.15 所示.

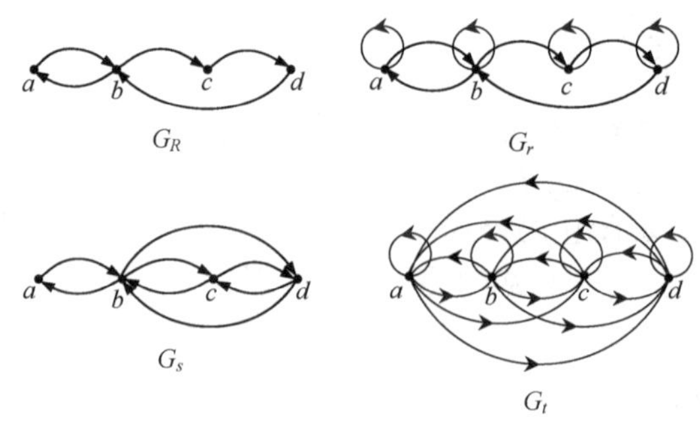

图 2.15

需要说明的是，如果关系 R 是自反的和对称的，那么经过求闭包的运算以后所得到的关系仍是自反的和对称的. 但是对于传递性则不然. 它的自反闭包仍旧保持传递性，而对称闭包就有可能失去传递性.

例 2.4.5　设 $A=\{1, 2, 3\}$, $R=\{\langle 2, 3\rangle\}$是 A 上的传递关系, R 的对称闭包 $s(R)=\{\langle 2, 3\rangle, \langle 3, 2\rangle\}$. 显然 $s(R)$不再是 A 上的传递关系.

对于不同关系的闭包，它们之间有如下关系.

定理 2.4.6　设 R_1 和 R_2 为集合 A 上的二元关系，如果 $R_1 \subseteq R_2$，那么

(1) $r(R_1) \subseteq r(R_2)$;

(2) $s(R_1) \subseteq s(R_2)$;

(3) $t(R_1) \subseteq t(R_2)$.

证　(3) 先用数学归纳法证明，对于任意正整数 n，都有 $R_1^n \subseteq R_2^n$.

当 $n=1$ 时，结论显然成立.

假设对于 $n=k$ 时，$R_1^k \subseteq R_2^k$. 当 $n=k+1$ 时，设$\langle x, y\rangle \in R_1^{k+1}$，则存在 $z\in A$，使得$\langle x, z\rangle \in R_1^k$, $\langle z, y\rangle \in R_1$，从而有$\langle x, z\rangle \in R_2^k$, $\langle z, y\rangle \in R_2$，故$\langle x, y\rangle \in R_2^{k+1}$，所以，$R_1^{k+1} \subseteq R_2^{k+1}$. 因此对于任意的正整数 n，都有 $R_1^n \subseteq R_2^n$. 从而 $t(R_1)=\bigcup_{i=1}^{\infty} R_1^i \subseteq \bigcup_{i=1}^{\infty} R_2^i = t(R_2)$.

其余证明留给读者作为练习.

关系通过闭包运算得到了满足某种性质的新关系，当然还可以再进行闭包运算，那么求关系的闭包与闭包运算的次序是否有关系？定理 2.4.7 将说明这个问题.

定理 2.4.7　设 R 为集合 A 上的二元关系，那么

(1) $rs(R)=sr(R)$;

(2) $tr(R)=rt(R)$;

(3) $st(R) \subseteq ts(R)$.

证　由闭包的计算公式，可得

(1) $rs(R)=r(R\cup R^{-1})=I_A\cup R\cup R^{-1}$
$=(I_A\cup R)\cup(I_A\cup R)^{-1}=s(I_A\cup R)$
$=sr(R)$.

(2) 由于 $I_A\circ R=R\circ I_A=R$，并且对于任意正整数 n，都有 $I_A^n=I_A$，从而可得

$$(R\cup I_A)^n=I_A\cup\bigcup_{i=1}^{n} R^i .$$

于是

$$tr(R)=t(I_A\cup R)=\bigcup_{i=1}^{\infty}(I_A\cup R)^i=\bigcup_{i=1}^{\infty}\left(I_A\cup\bigcup_{j=1}^{i} R^j\right)$$

$$=I_A \cup \bigcup_{i=1}^{\infty} R^i = I_A \cup t(R) = rt(R).$$

(3) 由于 $R \subseteq s(R)$, 所以 $t(R) \subseteq ts(R)$. 于是可得 $st(R) \subseteq sts(R)$. 因为 $ts(R)$是对称的, 所以 $sts(R)=ts(R)$, 从而 $st(R) \subseteq ts(R)$.

例 2.4.6 设 $A=\{a, b, c\}$, $R=\{\langle a, b\rangle, \langle c, c\rangle\}$, 则

(1) $rs(R)=r\{\langle a, b\rangle, \langle b, a\rangle, \langle c, c\rangle\}=\{\langle a, b\rangle, \langle b, a\rangle, \langle c, c\rangle, \langle a, a\rangle, \langle b, b\rangle\}$;

$sr(R)=s\{\langle a, b\rangle, \langle c, c\rangle, \langle a, a\rangle, \langle b, b\rangle\}=\{\langle a, b\rangle, \langle b, a\rangle, \langle c, c\rangle, \langle a, a\rangle, \langle b, b\rangle\}=rs(R)$.

(2) $rt(R)=r\{\langle a, b\rangle, \langle c, c\rangle\}=\{\langle a, b\rangle, \langle c, c\rangle, \langle a, a\rangle, \langle b, b\rangle\}$;

$tr(R)=t\{\langle a, b\rangle, \langle c, c\rangle, \langle a, a\rangle, \langle b, b\rangle\}=\{\langle a, b\rangle, \langle c, c\rangle, \langle a, a\rangle, \langle b, b\rangle\}=rt(R)$.

(3) $ts(R)=t\{\langle a, b\rangle, \langle c, c\rangle, \langle b, a\rangle\}=\{\langle a, b\rangle, \langle c, c\rangle, \langle b, a\rangle, \langle a, a\rangle, \langle b, b\rangle\}$.

$st(R)=s\{\langle a, b\rangle, \langle c, c\rangle\}=\{\langle a, b\rangle, \langle c, c\rangle, \langle b, a\rangle\}$.

显然 $ts(R) \neq st(R)$, 但 $st(R) \subseteq ts(R)$.

2.5 次序关系

在集合上, 我们常常要考虑元素之间的次序关系, 如数集上的小于等于关系, 全集中子集合之间的包含关系, 整数集合中的整除关系等. 偏序关系提供了一种比较集合中元素的方法.

2.5.1 偏序集

定义 2.5.1 如果集合 A 上的二元关系 R 是自反的、反对称的和传递的, 那么称 R 为 A 上的**偏序**, 或 R 是 A 上的**偏序关系**, 称序偶(A, R)为**偏序集**.

如果 R 是偏序, (A, R)常记为$(A, \leqslant)$, $\leqslant$是偏序符号, 读作“小于或者等于”, 这里的“小于或者等于”不是指数的大小, 而是指它们在偏序中的位置先后. R是偏序时, aRb 就记为 $a \leqslant b$.

如果R是集合A上的偏序, 那么R^{-1}也是集合A上的偏序; 如果用$\leqslant$表示R, 那么可用$\geqslant$表示 R^{-1}. $(A, \leqslant)$和$(A, \geqslant)$都是偏序集, 并互为对偶.

例 2.5.1 实数集 $\mathbf{R}$ 上的数的小于或者等于关系“$\leqslant$”是偏序关系, $(\mathbf{R}, \leqslant)$是偏序集.

例 2.5.2 对任意集合 A, 幂集$\rho(A)$上的包含关系“$\subseteq$”是自反的、反对称的和传递的, 因此它是偏序关系, $(\rho(A), \subseteq)$是偏序集.

例 2.5.3 给定集合 $A=\{2, 3, 6, 8\}$, 令 $R=\{(x, y) \mid x$ 整除 $y\}$, 则

$$R=\{(2, 2), (3, 3), (6, 6), (8, 8), (2, 6), (2, 8), (3, 6)\}$$

为偏序关系, (A, R)是偏序集.

对于有限的偏序集可以用关系图来表示. 利用偏序关系的自反性、反对称性和传递性可以简化一个偏序关系的关系图, 得到偏序集的哈斯 (Hasse) 图. 为了说明哈斯图的画法, 首先定义偏序集中结点的覆盖关系.

定义 2.5.2　设$(A, \leqslant)$为偏序集, 对于A中元素x, y, 如果$x\leqslant y$或者$y\leqslant x$成立, 那么称x与y是**可比较的**. 如果$x\prec y$ (即$x\leqslant y$且$x\neq y$), 且不存在$z\in A$使得$x\prec z\prec y$, 那么称y**覆盖**x.

例 2.5.4　设$(A, \leqslant)$为偏序集, 其中$A=\{1, 2, 3, 4, 6\}$, $\leqslant$为整除关系. 则对于任意$x\in A$都有$1\leqslant x$, 所以, 1 和 2, 3, 4, 6 都是可比的, 但是 2 不能整除 3, 3 也不能整除 2, 所以 2 和 3 是不可比的. 对于 1 和 2 来说, $1\prec 2$, 并且不存在$z\in A$使得 1 整除z且z整除 2, 所以 2 覆盖 1. 类似分析可得 3 覆盖 1, 6 都覆盖 3, 4 和 6 都覆盖 2; 但 4, 6 都不覆盖 1, 因为有$1\prec 2\prec 4$和$1\prec 3\prec 6$; 6 也不覆盖 4, 因为$4\prec 6$不成立.

偏序集$(A, \leqslant)$的哈斯图的画法如下:

(1) 用“•”表示A中的结点, 由于$(A, \leqslant)$具有自反性, 每个结点都有自回路, 因此将每个结点的自回路省去.

(2) 适当排列结点的顺序, 对于A中的两个不同元素x和y, 如果y覆盖x, 将x画在y的下方, 用一条线段连接x和y, 并且箭头向上. 若y不覆盖x, 但又存在$\leqslant$关系, 那么必能通过x和y之间的其他中间结点把x和y联接起来, 此时y和x并不用线段连接.

(3) 所有边的方向均是向上的, 所以实际画时, 箭头均可省去.

例 2.5.5　集合$A=\{1, 2, 3, 4, 5, 6, 7, 8, 9\}$的整除关系$R$是偏序的, 偏序集$(A, R)$的哈斯图如图 2.16 所示.

例 2.5.6　设$A=\{a, b, c\}$, 则$\rho(A)$上的$\subseteq$关系是偏序关系, 偏序集$(\rho(A), \subseteq)$的哈斯图如图 2.17 所示.

例 2.5.7　已知偏序集(A, R)的哈斯图如图 2.18 所示, 试写出集合A和关系R的表达式.

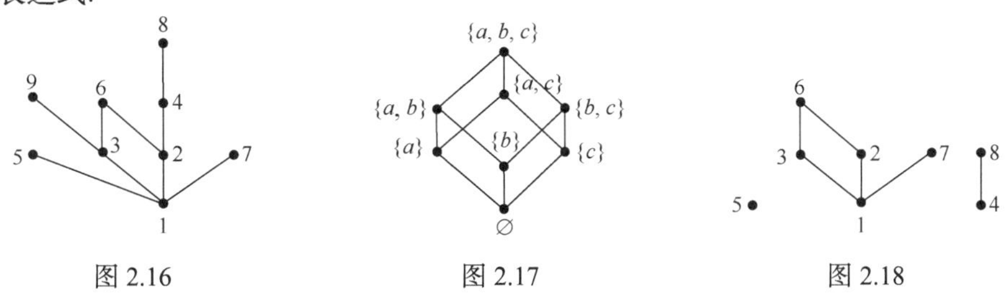

图 2.16　　图 2.17　　图 2.18

解　$A=\{1, 2, 3, 4, 5, 6, 7, 8\}$;

$R=\{(1, 2), (1, 3), (1, 6), (1, 7), (2, 6), (3, 6), (4, 8)\}\cup I_A$.

定义 2.5.3 如果集合 A 上的关系 R 是传递的和反自反的, 那么 R 称为 A 上的**拟序关系**, (A, R) 称为**拟序集**, 常用 $<$ 表示拟序.

例 2.5.8 实数集中数的小于关系 $<$ 是拟序关系.

例 2.5.9 集合 A 的幂集 $\rho(A)$ 上的真包含关系 "$\subset$" 是拟序关系.

拟序的定义中没有明确指出其满足反对称性, 但很容易证明拟序具有反对称性.

定理 2.5.1 集合 A 上的关系 R 是拟序关系, 则 R 必为反对称的.

证 用反证法. 设 R 不是反对称的, 则至少存在两个元素 $x, y\in A$, 使得当 $(x, y)\in R$ 时, 必有 $(y, x)\in R$. 由于 R 是拟序关系, 则它是传递的, 因此有 $(x, x)\in R$, 这与 R 是反自反的矛盾, 故 R 是反对称的.

由定理 2.5.1 可知, 拟序关系实际上是满足反自反性、反对称性和传递性的关系. 同时拟序关系与偏序关系之间也有一定的联系, 即偏序是拟序的扩充, 而拟序是偏序的缩减. 下面定理给出二者之间的关系.

定理 2.5.2 设 R 是集合 A 上的关系, 则

(1) 如果 R 是拟序关系, 那么 $r(R)=R\cup I_A$ 是偏序;

(2) 如果 R 是偏序关系, 那么 $R-I_A$ 是一拟序.

证明从略.

仔细分析偏序关系会发现有两类不同的偏序关系, 如例 2.5.1 中, 实数集 **R** 上的任意两个数在关系 "$\leqslant$" 下, 都可以比较并能排成一个序列; 而例 2.5.3 中, 在整除关系下, 有些元素不能比较, 所有元素也不能按整除关系排成一个序列, 因此有必要对偏序关系作进一步的区分.

定义 2.5.4 在偏序集 $(A, \leqslant)$ 中, 如果对于任意 $a, b\in A$, 都有 $a\leqslant b$ 或者 $b\leqslant a$, 那么 $\leqslant$ 称为 A 上的**全序关系**, 这时的序偶 $(A, \leqslant)$ 称为**全序集**或**链**.

全序集的哈斯图是一竖立的结点序列, 每一相邻结点都用一条弧连通.

例 2.5.10 设 $P=\{\varnothing,\{a\},\{a, b\},\{a, b, c\}\}$, 则 $(P, \subseteq)$ 是全序集, 其哈斯图如图 2.19 所示. 而集合 $A=\{a, b, c\}$ 的幂集 $\rho(A)$ 上的 $\subseteq$ 关系是偏序关系而非全序关系.

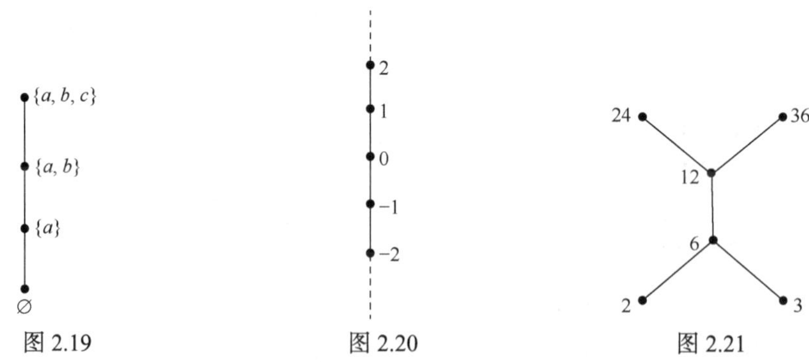

图 2.19　　图 2.20　　图 2.21

例 2.5.11　**Z** 为整数集，则($\mathbf{Z}$, ≤)是全序集，其哈斯图如图 2.20 所示.

2.5.2　偏序集中的特殊元素

从哈斯图中可以看到偏序集中各个元素处于不同层次的位置，而偏序集中有一些特殊的元素.

定义 2.5.5　设(A, ≤)为偏序集，$B \subseteq A$，$b \in B$：

(1) 如果对于任意 $x \in B$，都有 $x \leqslant b$ 成立，那么 b 称为 B 的**最大元**.

(2) 如果对于任意 $x \in B$，都有 $b \leqslant x$ 成立，那么 b 称为 B 的**最小元**.

例 2.5.12　设 $A=\{2, 3\ 6, 12, 24, 36\}$ 中的偏序关系≤是"整除"关系，其哈斯图如图 2.21 所示.

(1) 如果 $B=\{2, 6, 12, 24\}$，那么 2 是 B 的最小元，24 是 B 的最大元.

(2) 如果 $B=\{2, 3\}$，因为 2 和 3 互相不能整除，所以 B 没有最小元和最大元.

(3) 如果 $B=\{6\}$，那么 6 是 B 的最大元，也是 B 的最小元.

(4) 如果 $B=\{2, 3, 6\}$，那么 B 没有最小元，6 是 B 的最大元.

(5) 如果 $B=\{6, 12, 24, 36\}$，那么 B 没有最大元，6 是 B 的最小元.

定理 2.5.3　设(A, ≤)是一偏序集且 $B \subseteq A$，如果 B 有最大(最小)元，那么它是唯一的.

证　假设 a 和 b 都是 B 的最大元，那么 $a \leqslant b$ 且 $b \leqslant a$. 由≤的反对称性得到 $a=b$.

对于最小元的情况类似可证.

定义 2.5.6　设(A, ≤)为偏序集，B 是 A 的子集.

(1) 如果 $b \in B$ 且 B 中不存在元素 x，使得 $b \neq x$ 且 $b \leqslant x$，那么元素 b 称为 B 的**极大元**.

(2) 如果 $b \in B$ 且 B 中不存在元素 x，使得 $b \neq x$ 且 $x \leqslant b$，那么元素 b 称为 B 的**极小元**.

例 2.5.13　考虑例 2.5.7 中的偏序集(A, ≤)，求 A 的极大元、极小元、最大元、最小元.

解　由该偏序集的哈斯图可知，A 没有最小元与最大元. 极小元为 5, 1, 4；极大元为 5, 6, 7, 8；其中 5 为孤立结点，它与其他元素都不可比，所以 5 既是极小元也是极大元.

由这个例子可以知道，哈斯图中的孤立结点既是极小元也是极大元.

从以上定义可以看出，最小元与极小元是不一样的. 最小元是 B 中最小的元素，它与 B 中其他元素都可比，而极小元不一定与 B 中元素都可比，只要没有比它小的元素，它就是极小元. 对于有限集合 B，极小元一定存在，但最小元不一定存在. 最小元如果存在，一定是唯一的，但极小元可能有多个. 如果 B 中只有一个极小元, 那么它一定是 B 的最小元. 如果 B 中有最小元, 那么它一定是 B 的唯一的极小元.

类似地, 极大元与最大元也有这种区别和联系.

定义 2.5.7 设$(A, \leqslant)$是一偏序集, B 是 A 的子集, $a \in A$.

(1) 如果对于每一 $b \in B$, $b \leqslant a$, 那么元素 a 称为 B 的**上界**.

(2) 如果对于每一 $b \in B$, $a \leqslant b$, 那么元素 a 称为 B 的**下界**.

(3) 如果令 $C=\{y \mid y$ 为 B 的上界$\}$, 那么 C 的最小元称为 B 的**最小上界**或**上确界**, 记作 $\mathrm{lub}B$.

(4) 如果令 $D=\{y \mid y$ 为 B 的下界$\}$, 那么 D 的最大元称为 B 的**最大下界**或**下确界**, 记作 $\mathrm{glb}B$.

由以上定义可知, B 的最小元一定是 B 的下界, 同时也是 B 的最大下界. 同样地, B 的最大元一定是 B 的上界, 同时也是 B 的最小上界. 但反过来不一定正确, 即 B 的下界不一定是 B 的最小元, 因为它可能不是 B 中的元素. 同样地, B 的上界也不一定是 B 的最大元. 除此之外, B 的上界、下界、最小上界、最大下界都可能不存在. 如果存在, 那么最小上界与最大下界是唯一的.

例 2.5.14 考虑例 2.5.12 中的偏序集(哈斯图 2.21).

(1) 设 $B=\{24, 36\}$, 则 B 的下界是 12, 6, 2, 3, 最大下界是 12, 没有上界和最小上界.

(2) 设 $B=\{2, 3, 6\}$, 则 B 的上界是 6, 12, 24, 36, 最小上界是 6; 下界和最大下界都不存在.

(3) 设 $B=\{2, 3, 24, 36\}$, 则 B 的上界和下界, 最小上界和最大下界都不存在.

2.6 等 价 关 系

二元关系的另一重要类型是等价关系, 其定义如下.

定义 2.6.1 若集合 A 上的二元关系 R 是自反的、对称的和传递的, 则称 R 为**等价关系**. 若集合 A 中的元素 x, y 具有等价关系, 则称 x 等价于 y, 记作 $x \sim y$.

等价关系反映在关系图上, 有如下特征:

(1) 因为 R 具有自反性, 所以, 在 R 的关系图上, 每一结点都有一自回路.

(2) 因为 R 具有对称性, 所以, 在 R 的关系图上, 如果有从 a 到 b 的弧, 那么也有从 b 到 a 的弧.

(3) 因为 R 具有传递性, 所以, 在 R 的关系图上, 如果从 a 到 c 有一条路径, 那么从 a 到 c 有一条弧.

因此, 等价关系的的有向图的每一个分图是完全图(指每一结点都有一自回路, 每两结点间都有两条不同方向的边的图形). 利用这些特征可以较容易地判别等价关系.

例 2.6.1 数中的相等关系, 集合中的相等关系, 平面图形的“相似”关系都是等价关系.

例 2.6.2 大学全体学生组成的集合中的“同年级”关系是等价关系.

例 2.6.3 设 $A=\{1, 2, 3, 4, 5, 6, 7\}$, $R=\{\langle x, y\rangle \mid x, y\in A$ 且 $x-y$ 被 3 整除$\}$, 试验证 R 是等价关系, 画出 R 的关系图.

解 (1) $R=\{\langle 1, 1\rangle, \langle 1, 4\rangle, \langle 1, 7\rangle, \langle 2, 2\rangle, \langle 2, 5\rangle, \langle 3, 3\rangle, \langle 3, 6\rangle, \langle 4, 1\rangle, \langle 4, 4\rangle, \langle 4, 7\rangle, \langle 5, 5\rangle,$
$\langle 5, 2\rangle, \langle 6, 6\rangle, \langle 6, 3\rangle, \langle 7, 7\rangle, \langle 7, 4\rangle, \langle 7, 1\rangle\}$.

(2) R 的关系图如图 2.22 所示.

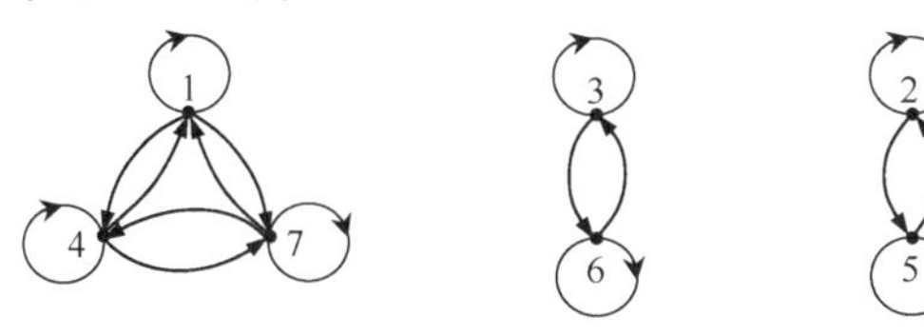

图 2.22

从关系图上可以看出: R 满足自反性、对称性和可传递性, 所以 R 是一等价关系.

将这个例子推广, 可得到整数集 **Z** 中的模同余关系.

定义 2.6.2 设 a 为整数, m 为正整数, 求 m 除 a 所得的余数的运算称为**模运算**. 记作 mod, 式子 $a \bmod m$ 中的正整数 m 称为**模**. 式子 $a \bmod m = r$ 读作“a 模 m 余 r”.

模运算就是取余运算, 它具有周期性的特点, 并且 m 越大, 其周期越长, 它的周期等于 m.

例如, $0 \bmod 8 = 0, 1 \bmod 8 = 1, 2 \bmod 8 = 2, 3 \bmod 8 = 3, \cdots, 7 \bmod 8 =7;$

$8 \bmod 8 = 0, 9 \bmod 8 = 1, 10 \bmod 8 = 2, 11 \bmod 8 = 3, \cdots.$

定义 2.6.3 给定正整数 m, 如果整数 a 与 b 之差 $a-b$ 能被 m 整除, 那么称 a 与 b **模** m **同余**, 写成

$$a\equiv b \pmod m,$$

整数 m 称为同余的**模数**.

如果整数 a 与 b 之差不能被 m 整除, 那么称 a 与 b 对于模 m 不同余, 或称 a 与 b 不同余, 记为 $a\not\equiv b \pmod m$.

例 2.6.4 (1) $87 \equiv 23 \pmod 4$, 因为 4 能整除 $87-23 = 64$.

(2) $72 \equiv -5 \pmod 7$, 因为 7 能整除 $72-(-5) = 77$.

(3) $49 \not\equiv 23 \pmod 5$，因为 5 不能整除 $49-23=26$.

(4) $-108 \equiv 0 \pmod{18}$, 因为 18 能整除$(-108)-0=-108$.

需要说明的是：假设 m 是正整数, a 是任意整数. 由带余除法可知, 存在整数 q 和 r $(0 \leqslant r < m)$, 使得 $a = mq+r$ 成立. 于是有下列关系成立:

$$mq = a - r \text{ 或 } m \mid (a-r) \text{ 或 } a \equiv r \pmod m.$$

由此, 下列两点成立:

(1) 任意整数 a 均与集合$\{0, 1, 2, \cdots, m-1\}$中的唯一整数模 m 同余, 此处的唯一性在于 m 不能整除集合中两个整数的差.

(2) 任意两个整数 a 和 b, 当且仅当它们经 mod m 运算后所得的余数相同时, 则称 a 和 b 是模 m 同余的, 这也是此概念的来历.

定理 2.6.1 模 m 同余是任何集合 $A \subseteq \mathbf{Z}$ 上的等价关系.

证 (i) (自反性) 因为对任一 a, $a-a=0\cdot m$, 得出 $a \equiv a \pmod m$.

(ii) (对称性) 因为当 $a \equiv b \pmod m$时, 存在某个 $n \in \mathbf{Z}$, 使得 $a-b=n\cdot m$, 而 $b-a=-n\cdot m$, 所以 $b \equiv a \pmod m$.

(iii) (传递性) 设 $a \equiv b \pmod m$且 $b \equiv c \pmod m$, 则存在 $n_1, n_2 \in \mathbf{Z}$, 使得 $a-b=n_1 m$ 和 $b-c=n_2 \cdot m$, 将两等式两边相加, 得 $a-c=(n_1+n_2)\cdot m$, 所以 $a \equiv c \pmod m$.

定义 2.6.4 设 R 为任一集合 A 上的等价关系, 对于每个 $a \in A$, 称集合

$$\{x \mid x \in A \text{ 且 } x R a\}$$

为元素 a 关于 R 的**等价类**, 记作$[a]_R$, 或简记为$[a]$, 称 a 为等价类$[a]_R$的**表示元素**.

由定义可知, $[a]$是 A 中所有与 a 具有等价关系 R 的元素所构成的集合. 等价类有如下简单性质:

(1) $[a] \neq \varnothing$.

因为等价关系 R 是自反的, 所以有 aRa, 即 $a \in [a]$.

(2) aRb 当且仅当$[a]=[b]$.

充分性 因为 $a \in [a] = [b]$, 即 $a \in [b]$, 所以 aRb.

必要性 已知 aRb, 对于任意的 $x \in [a]$, 有 xRa. 根据 R 的传递性, 有 xRb, 因此 $x \in [b]$. 这就证明了$[a] \subseteq [b]$. 类似地可证明 $[b] \subseteq [a]$, 所以$[a] = [b]$.

(3) 对所有 $a, b \in A$, 或者$[a] = [b]$, 或者$[a] \cap [b] = \varnothing$.

若$[a] \cap [b] \neq \varnothing$，则存在某元素 $c \in [a]$和 $c \in [b]$, 因此有 aRc, cRb. 根据性质(2)得$[a] = [c] = [b]$. 又因$[a]$和$[b]$都非空, 所以$[a] \cap [b] = \varnothing$ 和$[a] = [b]$不能兼得.

例 2.6.5 求例 2.6.3 中的所有等价类.

解 集合 A 中所有等价类为: $[1]=[4]=[7]=\{1, 4, 7\}$; $[3]=[6]=\{3, 6\}$; $[2]=[5]=\{2, 5\}$.

例 2.6.6 设 $\mathbf{Z}$ 是整数集合, R 是模 4 同余关系, 即

$$R=\{\langle x, y\rangle \mid x \in \mathbf{Z}, y \in \mathbf{Z}, x \equiv y \pmod 4\}.$$

确定由 **Z** 的元素所产生的等价类.

解　由定理 2.6.1 知, R 是一个等价关系, 故在 **Z** 上由等价关系 R 所构成的不同的等价类分别为

$$[0]_4=\{\cdots, -8, -4, 0, 4, 8, \cdots\}=\{4n \mid n\in\mathbf{Z}\};$$
$$[1]_4=\{\cdots, -7, -3, 1, 5, 9, \cdots\}=\{4n+1 \mid n\in\mathbf{Z}\};$$
$$[2]_4=\{\cdots, -6, -2, 2, 6, 10, \cdots\}=\{4n+2 \mid n\in\mathbf{Z}\};$$
$$[3]_4=\{\cdots, -5, -1, 3, 7, 11, \cdots\}=\{4n+3 \mid n\in\mathbf{Z}\}.$$

将此例推广到模 m 同余, 即 $R=\{\langle x, y\rangle \mid x\in\mathbf{Z}, y\in\mathbf{Z}, x\equiv y \pmod m\}$, 在 **Z** 上由等价关系 R 所构成的不同的等价类恰有 m 个, 它们分别为

$$[0]_R=\{0, \pm m, \pm 2m, \cdots\}=\{nm \mid n\in\mathbf{Z}\};$$
$$[1]_R=\{1, 1\pm m, 1\pm 2m, \cdots\}=\{nm+1 \mid n\in\mathbf{Z}\};$$
$$\cdots\cdots$$
$$[m-1]_R=\{m-1, m-1\pm m, m-1\pm 2m, \cdots\}=\{nm+m-1 \mid n\in\mathbf{Z}\}.$$

定义 2.6.5　给定非空集合 A 和集合族 $\pi=\{A_1, A_2, \cdots, A_n\}$, 若 $A=\bigcup_{i=1}^{n}A_i$, 则称集合族 π 是 A 的**覆盖**.

例 2.6.7　设 $S=\{a, b, c\}$, $A=\{\{a, b\},\{b, c\}\}$, $B=\{\{a\},\{a, b\},\{c\}\}$, $C=\{\{a\}, \{b\}, \{c\}\}$, $D=\{\{a\}, \{b\}, \{a, c\}\}$均为 S 的覆盖.

定义 2.6.6　设 A 是一个非空集合, $\pi=\{A_1, A_2, \cdots, A_n\}$为 A 的子集族, π 称为 A 的一个**划分**, 如果 π 满足条件:

(1) π 是 A 的覆盖, 即 $A=\bigcup_{i=1}^{n}A_i$;

(2) $A_i\cap A_j=\varnothing$, $i\neq j$ $(i, j=1, 2, \cdots, n)$.

划分 π 的元素 A_i 称为划分 π 的**块**, 如果划分是有限集合, 那么不同块的个数称为划分的**秩**, 若划分是无限集合, 则它的秩是无限的.

例 2.6.8　设 $S=\{1, 2, 3\}$. 考虑如下集合族:

$A=\{\{1, 2\}, \{2, 3\}\}$;　$B=\{\{1\}, \{1, 2\}, \{1, 3\}\}$;

$C=\{\{1\}, \{2, 3\}\}$;　$D=\{\{1, 2, 3\}\}$;

$E=\{\{1\}, \{2\}, \{3\}\}$;　$F=\{\{1\}, \{1, 2\}\}$.

则 C, D, E 为 S 的划分, 其秩分别为 2, 1, 3; A, B 为 S 的覆盖而非划分; F 既不是 S 的覆盖也不是 S 的划分.

定理 2.6.2　设 R 是集合 A 上的等价关系, 则 $A=\bigcup_{x\in A}[x]$.

证 先证 $\bigcup_{x\in A}[x]\subseteq A$. 对于任意的 $a\in\bigcup_{x\in A}[x]$, 则存在某个 $b\in A$ 使得 $a\in[b]$, 因为 $[b]\subseteq A$, 所以 $a\in A$. 故有 $\bigcup_{x\in A}[x]\subseteq A$.

再证 $A\subseteq\bigcup_{x\in A}[x]$. 设 $b\in A$, 由于 $b\in[b]\subseteq\bigcup_{x\in A}[x]$, 所以 $A\subseteq\bigcup_{x\in A}[x]$.

由等价类的性质可知, 非空集合 A 上任一等价关系 R 的等价类都可以构成 A 的一个划分, 利用此划分可以构造一个新的集合.

定义 2.6.7 设 R 是非空集合 A 上等价关系, 以 R 的所有等价类作为元素的集合称为 A 关于 R 的**商集**, 记作 A/R.

在例 2.6.6 中, 商集为

$$A/R=\{[0]_m, [1]_m, \cdots, [m-1]_m\}.$$

根据商集的定义可知, 商集就是 A 的一个划分, 并且不同的商集将对应于不同的划分. 反之, 任给集合 A 的一个划分 π, 能否知道这个划分是由什么样的等价关系确定的呢?

定理 2.6.3 设集合 A 的一个划分 π, 定义 A 的上的关系

$$R=\{\langle x, y\rangle \mid x, y\in A \text{ 且 } x \text{ 与 } y \text{ 在划分 } \pi \text{ 的同一个块中}\},$$

则 R 为一个等价关系, 称为由划分所诱导的等价关系.

证 设划分 $\pi=\{A_1, A_2, \cdots, A_n\}$, A_i 为 π 的块, 则由 π 建立的关系 R 可以表示为

$$R=(A_1\times A_1)\cup(A_2\times A_2)\cup\cdots\cup(A_n\times A_n),$$

易验证 R 为一个等价关系, 且该等价关系所确定的商集就是划分 π.

例 2.6.9 求出 $A=\{1, 2, 3\}$上所有的等价关系.

解 先作出 A 的所有划分: 只有一个划分块的划分为 π_1, 具有两个划分块的划分为 π_2, π_3, π_4, 具有三个划分块的划分为 π_5. 如图 2.23 所示.

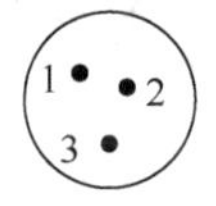

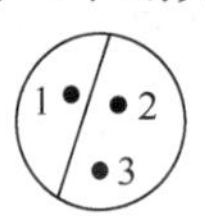

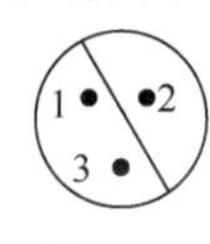

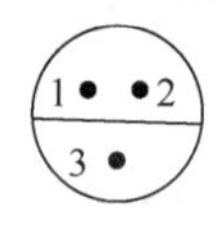

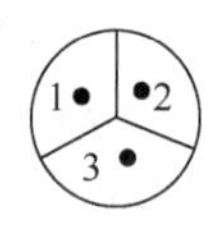

图 2.23

这些划分与 A 上的等价关系之间是一一对应的. 设与划分 π_i 相对应的等价关系为 R_i, $i=1, 2, 3, 4, 5$, 则有

$R_1=\{1, 2, 3\}\times\{1, 2, 3\}=\{\langle 1, 2\rangle, \langle 1, 3\rangle, \langle 2, 1\rangle, \langle 2,3\rangle, \langle 3, 1\rangle, \langle 3, 2\rangle\}\cup I_A$;

$R_2=\{1\}\times\{1\}\cup\{2, 3\}\times\{2, 3\}=\{\langle 2, 3\rangle, \langle 3, 2\rangle\}\cup I_A$;

$R_3=\{1, 3\}\times\{1, 3\}\cup\{2\}\times\{2\}=\{\langle 1, 3\rangle, \langle 3, 1\rangle\}\cup I_A$;

$R_4=\{1, 2\}\times\{1, 2\}\cup\{3\}\times\{3\}=\{\langle 1, 2\rangle, \langle 2, 1\rangle\}\cup I_A$;

$R_5=\{1\}\times\{1\}\cup\{2\}\times\{2\}\cup\{3\}\times\{3\}=I_A$.

定理 2.6.3 给出了由集合的划分构造等价关系的方法，从一般关系出发，也可以构造集合的等价关系.

定理 2.6.4　设 R 是 A 上的二元关系，$R'=tsr(R)$是 R 的自反对称传递闭包，那么

(1) R'是 A 上的等价关系，称为由 R 诱导的等价关系.

(2) 若 R''是一等价关系，且 $R\subseteq R''$，则 $R'\subseteq R''$，即 R'是包含 R 的最小的等价关系.

证　(1) 根据闭包运算的定义可知:

$r(R)$是自反的，

$sr(R)$是自反的和对称的，

$tsr(R)$是自反的，对称的和传递的.

因此，$R'=tsr(R)$是 A 上的等价关系.

(2) 设 R''是任意的包含 R 的等价关系，那么 R''是自反的和对称的，所以 $R''\supseteq R\cup R^{-1}\cup I_A=sr(R)$. 因为 R''是传递的且包含 $sr(R)$，所以 R''包含 $tsr(R)$.

例 2.6.10　设 $A=\{a, b, c\}$，A 上的二元关系 $R=\{\langle b, c\rangle, \langle c, c\rangle\}$，求 R 诱导的等价关系.

解　R 诱导的等价关系为 $tsr(R)$.

$$\begin{aligned}tsr(R)&=ts\{\langle b, c\rangle, \langle c, c\rangle, \langle b, b\rangle, \langle a, a\rangle\}\\&=t\{\langle b, c\rangle, \langle c, c\rangle, \langle b, b\rangle, \langle a, a\rangle, \langle c, b\rangle\}\\&=\{\langle b, c\rangle, \langle c, c\rangle, \langle b, b\rangle, \langle a, a\rangle, \langle c, b\rangle\}.\end{aligned}$$

$tsr(R)$的等价类为$\{a\}$, $\{b, c\}$.

关系

习　题　2

1. 用列举法表示下列二元关系.

(1) $A=\{0, 1, 2, 5\}$, $B=\{0, 2, 6\}$, $R=\{\langle x, y\rangle \mid x, y\in A\cap B\}$;

(2) $A=\{1, 2, 3, 4, 5\}$, $B=\{1, 2, 6\}$, $R=\{\langle x, y\rangle \mid x\in A, y\in B$ 且 $x=y^2\}$;

(3) $A=\{5, 4, 35, 49\}$, $B=\{6, 7, 9, 25\}$, $R=\{\langle x, y\rangle \mid x\in A, y\in B$ 且 x 与 y 互素$\}$;

(4) $A=\{2, 4, 5, 11\}$, $B=\{3, 6, 7\}$, $R=\{\langle x, y\rangle \mid x\in A, y\in B$ 且 $x-y$ 能被 2 整除$\}$.

2. 设 $A=\mathbf{Z}$，考虑 A 上的关系 R: aRb 当且仅当 $3a+2b=6$，求 $\mathrm{dom}(R)$, $\mathrm{ran}(R)$.

3. 设$A=\mathbf{Z}^+$是正整数集合, A上的关系R定义为: aRb当且仅当存在$k\in\mathbf{Z}^+$, 使得$a=b^k$, 下面那些属于R?

(1) $\langle 25, 5\rangle$; (2) $\langle 1, 7\rangle$; (3) $\langle 8, 2\rangle$; (4) $\langle 3, 3\rangle$; (5) $\langle 216, 6\rangle$.

4. 对下列关系R, 求出关系矩阵并画出关系图.

(1) $A=\{1, 2, 3, 4\}, R=\{\langle 1, 2\rangle, \langle 2, 4\rangle, \langle 3, 4\rangle, \langle 4, 1\rangle\}$;

(2) $A=\{0, 1, 2, 3, 4\}, R=\{\langle x, y\rangle \mid x\in A, y\in A$ 且 $x\leqslant 3, y\geqslant 2\}$;

(3) $A=\{5, 6, 7, 8\}, B=\{1, 2, 3\}, R=\{\langle x, y\rangle \mid x\in A, y\in B$ 且 $3\leqslant x-y\leqslant y\}$;

(4) $A=\{0, 1, 2, 3, 4, 5, 6\}, R=\{\langle x, y\rangle \mid x\in A, y\in A$ 且 x 是质数, $x<y\}$.

5. 设$A=\mathbf{R}$, 描述由图2.24中阴影部分所定义的关系R.

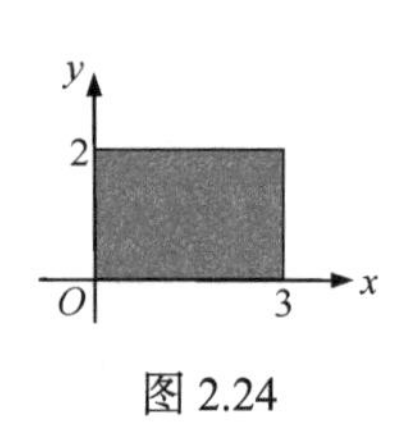

图 2.24

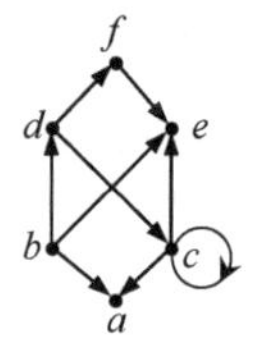

图 2.25

6. 找出由关系图2.25所确定的关系并且给出它的关系矩阵.

7. 证明对任意集合A和A上的二元关系R和S, 有

(1) $\mathrm{dom}(R\cup S)=\mathrm{dom}(R)\cup\mathrm{dom}(S)$;

(2) $\mathrm{ran}(R\cap S)\subseteq\mathrm{ran}(R)\cap\mathrm{ran}(S)$.

8. 设$A=\{1, 2, 3, 4\}, R=\{\langle 1, 2\rangle, \langle 2, 4\rangle, \langle 3, 4\rangle, \langle 4, 4\rangle\}, S=\{\langle 1, 3\rangle, \langle 2, 4\rangle, \langle 4, 2\rangle, \langle 4, 3\rangle\}$.

(1) 求出$R\cup S, R\cap S, R-S, R^{-1}$;

(2) 求出$\mathrm{dom}(R), \mathrm{ran}(R), \mathrm{dom}(R\cap S), \mathrm{ran}(R\cap S)$.

9. 设集合$A=\{1, 2, 3, 4\}$, A上的二元关系分别为

$$R=\{\langle 1, 1\rangle, \langle 1, 2\rangle, \langle 2, 4\rangle, \langle 3, 1\rangle, \langle 3, 3\rangle\}, \quad S=\{\langle 1, 3\rangle, \langle 2, 2\rangle, \langle 3, 2\rangle, \langle 4, 4\rangle\}.$$

试求$R\circ S, S\circ R, R^2, R^{-1}, S^{-1}, R^{-1}\circ S^{-1}$, 并画出其关系图.

10. 设R_1和R_2是集合$A=\{0, 1, 2, 3\}$上的关系, 这里

$$R_1=\{\langle i, j\rangle \mid i, j\in A, j=i+1 \text{ 或 } j=i/2\}, \quad R_2=\{\langle i, j\rangle \mid i, j\in A \text{ 且 } i=j+2\}.$$

求$R_1\circ R_2$, $R_2\circ R_1$, $R_1\circ R_2\circ R_1$, R_1^2, R_2^2.

11. 设R_1和R_2是集合$A=\{a, b, c, d\}$上的关系, 这里

$$R_1=\{\langle b, b\rangle, \langle b, c\rangle, \langle c, a\rangle\}, \quad R_2=\{\langle b, a\rangle, \langle c, d\rangle, \langle c, a\rangle, \langle d, c\rangle\}.$$

(1) 求复合关系$R_1\circ R_2, R_2\circ R_1$;

(2) 用关系矩阵法求$R_1\circ R_2\circ R_1$, R_1^2, R_2^3;

(3) 求$M_{R_1^{-1}}$, $M_{R_2^{-1}}$, $M_{(R_1\circ R_2)^{-1}}$.

12. 设 $A=\{1, 2, 3, 4\}$，$M_R=\begin{bmatrix}0&0&1&0\\0&1&0&0\\1&0&0&0\\0&0&0&1\end{bmatrix}$.

(1) 求出定义在 A 上的关系 R 和关系图;

(2) 求 M_{R^n}, $n\in\mathbf{N}$.

13. 设 R_1, R_2, R_3 是集合 A 上的二元关系, 试证明如果 $R_1\subseteq R_2$, 那么

(1) $R_1\circ R_3\subseteq R_2\circ R_3$;

(2) $R_3\circ R_1\subseteq R_3\circ R_2$.

14. 设 $A=\{1, 2, 3, 4, 5\}$, $R=\{\langle 1, 2\rangle, \langle 3, 4\rangle, \langle 2, 2\rangle\}$, $S=\{\langle 4, 2\rangle, \langle 1, 2\rangle, \langle 2, 5\rangle, \langle 3, 1\rangle\}$, 试求 $M_{R\cap S}$, $M_{R\cup S}$, $M_{R\circ S}$.

15. 设集合 $A=\{x, y, z\}$, $B=\{a, b, c, d, e\}$, R 是集合 A 上的关系, S 是从 A 到 B 的关系,

$$R=\{\langle x, x\rangle, \langle x, z\rangle, \langle y, x\rangle, \langle y, y\rangle, \langle z, x\rangle, \langle z, y\rangle, \langle z, z\rangle\},$$
$$S=\{\langle x, a\rangle, \langle x, d\rangle, \langle y, a\rangle, \langle y, c\rangle, \langle y, e\rangle, \langle z, b\rangle, \langle z, d\rangle\}.$$

试验证 $M_{(R\circ S)^{-1}}=M_{S^{-1}}\times M_{R^{-1}}$.

16. 设 $A=\{1, 2, 3\}$, 定义 A 上的二元关系如下:

$$R=\{\langle 1, 1\rangle, \langle 2, 2\rangle, \langle 3, 3\rangle, \langle 1, 3\rangle\},\quad S=\{\langle 1, 3\rangle\},\quad T=\{\langle 1, 1\rangle\}.$$

试说明 R, S, T 是否是 A 上的自反关系或反自反关系.

17. 设 $A=\{1, 2, 3\}$, 定义 A 上的二元关系如下:

$$R=\{\langle 1, 1\rangle, \langle 2, 2\rangle\},\quad S=\{\langle 1, 1\rangle, \langle 1, 2\rangle, \langle 2, 1\rangle\},$$
$$T=\{\langle 1, 2\rangle, \langle 1, 3\rangle\},\quad U=\{\langle 1, 3\rangle, \langle 1, 2\rangle, \langle 2, 1\rangle\}.$$

试说明 R, S, T, U 是否是 A 上的对称关系和反对称关系.

18. 设 $A=\{1, 3, 5, 7\}$, 定义 A 上的二元关系如下:

$$R=\{\langle a, b\rangle \mid a\equiv b \pmod 2\}.$$

试证明 R 在 A 上是自反的、对称的和传递的.

19. 给定 $A=\{1, 2, 3, 4\}$ 和 S 上的关系 $R=\{\langle 1, 2\rangle, \langle 4, 3\rangle, \langle 2, 2\rangle, \langle 2, 1\rangle, \langle 3, 1\rangle\}$. 说明 R 是不可传递的, 找出关系 $R_1\supseteq R$, 使得 R_1 是可传递的. 还能找出另一个 $R_2\supseteq R$, 使得 R_2 也是可传递的吗?

20. 在 $\mathbf{R}^2$ 平面上画出下述关系的关系图, 判断每一关系成立哪些性质.

(1) $R_1=\{\langle x, y\rangle \mid x=y\}$;

(2) $R_2=\{\langle x, y\rangle \mid x^2-1=0$ 且 $y>0\}$;

(3) $R_3=\{\langle x, y\rangle \mid |x|\leqslant 1$ 且 $|y|\geqslant 1\}$.

21. 设 $A=\{1, 2, 3, 4\}$, 确定下列关系是否是自反的、反自反的、对称的、反

对称的或传递的.

(1) $R=\{\langle 1, 1\rangle, \langle 1, 2\rangle, \langle 2, 1\rangle, \langle 2, 2\rangle, \langle 3, 3\rangle, \langle 3, 4\rangle, \langle 4, 3\rangle, \langle 4, 4\rangle\}$;

(2) $R=\{\langle 1, 2\rangle, \langle 1, 3\rangle, \langle 1, 4\rangle, \langle 2, 3\rangle, \langle 2, 4\rangle, \langle 3, 4\rangle\}$;

(3) $R=\{\langle 1, 1\rangle, \langle 1, 3\rangle, \langle 3, 1\rangle, \langle 1, 2\rangle, \langle 3, 3\rangle, \langle 4, 4\rangle\}$;

(4) $R=\{\langle 1, 1\rangle, \langle 2, 2\rangle, \langle 3, 3\rangle\}$;

(5) $R=\{\langle 1, 3\rangle, \langle 1, 2\rangle, \langle 3, 1\rangle, \langle 1, 1\rangle, \langle 3, 3\rangle, \langle 3, 2\rangle, \langle 1, 4\rangle, \langle 4, 2\rangle, \langle 3, 4\rangle\}$.

22. 设 $A=\{1, 2, 3, 4, 5\}$, 判断由关系图 2.26 和图 2.27 所确定的关系 R 是否是自反的、反自反的、对称的、反对称的或传递的.

图 2.26　　　　　　　　图 2.27

23. 设集合 $A=\{a, b, c\}$上的二元关系 $R=\{\langle a, b\rangle, \langle b, c\rangle, \langle c, b\rangle\}$, 画出 R 的关系图, 并判断 R 的性质(自反性、对称性、反对称性、传递性).

24. 在集合 $A=\{1, 2, 3, 4\}$上定义一个关系 R, 使得 R 分别满足:

(1) 自反的和对称的, 但不是传递的;

(2) 自反的和传递的, 但不是对称的;

(3) 反对称的和自反的, 但不是传递的;

(4) 反对称的和传递的.

25. 设 $A=\{1, 2, 3, 4\}$, 已知关系矩阵为 M_R, 试确定关系 R 是否是自反的、反自反的、对称的、反对称的或传递的.

(1) $M_R=\begin{bmatrix} 0 & 1 & 0 & 1 \\ 1 & 0 & 1 & 1 \\ 0 & 1 & 0 & 0 \\ 1 & 1 & 0 & 0 \end{bmatrix}$;　　　　(2) $M_R=\begin{bmatrix} 1 & 1 & 0 & 0 \\ 1 & 1 & 0 & 0 \\ 0 & 0 & 1 & 0 \\ 0 & 0 & 0 & 1 \end{bmatrix}$.

26. 找一个非空的最小集合, 并在其上定义一个关系, 使得

(1) 既不是自反的, 也不是反自反的;

(2) 既不是对称的, 也不是反对称的;

(3) 若(1), (2)二题中允许用空集合, 结果将怎样?

27. 试证明如果关系 R 是自反的, 那么 R^{-1} 也是自反的; 如果 R 是可传递的、反自反的、对称的或反对称的, 那么 R^{-1} 亦然.

28. 设 R, S 是 A 上的二元关系, 证明:

(1) 若 R, S 是自反的, 则 $R\cup S$ 和 $R\cap S$ 也是自反的;

(2) 若 R, S 是对称的, 则 $R\cup S$ 和 $R\cap S$ 也是对称的;

(3) 若 R, S 是传递的, 则 $R\cap S$ 也是传递的.

29. 设 $A=\{1, 2, 3\}$, 定义 A 上的二元关系 R 为

$$R=\{\langle 1, 2\rangle, \langle 2, 3\rangle, \langle 3, 1\rangle\},$$

试求 $r(R), s(R), t(R)$.

30. 设 $A=\{1, 2, 3\}$, 定义 A 上的二元关系 R 为

$$R=\{\langle 1, 1\rangle, \langle 2, 1\rangle, \langle 2, 2\rangle, \langle 3, 3\rangle, \langle 1, 4\rangle, \langle 4, 4\rangle\},$$

试用关系矩阵求传递闭包 $t(R)$.

31. 设 $A=\{1, 2, 3, 4\}$, A 上的关系 R 的关系矩阵 M_R 是

$$\begin{bmatrix} 1 & 0 & 1 & 0 \\ 0 & 0 & 1 & 1 \\ 1 & 0 & 1 & 0 \\ 1 & 0 & 1 & 0 \end{bmatrix},$$

试求出 $M_{r(R)}, M_{s(R)}, M_{R^2}, M_{R^3}, M_{R^4}, M_{t(R)}$.

32. 找出图 2.28 中每个关系的自反, 对称与传递闭包.

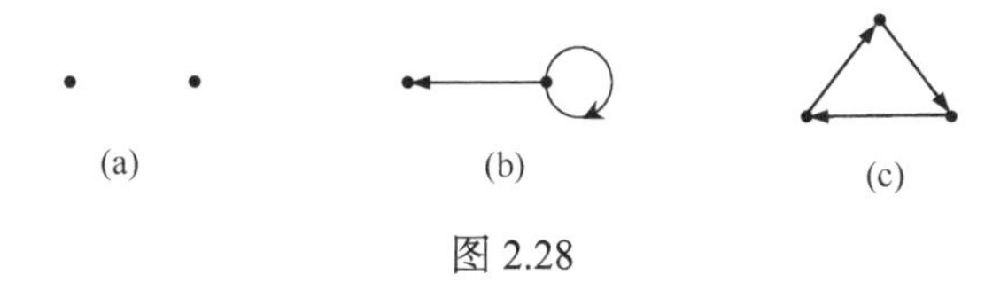

图 2.28

33. 设 R 是集合 $A=\{a, b, c, d, e\}$上的关系, 它的关系矩阵是

$$\begin{bmatrix} 1 & 0 & 0 & 1 & 1 \\ 0 & 0 & 1 & 0 & 1 \\ 1 & 1 & 1 & 0 & 0 \\ 0 & 1 & 1 & 0 & 0 \\ 0 & 0 & 1 & 0 & 1 \end{bmatrix}.$$

求 R 的自反、对称与传递闭包.

34. 设集合 $A=\{a, b, c, d\}$上的二元关系 $R=\{\langle a, a\rangle, \langle a, c\rangle, \langle b, d\rangle\}$.

(1) 画出 $r(R), s(R), t(R)$的关系图;

(2) 写出 $r(R), s(R), t(R)$的所有有序对.

35. 设 R 是集合 A 上的二元关系, 证明:

(1) 若 R 是自反的, 则 $s(R)$和 $t(R)$也是自反的;

(2) 若 R 是对称的, 则 $r(R)$和 $t(R)$也是对称的;

(3) 若 R 是传递的, 则 $r(R)$也是传递的.

36. 设 R_1 和 R_2 是集合 A 上的关系, 证明下列各式.

(1) $r(R_1 \cup R_2) = r(R_1) \cup r(R_2)$;

(2) $s(R_1 \cup R_2) = s(R_1) \cup s(R_2)$;

(3) $t(R_1 \cup R_2) \supseteq t(R_1) \cup t(R_2)$.

37. 判断关系 R 是否为集合 A 上的偏序关系.

(1) $A=\mathbf{Z}$, aRb 当且仅当 $a=4b$;

(2) $A=\mathbf{Z}$, aRb 当且仅当对某个 $k\in\mathbf{Z}^+$, $a=b^k$;

(3) $A=\mathbf{Z}$, aRb 当且仅当 $b^2 \mid a$.

38. 设 $A=\{1, 2, 3, 4, 5\}$, 偏序关系 R 的哈斯图如图 2.29 所示, 试写出集合 A 上的偏序关系 R 的所有有序对和关系矩阵.

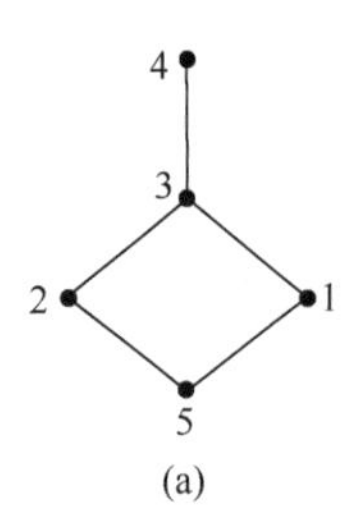

(a)

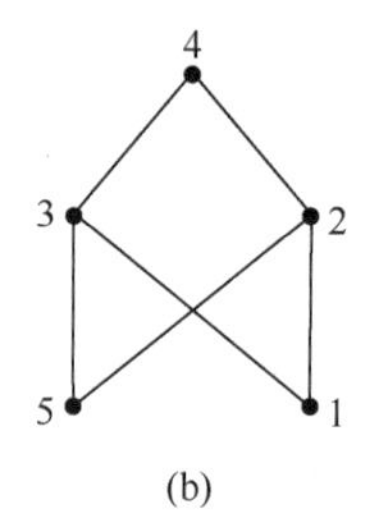

(b)

图 2.29

39. 已知集合 $A=\{1, 2, 3, 4, 5\}$上的关系矩阵为

$$\begin{bmatrix} 1 & 1 & 1 & 1 & 1 \\ 0 & 1 & 1 & 1 & 1 \\ 0 & 0 & 1 & 1 & 1 \\ 0 & 0 & 0 & 1 & 1 \\ 0 & 0 & 0 & 0 & 1 \end{bmatrix}.$$

画出它的哈斯图.

40. 如图 2.30 所示给出了集合 $A=\{1, 2, 3, 4\}$上的 3 个偏序关系. 画出它们的哈斯图并指出哪些是全序关系?

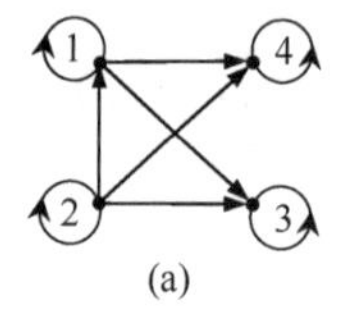

(a)

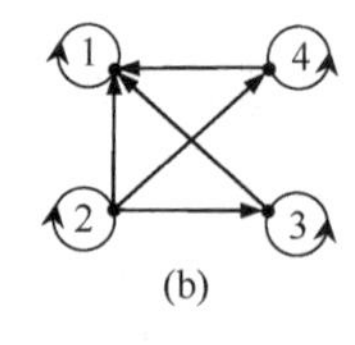

(b)

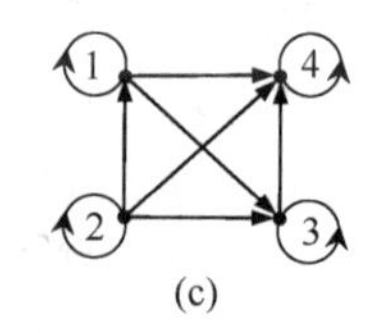

(c)

图 2.30

41. 考虑集合上的整除偏序, 画出偏序集的哈斯图, 确定哪些偏序集为全序集.

(1) $A=\{1, 2, 3, 5, 6, 10, 15, 30\}$;

(2) $A=\{2, 4, 8, 16, 32\}$;

(3) $A=\{3, 6, 12, 36, 72\}$;

(4) $A=\{2, 3, 6, 12, 24, 36\}$.

42. 在平面 $\mathbf{R}^2$ 上分别定义关系 R_1, R_3, R_3 如下:

$\langle x, y\rangle R_1 \langle u, v\rangle$, 当且仅当 $x^2+y^2<u^2+v^2$;

$\langle x, y\rangle R_2 \langle u, v\rangle$, 当且仅当$\langle x, y\rangle R_1 \langle u, v\rangle$或$\langle x, y\rangle=\langle u, v\rangle$;

$\langle x, y\rangle R_3 \langle u, v\rangle$, 当且仅当 $x^2+y^2\leqslant u^2+v^2$.

说明哪些是偏序关系, 哪些是拟序关系?

43. 设 R 是集合 S 上的二元关系, S'是 S 的子集, 定义 S'上的关系 R'如下:

$$R'=R\cap(S'\times S')$$

证明下列结论.

(1) 若 R 是 S 上的偏序关系, 则 R'也是 S'上的偏序关系;

(2) 若 R 是 S 上的拟序关系, 则 R'也是 S'上的拟序关系;

(3) 若 R 是 S 上的线序关系, 则 R'也是 S'上的线序关系.

44. 设 $\mathbf{N}$ 为自然数集合, $\mathbf{N}$ 上的大于等于关系定义为 $R_{\geqslant}=\{\langle x, y\rangle \mid x, y\in\mathbf{N}$ 且 $x\geqslant y\}$, 证明 $R_{\geqslant}$是全序关系.

45. 设$\rho=\{\varnothing, \{a\}, \{a, b\}, \{a, b, c\}\}$, ρ上的包含关系 $R_{\subseteq}=\{\langle x, y\rangle \mid x, y\in\rho$ 且 $x\subseteq y\}$, 验证 $R_{\subseteq}$是全序关系.

46. 设 $A=\{x \mid x$ 是一个实数且$-5\leqslant x\leqslant 20\}$, 证明数的小于关系<是 A 上的一个拟序.

47. 设 $A=\{a, b, c, d, e, f, g, h\}$, A 上的二元关系

$$R=\{\langle b, d\rangle, \langle b, e\rangle, \langle b, f\rangle, \langle c, d\rangle, \langle c, e\rangle, \langle c, f\rangle, \langle d, f\rangle, \langle e, f\rangle, \langle g, h\rangle\}\cup I_A.$$

验证 R 是 A 上的偏序关系, 画出哈斯图, 找出集合 A 的极大元和极小元.

48. 设 $A=\{2, 4, 6, 8, 12, 24, 36\}$, 其上的整除关系

$$R=\{\langle a, b\rangle \mid a, b\in A \text{ 且 } a \mid b\}$$

是 A 上的偏序关系, 试画出哈斯图, 确定下列集合的上界和下界.

(1) $B_1=\{2, 4, 6\}$;

(2) $B_2=\{12, 24, 36\}$.

49. 设集合 $A=\{a, b, c, d, e\}$上的关系 R 为

$$R=\{\langle b, a\rangle, \langle c, a\rangle, \langle d, a\rangle, \langle d, b\rangle, \langle d, c\rangle, \langle b, c\rangle, \langle e, a\rangle, \langle e, c\rangle, \langle d, c\rangle\}\cup I_A.$$

(1) 画出关系 R 的哈斯图和有向图;

(2) 求出 A 的最小元和最大元, 如果不存在, 请指出;

(3) 求出 A 的极小元和极大元;

(4) 求出子集$\{b, c, d\}$, $\{c, d, e\}$和$\{a, b, c\}$的上界和下界, 如果存在的话, 指出

这些子集的最小上界和最大下界.

50. 设有偏序集$\langle A, \preccurlyeq\rangle$, 如图 2.31 所示, A 的子集 $B=\{3, 9\}$. 试求 B 的最大元, 最小元, 极大元, 极小元, 上界, 下界, 最小上界和最大下界.

51. 设有偏序集$\langle A, \preccurlyeq\rangle$, 如图 2.32 所示, A 的子集 $B=\{c, d, e\}$. 试求 B 的上界, 下界, 最小上界和最大下界.

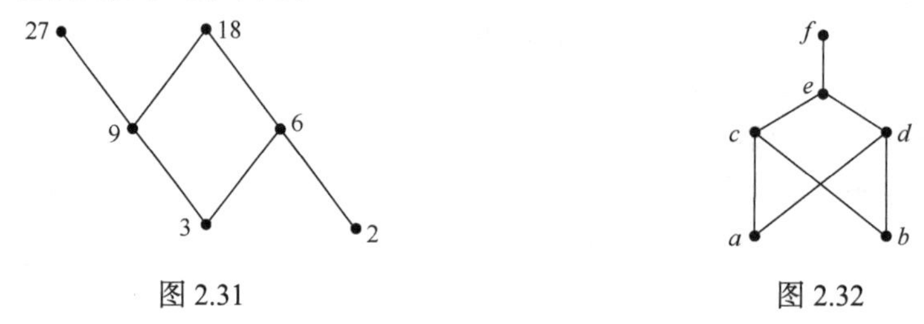

图 2.31　　图 2.32

52. 集合$A=\{1, 2, 3, \cdots, 20\}$上的小于等于关系是偏序关系, 设$A$的子集$B=\{2, 5, 8, 10, 14, 19\}$, 求 B 的极大元, 极小元, 最大元, 最小元.

53. 已知集合$A=\{1, 2, 3, 4, 5, 6\}$, $B=\{2, 3, 5\}$, R是A上的整除关系, 求R的哈斯图,并求B的最大元、最小元, 极大元、极小元, 上界、下界, 最小上界、最大下界.

54. 判断集合 A 上的关系 R 是否为等价关系.

(1) $A=\{1, 2, 3, 4, 5\}$, $R=\{\langle 1, 1\rangle, \langle 1, 2\rangle, \langle 2, 1\rangle, \langle 2, 2\rangle, \langle 3, 3\rangle, \langle 3, 4\rangle, \langle 4, 3\rangle, \langle 4, 4\rangle, \langle 5, 5\rangle\}$;

(2) $A=\{1, 2, 3, 4\}$, $R=\{\langle 1, 1\rangle, \langle 1, 2\rangle, \langle 2, 1\rangle, \langle 2, 2\rangle, \langle 3, 3\rangle, \langle 3, 1\rangle, \langle 1, 3\rangle, \langle 4, 1\rangle, \langle 4, 4\rangle\}$;

(3) $A=\mathbf{Z}^+\times\mathbf{Z}^+$, $\langle a, b\rangle R \langle c, d\rangle$ 当且仅当 $b=d$;

(4) $A=\mathbf{Z}^+\times\mathbf{Z}^+$, $\langle a, b\rangle R \langle c, d\rangle$ 当且仅当 $ad=bc$;

(5) $A=\mathbf{Z}$, $R=\{\langle a, b\rangle \mid a$ 和 b 同时为正或同时为负$\}$.

55. 已知关系 R 的矩阵是 M_R, 确定关系 R 是否为等价关系.

(1) $M_R=\begin{bmatrix}1 & 0 & 0\\ 0 & 1 & 1\\ 0 & 1 & 1\end{bmatrix}$;　　(2) $M_R=\begin{bmatrix}1 & 0 & 0\\ 0 & 1 & 1\\ 0 & 0 & 1\end{bmatrix}$.

56. 设 R_1 和 R_2 是非空集合 A 上的等价关系, 对下列各种情况, 指出哪些是 A 上的等价关系; 若不是, 用例子说明.

(1) $A\times A-R_1$;

(2) R_1-R_2;

(3) R_1^2;

(4) $r(R_1-R_2)$;

(5) $R_1\circ R_2$.

57. 设 $A=\{1, 2, 3\}\times\{1, 2, 3, 4\}$, A 上关系 R 定义为

$$\langle x, y\rangle R\langle u, v\rangle\text{当且仅当}|x-y|=|u-v|.$$

证明 R 是等价关系，并确定由 R 对集合 A 的划分.

58. 设 $A=\mathbf{R}\times\mathbf{R}$，在 A 上定义下列关系 $\langle a, b\rangle R \langle c, d\rangle$当且仅当 $a^2+b^2=c^2+d^2$.

(1) 证明关系 R 是一个等价关系;

(2) 计算 A/R.

59. 设集合 $A=\{1, 2, 3, 4, 5\}$，定义 A 上关系 R 为

$$M_R=\begin{bmatrix}1&1&1&0&1\\1&1&1&0&1\\1&1&1&0&1\\0&0&0&1&0\\1&1&1&0&1\end{bmatrix}$$

(1) 证明关系 R 是一个等价关系;

(2) 计算 A/R.

60. 设 A 是含有 n 个元素的有限集合($n\in\mathbf{N}$)，问

(1) 有多少个元素在 A 上的最大等价关系中?

(2) 集合 A 上的最大等价关系的商集是什么?

(3) 有多少个元素在 A 上的最小等价关系中?

(4) 集合 A 上的最小等价关系的商集是什么?

61. 设R是$A=\{1, 2, 3, 4, 5, 6\}$上的等价关系，$R=I_A\cup\{\langle 1, 5\rangle, \langle 5, 1\rangle, \langle 2, 4\rangle, \langle 4, 2\rangle, \langle 3, 6\rangle, \langle 6, 3\rangle\}$，求 R 诱导的划分.

62. 设 $A=\{1, 2, \cdots, 10\}$，下列哪个是 A 的划分？若是划分，则它们诱导的等价关系是什么?

(1) $B=\{\{1, 3, 6\}, \{2, 8, 10\}, \{4, 5, 7\}\}$;

(2) $C=\{\{1, 5, 7\}, \{2, 4, 8, 9\}, \{3, 5, 6, 10\}\}$;

(3) $D=\{\{1, 2, 7\}, \{3, 5, 10\}, \{4, 6, 8\}, \{9\}\}$;

(4) $F=\{\{1, 2, 5\}, \{3, 4\}, \{6, 7, 8\}, \{9, 10\}\}$.

63. 设集合 $A=\{a, b, c, d\}$，请指出 A 上所有等价关系有多少？并阐明理由.

64. 设$\{A_1, A_2, \cdots, A_m\}$是集合 A 的划分，若 $A_i\cap B\neq\varnothing$, $i=1, 2, \cdots, m$，试证明$\{A_1\cap B, A_2\cap B, \cdots, A_m\cap B\}$是 $A\cap B$ 的划分.

65. 构造整数集 $\mathbf{Z}$ 上的一个等价关系，使得它所对应的划分恰好包含三个无限集.

66. 设集合 $A=\{1, 2, 3, 4, 5, 6\}$，在 A 上定义关系 $R=\{\langle 1, 2\rangle, \langle 1, 3\rangle, \langle 4, 4\rangle, \langle 4, 5\rangle\}$，求 A 上包含 R 的最小等价关系的表达式.

67. 设 R 是集合 A 上的等价关系，证明 R^2 也是 A 上的等价关系.

68. 设 R 是集合 X 上的自反、传递的二元关系，S 也是 X 上的二元关系，且满足: $\langle x, y\rangle\in S \Leftrightarrow \langle x, y\rangle\in R$ 且$\langle y, x\rangle\in R$. 证明 S 是 X 上的等价关系.

第 3 章　函数与无限集合

本章将以集合与关系为基础来讨论一类特殊的关系——函数，它在数学、计算机科学以及许多应用领域里都扮演着重要的角色. 函数也是集合论中的一个重要内容，因此作为单独一章专门介绍，给出它的基本性质并讨论几类特殊的函数. 最后以函数为工具简要介绍无限集合的一些特性.

3.1　函数的基本概念

函数又称为映射，它建立了从一个集合到另一个集合的一种对应关系. 其定义如下:

定义 3.1.1　设 A 和 B 是任意两个集合，而 f 是从 A 到 B 的一个关系，如果对任意 $x\in A$，都存在唯一的 $y\in B$，使得 $\langle x, y\rangle\in f$，那么称关系 f 为从 A 到 B 的**函数**或**映射**，记作 $f: A\to B$，或 $A\xrightarrow{f}B$.

在 $\langle x, y\rangle\in f$ 中，f 的前域就是函数 $y=f(x)$ 的定义域，记作 $\mathrm{dom}\, f=A$，f 的值域 $\mathrm{ran}\, f\subseteq B$，亦称为函数 f 的像集合，记作 $f(A)$.

对于 $\langle x, y\rangle\in f$ 通常记作 $y=f(x)$，在表达式 $y=f(x)$ 中，x 称为函数 f 的**自变元**，y 称为函数 f 在 x 处的**函数值**或在 f 作用下 x 的**像**，x 称为 y 的**原像**或**像源**.

从定义可以看出，从 A 到 B 的函数 f 与一般从 A 到 B 的二元关系有以下两点不同之处:

(1) A 的每个元素都必须作为 f 的序偶的第一个分量出现.

(2) A 的每个元素 x 仅对应 B 的一个元素 y，即关系 f 的元素 $\langle x, y\rangle$ 中每个 x 均只能出现一次，但对于 B 的元素 y 不一定有唯一的 A 的元素 x 与之对应，特别地，B 的元素可以与 A 中多个元素相对应.

定义一个函数时，必须指明前域、陪域和变换规则，同时变换规则必须覆盖所有可能的自变元的值.

例 3.1.1　设 $A=\{1, 2, 3\}$，$B=\{x, y, z\}$，考虑关系

$$f=\{\langle 1, x\rangle, \langle 2, x\rangle, \langle 3, y\rangle\},\quad g=\{\langle 1, x\rangle, \langle 1, y\rangle, \langle 2, z\rangle, \langle 3, y\rangle\},$$

则关系 g 不是一个函数，因为对于 $1\in A$ 有 $\langle 1, x\rangle\in g$，$\langle 1, y\rangle\in g$ 同时成立. 关系 f 是一个函数，$\mathrm{dom}\, f=\{1, 2, 3\}$ 且 $\mathrm{ran}\, f=\{x, y\}$.

例 3.1.2　设 $A=\{1, 2, 3, 4, 5\}$, $B=\{a, b, c, d, e, g\}$, $f=\{\langle 1, a\rangle, \langle 2, c\rangle, \langle 3, d\rangle, \langle 4, a\rangle, \langle 5, b\rangle\}$，显然有

$$f(1)=a,\quad f(2)=c,\quad f(3)=d,\quad f(4)=a,\quad f(5)=b.$$

所以, f 是一个函数.

如果函数的前域是有限集合，那么可以通过列表或画有向图来表示其变换规则.

例如，例 3.1.2 中的函数可用图 3.1 表示.

函数有向图的特征是：有且仅有一条弧从表示前域元素的每个结点引出.

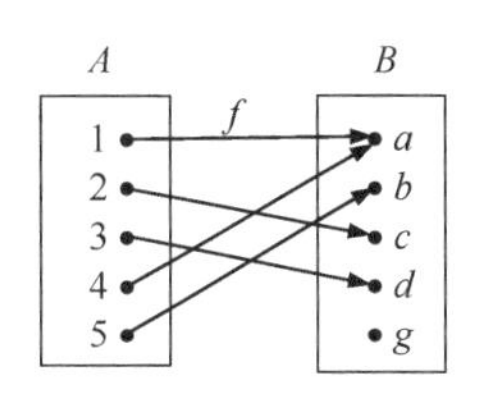

图 3.1

定义 3.1.2　设函数 $f: A\to B$, $g: W\to Z$, 如果 $A=W$, $B=Z$, 且对每一 $x\in A$ 有 $f(x)=g(x)$,那么称两个**函数相等**，记作 $f=g$.

由定义可见，两个函数相等当且仅当它们有相同的有序对集合.

例 3.1.3　函数 $f(x)=(x^2-1)/(x+1)$和 $g(x)=x-1$ 是不相等的.

因为 $\operatorname{dom} f=\{x \mid x\in\mathbf{R}$ 且 $x\neq-1\}$，而 $\operatorname{dom} g=\mathbf{R}$，所以 $\operatorname{dom} f\neq\operatorname{dom} g$.

给定集合 A 和 B，所有从 A 到 B 的函数 $f: A\to B$ 会有多少呢？令 B^A 表示所有从 A 到 B 的函数的集合，即

$$B^A=\{f \mid f: A\to B\}.$$

若$|A|=m$, $|B|=n$, 则$|B^A|=n^m$. 这是因为对每个自变元，它的函数值都有 n 种取法，故总共有 n^m 种从 A 到 B 的函数.

例 3.1.4　设 $A=\{a, b, c\}$, $B=\{1, 2\}$，则 $A\times B=\{\langle a, 1\rangle, \langle b, 1\rangle, \langle c, 1\rangle, \langle a, 2\rangle, \langle b, 2\rangle, \langle c, 2\rangle\}$, $A\times B$ 有 2^6 个可能的子集合，但其中只有 $2^3=8$ 个子集可以定义为从 A 到 B 的函数. 它们分别是:

$$f_1=\{\langle a, 1\rangle, \langle b, 1\rangle, \langle c, 1\rangle\},\qquad f_2=\{\langle a, 1\rangle, \langle b, 1\rangle, \langle c, 2\rangle\},$$
$$f_3=\{\langle a, 1\rangle, \langle b, 2\rangle, \langle c, 1\rangle\},\qquad f_4=\{\langle a, 1\rangle, \langle b, 2\rangle, \langle c, 2\rangle\},$$
$$f_5=\{\langle a, 2\rangle, \langle a, 1\rangle, \langle b, 1\rangle\},\qquad f_6=\{\langle a, 2\rangle, \langle b, 1\rangle, \langle c, 2\rangle\},$$
$$f_7=\{\langle a, 2\rangle, \langle b, 2\rangle, \langle c, 1\rangle\},\qquad f_8=\{\langle a, 2\rangle, \langle b, 2\rangle, \langle c, 2\rangle\}.$$

定义 3.1.3　设函数 $f: A\to B$, $A_1\subseteq A$, $B_1\subseteq B$.

(1) 令 $f(A_1)=\{f(x) \mid x\in A_1\}$，称 $f(A_1)$为 A_1 在 f 下的像. 特别地，当 $A_1=A$ 时称 $f(A)$为**函数的像**.

(2) 令 $f^{-1}(B_1)=\{x \mid x\in A$ 且 $f(x)\in B_1\}$，称 $f^{-1}(B_1)$为 B_1 在 f 下的**完全原像**.

在这里要注意区别函数的值与函数的像这两个不同的概念. 函数值 $f(x)\in B$，而函数的像 $f(A_1)\subseteq B$. 对于完全原像，则 $f^{-1}(B_1)\subseteq A$，此处 $f^{-1}(B_1)$仅仅是一个记

号. 考虑 $A_1 \subseteq A$,那么 $f(A_1)$ 的完全原像就是 $f^{-1}(f(A_1))$. 一般地,$f^{-1}(f(A_1)) \neq A_1$, 但是 $A_1 \subseteq f^{-1}(f(A_1))$.

例 3.1.5 设函数 $f: \{a, b, c, d\} \to \{1, 2, 3, 4\}$, 满足

$$f(a)=1,\quad f(b)=2,\quad f(c)=2,\quad f(d)=3.$$

令 $A_1=\{a, b\}$, 那么有

$$f^{-1}(f(A_1))=f^{-1}(\{1, 2\})=\{a, b, c\},$$

这里 $A_1 \subset f^{-1}(f(A_1))$.

例 3.1.6 设函数 $f: \mathbf{N} \to \mathbf{N}$, 且

$$f(x)=\begin{cases} \dfrac{x}{2}, & x\text{为偶数}, \\ 1, & x\text{为奇数}, \end{cases}$$

那么有

$$\begin{aligned} &f(0)=0, && f(\{0\})=\{0\}, \\ &f(\{4, 6, 8\})=\{2, 3, 4\}, && f(\{0, 2, 4, 6, \cdots\})=\mathbf{N}, \\ &f(\{1, 3, 5, \cdots\})=\{1\}, && f^{-1}(\{1, 2, 4\})=\{2, 4, 8, 1, 3, 5, \cdots\}. \end{aligned}$$

函数是一种特殊关系, 关系可以进行合成运算, 自然对函数也可以讨论合成运算问题, 即如何由已知函数得到新的函数.

设函数 $f: A \to B$, $g: B \to Z$, 则合成函数 $h=g \circ f: A \to Z$ 是一个新的函数, 图 3.2 给出了一个合成函数.

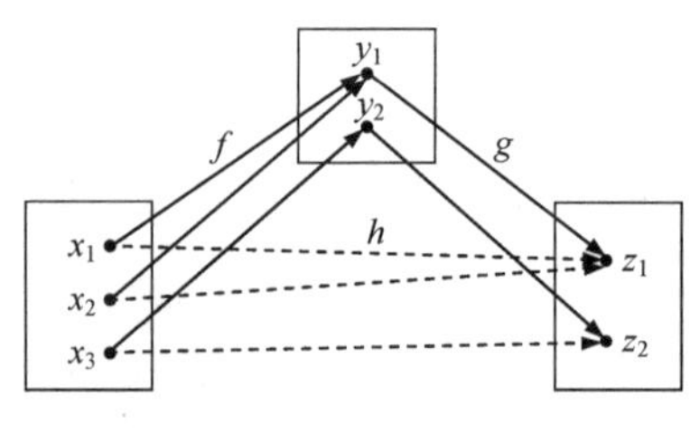

图 3.2

用类似于定义合成关系的方法定义合成函数.

定义 3.1.4 设函数 $f: A \to B$, $g: B \to C$, 合成关系

$$g \circ f=\{\langle x, z\rangle \mid x \in A, z \in C \text{ 且存在一个 } y \in B \text{ 使得 } y=f(x), z=g(y)\}$$

称为函数 g 在 f 的左边可**合成**, 简称为 f 和 g 的**合成**, 由 f 和 g 求得 $g \circ f$ 的运算。称为合成运算.

注意函数 f 和 g 的合成 $g \circ f$ 的记法与合成关系的记法恰好相反, 其原因是习惯于放置自变元于函数符号的右侧, 靠近自变元的函数先发生作用.

定理 3.1.1　设 $f: A \to B$, $g: B \to C$ 是两个函数, 则合成关系 $g \circ f$ 的是从 A 到 C 的函数, 且对于任意 $x \in A$, 都有 $g \circ f(x) = g(f(x))$.

证　要证明 $g \circ f$ 是函数, 只需证明对于任意 $x \in A$, 都有唯一的 $z \in C$ 使 $\langle x, z\rangle \in g \circ f$.

对于任意 $x \in A$, 因为 f 是函数, 故必有唯一的 $y \in Y$, 使得 $\langle x, y\rangle \in f$. 又因为 g 是函数, 故必存在唯一的 $z \in C$, 使得 $\langle y, z\rangle \in g$. 根据 $g \circ f$ 的定义, $\langle x, z\rangle \in g \circ f$ 且 $z \in C$ 是唯一的, 所以 $g \circ f$ 的是从 A 到 C 的函数.

另外, $g \circ f(x) = z = g(y) = g(f(x))$.

与关系的合成一样, 合成函数定义了函数的合成运算. 函数的合成运算满足结合律, 亦即

$$(f \circ g) \circ h = f \circ (g \circ h) = f \circ g \circ h.$$

例 3.1.7　设 $A = B = \mathbf{Z}$, C 是偶数集合, 函数 $f: A \to B$, $g: B \to C$ 定义如下:

$$f(a) = a + 1, \quad g(b) = 2b.$$

求 $g \circ f$.

解　所求的合成函数是 A 到 C 的函数, 且满足

$$g \circ f(a) = g(f(a)) = g(a+1) = 2(a+1).$$

从例 3.1.7 可以看出, 如果 f 和 g 是由公式所定义的函数, 那么 $g \circ f$ 也是函数, 并且 $g \circ f$ 的公式是通过把 f 的公式代入 g 的公式中而得到的.

上面所讨论的函数 $f: A \to B$ 可以称为一元函数, 因为它只有一个像源来决定其对应的像. 推广到 n 个像源才能决定其对应的像, 我们有多元函数的定义.

定义 3.1.5　设 $A_1, A_2, \cdots, A_n$ 和 B 为集合, 若 $f: A_1 \times A_2 \times \cdots \times A_n \to B$ 为从 n 元有序组 $A_1 \times A_2 \times \cdots \times A_n$ 到 B 的一个函数, 称其为从 $A_1 \times A_2 \times \cdots \times A_n$ 到 B 的 n 元函数, 它也可以表示为 $f(x_1, x_2, \cdots, x_n) = y$, 其中 $x_i \in A_i$, $y \in B$.

一元函数中的概念对 n 元函数几乎完全适用, 在这里不多讨论了.

3.2　特殊函数

本节介绍具有某些特殊性质的函数, 根据函数具有的不同性质, 可以将函数分成不同的类型. 先看一个具体的例子.

例 3.2.1　下面讨论几个函数:

设 $A = \{1, 2, 3, 4, 5\}$, $B = \{a, b, c, d\}$, 建立函数 $f: A \to B$ 为

$$f = \{\langle 1, a\rangle, \langle 2, b\rangle, \langle 3, c\rangle, \langle 4, c\rangle, \langle 5, d\rangle\}.$$

设 $A = \{1, 2, 3, 4\}$, $B = \{a, b, c, d, e\}$, 建立函数 $g: A \to B$ 为

$$g = \{\langle 1, a\rangle, \langle 2, c\rangle, \langle 3, b\rangle, \langle 4, d\rangle\}.$$

设 $A=\{1, 2, 3, 4\}$, $B=\{a, b, c, d\}$, 建立函数 $h: A\to B$ 为

$$h=\{\langle 1, a\rangle, \langle 2, b\rangle, \langle 3, c\rangle, \langle 4, d\rangle\}.$$

上面三种函数可用图 3.3 表示.

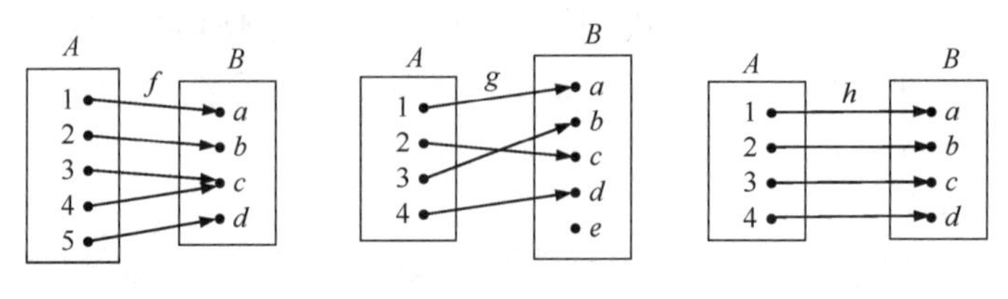

图 3.3

从图中可以看出:

(1) 函数 f 使得 B 中的每个元素均有 A 中元素与之对应, 这种函数称为从 A 到 B 上的函数; 否则, 称为从 A 到 B 内的函数.

(2) 函数 g 使得 A 中的每个元素 x 唯一对应一个 B 中元素 y, 而且也只有一个 x 对应 y, 这种函数称为一对一的函数; 否则, 称为多对一的的函数.

(3) 函数 h 使得 A 到 B 间建立了一一对应的关系, 这种函数称为 A 到 B 间一一对应的函数.

定义 3.2.1 设 f 是从 A 到 B 的函数.

(1) 如果 $\mathrm{ran}\, f=B$, 那么称 f 是**满射的**(或**到上的**).

(2) 如果对于任意两个元素 $x_1, x_2\in A$, $x_1\neq x_2$, 都有 $f(x_1)\neq f(x_2)$, 那么称 f 是**单射的**(或**一一的**);

(3) 如果 f 既是满射的, 又是单射的, 那么称 f 是**双射的**(或**一一到上的**).

在例 3.2.1 中, f 为满射的, g 为单射的, h 为双射的.

定理 3.2.1 设函数 $f: A\to B$, $g: B\to C$.

(1) 如果 f, g 都是满射的, 那么 $g\circ f: A\to C$ 也是满射的;

(2) 如果 f, g 都是单射的, 那么 $g\circ f: A\to C$ 也是单射的;

(3) 如果 f, g 都是双射的, 那么 $g\circ f: A\to C$ 也是双射的.

证 (1) 任取 $c\in C$, 因为 $g: B\to C$ 是满射的, 存在 $b\in B$ 使得 $g(b)=c$. 对于这个 b, 由于 $f: A\to B$ 也是满射的, 所以存在 $a\in A$ 使得 $f(a)=b$, 所以有

$$g\circ f(a)=g(f(a))=g(b)=c.$$

从而证明了 $g\circ f: A\to C$ 是满射的.

(2) 假设存在 $x_1, x_2\in A$ 使得 $g\circ f(x_1)=g\circ f(x_2)$, 则有 $g(f(x_1))=g(f(x_2))$, 因为 $g: B\to C$ 是单射的, 故 $f(x_1)=f(x_2)$. 又由于 $f: A\to B$ 也是单射的, 所以 $x_1=x_2$, 从而证明了 $g\circ f: A\to C$ 是单射的.

(3) 由(1)和(2)得证.

定理 3.2.2　设函数 $f: A\to B$, $g: B\to C$, $g\circ f$ 是合成函数, 于是

(1) 如果 $g\circ f$ 是满射的, 那么 g 必定是满射的;

(2) 如果 $g\circ f$ 是单射的, 那么 f 必定是单射的;

(3) 如果 $g\circ f$ 是双射的, 那么 g 必定是满射的, f 必定是单射的.

证　(1) **反证法**　因为 $g\circ f$ 是满射函数, 若 g 不是满射函数, 则必存在 $z_0\in C$, 使得对于任意的 $y\in B$, $g(y)\neq z_0$, 这样, 对于任意的 $x\in A$, $g\circ f(x)=g(f(x))=g(y)\neq z_0$, 故 $g\circ f$ 不是满射函数. 与假设矛盾, 所以 g 必定是满射函数.

(2) 设 $g\circ f$ 是单射函数. 仍然用反证法, 若 f 不是单射函数, 则必然存在 x_1, $x_2\in A$ 且 $x_1\neq x_2$, 使得 $f(x_1)=f(x_2)$. 由于 g 是函数, 所以, 对任一自变量 $y\in B$, $g(y)$ 都必有唯一的像点. 故 $g\circ f(x_1)=g(f(x_1))=g(f(x_2))=g\circ f(x_2)$, 即 $g\circ f$ 不是单射函数. 矛盾, 所以 f 是单射函数.

(3) 由于 $g\circ f$ 是双射函数, 故由(1)知 g 是满射函数, 由(2)知 f 是单射函数.

在定理 3.2.2 中, $g\circ f$ 是满射时 f 不一定是满射; $g\circ f$ 是单射时, g 不一定是单射.

例如, 设 $A=\{a\}$, $B=\{b, d\}$, $C=\{c\}$, $f: A\to B$, $g: B\to C$, $f=\{\langle a, b\rangle\}$, $g=\{\langle b, c\rangle, \langle d, c\rangle\}$. 则 $g\circ f=\{\langle a, c\rangle\}$, $g\circ f$ 是双射, 但 f 不是满射, g 不是单射.

下面讨论另一类函数——可逆函数.

任意给定一个函数, 它的逆关系不一定是函数. 例如, 在例 4.2.1 中的函数 f:

$$f=\{\langle 1, a\rangle, \langle 2, b\rangle, \langle 3, c\rangle, \langle 4, c\rangle, \langle 5, d\rangle\},$$

其逆

$$\tilde{f}=\{\langle a, 1\rangle, \langle b, 2\rangle, \langle c, 3\rangle, \langle c, 4\rangle, \langle d, 5\rangle\}.$$

易见 $\tilde{f}$ 是关系而非函数, 因为对于 $c\in\mathrm{dom}\,\tilde{f}$ 有两个值 3 和 4 与之对应, 破坏了函数的单值性. 对于什么样的函数 $f: A\to B$, 它的逆 $\tilde{f}: B\to A$ 是从 B 到 A 的函数呢?

定理 3.2.3　设 $f: A\to B$ 是双射函数, 则 $\tilde{f}$ 是从 B 到 A 的函数并且是双射函数.

证　考虑对应于 f 和 $\tilde{f}$ 的有序对的集合

$$f=\{\langle x, y\rangle \mid x\in A, y\in B \text{ 且 } f(x)=y\},$$

$$\tilde{f}=\{\langle y, x\rangle \mid \langle x, y\rangle\in f\}.$$

因为 f 是满射的, 每一个 $y\in B$ 必出现于一有序对 $\langle x, y\rangle\in f$ 中, 因此, y 也出现于一有序对 $\langle y, x\rangle\in\tilde{f}$ 中. 再者, 因 f 是单射的, 对每一个 $y\in B$, 最多有一个 $x\in A$ 使得 $\langle x, y\rangle\in f$, 因此, 仅有一个 $x\in A$ 使 $\langle y, x\rangle\in\tilde{f}$. 这两断言就证明 $\tilde{f}$ 是一个函数.

因为每一个 $x\in A$ 都有 $\langle x, y\rangle\in f$, 因而有 $\langle y, x\rangle\in\tilde{f}$, 所以 $\tilde{f}$ 是满射的. 再者, 对 B 的任意两个不同元素 y_1, y_2, 有 $\langle y_1, x_1\rangle, \langle y_1, x_2\rangle\in\tilde{f}$, 因而有 $\langle x_1, y_1\rangle, \langle x_2, y_1\rangle\in f$, 又 f 是双射函数, 所以 $x_1\neq x_2$, 因此 $\tilde{f}$ 是单射的, 故 $\tilde{f}$ 是双射的.

定义 3.2.2 设$f: A \to B$是双射函数, 称逆关系 $\tilde{f}$ 为f的**逆函数**或**反函数**, 记作f^{-1}, 并称f 是**可逆的**.

例 3.2.2 设$f: \mathbf{R} \to \mathbf{R}, f=\{\langle x, 2x+3\rangle \mid x \in \mathbf{R}\}$, $\mathbf{R}$ 为实数集, 由于此函数是一一对应的, 故存在反函数$f^{-1}: \mathbf{R} \to \mathbf{R}$, $f^{-1}=\{\langle 2x+3, x\rangle \mid x \in \mathbf{R}\}$.

例 3.2.3 设 $\mathbf{R}$ 为实数集,$f: \mathbf{R} \to \mathbf{R}, f(x)=x^2$, f是可逆的吗?

解 确定f是否为单射. 因为$f(2)=f(-2)=4$, 所以f不是单射, 故f是不可逆的.

定义 3.2.3 设$f: A \to A$ 是函数, 若对于任意 $a \in A$, 都有$f(a)=a$, 亦即

$$f=\{\langle a, a\rangle \mid a \in A\},$$

则称$f: A \to A$ 为 A 上**恒等函数**, 通常记为 I_A, 因为恒等关系即是恒等函数.

由定义可知, A 上恒等函数 I_A 是双射函数.

定理 3.2.4 设$f: A \to B$ 是可逆的, 则$f^{-1} \circ f=I_A$, $f \circ f^{-1}=I_B$.

证 设 x 是 A 的任一元素, 如果$f(x)=y$, 那么$f^{-1}(y)=x$.

$$f^{-1} \circ f(x)=f^{-1}(f(x))=f^{-1}(y)=x,$$

所以, $f^{-1} \circ f=I_A$.

类似地, 设 y 是 B 的任一元素, 如果$f^{-1}(y)=x$, 那么$f(x)=y$.

$$f \circ f^{-1}(y)=f(f^{-1}(y))=f(x)=y,$$

所以, $f \circ f^{-1}=I_B$.

定理 3.2.5 设函数$f: A \to B$, 则 $f=f \circ I_A=I_B \circ f$.

这个定理的证明由定义 3.2.3 直接得到.

定义 3.2.4 设函数$f: A \to B$, 若存在 $b \in B$, 使得对于任意 $a \in A$ 有$f(a)=b$, 即

$$f(A)=\{b\},$$

则称f 为**常值函数**.

例 3.2.4 设$A=\{a, b, c, d\}$, $B=\{x, y, z\}$, 函数$f: A \to B$定义为$f=\{\langle a, y\rangle, \langle b, y\rangle, \langle c, y\rangle, \langle d, y\rangle\}$, 则$f$ 为一个常值函数.

给定集合 A 和 A 上的等价关系 R, 可以确定一个映射 $g: A \to A/R$, 我们有以下定义:

定义 3.2.5 设 R 是集合 A 上的一个等价关系, 函数 $g: A \to A/R$, $g(x)=[x]_R$称为从 A 到商集 A/R 的**自然映射**或**规范映射**.

例 3.2.5 设 $A=\{1, 2, 3\}$, $R=\{\langle 1, 1\rangle, \langle 2, 2\rangle, \langle 3, 3\rangle, \langle 1, 2\rangle, \langle 2, 1\rangle\}$是 A 上的等价关系, 那么定义 $g(1)=g(2)=\{1, 2\}$, $g(3)=\{3\}$, 则 g 为从 A 到 A/R 的自然映射.

不同的等价关系将确定不同的自然映射, 其中恒等关系所确定的自然映射是双射, 而其他的自然映射一般来说只是满射.

定义 3.2.6 设$f: A \to A$ 是函数, 若f 是双射, 则称f为 A 上的**置换**.

当集合 A 是无限集时, A 上的置换称为无限次的. 当集合 A 是有限集时, 若设 $A=\{a_1, a_2, \cdots, a_n\}$, 则称 A 上的置换为 n 次的. n 次置换常写成

$$\sigma=\begin{bmatrix} a_1 & a_2 & \cdots & a_n \\ \sigma(a_1) & \sigma(a_2) & \cdots & \sigma(a_n) \end{bmatrix}$$

的形式(可以任意交换列的次序).

为了简单起见, 常用 1, 2, 3, …, n 表示 A 中的 n 个元素, 此时, σ 就可以表示为

$$\sigma=\begin{bmatrix} 1 & 2 & \cdots & n \\ \sigma(1) & \sigma(2) & \cdots & \sigma(n) \end{bmatrix}.$$

因为σ 是一个双射函数, 所以序列$\sigma(1), \sigma(2), \cdots, \sigma(n)$恰好是 A 中元素的重排, 即 A 中元素 1, 2, 3, …, n 的一个排列. 两个不同的置换σ, τ 所对应的排列$\sigma(1), \sigma(2), \cdots, \sigma(n)$与$\tau(1), \tau(2), \cdots, \tau(n)$是不同的, 而且任给 1, 2, 3, …, n 的一个排列 $\alpha_1, \alpha_2, \cdots, \alpha_n$, 都有唯一的一个置换$\sigma$使得

$$\sigma=\begin{bmatrix} 1 & 2 & \cdots & n \\ \alpha_1 & \alpha_2 & \cdots & \alpha_n \end{bmatrix}.$$

我们知道 n 元排列一共有 $n!$个, 所以 n 次置换共有 $n!$个. 这 $n!$个置换的集合记为 S_n.

例 3.2.6　设 $A=\{1, 2, 3\}$, 则 A 上的所有置换为:

$$\sigma_1=\begin{bmatrix} 1 & 2 & 3 \\ 1 & 2 & 3 \end{bmatrix},\quad \sigma_2=\begin{bmatrix} 1 & 2 & 3 \\ 1 & 3 & 2 \end{bmatrix},\quad \sigma_3=\begin{bmatrix} 1 & 2 & 3 \\ 3 & 2 & 1 \end{bmatrix},$$

$$\sigma_4=\begin{bmatrix} 1 & 2 & 3 \\ 2 & 1 & 3 \end{bmatrix},\quad \sigma_5=\begin{bmatrix} 1 & 2 & 3 \\ 2 & 3 & 1 \end{bmatrix},\quad \sigma_6=\begin{bmatrix} 1 & 2 & 3 \\ 3 & 1 & 2 \end{bmatrix}.$$

由于置换是双射函数, 而函数可以作复合运算, 因此置换也可以进行复合运算, 其运算常记为$\circ$, 置换的复合也称为**置换的乘法**.

例 3.2.7　在例 3.2.6 中取两个 3 次置换$\sigma_2=\begin{bmatrix} 1 & 2 & 3 \\ 1 & 3 & 2 \end{bmatrix}$, $\sigma_6=\begin{bmatrix} 1 & 2 & 3 \\ 3 & 1 & 2 \end{bmatrix}$, 则

$$\sigma_2\circ\sigma_6=\begin{bmatrix} 1 & 2 & 3 \\ 1 & 3 & 2 \end{bmatrix}\circ\begin{bmatrix} 1 & 2 & 3 \\ 3 & 1 & 2 \end{bmatrix}=\begin{bmatrix} 1 & 2 & 3 \\ 2 & 1 & 3 \end{bmatrix}.$$

即把σ_6 的第一排的元素作为$\sigma_2\circ\sigma_6$ 的第一排的元素, 而把σ_6 中的第二排与σ_2 中第一排的元素作为中间量进行复合, 即为$\sigma_2\circ\sigma_6$. 具体做法是$\sigma_6: 1\to 3$, $\sigma_2: 3\to 2$, 则 $\sigma_2\circ\sigma_6$ 中有 $1\to 2$. 其余同理可得.

两个置换的乘法按复合定义应从右向左计算. 置换是双射函数, 而双射函

数的合成仍是双射函数, 所以置换的合成还是置换. 换言之, 置换在合成运算下封闭.

定义 3.2.7　设σ是一个 n 次置换, 满足

(1) $\sigma(a_1)=a_2$, $\sigma(a_2)=a_3$, $\cdots$, $\sigma(a_r)=a_1$;

(2) $\sigma(a)=a$, $a\neq a_i$ $(i=1, 2, \cdots, r)$.

则称σ是长度为 r 的**轮换**, 并记作$(a_1, a_2, \cdots, a_r)$. 长度为 2 的轮换称为**对换**. 将长度为 1 的轮换记为恒等置换, 即$\sigma=(a_1)=(a_2)=\cdots$. 任何长度为 1 的置换都表示同一个恒等置换.

例如, $\sigma=\begin{bmatrix}1&2&3&4&5&6\\3&2&4&5&1&6\end{bmatrix}=(1\ 3\ 4\ 5)$, $\tau=\begin{bmatrix}1&2&3&4&5&6\\1&5&3&4&2&6\end{bmatrix}=(2\ 5)$, 则$\sigma$是一个长度为 4 的轮换, τ是一个长度为 2 的对换.

应当注意, 如果σ是长度为 r 的轮换, 那么可以从任意元素 a_i $(i=1, 2, \cdots, r)$开始书写σ, 并且以顺时针方向移动. 例如, 轮换: $(3\ 5\ 8\ 2)=(5\ 8\ 2\ 3)=(8\ 2\ 3\ 5)=(2\ 3\ 5\ 8)$. 另外, 轮换的符号并不表示集合 A 中所有元素的个数. 例如, 轮换$(3\ 2\ 1\ 4)$可能是集合$\{1, 2, 3, 4\}$或$\{1, 2, 3, 4, 5, 6, 7, 8\}$的一个置换, 因此必须清楚地知道定义一个轮换的集合.

例 3.2.8　设 $A=\{1, 2, 3, 4, 5, 6\}$, 计算$(4\ 1\ 3\ 5)\circ(5\ 6\ 3)$.

解　显然有

$$\begin{aligned}(4\ 1\ 3\ 5)\circ(5\ 6\ 3)&=\begin{bmatrix}1&2&3&4&5&6\\3&2&5&1&4&6\end{bmatrix}\circ\begin{bmatrix}1&2&3&4&5&6\\1&2&5&4&6&3\end{bmatrix}\\&=\begin{bmatrix}1&2&3&4&5&6\\3&2&4&1&6&5\end{bmatrix}.\end{aligned}$$

注意, 两个轮换的乘积一般不再是一个轮换. 但可以证明, 任一 n 次置换都可以分解为不相交的轮换之积, 若不计因子的次序, 则分解式是唯一的. 如上例中置换$(4\ 1\ 3\ 5)\circ(5\ 6\ 3)$可以写成

$$(4\ 1\ 3\ 5)\circ(5\ 6\ 3)=(1\ 3\ 4)\circ(5\ 6).$$

作为置换的实际应用, 我们介绍两类编码.

在密码学中, 对于所传信息需要同时做到加密和解密, 可逆函数是一个重要的工具. 很多密文是通过如下方法创建的一种简单的**代换编码**. 令 $A=\{a, b, \cdots, z\}$是英语字母表, $f: A\to A$ 是通信各方事先确定的一个函数. 一条消息就是通过将每个字母用其 f 的像代换来进行加密的. 而在消息解密的时候, 函数 f 必须是一个逆函数. 接收方对每个字母使用函数 f^{-1} 来解密消息.

例 3.2.9 设 f 是由表 3.1 定义的.

表 3.1

A	B	C	D	E	F	G	H	I	J	K	L	M	N	O	P	Q	R	S	T	U	V	W	X	Y	Z
D	E	S	T	I	N	Y	A	B	C	F	G	H	J	K	L	M	O	P	Q	R	U	V	W	X	Z

则 f 就是把字母表重新排列定义的函数.

短句 THE TRUCK ARRIVES TONIGHT 加密后为

QAIQORSFDOOBUIPQKJBYAQ,

在这种情况下, 通过上面的函数表从下排往上排使用就可以将密文进行解密. 例如, 短句 CKAJADPDGKJYEIDOT 解密后为 JOHNHASALONGBEARD, 即 JOHN HAS A LONG BEARD.

通过字母置换可以产生一个代换码, 它还可以用来产生**对换码**. 在代换码中, 每个字母通过一个代换而被取代, 而对换码则不同, 消息的字母没有改变, 而是位置被重排.

例如, 消息 TEST THE WATERS 经过下面给定的置换

$$(1\ 2\ 3)\circ(4\ 7)\circ(5\ 10\ 11)\circ(6\ 8\ 12\ 13\ 9),$$

其中数字表示字母在消息中的位置, 那么消息变成了 STEEEATHSTTWR. 如果双方都知道此置换, 那么消息接收方只要使用该置换的逆置换就能解码.

3.3 无限集合

第 1 章介绍了有限集合的计数问题, 对两个有限集合来说, 要比较它们的元素是否一样多, 如果知道了两个集合的元素各有多少, 当然也就知道了它们的元素是否一样多. 但判断两个集合的元素是否一样多, 并不一定需要知道它们各有多少个元素. 例如, 教室里坐满了人, 我们就知道来上课的学生和教室的座位一样多, 而不需要知道有多少学生多少座位. 一般地, 两个集合只要它们的元素能一一对应, 就能断定它们的元素一样多. 从映射的观点来看, 如果它们之间存在一个双射, 那么它们的元素就一样多. 由于有限集合与无限集合是两类不同性质的集合, 对于无限集合, 我们如何计数呢?

3.3.1 可数集与不可数集

先看有限集合的情形. 首先选取一个"标准集合" $\mathbf{N}_n=\{0, 1, 2, \cdots, n-1\}$, 以双射函数为工具, 给出集合基数的定义如下.

定义 3.3.1　如果集合 S 与集合 $\mathbf{N}_n$ 之间存在一个双射函数 $f: \mathbf{N}_n \to S$, 那么称集合 S 是**有限的**, 并称 S 的基数是 n, 记作 $|S|=n$, 或 card $S=n$.

若集合 S 不是有限的, 则称 S 是无限的.

定义 3.3.1 表明, 对于有限集合 S, 可以用"数"数的方式来确定集合 S 的基数.

定理 3.3.1　自然数集合 $\mathbf{N}$ 是无限的.

证　即要证明不存在从集合 $\mathbf{N}_n$ 到 $\mathbf{N}$ 的双射函数.

设 n 是 $\mathbf{N}$ 的任意元素, f 是任意的从 $\mathbf{N}_n$ 到 $\mathbf{N}$ 的函数. 设 $k=1+\max\{f(0), f(1), \cdots, f(n-1)\}$, 那么 $k\in\mathbf{N}$, 但对每一个 $x\in\mathbf{N}_n$, 有 $f(x)\neq k$. 因此, f 不是满射函数, 从而 f 不是双射函数. 因为 n 和 f 都是任意的, 故 $\mathbf{N}$ 是无限的.

对于无限集合也可以用如下方式来定义.

定义 3.3.2　如果存在一一对应的函数 $f: S\to S$ 使得 $f(S)$ 是 S 的真子集, 那么称集合 S 是**无限的**, 否则, S 是有限的.

例 3.3.1　偶数集合 O 是无限的.

证　设函数 $f: O\to O$ 定义为 $f(n)=2n$, 显然, f 是双射函数, 而且 $f(O)\subset O$, 所以由定义 3.3.2 知, O 是无限的.

定理 3.3.2　实数集合 $\mathbf{R}$ 是无限的.

证　设函数 $f: \mathbf{R}\to\mathbf{R}$ 定义为

$$f(x)=\begin{cases} x+1, & x\geqslant 0, \\ x, & x<0. \end{cases}$$

显然, f 是双射函数, 而且 $f(\mathbf{R})\subset\mathbf{R}$, 所以由定义 3.3.2 知, $\mathbf{R}$ 是无限的.

从上面定理 3.3.1 和定理 3.3.2 可以看出, 实数集 $\mathbf{R}$ 与自然数集 $\mathbf{N}$ 同为无限集合, 但实数集 $\mathbf{R}$ 中所含元素明显比自然数集 $\mathbf{N}$ 所含元素要多, 如何描述无限集合中元素的稠密性呢?

为了确定某些无穷集合的基数, 我们选取第二个"标准集合" $\mathbf{N}$ 来度量这些集合.

定义 3.3.3　设 S 是集合, 若 f: $\mathbf{N}\to S$ 为双射函数, 则称 S 的基数是 $\aleph_0$, 记作 $|S|=\aleph_0$.

显然, 存在从 $\mathbf{N}$ 到 $\mathbf{N}$ 的双射函数, 故 $|\mathbf{N}|=\aleph_0$, $\aleph_0$ 读作"阿列夫零", 符号 $\aleph_0$ 是集合的创始人康托尔引入的.

例 3.3.2　全体非负偶数的集合 A 的基数为 $\aleph_0$.

证　作函数 $f: \mathbf{N}\to A$ 定义为 $f(n)=2(n+1)$, 显然 f 是一一对应, 故由定义 3.3.3 知, A 的基数为 $\aleph_0$.

若 $f: \mathbf{N}\to A$ 是双射函数, 则相当于把集合 A 的元素指派一个符号, 作重新编号使得 A 的元素是可以"数"的, 只是"数"的过程不会终止, 从而引出如下定义.

定义 3.3.4　设 S 是一个集合，如果集合 $\mathbf{N}$ 与 S 之间存在一个一一映射，那么称集合 S 是**可数的**，否则称 S 是**不可数的或无限不可数的**.

显然，如果 S 是可数的，那么 $|S|=\aleph_0$.

例 3.3.3　集合

$$A=\{1, 4, 9, 16, \cdots, n^2, \cdots\},$$
$$B=\{-3, 12, -27, \cdots, 3(-1)^n n^2, \cdots\},$$
$$C=\left\{\frac{5}{2}, \frac{5}{3}, \cdots, \frac{5}{n+1}, \cdots\right\}$$

均为可数集.

对于可数集，我们有如下性质.

定理 3.3.3　S 为可数集的充分必要条件是 S 的元素可以排列成

$$S=\{a_1, a_2, \cdots, a_n, \cdots\}$$

的形式.

证　如果 S 可排成上述形式，那么将 S 的元素 a_n 与足标 n 对应，就得到 S 与 $\mathbf{N}$ 之间的一一对应，故 S 是可数集.

反之，如果 S 为可数集，那么在 S 与 $\mathbf{N}$ 之间存在一种一一对应关系 f，由 f 得到与 n 对应的元素 a_n，从而 S 可写为 $\{a_1, a_2, \cdots, a_n, \cdots\}$ 的形式.

定理 3.3.4　任一无限集合必含有可数子集.

证　设 A 为无限集合，从 A 中取出一个元素 a_1，再从 $A-\{a_1\}$ 取元素 a_2，如此继续下去，就得到 A 的子集 $\{a_1, a_2, \cdots, a_n, \cdots\}$，由定理 3.3.3 可知，此子集是可数的，故结论成立.

定理 3.3.5　可数集的任一无限子集是可数的.

证　设 A 为可数集合，B 为 A 一无限子集，由定理 3.3.3，A 的元素可以排列成 $\{a_1, a_2, \cdots, a_n, \cdots\}$ 的形式. 将 A 的元素从 a_1 开始向后检查，不断地删去不在 B 中的元素，则得到一个新的数列

$$a_{i_1}, a_{i_2}, \cdots, a_{i_n}, \cdots,$$

它与自然数一一对应，所以 B 是可数的.

由此可以看出，可数集是无限集合中的最小集合，并且其基数为 $\aleph_0$.

例 3.3.4　正有理数集 $\mathbf{Q}^+$ 是无限可数的.

证　显然 $\mathbf{Q}^+$ 是无限的. 因为其真子集自然数集 $\mathbf{N}$ 是无限的. 首先将 $\mathbf{Q}^+$ 的元素表示为简约分数，将 n 表示为 $n/1$，然后按如图 3.4 那样，对 $\mathbf{Q}^+$ 排列，排列的次序按有向路径指出：则所有正有理数按图 3.4 排成了一列，由定理 3.3.3，$\mathbf{Q}^+$ 是无限可数的.

类似地，所有负有理数集 $\mathbf{Q}^-$ 也是无限可数的.

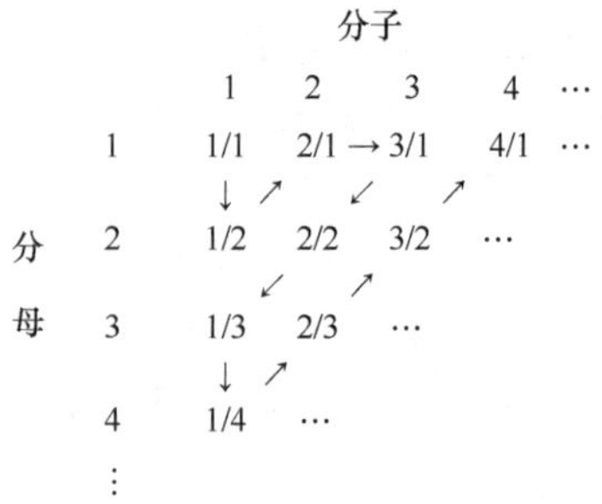

分子

$$
\begin{array}{cccccccc}
 & & 1 & 2 & & 3 & 4 & \cdots \\
 & 1 & 1/1 & 2/1 & \rightarrow & 3/1 & 4/1 & \cdots \\
 & & \downarrow \ \nearrow & & \swarrow & & \nearrow & \\
\text{分} & 2 & 1/2 & 2/2 & & 3/2 & \cdots & \\
 & & & \swarrow & \nearrow & & & \\
\text{母} & 3 & 1/3 & 2/3 & & \cdots & & \\
 & & \downarrow \ \nearrow & & & & & \\
 & 4 & 1/4 & \cdots & & & & \\
 & \vdots & & & & & &
\end{array}
$$

图 3.4

定理 3.3.6　可数个两两不相交的可数集合的并集仍然是一可数集.

证　设可数个两两不相交的可数集合分别表示为

$$
\begin{gathered}
S_0=\{a_{00}, a_{01}, a_{02}, \cdots, a_{0n}, \cdots\}, \\
S_1=\{a_{10}, a_{11}, a_{12}, \cdots, a_{1n}, \cdots\}, \\
S_2=\{a_{20}, a_{21}, a_{22}, \cdots, a_{2n}, \cdots\}, \\
\cdots\cdots
\end{gathered}
$$

令 $S=S_0 \cup S_1 \cup S_2 \cup \cdots$, 对 S 的元素作如下排列:

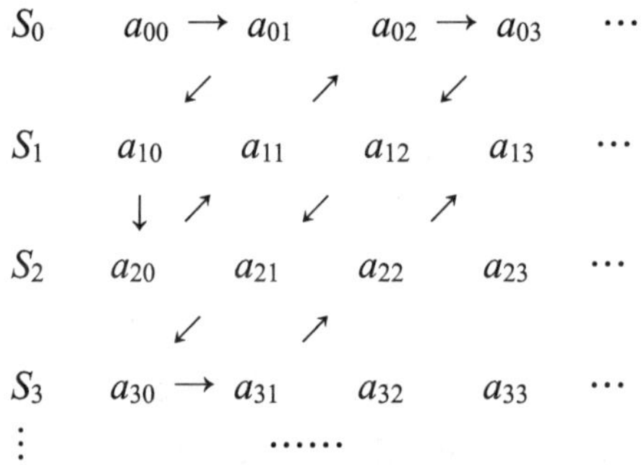

$$
\begin{array}{ccccccccc}
S_0 & a_{00} & \rightarrow & a_{01} & & a_{02} & \rightarrow & a_{03} & \cdots \\
 & & \swarrow & & \nearrow & & \swarrow & & \\
S_1 & a_{10} & & a_{11} & & a_{12} & & a_{13} & \cdots \\
 & \downarrow & \nearrow & & \swarrow & & \nearrow & & \\
S_2 & a_{20} & & a_{21} & & a_{22} & & a_{23} & \cdots \\
 & & \swarrow & & \nearrow & & & & \\
S_3 & a_{30} & \rightarrow & a_{31} & & a_{32} & & a_{33} & \cdots \\
\vdots & & & \cdots\cdots & & & & &
\end{array}
$$

在上述元素的排列中, 由左上端开始, 其每一斜线上的每一元素的两足码之和都相同, 依次为 0, 1, 2, 3, 4, ⋯, 各斜线上元素的个数依次为 1, 2, 3, 4, ⋯, 故 S 的元素可排列为

$$a_{00}, a_{01}, a_{10}, a_{20}, a_{11}, \cdots.$$

因此, S 是可数的.

依据此定理, 对于有理数集 **Q**, 有以下结论.

定理 3.3.7　有理数集 **Q** 是可数的.

由上面的讨论可以知道, 所有可数集的基数都为 $\aleph_0$, 即可数集是无限集合中的最小集合, 因此已经没有比基数为 $\aleph_0$ 更小的无限集了. 我们自然要问, 是否所有无限集的基数都是 $\aleph_0$? 是否存在基数比 $\aleph_0$ 更大的集合呢? 对于这个问题, 我们有一个例子.

定理 3.3.8　实数集 $\mathbf{R}$ 是不可数的.

证　设 $f:(0,1)\to\mathbf{R}$，定义为 $f(x)=\cot\pi x$，显然 f 为双射，因此 $(0,1)$ 内的实数与实数集 $\mathbf{R}$ 的基数是相等的. 若能证明 $(0,1)$ 是不可数集，则 $\mathbf{R}$ 也必为不可数的.

用反证法，设 $S=\{x\mid x\in\mathbf{R}$ 且 $0<x<1\}$ 是可数的，则 S 的元素可依次排列为

$$s_0, s_1, s_2, s_3, \cdots.$$

由于 S 内的任一元素 x 都可表示为

$$0.\,y_1y_2y_3\cdots,$$

其中 $y_i\in\{0, 1, 2, \cdots, 9\}$，约定不允许从某个 y_i 以后的每个位数都是零 (例如，数 0.25000…应写成 0.24999…)，则这种表示式是唯一的. 因此，我们有

$$s_0=0.\,a_{00}\,a_{01}\,a_{02}\cdots a_{0n}\cdots,$$
$$s_1=0.\,a_{10}\,a_{11}\,a_{12}\cdots a_{1n}\cdots,$$
$$s_2=0.\,a_{20}\,a_{21}\,a_{22}\cdots a_{2n}\cdots,$$
$$s_3=0.\,a_{30}\,a_{31}\,a_{32}\cdots a_{3n}\cdots,$$
$$\cdots\cdots$$

现构造一个 S 内的实数 $r=0.\,b_0\,b_1\,b_2\cdots b_n\cdots$，其中 b_j 满足

$$b_j=\begin{cases}1, & a_{jj}\neq 1,\\ 2, & a_{jj}=1,\end{cases}\quad j=0,1,2,\cdots.$$

依这种方式选取的 r 与所有实数 s_0，s_1，s_2，s_3，…不同，因为 $b_0\neq a_{00}$，$b_1\neq a_{11}$，…，$b_n\neq a_{nn}$，…，所以 $r\notin S$，矛盾，因此 S 是不可数的，从而 R 是不可数集.

由这个定理可以知道，实数集 $\mathbf{R}$ 的基数不是 $\aleph_0$，它比 $\aleph_0$ 要大，记为 $\aleph$，或 c，称为**连续统的势**.

在无限集中除了基数为 $\aleph_0$ 与 $\aleph$ 的集合外，是否还有其他基数更大的集合存在呢? 德国数学家康托尔证明了，对任何一个集合 A，它的幂集 $\rho(A)$ 的基数一定比 A 的基数大. 康托尔还认为，$\aleph_0$ 与 $\aleph$ 之间没有其他基数存在，也就是说，$\aleph_0$ 之后第一个比 $\aleph_0$ 大的基数是 $\aleph$，这就是著名的**连续统假设**.

3.3.2　基数的比较

在讨论了无限集合基数的基础上，可以利用双射函数作为工具，对两个无限集合的基数进行比较. 限于篇幅和理论知识的考虑，以下定理不予证明.

定义 3.3.5　设 A 和 B 为任意集合.

(1) 若从 A 到 B 存在一个双射函数，则称 A 和 B 是**等势的**，记作 $A\approx B$.

(2) 若从 A 到 B 存在一单射函数，则称 A 的基数小于等于 B 的基数，记作

$|A| \leqslant |B|$.

(3) 若有一个从 A 到 B 的单射函数，但不存在双射函数，则称 A 的基数小于 B 的基数，记作 $|A| < |B|$.

由于在复合运算下，双射函数是封闭的，双射函数的逆函数也是双射函数，因此等势关系有以下性质.

定理 3.3.9 等势是任何集合族上的等价关系.

从上面定义及定理可知，等势是集合族上的等价关系，它把集合族划分成等价类，在同一等价类中的集合具有相同的基数. 因此可以说，基数是在等势关系下集合的等价类的特征. 或者说，基数是在等势关系下集合的等价类的名称. 这实际上就是基数的一种定义. 例如，3 可看作是等价类

$$\{a, b, c\},$$

$$\{\{\varnothing\}, \{\varnothing, \{\varnothing\}\}, \{\varnothing, \{\varnothing\}, \{\varnothing, \{\varnothing\}\}\}$$

的名称(或特征). $\aleph_0$ 是自然数集合 $\mathbf{N}$ 所属等价类的名称.

例 3.3.5 证明对于任何 $a, b \in \mathbf{R}$, $a<b$, 有 $(0, 1) \approx (a, b)$.

证 只需找到一个过点 $(0, a)$ 和 $(1, b)$ 的单调函数即可. 显然一次函数是最简单的，由解析几何的知识易得

$$f: (0, 1) \to (a, b),\ f(x) = (b-a)x + a.$$

易证 f 为双射函数，故 $(0, 1) \approx (a, b)$.

类似地，可以证明，对任何 $a, b \in \mathbf{R}$, $a<b$, 有 $[0, 1] \approx [a, b]$. 一般地，如果 $a<b$ 且 $c<d$, 那么有

$$(a, b) \approx (c, d); \quad (a, b] \approx (c, d].$$

例 3.3.6 证明: $\mathbf{Z} \approx \mathbf{N}$.

证 设函数 $f: \mathbf{Z} \to \mathbf{N}$ 定义为

$$f(x) = \begin{cases} 2x, & x \geqslant 0, \\ -(2x+1), & x < 0. \end{cases}$$

易证 f 为双射函数，故 $\mathbf{Z} \approx \mathbf{N}$.

直观上就是将 $\mathbf{Z}$ 的元素按以下方式排列，并依次与 $\mathbf{N}$ 作对应:

$$0, -1, 1, -2, 2, -3, 3, \cdots, -n, n, \cdots$$

例 3.3.7 证明: $\mathbf{N} \times \mathbf{N} \approx \mathbf{N}$.

证 要建立从 $\mathbf{N} \times \mathbf{N}$ 到 $\mathbf{N}$ 的双射函数，只需把 $\mathbf{N} \times \mathbf{N}$ 中所有的元素排成一个有序图形，如图3.5所示. $\mathbf{N} \times \mathbf{N}$ 中的元素恰好是坐标平面上第一象限(含坐标轴)中所有整数坐标的点. 如果能够找到“数遍”这些点的方法，这个计数过程就是建立 $\mathbf{N} \times \mathbf{N}$ 到 $\mathbf{N}$ 的双射函数的过程. 将 $\mathbf{N} \times \mathbf{N}$ 的元素按照下面的次序进行排列:

$$\begin{array}{ccccccc} \langle 0,0\rangle, & \langle 0,1\rangle, & \langle 1,0\rangle, & \langle 0,2\rangle, & \langle 1,1\rangle, & \langle 2,0\rangle & \cdots \\ \downarrow & \downarrow & \downarrow & \downarrow & \downarrow & \downarrow & \cdots \\ 0 & 1 & 2 & 3 & 4 & 5 & \cdots \end{array}$$

设$\langle m, n\rangle$是图上任意一个点，它所对应的自然数为k. 确定m, n与k之间的关系. 首先计算点$\langle m, n\rangle$所在斜线下方的平面上所有的点的个数，是

$$1+2+\cdots+(m+n)=\frac{(m+n+1)(m+n)}{2}.$$

然后计算$\langle m, n\rangle$所在的斜线上按照箭头标明的顺序位于点$\langle m, n\rangle$之前的点数是 m，因此点$\langle m, n\rangle$是第 $\frac{(m+n+1)(m+n)}{2}+m+1$ 个点，从而得到

$$k=\frac{(m+n+1)(m+n)}{2}+m.$$

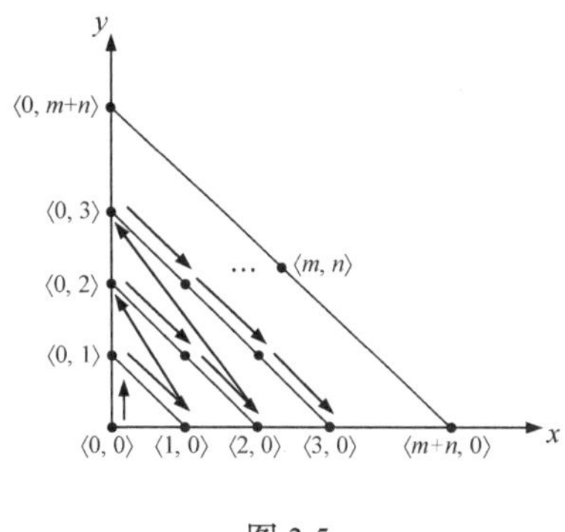

图 3.5

根据上面的构造方法，可得 **N**×**N** 到 **N** 的双射函数f，即

$$f: \mathbf{N}\times\mathbf{N}\to\mathbf{N},\quad f(\langle m,n\rangle)=\frac{(m+n+1)(m+n)}{2}+m.$$

在证明两集合具有相同基数时，双射函数的构造往往是困难的. 为了给出简便的方法，我们不加证明地给出两个著名的定理.

定理 3.3.10 (Zermelo)　设 A 和 B 是任意两个集合，则下述情况恰有一个成立:

(1) $|A|<|B|$;

(2) $|B|<|A|$;

(3) $|A|=|B|$.

此定理又称为**三歧性定律**.

定理 3.3.11 (Cantor-Schroder-Bernstein)　设 A 和 B 是任意两个集合，若$|A|\leqslant|B|$ 和$|B|\leqslant|A|$，则$|A|=|B|$.

定理 3.3.11 表明，$\leqslant$是反对称的. 因此，若能够构造一个单射函数$f: A\to B$，则有$|A|\leqslant|B|$；若又能构造另一个单射函数 $g: B\to A$，则有$|B|\leqslant|A|$. 于是根据定理 3.3.11 即可得出 $|A|=|B|$. 此时，特别要说明的是f和 g不必是满射. 一般情况下，构造两个单射函数比构造一个双射函数要容易得多.

例 3.3.8　证明: $[0, 1]\approx(0, 1)$.

证　构造单射函数:

$$f: (0, 1) \to [0, 1], \quad f(x) = x,$$

$$g: [0, 1] \to (0, 1), \quad g(x) = \frac{x}{2} + \frac{1}{3},$$

因此, $[0, 1] \approx (0, 1)$.

定理 3.3.12 (Cantor 定理)　设 A 是任意一个集合, $\rho(A)$为 A 的幂集, 则$|A| < |\rho(A)|$.

定理 3.3.12 表明了, 任一集合 S 总存在一个基数大于$|S|$的集合, 即没有最大基数和最大集合.

应用本定理, 可以构造一个可数的无限基数的集合, 其中每一个集合的基数都大于它前边的一个集合的基数. 例如, $|\mathbf{N}| < |\rho(\mathbf{N})| < |\rho(\rho(\mathbf{N}))| < \cdots$.

例 3.3.9　设 $A=\{a, b, c\}$, 则有

$$\rho(A)=\{\varnothing, \{a\}, \{b\}, \{c\}, \{a, b\}, \{a, c\}, \{b, c\}, \{a, b, c\}\}.$$

$$\rho(\rho(A))=\{\varnothing, \{\varnothing\}, \{\{a\}\}, \{\{b\}\}, \{\{c\}\}, \{\{a, b\}\}, \cdots, \{\varnothing, \{a\}, \{b\}, \{c\}, \{a, b\}, \{a, c\}, \{b, c\}, \{a, b, c\}\}\}.$$

依次重复下去, 有

$$3 < 2^3 < 2^{2^3} < \cdots.$$

函数与无限集合

习　题　3

1. 设 $A=\{a, b, c, d\}$, $B=\{e, f, g\}$, 判断下列从 A 到 B 的关系 R 是否是一个函数, 如果它是一个函数, 给出它的值域.

(1) $R=\{\langle a, e\rangle, \langle b, f\rangle, \langle c, e\rangle, \langle d, f\rangle\}$;

(2) $R=\{\langle a, e\rangle, \langle b, f\rangle, \langle a, f\rangle, \langle c, e\rangle, \langle d, f\rangle\}$;

(3) $R=\{\langle a, e\rangle, \langle b, f\rangle, \langle c, e\rangle\}$;

(4) $R=\{\langle a, e\rangle, \langle b, e\rangle, \langle c, e\rangle, \langle d, e\rangle\}$.

2. 设 $A=\{\varnothing, a, \{a\}\}$, 定义 $f: A\times A\to\rho(A)$如下:

$$f(x, y)=\{\{x\}, \{x, y\}\}.$$

判断下列各式是否成立.

(1) $f(\varnothing, \varnothing)=\{\{\varnothing\}\}$;

(2) $f(\varnothing, \varnothing)=\{\varnothing, \{\varnothing\}\}$;

(3) $f(a, \{a\})=\{\{a\}\}$;

(4) $f(a, \{a\})=\{\{a\}, \{a, \{a\}\}\}$.

3. 设 f, g, h 是从 $\mathbf{Z}$ 到 $\mathbf{Z}$ 的函数, 定义如下:

$$f(z)=3z, \quad g(z)=3z+1, \quad h(z)=3z+2.$$

求合成函数 $f\circ g, g\circ h, f\circ g\circ h$.

4. 设 $A=B=C=\mathbf{R}$, $g: A\to B$ 和 $h: B\to C$ 分别由 $g(a)=a+1$ 和 $h(b)=b^2+2$ 定义, 求下列各题:

(1) $g\circ h(3)$;　(2) $h\circ g(3)$;　(3) $g\circ h(x)$;

(4) $h\circ g(x)$;　(5) $g\circ g(x)$;　(6) $h\circ h(x)$.

5. 求解 $h(n)$, 它满足下列关系:

$$\begin{cases} h^2(n)-2h^2(n-1)=1, & h(n)>0, \\ h(0)=2. \end{cases}$$

6. 已知集合 A 和 B 以及从 A 到 B 的一个函数, 判断函数是单射, 满射还是双射.

(1) $A=B=\mathbf{N}, f(n)=2n$;

(2) $A=\{1, 3.5, 7, 0.08\}, B=\{a, b\}, f=\{\langle 1, a\rangle, \langle 3.5, b\rangle, \langle 7, a\rangle, \langle 0.08, a\rangle\}$;

(3) $A=\mathbf{R}, B=\mathbf{R}^+, f(x)=|x|$;

(4) $A=B=\mathbf{R}\times\mathbf{R}, \quad f(\langle x, y\rangle)=\langle x+y, x-y\rangle$.

7. 判断下列函数是否为单射, 满射或双射, 说明理由, 然后根据要求进行计算.

(1) $f: \mathbf{N}\times\mathbf{N}\to\mathbf{N}, \quad f(\langle x, y\rangle)=x+y+1$, 计算 $f(\mathbf{N}\times\{1\})$;

(2) $f: \mathbf{N}\to\mathbf{N}\times\mathbf{N}, \quad f(x)=\langle x, x+1\rangle$, 计算 $f(\{0, 1, 2\})$.

8. 设 f 是从 $A=\{1, 2, 3, 4\}$ 到 $B=\{a, b, c, d\}$ 的一个函数, 判断 f 的逆关系是否是一个函数.

(1) $f=\{\langle 1, a\rangle, \langle 2, a\rangle, \langle 3, b\rangle, \langle 4, c\rangle\}$;

(2) $f=\{\langle 1, a\rangle, \langle 2, b\rangle, \langle 3, d\rangle, \langle 4, c\rangle\}$.

9. 已知 $f: \mathbf{N}\times\mathbf{N}\to\mathbf{N}, f(\langle x, y\rangle)=x^2+y^2$, 请问:

(1) f 是单射吗? f 是满射吗?

(2) 计算 $f^{-1}(\{0\}), f(\{\langle 0, 0\rangle, \langle 1, 2\rangle\})$.

10. 设 f, g 是从 $\mathbf{N}$ 到 $\mathbf{N}$ 的函数, 且

$$f(x)=\begin{cases} x+1, & x=0,1, \\ 0, & x=2, \\ x, & x\geqslant 3; \end{cases} \qquad g(x)=\begin{cases} \dfrac{x}{2}, & x\text{为偶数}, \\ 3, & x\text{为奇数}. \end{cases}$$

(1) 求 $f\circ g:\mathbf{N}\to\mathbf{N}$, 说明该函数是否为单射、满射和双射;

(2) 令 $A=\{0,1,2\}$, $B=\{0,1,4\}$, 计算 $f\circ g(A)$, $(f\circ g)^{-1}(B)$.

11. 设 $f:A\to B$ 和 $g:B\to C$, $h:C\to A$, 证明: 如果 $h\circ g\circ f=I_A$, $g\circ f\circ h=I_C$, $f\circ h\circ g=I_B$, 那么 f,g,h 都是双射, 并求 f^{-1},g^{-1},h^{-1}.

12. 设函数 $f:A\to B$ 和 $g:B\to A$. 证明: $f^{-1}=g$ 当且仅当 $g\circ f=I_A$, $f\circ g=I_B$.

13. 设 $f:A\to B$ 和 $g:B\to C$ 都是双射函数. 证明: $(g\circ f)^{-1}=f^{-1}\circ g^{-1}$.

14. 设 f 是从 A 到 B 的一个函数, 求 f^{-1}.

(1) $A=\{x\mid x\in\mathbf{R}$ 且 $x\geqslant 5\}$, $B=\{x\mid x\in\mathbf{R}$ 且 $x\geqslant 0\}$, $f(x)=\sqrt{x-5}$;

(2) $A=B=\mathbf{R}$, $f(x)=x^3+7$;

(3) $A=B=\{a,b,c,d,e\}$, $f=\{\langle a,c\rangle,\langle b,b\rangle,\langle c,d\rangle,\langle d,e\rangle,\langle e,a\rangle\}$.

15. 设 $f:A\to B$ 和 $g:B\to A$, 如果对于任意的 $x\in A$, 都有 $g\circ f(x)=x$, 那么 g 是 f 的**左逆函数**, f 是 g 的**右逆函数**. 证明下列结论.

(1) $f:A\to B$ 有左逆函数当且仅当 f 是单射的;

(2) $f:A\to B$ 有右逆函数当且仅当 f 是满射的;

(3) $f:A\to B$ 有左逆函数和右逆函数当且仅当 f 是双射的.

16. 下列哪些函数是 $\mathbf{R}$ 上的置换.

(1) f 定义为 $f(x)=x-1$;

(2) f 定义为 $f(x)=x^2+1$;

(3) f 定义为 $f(x)=x^3$.

17. 下列哪些函数是 $\mathbf{Z}$ 到 $\mathbf{Z}$ 的置换.

(1) f 定义为 $f(x)=x+1$;

(2) f 定义为 $f(x)=(x-1)^2$;

(3) f 定义为 $f(x)=x^3-3$.

18. 设 $A=\{1,2,3,4,5,6\}$, 且

$$p_1=\begin{bmatrix}1&2&3&4&5&6\\3&4&1&2&6&5\end{bmatrix},\quad p_2=\begin{bmatrix}1&2&3&4&5&6\\2&5&1&3&4&6\end{bmatrix},\quad p_3=\begin{bmatrix}1&2&3&4&5&6\\6&3&2&5&4&1\end{bmatrix}.$$

计算:

(1) $p_3\circ p_1$;　(2) $(p_2\circ p_1)\circ p_2$;　(3) $p_1\circ(p_3\circ p_2)^{-1}$;

(4) $p_1\circ p_3^{-1}$;　(5) $p_3^{-1}\circ(p_1\circ p_2)\circ p_1^{-1}$.

19. 设 f 是从 A 到 B 的一个函数, 定义 A 上的关系 R 如下:

$$aRb \text{ 当且仅当 } f(a)=f(b).$$

证明 R 是等价关系.

20. 设 f_1,f_2,f_3,f_4 为 $\mathbf{N}$ 到 $\mathbf{N}$ 的函数, 且对于任意的 $n\in\mathbf{N}$, 有

$$f_1(n)=n;\quad f_2(n)=\begin{cases}1, & n\text{为奇数},\\ 0, & n\text{为偶数};\end{cases}$$

$$f_3(n)=j,\quad n=3k+j,\quad j=0,1,2,\quad k\in\mathbf{N};$$

$$f_4(n)=j,\quad n=6k+j,\quad j=0,1,\cdots,5,\quad k\in\mathbf{N}.$$

在 $\mathbf{N}$ 上定义二元关系 R_i, 对于任意的 $x, y\in\mathbf{N}$, $\langle x, y\rangle\in R_i$ 当且仅当 $f_i(x)=f_i(y)$, 则 R_i 是 $\mathbf{N}$ 上的等价关系, 称 R_i 为 f_i 导出的等价关系, 求商集 $\mathbf{N}/R_i$, $i=1, 2, 3, 4$.

21. 设 $A=\{1, 2, 3, 4, 5, 6\}$, 且

$$p=\begin{bmatrix}1 & 2 & 3 & 4 & 5 & 6\\ 4 & 3 & 5 & 1 & 2 & 6\end{bmatrix}$$

是 A 的一个置换.

(1) 把 p 表示成不相交轮换的积;

(2) 计算 p^{-1}, p^2;

(3) 解方程 $p\circ x=\begin{bmatrix}1 & 2 & 3 & 4 & 5 & 6\\ 1 & 5 & 2 & 6 & 3 & 4\end{bmatrix}$.

22. 设 R 是集合 A 上的等价关系, 在什么条件下, 自然映射 $g: A\to A/R$ 是双射函数.

23. 若 A 和 B 都是无限集合, C 是有限集合, 回答下列问题, 正确的给出理由, 错误的举出反例.

(1) $A\cap B$ 是无限集合;

(2) $A-B$ 是无限集合;

(3) $A\cup C$ 是无限集合.

24. 确定下列集合的基数.

(1) $A=\{\langle a, b\rangle \mid a, b\in\mathbf{Z}\}$;

(2) $A=\{\langle a, b\rangle \mid a, b\in\mathbf{Q}\}$.

25. 证明所有整系数的一次多项式的集合是无限可数的.

26. 已知有限集合 $S=\{a_1, a_2, \cdots, a_n\}$, $\mathbf{N}$ 为自然数集合, $\mathbf{R}$ 为实数集合. 求下列集合的基数.

(1) S;　(2) $\rho(S)$;　(3) $\rho(\mathbf{N})$;　(4) $\mathbf{R}^{\mathrm{N}}$.

27. 构造从[0, 1]到下列集合的一个双射函数以证明它们的基数相同.

(1) $\{(a, b) \mid a<b, a, b\in\mathbf{R}\}$;

(2) $\{a \mid a\in\mathbf{R}$ 且 $a\geqslant 0\}$;

(3) $\{\langle a, b\rangle \mid a, b\in\mathbf{R}$ 且 $a^2+b^2=1\}$.

28. 对于下列每一组集合 A 和 B, 构造从 A 到 B 的一个双射函数, 证明它们的基数相同.

(1) $A=(0, 1)$,　$B=(0, 6)$;

(2) $A=[0, 1)$,　$B=(1/4, 1/3]$;

(3) $A=\mathbf{R}$,　$B=\mathbf{R}^+$;

(4) $A=(-1, 1)$, $B=\mathbf{R}$.

29. 证明下列结论成立.

(1) 正整数集合 $\mathbf{Z}^+$ 与正偶数 $2\mathbf{Z}^+$ 集合是等势的;

(2) 自然数集合 $\mathbf{N}$ 与正整数集合 $\mathbf{Z}^+$ 是等势的;

(3) 区间$(0, 1)$与$(0, 1]$是等势的.

30. 设 A 是无限集合, 证明下列结论:

(1) 如果$|B|=1$, 那么 $|A\times B|=|A|$;

(2) 如果 B 为有限集, 那么 $|A\cup B|=|A|$.

31. 设 A, B 是集合, $B\subseteq A$, 且$\aleph_0=|B|<|A|=\aleph$, 证明 $|A-B|=\aleph$.

32. 设 $\mathbf{N}_n=\{0, 1, 2, \cdots, n-1\}$, 如果 $A\approx\mathbf{N}_n, B\approx\mathbf{N}_m$ 并且 $A\cap B=\varnothing$, 证明:

(1) $A\cup B\approx\mathbf{N}_{n+m}$;

(2) $A\times B\approx\mathbf{N}_{nm}$.

33. 如果 $A\approx A', B\approx B', f: A\to B$ 为单射, 证明从 A' 到 B' 之间也存在着一个单射.

第二篇　代数系统

代数系统，也称代数结构或代数，是指在集合上用代数运算来构造的数学模型. 例如整数集合，在其上定义乘法和加法，就成为一个代数系统. 通常的代数系统，都是利用抽象的方法来研究集合上的关系和运算，因此又称为抽象代数. 代数的概念和方法已经渗透到计算机科学的许多分支中，它对程序理论，数据结构，编码理论的研究和逻辑电路的设计都具有重要的指导意义.

本篇包括三章，其中第 4 章主要介绍代数系统的一般理论，第 5、6 章介绍常用的一些典型的代数系统，它们包括半群、群、环、域、格及布尔代数等. 通过对本篇的学习可以对代数系统有一个全面的了解，特别是对代数系统的一般原理以及一些常用系统的认识，同时掌握代数系统的构造与研究方法.

第 4 章　代数系统

本章介绍代数系统的一般理论，研究代数系统的性质和特殊元素，代数系统之间的关系，如代数系统的同态、满同态和同构等，这些概念较为复杂也较为抽象，是本课程中的难点.

4.1　代数系统的基本概念

一个代数系统通常由两部分组成:

(1) 一个非空集合 S，称为代数的载体.

载体就是我们研究的对象的范围，如整数、实数或符号串集合等，一般是非空集合.

(2) 定义在载体 S 上的运算.

设载体集合为 S, f 是一个映射: $S^m \to S$，则称 f 为定义在 S 上的 m **元运算**，自然数 m 的值称为运算的**元数**. 若 $m=1$，则称 $f: S\to S$ 为一元运算；如：给定实数 x，求 $[x]$, $|x|$运算. 若 $m=2$，则称 $f: S^2\to S$ 为二元运算；如：通常的加、减、乘运算. 一个集合上的运算可以有多个，运算可以是一元的，二元的，也可以是多元的.

如在实数上可以建立一元运算: 取整, 取绝对值等, 二元运算: “+”, “−”, “×”等运算.

本章主要讨论一元运算和二元运算. 对于运算符, 习惯上常用“∘”, “∗”, “⊗”, “⊕”等代替f, 有时也用“+”, “−”来表示, 将$f(\langle x, y\rangle)$写成$x\circ y$, $x * y$等形式.

集合S中的元素经过某种运算后, 它的结果仍在集合S中, 则称此运算在集合S上是**封闭的**. 运算的封闭性是构成代数系统的基本条件.

定义 4.1.1 一个非空集合S连同若干个定义在该集合上的运算$f_1, f_2, \cdots, f_k$所组成的整体就称为一个**代数系统**. 记作$(S, f_1, f_2, \cdots, f_k)$.

例 4.1.1 整数集$\mathbf{Z}$和普通的加法运算+构成的整体为一代数系统, 记作$(\mathbf{Z}, +)$.

(1) 载体是整数集合 $\mathbf{Z}=\{\cdots, -3, -2, -1, 0, 1, 2, 3, \cdots\}$;

(2) 定义在$\mathbf{Z}$上的运算是加法(记为+);

(3) 加法运算在$\mathbf{Z}$上是封闭的.

例 4.1.2 实数集$\mathbf{R}$和两个二元运算: 普通加法+和普通乘法×, 构成一代数系统, 记作$(\mathbf{R}, +, \times)$.

(1) 载体是实数集$\mathbf{R}$;

(2) 定义在$\mathbf{R}$上的运算是普通的加法+和乘法×;

(3) 加法+和乘法×在$\mathbf{R}$上是封闭的.

例 4.1.3 幂集合$\rho(S)$与集合运算并、交、补可构成一个代数系统.

(1) 载体是S的幂集合$\rho(S)$;

(2) 定义在载体上的运算是: 两个二元运算∪和∩、一个一元运算$^{-}$;

(3) 并、交、补在$\rho(S)$上是封闭的.

这个代数系统可记作$(\rho(S), \cup, \cap, ^{-})$.

例 4.1.4 设$A=\{x \mid x=2^n, n\in\mathbf{N}\}$, 运算为普通的加法+, 问$(A, +)$是否构成一代数系统?

解 $(A, +)$不构成一代数系统. 因为$(A, +)$关于加法运算是不封闭的, 如$2+2^3=10\notin A$.

例 4.1.5 设$A=\mathbf{Z}$, 定义$x * y$为比x和y两者都小的一个整数, 则$*$不是一个二元运算, 因为A中任意两个元素运算后都不对应A中唯一的元素. 例如, $4 * 6$可能是3, 2, 1, 等等. 因此, $(A, *)$不构成一代数系统.

从上面的例子可以看出, 代数系统的形式多种多样. 要判断一个给定的系统是否是代数系统, 需要验证:

(1) 定义的运算应满足映射的唯一性;

(2) 运算应满足封闭性.

当给定的系统满足这两条时, 一定是代数系统, 否则就不是代数系统. 运算

$*$ 还可以用表格的形式来定义，称为**运算表**.

例 4.1.6　设 $S=\{1, 2, 3, 4\}$，对于任意 $x, y\in S$，定义在 S 上的二元运算 $*$ 如下:

$$x * y=(xy) \bmod 5,$$

则$(S, *)$构成一代数系统. 运算表如表 4.1 所示.

表 4.1

*	1	2	3	4
1	1	2	3	4
2	2	4	1	3
3	3	1	4	2
4	4	3	2	1

从表中可以看出，运算 $*$ 在 S 上是封闭的.

定义 4.1.2　设 $A=(S,\circ)$是一代数系统，如果

(1) $S'\subseteq S$;

(2) S'对 S 上的运算$\circ$封闭.

那么 $A'=(S', \circ)$是 A 的**子代数系统**，简称**子代数**.

这个定义可以推广到多个运算的情形.

如果 A'是 A 的子代数，那么 A'和 A 有相同的构成成分和服从相同的公理. A 的最大的子代数就是它自己，这个子代数是常存在的.

例 4.1.7　设 E 是所有偶数的集合，则代数系统$(E, +)$是$(\mathbf{Z}, +)$的一个子代数.

例 4.1.8　设 O 表示所有奇数的集合，则代数系统$(O, +)$不是$(\mathbf{Z}, +)$的一个子代数.

因为奇整数集合 O 对加法不封闭，例如 $1+1=2$. 所以$(O, +)$不是$(\mathbf{Z}, +)$的子代数.

4.2　代数系统的运算律与特殊元素

在前面介绍的几个具体的代数系统中，已经涉及我们所熟知的运算的某些运算律和性质，下面着重讨论一般二元运算的一些常用运算律、性质与特殊元素.

1. 结合律

定义 4.2.1　设 $*$ 是集合 S 上的二元运算，若对于任意 $x, y, z\in S$ 都有

$$(x * y) * z=x * (y * z),$$

则称 $*$ 运算在 S 上满足**结合律**或者说 $*$ 在 S 上是**可结合的**.

一个代数系统的某些运算如果满足结合律, 那么进行此运算时与运算的先后顺序无关. 通常为规定运算的先后次序而设置的括号, 在满足结合律时就可以省略.

例 4.2.1 普通的加法+和乘法×, 在整数集 **Z**, 有理数集 **Q**, 实数集 **R**, 复数集 **C** 上都是可结合的. 但普通的减法"−"是不可结合的. 如: $(6-2)-3=1$ 但是 $6-(2-3)=7$, 所以, $(6-2)-3\neq 6-(2-3)$.

例 4.2.2 设 A 是一个非空集合, $*$ 是 A 上的二元运算, 若对于任意 $a, b\in A$, 有 $a*b=b$, 证明 $*$ 是可结合运算.

证 因为对于任意的 $a, b, c\in A$, 有

$$(a*b)*c=b*c=c,$$

$$a*(b*c)=a*c=c,$$

所以, $(a*b)*c=a*(b*c)$.

2. 幂等律

定义 4.2.2 设 $*$ 是集合 S 上的二元运算, 若 S 中元素 x 满足 $x*x=x$, 则称 x 对 $*$ 是**幂等元**. 若 S 中所有元素 x 对 $*$ 都是幂等元, 则称 $*$ 运算在 S 上满足**幂等律**.

例 4.2.3 在 $\rho(S)$中, ∩、∪均满足幂等律, 但对称差运算⊕不满足幂等律(除非 $\rho(S)=\{\varnothing\}$). 因为对于任意集合 A, 如果 $A\neq\varnothing$, 那么 $A\oplus A\neq A$, 只有空集∅满足 $\varnothing\oplus\varnothing=\varnothing$, 因此运算⊕不满足幂等律, 但∅是关于运算⊕的幂等元.

3. 交换律

定义 4.2.3 设 $*$ 是集合 S 上的二元运算, 对于任意 $x, y\in S$ 都有 $x*y=y*x$, 则称 $*$ 运算在 S 上满足**交换律**或者说 $*$ 在 S 上可交换.

例 4.2.4 在实数集合 **R** 上, +, ×是可交换, 可结合的, 但减法"−"不可交换.

例 4.2.5 设 $*$ 和 $\otimes$ 分别是 **Z** 上的二元运算, 其定义为: 对任意的 $a, b\in \mathbf{Z}$, $a*b=ab-a-b$, $a\otimes b=ab-a+b$, 问 **Z** 上的运算$*$, $\otimes$是否可交换?

解 因为

$$a*b=ab-a-b=ba-b-a=b*a$$

对 **Z** 中任意元素 a, b 成立, 所以运算 $*$ 是可以交换的.

又因为对 **Z** 中的数 0, 1, 有

$$0\otimes 1=0\times 1-0+1=1;\quad 1\otimes 0=1\times 0-1+0=-1.$$

所以, $0\otimes 1 \neq 1\otimes 0$, 从而运算$\otimes$是不可交换的.

4. 分配律

定义 4.2.4　设 $*$ 和$\circ$是集合 S 上的两个二元运算, 对于任意的 $x, y, z\in S$ 都有

$$x*(y\circ z)=(x*y)\circ(x*z),$$

$$(y\circ z)*x=(y*x)\circ(z*x),$$

则称运算 $*$ 对$\circ$满足**分配律**或称 $*$ 对$\circ$是**可分配的**.

一个代数系统若具有两个运算时, 则分配律建立了这两个运算间的某种联系.

例 4.2.6　在$\rho(S)$中, $\cap$、$\cup$均是可交换, 可结合的, $\cap$对$\cup$, $\cup$对$\cap$均是可分配的.

5. 单位元

定义 4.2.5　设 $*$ 是 S 上的二元运算.

(1) 如果存在 $e_l\in S$, 使得对 S 中的每一元素 x, 都有

$$e_l*x=x,$$

则称 e_l 是 S 中关于运算 $*$ 的**左单位元**或**左幺元**.

(2) 如果存在 $e_r\in S$, 使得对 S 中的每一元素 x, 都有

$$x*e_r=x,$$

则称 e_r 是 S 中关于运算 $*$ 的**右单位元**或**右幺元**.

(3) 若 $e\in S$ 关于运算 $*$ 既是左单位元又是右单位元, 则称 e 为 S 上关于运算 $*$ 的**单位元**或**幺元**.

例 4.2.7　在自然数集 **N** 上, 关于加法“+”运算的单位元是 0; 关于乘法“×”运算的单位元是 1.

例 4.2.8　在$\rho(S)$中, 关于$\cup$运算的单位元是$\varnothing$, 关于$\cap$运算的单位元是 S.

例 4.2.9　设代数系统 $A=(\{a, b, c\}, *)$的运算表如表 4.2 所示.

表 4.2

$*$	a	b	c
a	a	b	c
b	a	b	c
c	a	b	a

从表中可以看出 a, b 是左单位元, 无右单位元. 运算 $*$ 既不满足结合律也不满足交换律.例如: $(c*b)*c=b*c=c$, $c*(b*c)=c*c=a$. 故 $(c*b)*c\neq c*(b*c)$. 又 a

$* b=b, b * a=a$, 有 $a * b \neq b * a$.

一般地, 给定代数系统$(S, *)$, 其二元运算 $*$ 的性质可以从运算表体现出来:

运算 $*$ 具有封闭性当且仅当运算表中的每个元素都属于 S.

运算 $*$ 具有可交换性当且仅当运算表关于主对角线是对称的.

运算 $*$ 满足幂等律当且仅当主对角线上元素与所在行(列)表头元素相同.

运算 $*$ 具有单位元当且仅当该元素所对应的行和列依次与表头的行和列相同.

从例 4.2.9 可以看出, 若代数系统的左单位元存在, 一般不唯一. 同样地, 若代数系统的右单位元存在, 一般也不唯一. 但若左、右单位元都存在, 则有如下定理.

定理 4.2.1 设 $*$ 是 S 上的一个二元运算, 若 S 存在左单位元 e_l 和右单位元 e_r, 则有 $e_l=e_r=e$, 且 $e \in S$ 是唯一的.

证 根据左、右单位元的定义, 有 $e_r=e_l * e_r=e_l$, 所以有

$$e_l=e_r=e.$$

下证单位元 e 是唯一的.

用反证法, 假设 S 有两个不同的单位元 e_1 和 e_2, 则

$$e_1=e_1 * e_2=e_2.$$

这与假设相矛盾, 所以单位元是唯一的.

6. 零元素

定义 4.2.6 设 $*$ 是 S 上的二元运算.

(1) 如果存在元素 $\theta_l \in S$, 使得对于 S 中的每一元素 $x \in S$, 都有

$$\theta_l * x=\theta_l,$$

则称 θ_l 是 S 中关于 $*$ 运算的**左零元**.

(2) 如果存在元素 $\theta_r \in S$, 使得对于 S 中的每一元素 $x \in S$, 都有

$$x * \theta_r=\theta_r,$$

则称 θ_r 是 S 中关于 $*$ 运算的**右零元**.

(3) 如果 θ 关于运算 $*$ 既是左零元又是右零元, 那么称 θ 为 S 中关于运算 $*$ 的**零元**.

与单位元的性质类似, 对于左零元、右零元和零元也有类似的结论.

定理 4.2.2 设 $*$ 是 S 上的一个二元运算, 若 S 具有左零元 θ_l 和右零元 θ_r, 则有 $\theta_l=\theta_r=\theta$, 且 $\theta \in S$ 是唯一的.

证明类似于定理 4.2.1, 留给读者作为练习.

例 4.2.10 在 $\rho(S)$ 中, 关于 $\cup$ 运算的零元是 S, 关于 $\cap$ 运算的零元是 $\varnothing$.

7. 逆元

如果在一代数系统中存在单位元, 那么可定义逆元.

定义 4.2.7 设 $*$ 是 S 上的二元运算, e 是关于运算 $*$ 的单位元.

(1) 对 S 中的元素 a, 如果存在 $x_l \in S$, 使得

$$x_l * a = e,$$

那么 x_l 称为 a 关于 $*$ 运算的**左逆元.**

(2) 对 S 中的元素 a, 如果存在 $x_r \in S$, 使得

$$a * x_r = e,$$

那么 x_r 称为 a 关于 $*$ 运算的**右逆元.**

(3) 如果 $x \in S$ 既是 a 的左逆元又是 a 的右逆元, 那么 x 称为 a 的**逆元**.

存在逆元(左逆元、右逆元)的元素称为**可逆的**(**左可逆的**、**右可逆的**).

例 4.2.11 在代数系统$(\mathbf{Z}, +)$中有单位元 0, 每一元素 $x \in \mathbf{Z}$, 关于运算+有一逆元$-x$, 因为 $x+(-x)=0$.

例 4.2.12 在代数系统$(\mathbf{N}, +)$中只有单位元 0 有逆元, 逆元是其自身, 其他元素无逆元. 但在代数系统$(\mathbf{R}, \times)$中, 除零元 0 外, 所有元素都有逆元, 为其倒数.

例 4.2.13 考虑在函数的合成运算下, 集合 A 上的所有函数的集合 F. 那么恒等函数 I_A 是单位元. 每一个双射函数有一个逆元, 每一个满射函数有右逆元, 每一个单射函数有左逆元, 左、右逆元可以不唯一.

例 4.2.14 设笛卡儿积 $S=\mathbf{Q}\times\mathbf{Q}$, S 上的二元运算 $*$ 定义为: 对于任意$\langle a, b\rangle$, $\langle x, y\rangle \in S$, $\langle a, b\rangle * \langle x, y\rangle = \langle ax, b+y\rangle$, 求 $*$ 运算的单位元和逆元.

解 对于任意元素$\langle x, y\rangle \in S$, 考虑元素$\langle 1, 0\rangle$, 有

$$\langle 1, 0\rangle * \langle x, y\rangle = \langle 1\cdot x, 0+y\rangle = \langle x, y\rangle;$$

$$\langle x, y\rangle * \langle 1, 0\rangle = \langle x\cdot 1, y+0\rangle = \langle x, y\rangle.$$

因此, 元素$\langle 1, 0\rangle$为该运算的单位元.

对于任意元素$\langle x, y\rangle$, 当 $x\neq 0$ 时, 有

$$\langle 1/x, -y\rangle * \langle x, y\rangle = \langle (1/x)\cdot x, -y+y\rangle = \langle 1, 0\rangle;$$

$$\langle x, y\rangle * \langle 1/x, -y\rangle = \langle x\cdot(1/x), y+(-y)\rangle = \langle 1, 0\rangle.$$

因此, 当 $x\neq 0$ 时, $\langle 1/x, -y\rangle$为元素$\langle x, y\rangle$的逆元, 当 $x=0$ 时, 任何元素和 0 相乘都等于 0, 因此, S 中任何元素都没有逆元.

对于给定的集合和二元运算来说, 逆元与单位元、零元不同. 如果单位元、零元存在, 那么它一定是唯一的, 而逆元是与集合中的某个元素紧密相关的. 有的元素有逆元, 有的元素没有逆元, 不同的元素对应不同的逆元. 一个元素可以有左逆元, 但不一定有右逆元, 而且一个元素的左逆元不一定等于它的右逆元. 甚至一个元素的左逆元(右逆元)还可以是不唯一的.

例4.2.15　设集合$S=\{a, b, c, d, e\}$，定义S上的一个二元运算 $*$ 如表4.3所示，试指出代数系统$(S, *)$中的左、右逆元.

表 4.3

*	a	b	c	d	e
a	a	b	c	d	e
b	b	d	a	c	d
c	c	a	b	a	b
d	d	a	c	d	c
e	e	d	a	c	e

解　由运算表易知，a 是单位元；b 的左逆元和右逆元都是 c，即 b 和 c 互为逆元；d 的左逆元是 c 而右逆元是 b；故 b 有两个左逆元 c 和 d；e 的右逆元是 c，但 e 没有左逆元.

定理 4.2.3　对于可结合运算，如果一个元素 x 有左逆元 l 和右逆元 r，那么 $l=r$ (即逆元是唯一的)，x 唯一的逆元通常记作 x^{-1}.

证　设 e 对运算 $*$ 是单位元，于是

$$l * x=x * r=e.$$

根据运算 $*$ 的可结合性，得到

$$l=l * e=l * (x * r)=(l * x) * r=e * r=r,$$

故结论成立.

4.3　同构与同态

在研究代数系统的过程中，常常会将两个代数系统进行比较，那么什么样的两个代数系统在结构上是一致的？如何寻求它们的共性呢？这一节我们将通过代数系统之间的同态和同构，研究两个两个代数系统之间的联系.

定义 4.3.1　如果两个代数系统中运算的个数相同，对应运算的元数相同，那么称这两个代数系统具有相同的构成成分，也称它们是**同型代数系统**.

例 4.3.1　代数系统 $(\mathbf{R}, +, \times)$与代数系统$(\rho(A), \cup, \cap)$ 是同型代数系统，因为它们都含有两个二元运算.

对于同型代数系统，其结构也是千差万别的. 如何识别两个结构相同的代数系统呢？首先通过一个简单的例子来分析结构相同的代数系统所具有的特征.

例 4.3.2　设$A=\{a, b, c, d\}$, 在A上定义一个二元运算如表 4.4 所示, 又设$B=\{1, 2, 3, 4\}$, 在B上定义一个二元运算如表 4.5 所示.

表 4.4

$\circ$	a	b	c	d
a	a	b	c	d
b	b	a	a	c
c	b	d	d	c
d	a	b	c	d

表 4.5

$*$	1	2	3	4
1	1	2	3	4
2	2	1	1	3
3	2	4	4	3
4	1	2	3	4

仔细分析这两个代数系统后可以发现, 如果将第一个代数系统中的元素a, b, c, d分别换以第二个代数系统中的元素 1, 2, 3, 4, 那么所得到的运算表与第二个代数系统的运算表完全相同. 也就是说, 这两个代数系统仅仅是元素符号和运算符号的表示形式不同, 而其实质是完全一样的. 因此可以将这两个代数系统统一元素符号和运算符号而看成是一个代数系统, 那么这两个代数系统有什么特征呢?

(1) 两个代数系统是同类型的.

(2) 它们的载体所含元素个数相同, 即两载体有相同的基数, 或者说, 两载体间元素是一一对应的.

(3) 两个代数系统的运算法则是相同的, 即一个代数系统中的两个元素经过运算后所得结果, 与另一个代数系统中对应的两个元素经过运算后所得结果是相互对应的.

具有上述特征的两个代数系统称为是同构的. 将这些特征进行推广和抽象就得到了同构的定义.

定义 4.3.2　如果$(S_1, *, \circ, \Delta)$和$(S_2, \oplus, \otimes, \Delta')$是两个同型代数系统, 其中$*$, $\circ$, $\oplus$, $\otimes$运算都是二元运算, Δ, Δ'运算都是一元运算. 如果存在一个双射$\varphi: S_1 \to S_2$, 使得对于任意的$x, y \in S_1$, 有

$$\varphi(x * y)=\varphi(x) \oplus \varphi(y),$$
$$\varphi(x \circ y)=\varphi(x) \otimes \varphi(y),$$
$$\varphi(\Delta x)=\Delta' \varphi(x),$$

那么称φ为从$(S_1, *, \circ, \Delta)$到$(S_2, \oplus, \otimes, \Delta')$的**同构映射**, 若两个代数系统之间存在同构映射, 则称两个代数系统**同构**, 记作$(S_1, *, \circ, \Delta) \cong (S_2, \oplus, \otimes, \Delta')$.

例 4.3.3　设$\mathbf{R}^+$表示正实数集合, 证明代数系统$(\mathbf{R}^+, \cdot)$与$(\mathbf{R}, +)$同构. 其中$+$, $\cdot$ 是普通的加法和乘法.

解 要证明($\mathbf{R}^+$, ·)与($\mathbf{R}$, +)是同构的, 必须建立$\mathbf{R}^+$到$\mathbf{R}$的双射φ, 并且对于任意$x, y\in\mathbf{R}^+$, 有

$$\varphi(x\cdot y)=\varphi(x)+\varphi(y).$$

可设映射$\varphi: \mathbf{R}^+\to\mathbf{R}$, $\varphi(x)=\ln x$, 则

(1) 因为对数函数是单调增加的, 所以φ是单射的; 对$x>0$, 方程$\ln x=y$总有解$x=\mathrm{e}^y$, 所以φ是满射的. 因此φ是双射的.

(2) 因为$\varphi(a\cdot b)=\ln(ab)=\ln a+\ln b=\varphi(a)+\varphi(b)$, 所以, ($\mathbf{R}^+$, ·)同构于($\mathbf{R}$, +).

若设映射$\varphi: \mathbf{R}^+\to\mathbf{R}$, $\varphi(x)=\log_a x$, $a\in\mathbf{R}^+$, 则φ仍是从($\mathbf{R}^+$, ·)到($\mathbf{R}$, +)的同构映射. 由此可以看出, 同构映射φ不是唯一的, 只要找到一个即可.

例 4.3.4 设集合$A=\{1, 2, 3, 4\}$, 作函数$f: A\to A$, $f=\{\langle 1, 2\rangle, \langle 2, 3\rangle, \langle 3, 4\rangle, \langle 4, 1\rangle\}$. 若用$f^0$表示$A$上的恒等函数, f^1表示f, f^2表示合成函数$f\circ f$, f^3表示$f^2\circ f$, f^4表示$f^3\circ f$, 则$f^4=f^0$. 设$F=\{f^0, f^1, f^2, f^3\}$, 则代数系统(F, $\circ$)可以用运算表 4.6 给出, 这里f^0是单位元.

表 4.6

$\circ$	f^0	f^1	f^2	f^3
f^0	f^0	f^1	f^2	f^3
f^1	f^1	f^2	f^3	f^0
f^2	f^2	f^3	f^0	f^1
f^3	f^3	f^0	f^1	f^2

集合$N_4=\{0, 1, 2, 3\}$, $+_4$是定义在N_4上的模 4 加法运算, 定义如下:

$$x+_4 y=(x+y) \bmod 4.$$

代数(N_4, $+_4$)用下方的运算表 4.7 给定, 这里 0 是单位元. 作映射:

$$h: F\to N_4, \quad h(f^i)=i, i=0, 1, 2, 3.$$

易证h为一双射, 且有

$$h(f^i\circ f^k)=h(f^{(i+k) \bmod 4})=(i+k) \bmod 4=i+_4 k=h(f^i)+_4 h(f^k),$$

所以, 代数系统(F, $\circ$)和(N_4, $+_4$)同构.

表 4.7

$+_4$	0	1	2	3
0	0	1	2	3
1	1	2	3	0
2	2	3	0	1
3	3	0	1	2

从上例中可以看到，形式上不同的代数系统，如果它们是同构的，那么就可以抽象地把它们看作是本质上相同的代数系统，所不同的只是所用的符号不同，并且容易看出同构的逆仍是一个同构.

如果把代数系统之间的同构视作一种关系，对此有以下定理.

定理 4.3.1 设 G 是代数系统的集合，则 G 中代数系统之间的同构关系是等价关系.

证 设任意代数系统 $(A, *)$，令 $f: A\to A, f(a)=a, a\in A$. 从而

$$(A, *)\cong(A, *),$$

即同构关系是自反关系.

设 $(A, *)\cong(B, \otimes)$，则存在同构映射 $f: A\to B$，因为 f 是双射，故 f 的逆是从 $(B, \otimes)$ 到 $(A, *)$ 的同构映射，即 $(B, \otimes)\cong(A, *)$，故同构关系是对称的.

设 $(A, *)\cong(B, \otimes)$, $(B, \otimes)\cong(C, \oplus)$，则存在同构映射 $f: A\to B, g: B\to C$，故 $g\circ f: A\to C$ 也是双射，所以 $(A, *)\cong(C, \oplus)$，即同构关系是传递的，因此同构关系是等价关系.

有些代数系统，虽然结构上不完全一致，但在一定范围内，却具有相似性. 为了刻画这种关系，我们放弃同构定义中 $\varphi: S_1\to S_2$ 必须是双射的要求，但仍保持其他条件，这就得到了数学上同态的概念.

定义 4.3.3 设 $(S_1, *, \circ, \Delta)$ 和 $(S_2, \oplus, \otimes, \Delta')$ 是两个同型代数系统，其中 $*$，$\circ$，$\oplus$，$\otimes$ 运算都是二元运算，Δ, Δ' 运算都是一元运算. 如果存在一个映射 $\varphi: S_1\to S_2$，使得对于任意的 $x, y\in S_1$，有

$$\varphi(x * y)=\varphi(x) \oplus \varphi(y),$$
$$\varphi(x\circ y)=\varphi(x) \otimes \varphi(y),$$
$$\varphi(\Delta x)=\Delta'\varphi(x),$$

那么称 φ 为从 $(S_1, *, \circ, \Delta)$ 到 $(S_2, \oplus, \otimes, \Delta')$ 的**同态映射**，若两个代数系统之间存在同态映射，则称两个代数系统同态，简称**同态**. $(\varphi(S_1), \oplus, \otimes, \Delta')$ 称为 $(S_1, *, \circ, \Delta)$ 在映射 φ 下的**同态像**.

定义 4.3.4 设 φ 是从 $V_1=(S_1, *, \circ, \Delta)$ 到 $V_2=(S_2, \oplus, \otimes, \Delta')$ 的同态.

(1) 如果 φ 是单射的，那么称 φ 为 V_1 到 V_2 的**单同态**.

(2) 如果 φ 是满射的，那么称 φ 为 V_1 到 V_2 的**满同态**，记作 $V_1\sim V_2$.

(3) 如果 φ 是双射的，那么称 φ 为 V_1 到 V_2 的**同构**，即定义 4.3.2 中的同构定义.

一个代数系统与其自身的同态，称为**自同态**.

例 4.3.5 设映射 $f: \mathbf{N}\to N_k$ $(k>0)$, $f(x)=x \bmod k$，则 f 是从代数系统 $(\mathbf{N}, +)$ 到 $(N_k, +_k)$ 的满同态. 因为

$$f(x+y)=(x+y)(\bmod k)=x(\bmod k)+_k y(\bmod k)=f(x)+_k f(y)$$

成立, 且 f 是满射的.

例 4.3.6 设 $V_1=(\mathbf{Z}, +, \cdot)$, $V_2=(N_k, +_k, \times_k)$, 其中+, · 为普通的加法和乘法, $+_k$ 为模 k 加法. $\times_k$ 为模 k 乘法, 定义如下:

$$x\times_k y=(xy) \bmod k.$$

令 $\varphi: \mathbf{Z}\to\mathbf{Z}_k$, $\varphi(x)=x \bmod k$, 则易证

$$\varphi(x+y)=(x+y) \bmod k=x \pmod n+_k y \pmod k=\varphi(x)+_k \varphi(y),$$

$$\varphi(x\cdot y)=xy \bmod k=x \pmod n\times_k y \pmod k=\varphi(x)\times_k \varphi(y),$$

所以 φ 是从 V_1 到 V_2 的同态, 且为满同态.

例 4.3.7 设 $V_1=(\mathbf{R}, +, -)$, $V_2=(\mathbf{R}^+, \cdot, ^{-1})$, 其中+, ·为普通的加法和乘法, $-x$ 表示求 x 的相反数, x^{-1} 表示求 x 的倒数. 令 $\varphi: \mathbf{R}\to\mathbf{R}^+$, $\varphi(x)=2^x$, 则对于任意 $x, y\in\mathbf{R}$, 有

$$\varphi(x+y)=2^{x+y}=2^x\cdot 2^y=\varphi(x)\cdot\varphi(y),$$

$$\varphi(-x)=2^{-x}=(2^x)^{-1}=[\varphi(x)]^{-1},$$

由于 φ 是单射函数, 所以 φ 是从 V_1 到 V_2 的单同态.

V_1 到 V_2 的同态映射 φ 反映了两个代数系统之间的联系, 而且这种联系在映射 φ 的同态像中, 还具有保持运算的特性.

定理 4.3.2 设 φ 是从 $V_1=(S_1, *)$ 到 $V_2=(S_2, \circ)$ 的同态. 那么 V_1 的同态像 $(\varphi(S_1), \circ)$ 是 V_2 的子代数.

证 为了证明 $(\varphi(S_1), \circ)$ 是 V_2 的一个子代数, 必须证明下述条件:

(1) $\varphi(S_1)\subseteq S_2$. 这从 $\varphi: S_1\to S_2$ 的事实得出.

(2) 在运算 $\circ$ 下集合 $\varphi(S_1)$ 是封闭的.

因为如果 $a, b\in\varphi(S_1)$, 那么存在元素 $x, y\in S$, 使得 $\varphi(x)=a$ 和 $\varphi(y)=b$, 由于 $x*y=z\in S_1$, 所以, $a\circ b=\varphi(x)\circ\varphi(y)=\varphi(x*y)=\varphi(z)\in\varphi(S_1)$.

定理 4.3.3 设 $V_1=(S_1, *, \circ)$, $V_2=(S_2, \oplus, \otimes)$ 是具有两个二元运算的代数系统, φ 是从 V_1 到 V_2 的同态, $V_2'=(\varphi(S_1), \oplus, \otimes)$ 是 V_1 的同态像.

(1) 如果 $*$ 或 $\circ$ 是可交换的(或可结合的), 那么在 V_2' 中 $\oplus$ 或 $\otimes$ 也是可交换的(或可结合的);

(2) 如果运算 $*$ 对运算 $\circ$ 是可分配的, 那么在 V_2' 中运算 $\oplus$ 对运算 $\otimes$ 也是可分配的;

(3) 对运算 $*$, 如果 V_1 有单位(零)元 e, 那么对运算 $\oplus$, 在 V_2' 中有单位(零)元 $h(e)$;

(4) 对于运算 $*$, 如果元素 $x\in S_1$ 具有逆元 x^{-1}, 那么对于运算 $\oplus$, 在 V_2' 中元素 $\varphi(x)$ 具有逆元 $\varphi(x^{-1})$.

证 仅证明(1), 其他容易证明, 留给读者作为练习.

设 $y_1, y_2, y_3\in V_2'$, 则必存在 $x_1, x_2, x_3\in S_1$, 使得

$$\varphi(x_1)=y_1,\quad \varphi(x_2)=y_2,\quad \varphi(x_3)=y_3.$$

由同态的定义有

$$\varphi(x_1)\oplus\varphi(x_2)=\varphi(x_1 * x_2)=\varphi(x_2 * x_1)=\varphi(x_2)\oplus\varphi(x_1)$$

$$\begin{aligned}(\varphi(x_1)\oplus\varphi(x_2))\oplus\varphi(x_3)&=\varphi(x_1 * x_2)\oplus\varphi(x_3)\\&=\varphi((x_1 * x_2) * x_3)=\varphi(x_1 * (x_2 * x_3))\\&=\varphi(x_1)\oplus\varphi(x_2 * x_3)\\&=\varphi(x_1)\oplus(\varphi(x_2)\oplus\varphi(x_3)),\end{aligned}$$

所以, ⊕是可交换的和可结合的.

4.4　同余关系与商代数

同态映射使原代数结构中的某些特殊性质在其同态像集中仍然保持, 但是代数系统的集合上的等价关系应满足什么条件, 使其在运算的作用下, 能保持关系的等价类. 本节将引入一种比等价关系还要强的新关系——同余关系, 并通过同余关系诱导出一个称为商代数的代数系统.

定义 4.4.1　设 E 是代数系统 $A=(S, *, \circ, \Delta)$的载体 S 上的等价关系, 对于任意元素 $a, b, c, d\in S$, 如果 $a\,E\,b$ 和 $c\,E\,d$, 都有

$$(a * c)\,E\,(b * d),$$

$$(a\circ c)\,E\,(b\circ d),$$

$$\Delta a\,E\,\Delta b,$$

那么称 E 为代数系统 A 上的**同余关系**, 称同余关系 E 的等价类为**同余类**.

从同余关系定义可以看出, 同余关系是保运算的等价关系, 即一个等价关系 E 如果是$(S, *, \circ, \Delta)$的同余关系, 那么$(S, *, \circ, \Delta)$在运算 $*, \circ, \Delta$ 的作用下能够保持关系的等价类, 亦即如果有等价类$[a]_E$和$[b]_E$, 在$[a]_E$中任取元素 x, 在$[b]_E$中任取元素 y, 进行运算后 $x * y=c, x\circ y=d$, 那么 c, d 一定位于$[a * b]_E$中, Δx 一定位于$[a]_E$中. 这种性质称为**代换性质**. 如图 4.1 所示.

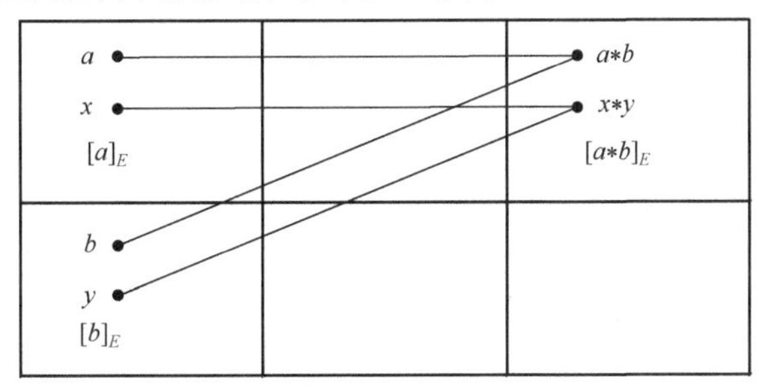

图 4.1

此外，同余关系与运算密切相关. 如果一个代数系统中有多个运算，那么需要考察等价关系对于所有这些运算是否都有代换性质. 如果存在代换性质，那么该代数系统存在同余关系，否则，同余关系不存在.

例 4.4.1 设代数系统 $A=(\mathbf{N}, \times)$，$\times$是普通乘法，$\mathbf{N}$ 上的关系 R 定义如下:

$$R=\{\langle x, y\rangle \mid x \text{ 和 } y \text{ 同为偶数或 } x=y\}.$$

试证明 R 为代数系统的同余关系.

证 易证 R 为 $\mathbf{N}$ 上的等价关系. 下证 R 关于$\times$运算满足代换性质.

设 $a, b\in\mathbf{N}$ 且 $a\,R\,b$，于是存在 $m, n\in\mathbf{N}$，使得 $a=2m, b=2n$，或者 $a=b$. 对于任意 $c, d\in\mathbf{N}$ 且 $c\,R\,d$，无论 c 和 d 同为偶数或 $c=d$，都有 $a\times c$ 与 $b\times d$ 同为偶数或 $a\times c=b\times d$，因此有

$$(a\times c)\ R\ (b\times d).$$

即 R 关于$\times$具有代换性质，故 R 为代数系统的同余关系.

例 4.4.2 给定代数系统$(\mathbf{Z}, +, \times)$，$+$和$\times$是普通加法与乘法. 假设 $\mathbf{Z}$ 中的关系 R 定义如下:

$$R=\{\langle a, b\rangle \mid a, b\in\mathbf{Z}, |\,a\,|=|\,b\,|\},$$

试问 R 为代数系统的同余关系吗?

解 显然，R 为 $\mathbf{Z}$ 中的等价关系. 先考察 R 关于$+$运算的代换性质.

若取 $a, b\in\mathbf{Z}$ 且 a, b 都不为 0，则有$|\,a\,|=|\,-a\,|, |\,b\,|=|\,b\,|$，于是 $a\,R\,(-a), bRb$，但

$$|\,a+b\,|\neq|-a+b|.$$

故 R 关于$+$运算不具有代换性质. 因此 R 不是代数系统$(\mathbf{Z}, +)$中的同余关系.

下面考察 R 关于$\times$运算是否具有代换性质.

设 $a, b, c, d\in\mathbf{Z}$ 且 aRb, cRd，于是有 $|\,a\,|=|\,b\,|, |\,c\,|=|\,d\,|$，从而 $|\,a\times c\,|=|\,b\times d\,|$，即

$$a\times c\ R\ b\times d.$$

因此，R 关于$\times$具有代换性质. 所以 R 是代数系统$(\mathbf{Z}, \times)$中的同余关系.

综上所述，R 不是代数系统$(\mathbf{Z}, +, \times)$中的同余关系.

可见，考察一个等价关系 E 对于有多个运算的代数系统是否为同余关系，一般应逐一验证各种运算. 这里有个次序先后问题，选择得好，马上就考察到了 E 对某个运算不具有代换性质，那么便可立刻断定 E 不是该代数系统的同余关系，否则应继续验证下去，直至遇到不具有代换性质的运算为止. 如果对于所有运算都有代换性质，那么 E 为该代数系统的同余关系.

设代数系统 $A=(S, *)$及其 A 上的同余关系 E，由于 E 为等价关系，利用 E 可将 S 进行分类，得到一个商集 S/E，定义商集 S/E 上的二元运算“$\circ$”如下：对于任意等价类$[a]_E, [b]_E\in S/E$，有

$$[a]_E \circ [b]_E=[a * b]_E,$$

这样$(S/E, \circ)$构成了一个代数系统，称之为$(S, *)$的**商代数**.

在例 4.4.1 中，商代数为: $\mathbf{N}/R=\{[2x], [1], [3], [5], \cdots\}$.

定理 4.4.1 一个代数系统$(S, *)$与其上的商代数$(S/E, \circ)$是同态的.

证 建立一个映射 $g_E: S\to S/E, g_E(x)=[x]_E$. 则对于任意 $x, y\in S$，有

$$g_E(x * y)=[x * y]_E=[x]_E \circ [y]_E=g_E(x) \circ g_E(y),$$

故定理成立.

通常，称g_E为从$(S, *)$到$(S/E, \circ)$的与E相关的自然同态映射，简称**自然同态**.

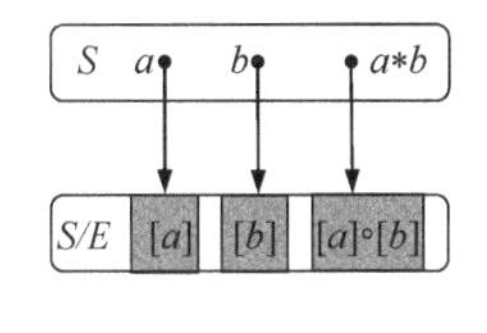

图 4.2

此外，容易看出自然同态 g_E 是满同态映射，如图 4.2 所示. 根据定理 4.3.3 可知，代数系统$(S, *)$的各种性质在其商代数$(S/E, \circ)$中都被保持了下来.

定理 4.4.2 (同态基本定理) 设$\varphi: S\to T$是代数系统$(S, *)$到$(T, \circ)$的一个满同态，E 是 S 上的关系且定义为: $E=\{\langle a, b\rangle \mid a, b\in S$ 且$\varphi(a) = \varphi(b)\}$，则

(1) E 是一个同余关系，称为由同态映射φ 所**诱导的同余关系**;

(2) 商代数$(S/E, \odot)$和$(\varphi(S), \circ)$是同构的.

证 (1) 证明E是一个等价关系. 首先，因为$\varphi(a)=\varphi(a)$，所以对任意$a\in S$，有$\langle a, a\rangle\in E$. 其次，如果$\langle a, b\rangle\in E$，那么$\varphi(a)=\varphi(b)$，所以$\langle b, a\rangle\in E$. 最后，如果$\langle a, b\rangle\in R$ 且$\langle b, c\rangle\in E$，那么$\varphi(a)=\varphi(b)$和$\varphi(b)=\varphi(c)$，所以$\varphi(a)=\varphi(c)$，即$\langle a, c\rangle\in E$. 因此 E 是一个等价关系.

证明 E 满足代换性质.

设 $a\,E\,a_1, b\,E\,b_1$，那么$\varphi(a)=\varphi(a_1), \varphi(b)=\varphi(b_1)$，在 T 中作乘法运算，得

$$\varphi(a) \circ \varphi(b)=\varphi(a_1) \circ \varphi(b_1).$$

因为φ为同态，我们有

$$\varphi(a * b)=\varphi(a_1 * b_1).$$

因此

$$(a * b)\, R\, (a_1 * b_1).$$

所以 E 是一个同余关系.

(2) 现在考虑从 S/E 到$\varphi(S)$的映射ψ. 定义$\psi: S/E\to T, \psi([a])=\varphi(a)$.

首先证明ψ是一个函数. 即如果$[a]=[b]$，那么$\psi([a])=\psi([b])$.

现设$[a]=[b]$，那么 $a\,E\,b$，所以，$\varphi(a)=\varphi(b)$. 因为$\psi([a])=\varphi(a)$和$\psi([b])=\varphi(b)$，从而$\psi([a])=\psi([b])$，所以ψ是一个函数.

其次证明ψ是双射函数.

对于任意 $a_1, a_2 \in S$, 如果$\varphi(a_1)=\varphi(a_2)$, 那么 $a_1 E\, a_2$, 即$[a_1]=[a_2]$, 所以ψ是单射的.

由于$\varphi(S)$上的任一元素均可写成$\varphi(a)$, 于是存在$[a]$使得$\psi([a])=\varphi(a)$, 故ψ是满射的.

最后证明ψ保持运算.

$$\psi([a]\odot[b])=\psi([a*b])=\varphi(a*b)=\varphi(a)\circ\varphi(b)=\psi([a])\circ\psi([b]),$$

故 h 是一同构.

同态基本定理的示意图如图 4.3 所示, 图中 g_E 是 S 到 S/E 的自然同态. 由于同态映射不唯一, 根据定理 4.4.2, 可以推知同余关系也是不唯一.

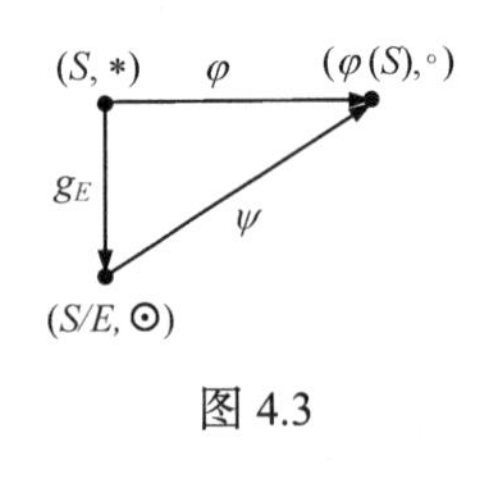

图 4.3

例 4.4.3 设给定两个代数系统 $V_1=(\mathbf{N}, +)$, $V_2=(N_k, +_k)$, 其中+为普通的加法, $+_k$为模 k 加法. 映射 f 是例 4.3.5 中从 V_1 到 V_2 的满同态, 则 $R=\{\langle x, y\rangle \mid x, y\in \mathbf{N}, y\equiv x \bmod k\}$是由$f$诱导的同余关系, 其商集为 $\mathbf{N}/R=\{[0], [1], [2], \cdots\}$, 在 $\mathbf{N}/R$ 上定义运算为$[i]\odot[j]=[i+j]$, 根据定理 4.4.2 知$(\mathbf{N}/R, \odot)\cong(N_k, +_k)$.

代数系统

习 题 4

1. 判断下列定义的运算 $*$ 是否为集合上的二元运算.

(1) 在 $\mathbf{R}$ 上, $a*b=ab$;

(2) 在 $\mathbf{Z}$ 上, $a*b=a^b$;

(3) 在 $\mathbf{Z}^+$上, $a*b=a/b$;

(4) 在 $\mathbf{R}$ 上, $a*b=2a+b$;

(5) 在 $\mathbf{R}$ 上, $a*b=a-b$;

(6) 在 $\mathbf{Z}^+$上, $a*b=\max\{a, b\}$.

2. 下面各集合都是 $\mathbf{N}$ 的子集合, 它们在普通加法运算下是否封闭?

(1) $\{x \mid x$ 的某次幂可以被 8 整除$\}$;

(2) $\{x \mid x$ 是 30 的倍数$\}$;

(3) $\{x \mid x$ 是 40 的因子$\}$;

(4) $\{x \mid x$ 与 7 互素$\}$.

3. 设A是有n个元素的集合, 则在A上可定义多少种二元运算?

4. 设集合 $S=\{1, 2, 3, \cdots, 10\}$, 运算 $*$ 定义如下, 问$(S, *)$是否为代数系统.

(1) $x * y=\max\{x, y\}$;

(2) $x * y=\min\{x, y\}$;

(3) $x * y=$素数 p 的个数, 其中 $x \leqslant p \leqslant y$;

(4) $x * y=xy$.

5. 设代数系统$(S_1, *)$和$(S_2, \circ)$中的运算都是二元的, 在 $S_1 \times S_2$ 上定义运算$\oplus$如下: 对于任意的$\langle x_1, y_1\rangle, \langle x_2, y_2\rangle \in S_1 \times S_2$,

$$\langle x_1, y_1\rangle \oplus \langle x_2, y_2\rangle=\langle x_1 * x_2, y_1 \circ y_2\rangle.$$

证明: $(S_1 \times S_2, \oplus)$是代数系统, 称为代数系统$(S_1, *)$和$(S_2, \circ)$的**积代数**.

6. 设 $B=\{0, a, b, 1\}$, $S_1=\{a, 1\}$, $S_2=\{0, 1\}$, $S_3=\{a, b\}$, 二元运算 $\oplus$ 和 $*$ 定义如表 4.8 所示.

表 4.8

$\oplus$	0	a	b	1
0	0	a	b	1
a	a	a	1	1
b	b	1	b	1
1	1	1	1	1

$*$	0	a	b	1
0	0	0	0	0
a	0	a	0	a
b	0	0	b	b
1	0	a	b	1

试问:

(1) $(S_1, *, \oplus)$是代数系统吗? 是$(B, *, \oplus)$的子代数系统吗?

(2) $(S_2, *, \oplus)$是$(B, *, \oplus)$的子代数系统吗?

(3) $(S_3, *, \oplus)$是代数系统吗?

7. 分别给出满足给定条件的代数系统.

(1) 具有幂等律的代数系统$(S, *)$;

(2) 具有左分配律, 但不具备右分配律的代数系统$(S, \circ, *)$;

(3) 有多个左零元而无右零元的代数系统$(S, *)$;

(4) 有单位元, 但除单位元外, 每个元素均不可逆的代数系统$(S, *)$;

(5) 有幺元, 但无零元的代数系统$(S, *)$.

8. 考虑由表4.9定义在集合$A=\{a, b, c\}$上的二元运算 $*$.

(1) $*$ 满足交换律吗?

(2) 计算$a*(b*c)$与$(a*b)*c$;

(3) $*$ 满足结合律吗?

9. 填写表4.10使得二元运算 $*$ 是交换的并且是幂等的.

表 4.9

*	a	b	c
a	b	c	b
b	a	b	c
c	c	a	b

表 4.10

*	a	b	c
a		c	
b			
c	c	a	

10. 设 $*$ 是 **Q** 上的二元运算, 对于任意 $a, b\in\mathbf{Q}$, $a*b=a-b+ab$, 问运算 $*$ 是否是可交换的和可结合的?

11. 定义正整数集$\mathbf{Z}^+$上两个二元运算为: $a*b=a^b$, $a\oplus b=ab$, $a, b\in\mathbf{Z}^+$. 证明 $*$ 对$\oplus$ 是不可分配的; $\oplus$ 对 $*$ 也是不可分配的.

12. 在有理数集合上定义二元运算 $*$ 为: $a*b=(a+b)/2$, 证明运算 $*$ 满足幂等律.

13. 设 $*$ 是**N**中二元运算, 并定义$x*y=x$.

(1) 证明 $*$ 不可交换但可结合;

(2) 有单位元和逆元吗?

14. 对于下面给定的集合和该集合上的二元运算, 指出该运算的性质, 并求出它的单位元、零元和所有可逆元素的逆元.

(1) 在$\mathbf{Z}^+$上, 对于任意$x, y\in\mathbf{Z}^+$, $x*y=\mathrm{lcm}(x, y)$, 即求x和y的最小公倍数;

(2) 在**Q**上, 对于任意$x, y\in\mathbf{Q}$, $x*y=(x+y)/2$.

15. 设$A=\{a, b, c\}$, A上的二元运算 $*, \oplus, \otimes$ 如表4.11所示.

(1) 说明 $*, \oplus, \otimes$ 运算是否满足交换律、结合律和幂等律;

(2) 求出关于 $*, \oplus, \otimes$ 运算的单位元、零元和所有可逆元素的逆元.

表 4.11

*	a	b	c
a	a	b	c
b	b	c	a
c	c	a	b

⊕	a	b	c
a	a	b	c
b	b	b	b
c	c	b	c

⊗	a	b	c
a	a	b	c
b	a	b	c
c	a	b	c

16. 设 $A=\{a, b\}$, S 是 A 上的所有函数集合, $S=\{f_1, f_2, f_3, f_4\}$, 其中

$$f_1: a \mapsto a,\quad b \mapsto b;\qquad f_2: a \mapsto a,\quad b \mapsto a;$$
$$f_3: a \mapsto b,\quad b \mapsto b;\qquad f_4: a \mapsto b,\quad b \mapsto a.$$

于是$(S, \circ)$是一个代数系统, $\circ$是函数的合成运算, 试构造出运算表, 考察运算$\circ$是否有单位元, 哪些元素有逆元?

17. 设笛卡儿积 $S=\mathbf{Q}\times\mathbf{Q}$, $*$ 是 S 上的二元运算. 定义为$\langle a, b\rangle * \langle x, y\rangle=\langle ax, b+ay\rangle$, 求 $*$ 运算的单位元和逆元.

18. 设 $\mathbf{C}$ 是复数集合, $(\mathbf{C}, +, \times)$是一个代数系统, 作集合

$$W=\left\{\begin{bmatrix} a & b \\ -b & a \end{bmatrix} \middle| a,b \in R\right\},$$

证明$(\mathbf{C}, +, \times)$与$(\boldsymbol{W}, +, \cdot)$同构, 其中$+$和$\cdot$分别是矩阵的加法和乘法运算.

19. 设$(\mathbf{R}, -)$和$(\mathbf{R}^+, \div)$是两个代数系统, $-$和$\div$分别为普通的减法和除法运算, 证明$(\mathbf{R}, -)$和$(\mathbf{R}^+, \div)$同构.

20. 设 $\mathbf{Q}$ 为有理数集, 证明代数系统$(\mathbf{Q}, +)$和代数系统$(\mathbf{Q}\backslash\{0\}, \times)$不同构.

21. 设 $A=(\mathbf{Z}, +)$和 $B=(\{1, -1\}, \cdot)$是两个代数系统, 对于任意的 $n\in\mathbf{Z}$, 作映射

$$f(n)=\begin{cases} 1, & n\text{为偶数}, \\ -1, & n\text{为奇数}. \end{cases}$$

证明 f 是从 A 到 B 的同态. 其中$+$和$\cdot$分别是普通的加法和乘法运算.

22. 设 $\mathbf{Q}$ 是有理数集合, $(\mathbf{Q}\backslash\{0\}, \cdot)$是一个代数系统, 对于任意的 $x\in \mathbf{Q}\backslash\{0\}$, 作

$$x=2^k\frac{p}{q}, p, q \text{ 均为奇数},\quad f(x)=k.$$

证明 f 是从$(\mathbf{Q}\backslash\{0\}, \cdot)$到$(\mathbf{Z}, +)$的同态. 其中$+$和$\cdot$分别是普通的加法和乘法运算.

23. 设 $S=(\mathbf{R}^+, \cdot)$, 其中$\cdot$为普通乘法. 对于任意 $x\in\mathbf{R}^+$, 作映射

$$f_1(x)=x,\quad f_2(x)=2x,\quad f_3(x)=x^2,\quad f_4(x)=1/x.$$

试判断

(1) 上述映射中有哪些是 S 的自同态?

(2) 上述映射中有哪些是 S 的单自同态而不是满自同态?

(3) 上述映射中有哪些是 S 的自同构?

24. 设 $S=(\mathbf{Z}, +)$, 其中$+$为普通加法. 对于任意 $x\in\mathbf{Z}$, 作映射

$$f_1(x)=x,\quad f_2(x)=0,\quad f_3(x)=x+10,\quad f_4(x)=4x,\quad f_5(x)=x^4.$$

试判断

(1) 上述映射中有哪些是 S 的自同态?

(2) 上述映射中有哪些是 S 的单自同态而不是满自同态?

(3) 上述映射中有哪些是 S 的自同构?

25. 代数系统$A=(S, *)$和$B=(P, \oplus)$由运算表4.12和表4.13给出，试证明A和B同构.

表 4.12

$*$	a	b	c
a	a	c	b
b	b	a	b
c	c	b	a

表 4.13

$\oplus$	α	β	γ
α	α	γ	β
β	β	α	β
γ	γ	β	α

26. 设f_1, f_2都是从代数系统$(S, *)$到$(P, \oplus)$的同态, $*$ 和 $\oplus$ 都是二元运算, 且 $*$ 和 $\oplus$ 是可交换可结合的, 证明映射

$$h: S\to P, \quad h(x)=f_1(x)\oplus f_2(x)$$

是从$(S, *)$到$(P, \oplus)$的同态.

27. 设h是从代数系统$(S, *)$到$(P, \oplus)$的同态, $(T, \oplus)$是$(P, \oplus)$的子代数, 证明$(h^{-1}(T), *)$是$(S, *)$的子代数.

28. 设代数系统$A=(\mathbf{Z}, *)$, 定义一元运算 $*$ 如下:

$$*(i)=i^2 \bmod m \quad (m \in \mathbf{Z}^+)$$

定义关系R:

$$i_1 R\, i_2 \text{ 当且仅当 } i_1 \bmod m=i_2 \bmod m.$$

判断R是否是A中关于 $*$ 运算的同余关系.

29. 证明: 代数系统$(S, *)$上的两个同余关系的交仍为$(S, *)$上的同余关系.

30. 举例说明: 代数系统$(S, *)$上两个同余关系的合成未必是$(S, *)$上的同余关系.

31. 我们知道, S上的一个等价关系可以用S的一个划分来表示. 事实上, 一个代数系统$(S, *)$上的同余关系也可以用一个同余类的划分来表示.

试作出$(\{0, 1, 2, 3, 4\}, \max)$上的所有同余关系所对应的划分, 这里max为二元求最大运算.

32. 设$(A, *)$是一代数系统, 其中$A=\{a, b, c, d\}$, $*$ 由运算表4.14给出, 定义A中一个等价关系$R=\{\langle a, a\rangle, \langle b, b\rangle, \langle a, b\rangle, \langle b, a\rangle\ \langle c, c\rangle, \langle d, d\rangle, \langle c, d\rangle, \langle d, c\rangle\}$, 判断$R$是否是$A$中对于 $*$ 运算的同余关系.

表 4.14

$*$	a	b	c	d
a	a	a	d	c
b	b	a	d	a
c	c	b	a	b
d	c	d	b	a

33. 设集合 $A=\{a, b, c, d\}$, A 上的二元运算 $*$ 由运算表 4.15 给出.

表 4.15

$*$	a	b	c	d
a	a	b	c	d
b	b	a	d	d
c	c	d	a	d
d	d	d	d	d

(1) 判断该运算是否为可结合的;

(2) 求出该运算单位元与零元;

(3) 设 R 为 A 上的等价关系, R 导出的 A 的划分为 $\{\{a\}, \{b, c\}, \{d\}\}$, R 是否为 A 上的同余关系?

34. 设 F 为形如 $\dfrac{p}{q}$ 的分数的集合, 其中 p, q 是整数且 $q\neq 0$. 在分数集 F 上定义等价关系 $\sim$ 如下: 对于任意 p, q, m, n

$$\frac{p}{q}\sim\frac{n}{m} \text{ 当且仅当 } qn=pn.$$

(1) 证明: $\sim$ 是$(F, -, +)$ (这里, $-$为一元取负号运算)上的同余关系;

(2) 利用同余关系 $\sim$ 建立其商代数$(F/\sim, \ominus, \oplus)$.

35. 在第 34 题中定义的分数集 F 上, 定义一元运算 Δ:

$$\Delta\left(\frac{n}{m}\right)=\frac{n}{m^2}.$$

证明: 第 34 题定义的等价关系 $\sim$ 不是(F, Δ)上的同余关系.

36. 设 $\sim$ 为代数系统$(N_3, +_3, \times_3)$的载体 N_3 上的等价关系.

(1) 证明: 如果 $\sim$ 是关于$+_3$ 的同余关系, 那么 $\sim$ 必定也是关于$\times_3$ 的同余关系;

(2) (1) 之逆并不成立.

第 5 章　几类典型的代数系统

本章介绍几类具体的代数系统——半群、群、环与域，对这些具体代数系统的一些基本概念、性质展开讨论.

5.1 半　　群

本节定义一个由集合以及二元运算组成的简单数学结构，它在时序线路，形式语言理论及自动机理论都有广泛的应用.

定义 5.1.1　设$(S, *)$为一个代数系统，$*$是 S 上的二元运算，若$*$运算满足结合律，即

$$a * (b * c)=(a * b) * c,$$

则称代数系统$(S, *)$为**半群**.

如果半群$(S, *)$中的运算 $*$ 满足交换律，那么称半群$(S, *)$为**交换半群**.

定义 5.1.2　含有单位元 e 的半群$(S, *)$称为**含幺半群**. 满足交换律的含幺半群$(S, *)$称为**可交换含幺半群.**

为了强调单位元 e 的存在，有时将含幺半群记为$(S, *, e)$.

例 5.1.1　设$+$和$\times$为普通加法与乘法.

代数系统$(\mathbf{N}, +)$, $(\mathbf{Z}, +)$和$(\mathbf{R}, +)$都为含幺半群，其中 0 为各自的单位元.

代数系统$(\mathbf{Z}^+, \times)$, $(\mathbf{Q}^+, \times)$和$(\mathbf{R}^+, \times)$都为含幺半群，其中 1 为各自的单位元.

例 5.1.2　代数系统$(\mathbf{Z}, -)$不是半群，因为减法“$-$”不满足结合律.

例 5.1.3　设 $k\geqslant 0$, $S_k=\{x \mid x\in\mathbf{Z}$ 且 $x\geqslant k\}$，则$(S_k, +)$是一个半群，其中$+$为普通加法.

证　由于 S_k 关于$+$封闭，因此$(S_k, +)$是一个代数系统，又加法运算$+$是可结合的，所以，$(S_k, +)$是一个半群.

注意，如果 $k<0$, S_k关于$+$不封闭，$(S_k, +)$不能构成一个代数系统，那么$(S_k, +)$不是一个半群.

例 5.1.4　设 S 为非空集合，$\rho(S)$是 S 的幂集，则$(\rho(S), \cup)$为可交换含幺半群，单位元为$\varnothing$. 因为$\rho(S)$中元素关于$\cup$运算满足结合律，并且对于任意 $A\in\rho(S)$，有

$$\varnothing\cup A=A\cup\varnothing=A.$$

类似地, $(\rho(S), \cap)$也为可交换含幺半群, 单位元为 S.

例 5.1.5　设 $M_n(\mathbf{R})$表示实数域 $\mathbf{R}$ 上的所有 n 阶矩阵的集合, $\times$为矩阵的乘法运算, 则代数系统$(M_n(\mathbf{R}), \times)$为含幺半群, 单位元为单位矩阵 I, 半群$(M_n(\mathbf{R}), \times)$是非交换的.

例 5.1.6　设 $S=\{a, b\}$, 定义运算 $*$ 使 a、b 都是右零元, 即

$$a * a=b * a=a, \quad a * b=b * b=b,$$

则 S 上的运算 $*$ 是可结合的, 因为对任意 $x, y, z\in S$,

$$x * (y * z)=x * z = z = y * z=(x * y) * z.$$

因此, 代数系统$(S, *)$是一半群, 称为**两元素右零半群**.

定义 5.1.3　设$(S, *)$是半群, 如果$(T, *)$是$(S, *)$的子代数, 那么称$(T, *)$为$(S, *)$的**子半群**.

定理 5.1.1　子半群是半群.

证　由于子半群是子代数, 因此子半群关于运算 $*$ 封闭, 结合律是继承的, 所以子半群是半群.

类似地, 我们可以定义含幺半群的子含幺半群.

定义 5.1.4　设$(S, *, e)$是含幺半群, 如果$(T, *, e)$是$(S, *, e)$的子代数, 那么称$(T, *, e)$是$(S, *, e)$的**子含幺半群**.

定理 5.1.2　子含幺半群是含幺半群.

证　由于子含幺半群是子代数, 因此子含幺半群关于运算 $*$ 封闭, 含有幺元, 结合律是继承的, 所以子含幺半群是含幺半群.

例 5.1.7　$(\mathbf{Z}^+, +)$, $(\mathbf{N}, +)$都是$(\mathbf{Z}, +)$的子半群, 并且$(\mathbf{N}, +)$也是$(\mathbf{Z}, +)$的子含幺半群, 但$(\mathbf{Z}^+, +)$不是$(\mathbf{Z}, +)$的子含幺半群, 因为单位元 $0\in\mathbf{Z}$, 而 $0\notin\mathbf{Z}^+$.

例 5.1.8　设 $M_2(\mathbf{R})$表示实数集 $\mathbf{R}$ 上的所有 2 阶矩阵的集合, $\times$为矩阵的乘法运算, 则代数系统$(M_2(\mathbf{R}), \times)$为一半群. 作集合

$$T=\{\mathrm{diag}\,(a, b) \mid a, b\in\mathbf{R}\}, \mathrm{diag}\,(a, b)\text{为二阶对角形矩阵}.$$

则$(T, \times)$为$(M_2(\mathbf{R}), \times)$的一子半群, 且为子含幺半群.

例 5.1.9　如果$(S, *)$是一个半群, 那么$(S, *)$是$(S, *)$的一个子半群. 类似地, 如果$(S, *, e)$是一个含幺半群, 那么$(S, *, e)$是$(S, *, e)$的一个子含幺半群, 并且取 $T=\{e\}$, 那么$(T, *)$也是$(S, *, e)$ 的一个子含幺半群, 这两个子半群称为**平凡子含幺半群**, 其余的子半群称为非平凡子含幺半群.

在半群$(S, *)$中, 由于 $*$ 运算满足结合律, 因此可以定义元素的**幂**. 对于任意的 $a\in S$, 归纳定义如下:

$$a^1=a,$$
$$a^{n+1}=a^n * a, \quad n\in\mathbf{Z}^+ \ (\mathbf{Z}^+\text{为正整数集合}).$$

如果$(S, *, e)$是一个含幺半群, 那么幂的定义可以变成

$$a^0=e,$$
$$a^{n+1}=a^n * a, \quad n \text{ 为非负整数}.$$

容易证明 a 的幂满足以下指数定律:

$$a^m * a^n=a^{m+n},$$
$$(a^m)^n=a^{m \cdot n}, \quad m, n \in \mathbf{Z}^+.$$

例 5.1.10 设$(S, *)$是一个半群, $a \in S$, 作集合

$$T=\{a^n \mid n \in \mathbf{Z}^+\},$$

则易证$(T, *)$是$(S, *)$的一个子半群.

类似地, 设$(S, *, e)$是一个含幺半群, $a \in S$, 作集合 $T=\{a^n \mid n \in \mathbf{N}\}$, 则易证$(T, *, a^0=e)$是$(S, *, e)$的一个子含幺半群.

定义 5.1.5 设$(S, *)$是一个半群, 若存在一个元素 $g \in S$, 对于每一个元素 $a \in S$, 都有 $a=g^n$, $n \in \mathbf{Z}^+$, 则称此半群为由 g 生成的**循环半群**, 并称元素 g 为循环半群的**生成元**.

循环半群一定存在, 如例 5.1.10 中所构造的子半群就是循环半群.

类似地, 可以定义循环含幺半群.

定义 5.1.6 设$(S, *)$是一个含幺半群, 如果存在一个元素 $g \in S$, 对于每一个元素 $a \in S$, 都有 $a=g^n$, $n \in \mathbf{N}$, 那么称此含幺半群为由 g 生成的**循环含幺半群**, 并称元素 g 是此循环含幺半群的**生成元**.

循环半群中不一定含有单位元, 而循环含幺半群中一定有单位元 $a^0=e$.

例 5.1.11 代数系统$(\mathbf{Z}^+, +)$是循环半群, 其生成元为 1. 因为它的所有元素均可由 1 生成. 例如, $2=1+1$, $3=2+1$, $\cdots$, $n=(n-1)+1$, $\cdots$.

例 5.1.12 设一个代数系统$(S, *)$, 其中 $S=\{a, b, c, d\}$, 运算 $*$ 由表 5.1 给出, 可以验证这个代数系统对运算 $*$ 满足结合律. 对于 S 中的任意 x, 都有 $a * x=x * a=x$, 故 a 为半群 $(S, *)$的单位元. 因此, $(S, *)$为一个含幺半群. 又

表 5.1

*	a	b	c	d
a	a	b	c	d
b	b	a	d	c
c	c	d	b	a
d	d	c	a	b

$$d^0=a,$$
$$d^1=d,$$

$d^2=d*d=b$,

$d^3=d^2*d=b*d=c$,

$d^4=d^3*d=c*d=a=d^0$.

故$(S,*)$是由d生成的循环含幺半群. 类似地, $(S,*)$也可由c生成, 因此循环含幺半群的生成元不唯一.

将循环半群的概念进行推广. 若一个半群的生成元不是一个而是有限个元素, 它们组成的集合为Σ, 则称此半群为由**集合Σ生成的半群**, 集合Σ称为**生成元集**. 当Σ是单元素集合时, 生成的半群(含幺半群)就是上述循环半群(循环含幺半群).

例 5.1.13　设$(\mathbf{Z}^+,+)$是半群, 取元素 4 为生成元, 可生成循环半群$(\{4n \mid n\in\mathbf{Z}^+\},+)$. 取元素 3 和 5 组成生成元集合$\{3,5\}$, 可生成半群$(\{3,5,6\}\cup\{n \mid n\geqslant 8\},+)$.

例 5.1.14　设$S=\{a,b,c,d\}$, S上的运算 $*$ 由表 5.2 给出.

表 5.2

$*$	a	b	c	d
a	b	a	a	b
b	a	b	b	a
c	a	b	c	a
d	b	a	d	b

可以验证代数系统$(S,*)$对运算 $*$ 满足结合律, 所以它是一个半群, 并且它是由$\{c,d\}$所生成的半群, 因为$c*d=a$, $d*d=b$, $c*c=c$, $d*c=d$.

定理 5.1.3　循环半群是可交换的.

证　设$(S,*)$是循环半群, 其生成元是g, 对于任意$a,b\in S$, 存在$m,n\in N$, 使得$a=g^m$和$b=g^n$, 因此

$$a*b=g^m*g^n=g^{m+n}=g^{n+m}=g^n*g^m=b*a.$$

对于含幺半群有如下特殊性质.

定理 5.1.4　设$(S,*,e)$是一个含幺半群, 则运算表中任何两行或两列都是不相同的.

证　设S中关于运算 $*$ 的单位元是e, 因为对于任意的a, $b\in S$且$a\neq b$时, 总有

$$e*a=a\neq b=e*b \quad 和 \quad a*e=a\neq b=b*e.$$

所以, 在 $*$ 的运算表中不可能有两行或两列是相同的.

例 5.1.15　在任一可交换含幺半群$(S,*,e)$中, S的所有幂等元的集合T可构成子含幺半群.

证　由于$e*e=e$, e是幂等元素, 因此$e\in T$. 设$a,b\in T$, 有

$$
\begin{aligned}
(a*b)*(a*b)&=(a*b)*(b*a)\\
&=a*(b*b)*a=a*b*a\\
&=a*a*b=a*b.
\end{aligned}
$$

所以, $a*b\in T$, 又结合律可以继承, 故 $(T, *, e)$是子含幺半群.

5.2 群与子群

5.2.1 群

本节研究一类特殊的含幺半群——群. 群是应用最为广泛的代数系统, 它也是抽象代数中得到充分研究和发展的一个重要分支. 我们将介绍它的基本概念和性质以及常用的定理.

定义 5.2.1 一个代数系统$(G, *)$, 如果满足下列条件:

(1) **结合律成立**, 即对任意的 $a, b, c\in G$, 有

$$a*(b*c)=(a*b)*c;$$

(2) **单位元存在**, 即 G 中存在一个元素 e, 对任意元素 $a\in G$, 有

$$a*e=e*a=a;$$

(3) **逆元存在**, 即对于 G 中任一元素 $a\in G$, 在 G 中都存在一个元素 a^{-1}, 使得

$$a^{-1}*a=a*a^{-1}=e;$$

那么称$(G ,*)$是一个**群**.

从定义可以看出, 群是含幺半群的特例, 或者说, 群比含幺半群有更强的条件. 简单地说, 群是具有一个可结合运算, 存在幺元, 每个元素存在逆元的代数系统.

在群$(G, *)$中, $*$ 运算是二元运算, 所以 G 在 $*$ 下一定是封闭的, 即对于 G 中任意两个元素 a 和 b 有 $a*b\in G$. 为了简化记号, 当只考虑一个群$(G, *)$时, 并且在不存在误解的情况下, 可将$(G, *)$简写为 G, $a*b$ 简写为 ab.

定义 5.2.2 如果群$(G, *)$满足交换律, 那么称群$(G, *)$为**交换群**或**阿贝尔(Abel)群**.

在交换群中, 有时运算符 $*$ 用“+”表示(并非普通的数的加法), 群$(G, *)$称为**加法群**, 此时逆元 a^{-1} 写成$-a$, 称为 a 的**负元**.

定义 5.2.3 设$(G, *)$为群, 若 G 是有限集, 则称$(G, *)$是**有限群**, 把 G 的基数称为该有限群的**阶数**, 记作$|G|$. 若集合 G 是无限的, 则称$(G, *)$为**无限群**.

例 5.2.1 代数系统$(\mathbf{Z}, +)$, $(\mathbf{Q}, +)$, $(\mathbf{R}, +)$都是阿贝尔群, 其中+表示普通数的加法. 单位元是 0, 每个数 a 的逆元为 a 的相反数$-a$.

例 5.2.2　在普通乘法×下，代数系统($\mathbf{Z}^+$, ×)不是群，为一含幺半群，因为 $\mathbf{Z}^+$ 中除 1 外，其他元素均无逆元.

例 5.2.3　用 $GL_n(\mathbf{R})$表示实数集 $\mathbf{R}$ 上所有 n 阶可逆矩阵的集合，×为矩阵的乘法运算，则代数系统($GL_n(\mathbf{R})$, ×)为群，单位元为单位矩阵 E，每个元素 A 的逆元为 A 的逆矩阵 A^{-1}. 当 $n\geqslant 2$ 时，这个群是非交换的，称为一般线性群.

例 5.2.4　设 G 是所有非零实数的集合，对于任意的 $a, b \in G$，定义

$$a * b = \frac{ab}{4}.$$

证明$(G, *)$是一个阿贝尔群.

证　首先验证 $*$ 是一个二元运算. 如果 a 和 b 是 G 中元素，那么$\dfrac{ab}{4}$是一个非零实数，因此它在 G 中，即$(G, *)$是一个代数系统.

其次验证结合律成立. 因为

$$(a * b) * c=\frac{ab}{4} * c=\frac{(ab)c}{16}=\frac{a(bc)}{16}=a * \frac{bc}{4}=a * (b * c),$$

故运算 $*$ 是结合的.

数 4 是 G 中的单位元. 因为如果 $a\in G$, b 是 G 中的单位元，那么

$$a * b=\frac{ab}{4}=a=\frac{ba}{4}=b * a,$$

故有 $b=4$.

最后，如果 $a\in G$, b 是 a 的逆元，因为

$$a * b=\frac{ab}{4}=4,$$

有 $b=\dfrac{16}{a}$，即 a 的逆元为$\dfrac{16}{a}$.

由于 G 中任意的 a 和 b 都有 $a * b=b * a$，所以$(G, *)$是一个阿贝尔群.

设$(G, *)$是一个群，由于 G 中每个元素都有逆元，所以可以定义**负幂**. 对于任意 $a\in S$, $n\in\mathbf{Z}^+$，定义如下:

$$a^{-n}=(a^{-1})^n,$$

那么就可以把含幺半群中关于 a^n 的定义扩充为

$$a^0=e,$$
$$a^{n+1}=a^n * a,\quad n \text{ 为非负整数},$$
$$a^{-n}=(a^{-1})^n,\quad n \text{ 为正整数}.$$

有关幂的运算律容易证明:

$$a^m * a^n=a^{m+n},$$

$$(a^m)^n=a^{mn}, \quad m, n\in\mathbf{Z}.$$

从群的定义可知，群是代数系统，群中的单位元唯一，元素的逆元唯一. 同时群也具有半群和含幺半群的性质，这里不再重复罗列. 下面仅讨论群所特有的性质.

定理 5.2.1 设$(G, *)$是一个群，$a, b\in G$，则

(1) $(a^{-1})^{-1}=a$;

(2) $(a*b)^{-1}=b^{-1}*a^{-1}$.

证 由定义易验证.

定理 5.2.2 设$(G, *)$是一个群，$a, b, c\in G$，则

(1) (左消去律)若 $a*b=a*c$，则 $b=c$;

(2) (右消去律)若 $b*a=c*a$，则 $b=c$.

证 (1) 设 $a*b=a*c$，用 a^{-1} 左乘等式的两边，得到

$$a^{-1}*(a*b)=a^{-1}*(a*c);$$
$$(a^{-1}*a)*b=(a^{-1}*a)*c;$$
$$e*b=e*c;$$
$$b=c.$$

(2) 证明类似于(1).

定理 5.2.3 设$(G, *)$是一个群，对于任意 $a, b\in G$，则

(1) 方程 $a*x=b$ 在 G 中有唯一解;

(2) 方程 $y*a=b$ 在 G 中有唯一解.

证 (1) **存在性** 设 a 的逆元为 a^{-1}，取 $x=a^{-1}*b$，因为

$$a*(a^{-1}*b)=(a*a^{-1})*b=e*b=b,$$

所以，至少有一个 $x=a^{-1}*b$ 满足 $a*x=b$ 成立.

唯一性 若另有元素 x_1, x_2 满足 $a*x_1=b, a*x_2=b$，则

$$a*x_1=a*x_2,$$

由定理 5.2.2 得 $x_1=x_2$.

(2) 证明类似于(1).

需要说明的是，因为群中交换律不一定成立，所以上面两个方程的解一般是不相等的，只有在 a^{-1} 和 b 是可交换的，即 $a^{-1}*b=b*a^{-1}$ 时，这两个解才相等.

5.2.2 子群

将子代数的定义应用于群，就得到子群的定义.

定义 5.2.4 设$(G, *)$是一个群，H是G的非空子集. 如果子代数$(H, *)$也是一个群，那么称$(H, *)$是$(G, *)$的**子群**，记作 $H\leqslant G$.

例 5.2.5　任何群$(G, *)$都有两个子群, 即$(\{e\}, *)$和$(G, *)$, 称此二子群为**平凡子群**; 其余的非平凡子群称为$(G, *)$的**真子群**.

例 5.2.6　在例 5.2.3 中, 代数系统$(GL_n(\mathbf{R}), \times)$为群. 作集合

$$SL_n(\mathbf{R})=\{A\in M_n(\mathbf{R}) \mid |A|=1\},$$

对于矩阵的乘法运算×, $(SL_n(\mathbf{R}), \times)$构成一个群, 它是群$(GL_n(\mathbf{R}), \times)$的子群.

例 5.2.7　在群$(\mathbf{Z}, +)$中, 取

$$5\mathbf{Z}=\{5n \mid n\in\mathbf{Z}\},$$

则 $5\mathbf{Z}$ 关于加法构成$(\mathbf{Z}, +)$的子群.

如果H是群G的非空子集, 那么H满足什么条件才能成为群G的子群呢? 首先G的运算必须是H的运算. 即对于任意$a, b\in H$, 其积$a * b\in H$, 即H对G的运算要封闭. 其次考察群的三个条件. 因为H包含在G中, 所以结合律在H中必然成立, 这一条件可以不需验证. 余下只需检验另外两条, 即H有单位元和逆元, 这两条又可以减为一条, 即下面的判定定理.

定理 5.2.4　设$(G, *)$为群, H是G的非空子集, 代数系统$(H, *)$是群$(G, *)$的子群的充分必要条件是:

(1) 对于任意$a, b\in H$, 有$a * b\in H$;

(2) 对于任意$a\in H$, 有$a^{-1}\in H$.

证　充分性　由条件(1)可知, $(H, *)$是封闭的. 结合律对H必然成立, 故只需证明$e\in H$. 再由条件(1)可得, $e=a * a^{-1}\in H$, 所以$(H, *)$是群, 从而为$(G, *)$的子群.

必要性　因为$(H, *)$是群$(G, *)$的子群, 所以(1)显然成立. 只需证明(2)成立.

由于$(H, *)$是群, 设e_1是$(H, *)$的单位元, 对于任意元素$a\in H$, 有$e_1 * a=a$. 因为$e_1, a\in G$, 所以e_1是方程$y * a=a$在G中的解. 而方程$y * a=a$在G中有且仅有一个解, 即G的单位元, 故$e=e_1\in H$.

因为$(H, *)$是群, 同理, 方程$y * a=e$在$(H, *)$中有解为a_1, 而a_1也是方程在$(G, *)$中的解, 而此方程只有一个解, 就是a^{-1}, 故$a^{-1}=a_1\in H$.

由上述定理必要性的证明, 可以得到: 若$(H, *)$是群$(G, *)$的子群, 则$(H, *)$的单位元与$(G, *)$的单位元相同, 并且对于任意元素$a\in H$, a在$(H, *)$中的逆元与a在$(G, *)$中的逆元也相同.

定理 5.2.5　设$(G, *)$为群, H是G的非空子集, 代数系统$(H, *)$是群$(G, *)$的子群的充分必要条件是: 对于任意$a, b\in H$, 有$a * b^{-1}\in H$.

证　充分性　因为H非空, 对于任意$a\in H$, 由条件得, $a * a^{-1}=e\in H$. 进一步, $a^{-1}=e * a^{-1}\in H$. 若$a, b\in H$, 因$b^{-1}\in H$, 故$a * (b^{-1})^{-1}=a * b\in H$. 根据定理 5.2.4, $(H, *)$是$(G, *)$的子群.

必要性　设$(H, *)$是$(G, *)$的子群，对于任意元素 $b\in H$，由定理 5.2.4 条件(2)，有 $b^{-1}\in H$，所以，对于任意的 $a, b\in H$，因 $b^{-1}\in H$，由定理 5.2.4 条件(1)，有 $a * b^{-1}\in H$.

对于有限子群，我们有更简单的判定定理.

定理 5.2.6　设$(G, *)$为群，H 是 G 的有限子集，代数系统$(H, *)$是群$(G, *)$的子群的充分必要条件是：若 $a, b\in H$，则 $a * b\in H$.

证　必要性显然.

现在证明充分性.

设 a 是 H 的任一元素，若 $a=e$，则 $a^{-1}\in H$. 若 $a\neq e$，令

$$S=\{a, a^2, \cdots, a^n, \cdots\}.$$

因为 H 对运算是封闭的，所以 $S\subseteq H$. 又由于 H 是有限的，必有 $a^i=a^j\ (i<j)$. 由 G 中消去律得

$$a^{j-i}=e.$$

因 $a\neq e$ 可知 $j-i>1$，由此得

$$a^{j-i-1} * a=a * a^{j-i-1}=e,$$

从而有 $a^{-1}=a^{j-i-1}\in H$. 由定理 5.2.4 知$(H, *)$是$(G, *)$的子群.

例 5.2.8　设$(G, *)$是交换群，$(A, *)$和$(B, *)$都是它的子群，$C=\{a * b \mid a\in A, b\in B\}$，证明$(C, *)$也是$(G, *)$的子群.

证　由 C 的定义可知 $C\subseteq G$. 设 G 的单位元为 e，因为 A, B 都是 G 的子群，所以有 $e\in A, e\in B$，且 $e=e * e\in C$，故 C 非空.

对于任意$\alpha, \beta\in C$，设$\alpha=a_1 * b_1, \beta=a_2 * b_2$，其中 $a_1, a_2\in A, b_1, b_2\in B$，则

$$\alpha * \beta=(a_1 * b_1) *(a_2 * b_2)=(a_1 * a_2)*(b_2 * b_2)\in C,$$

故$(C, *)$是一代数系统.

对于任意$\alpha\in C$，存在 $a\in A$，$b\in B$ 使得$\alpha=a * b$，而 A，B 都是 G 的子群，所以 $a^{-1}\in A, b^{-1}\in B$，故有

$$\alpha^{-1}=(a * b)^{-1}=b^{-1} * a^{-1}=a^{-1} * b^{-1}\in C,$$

根据定理 5.2.4，$(C, *)$为$(G, *)$的子群.

5.2.3 群的同态

将代数系统之间的同态与同构应用到群上，就有群的同态与同构. 下面通过群的同态与同构来讨论两个群之间的联系.

定义 5.2.5　设$(G_1, *)$和$(G_2, \circ)$是两个群，若存在一个映射 $\varphi: G_1\to G_2$，使得对任意 $a, b\in G_1$ 都有

$$\varphi(a*b)=\varphi(a)\circ\varphi(b),$$

则称 φ 是从群$(G_1,*)$到群$(G_2,\circ)$的同态映射，简称**同态**.

如果 $\varphi: G_1\to G_2$ 是单映射，那么称 φ 是从群$(G_1,*)$到群$(G_2,\circ)$的**单同态**.

如果 $\varphi: G_1\to G_2$ 是满映射，那么称 φ 是从群$(G_1,*)$到群$(G_2,\circ)$的**满同态**.

如果 $\varphi: G_1\to G_2$ 是一一映射，那么称 φ 是从群$(G_1,*)$到群$(G_2,\circ)$的**同构映射**，简称**同构**.

例 5.2.9　设 $G_1=(\mathbf{R},+)$是实数加群，$G_2=(\mathbf{R}^*,\cdot)$是非零实数关于普通乘法构成的群. 令

$$\varphi: \mathbf{R}\to\mathbf{R}^*,\quad \varphi(x)=e^x,$$

则 φ 是 G_1 到 G_2 的同态. 因为对于任意 $x, y\in\mathbf{R}$，有

$$\varphi(x+y)=e^{x+y}=e^x\cdot e^y=\varphi(x)\cdot\varphi(y).$$

例 5.2.10　设$(G_1,*)$和$(G_2,\circ)$是两个群，e_2 是 G_2 的单位元. 对于任意 $a\in G_1$，令

$$\varphi: G_1\to G_2,\quad \varphi(a)=e_2,$$

则 φ 是$(G_1,*)$到$(G_2,\circ)$的同态，称为**零同态**. 因为对于任意 $a, b\in G_1$，有

$$\varphi(a*b)=e_2=e_2\circ e_2=\varphi(a)\circ\varphi(b).$$

对于群同态有如下性质.

定理 5.2.7　设 φ 是从群$(G_1,*)$到群$(G_2,\circ)$的同态映射，e_1 和 e_2 分别为$(G_1,*)$和$(G_2,\circ)$的单位元，则

(1) $\varphi(e_1)=e_2$;

(2) $\varphi(a^{-1})=\varphi(a)^{-1}$，对任意的 $a\in G_1$.

证　(1) $\varphi(e_1)\circ\varphi(e_1)=\varphi(e_1*e_1)=\varphi(e_1)=\varphi(e_1)\circ e_2$. 由 G_2 的消去律得 $\varphi(e_1)=e_2$.

(2) 任取 $a\in G_1$，由

$$\varphi(a^{-1})\circ\varphi(a)=\varphi(a^{-1}*a)=\varphi(e_1)=e_2,$$

$$\varphi(a)\circ\varphi(a^{-1})=\varphi(a*a^{-1})=\varphi(e_1)=e_2$$

可知 $\varphi(a^{-1})$是 $\varphi(a)$的逆元. 根据逆元的唯一性得 $\varphi(a^{-1})=\varphi(a)^{-1}$.

5.3　循环群与置换群

循环群和置换群是群论中颇具代表性的两类群. 一般来说，对于一个代数系统，如果能够解决这个系统的存在问题、数量问题、构造问题，那么这个代数系统就清楚了. 对于循环群，上述三个基本问题都已经圆满解决了. 通过循环群的介绍，可以看出整个群论的研究方法. 而置换群是有限群的一个典型代表. 从群的发展历史上说，群论最初只研究变换群和置换群，最后才讨论抽象群，本节就

介绍这两类特殊的群.

5.3.1 循环群

为了讨论循环群, 首先给出元素的阶.

定义 5.3.1 设$(G, *)$是一个群, $a\in G$, 如果存在正整数 n 使得 $a^n=e$, 那么称元素 a 的阶是有限的, 最小的正整数 n 称为元素 a 的**阶**或**周期**. 如果不存在这样的正整数 n, 那么称元素 a 具有无限阶.

显然, 群的单位元 e 的阶是 1.

定理 5.3.1 设$(G, *)$为群, $a\in G$ 的阶是 n, 则 $a^k=e$ 当且仅当 $n\mid k$.

证 设存在 $m\in \mathbf{Z}$, 使得 $k=mn$, 则

$$a^k=a^{mn}=(a^n)^m=e^m=e.$$

反之, 设 $a^k=e$, 且 $k=mn+t$, $0\leqslant t<n$, 于是

$$a^t=a^{k-mn}=a^k * a^{-mn}=e * e^{-m}=e.$$

由定义可知, n 是使 $a^n=e$ 的最小正整数, 而 $0\leqslant t<n$, 所以 $t=0$, 得 $k=mn$.

注意, 如果 $a^n=e$, 并且没有 n 的因子 $d(1<d<n)$能使 $a^d=e$, 那么 n 一定是元素 a 的阶.

例如, 如果 $a^8=e$, 但 $a^2\neq e$, $a^4\neq e$, 那么 8 必定是 a 的阶.

定理 5.3.2 群中的任一元素和它的逆元具有相同的阶.

证 设 $a\in G$ 具有有限阶 n, 即 $a^n=e$, 因此

$$(a^{-1})^n=a^{-1\cdot n}=(a^n)^{-1}=e^{-1}=e.$$

如果 a^{-1} 的阶是 m, 那么 $m\mid n$. 另一方面

$$a^m=[(a^{-1})^{-1}]^m=[(a^{-1})^m]^{-1}=e^{-1}=e.$$

因而 $n\mid m$, 故 $m=n$.

例 5.3.1 设 a, b 是群$(G, *)$的元素, a 的阶是 2, b 的阶是 3, 且 $a * b=b * a$, 则 $a * b$ 的阶是 6.

证 设 $a*b$ 的阶是 k, 由于$(a * b)^6=a^6 * b^6=e$, 故 $k\mid 6$. 于是, k 只有四种可能性: $k=1, 2, 3, 6$.

若 $k=1$ 或 2, 则$(a * b)^2=e$, 但$(a * b)^2=a^2 * b^2=b^2=e$, 即 $b^2=e$, 这与 b 的阶为 3 矛盾.

若 $k=3$, 则$(a * b)^3=e$, 但$(a * b)^3=a^3 * b^3=a^3=e$, 即 $a^3=e$, 故 $2\mid 3$, 矛盾. 故 k 只能等于 6, 即 $a * b$ 的阶为 6.

定理 5.3.3 设$(G, *)$为有限群, 则群中每一个元素阶有限且阶数至多是$|G|$.

证 设 a 是$(G, *)$中任一元素. 考虑下列元素序列

$$a, a^2, a^3, \cdots, a^{|G|+1}.$$

由于$(G, *)$为有限群, 所以这些元素中至少有两个是相等的. 不妨设 $a^r=a^s$, 这里 $1 \leqslant s < r \leqslant |G|+1$. 因为

$$a^{r-s}=a^r * a^{-s}=a^r * a^{-r}=a^{r-r}=a^0=e.$$

所以, a 的阶数至多是 $r-s \leqslant |G|$.

定义 5.3.2　如果群$(G, *)$的每一个元素都能表示成一个固定元素 a 的幂, 那么$(G, *)$称为由 a 生成的**循环群**, 记作 $G=\langle a\rangle$, a 称为 G 的**生成元**.

根据元素的阶的性质, 循环群共有两种类型:

(1) 当生成元 a 是无限阶元素时, $\langle a\rangle$是一个**无限阶循环群**:

$$\langle a\rangle=\{\cdots, a^{-3}, a^{-2}, a^{-1}, e, a, a^2, a^3, \cdots\}.$$

(2) 当生成元 a 是有限阶元素时, 如果 a 的阶为 n, 那么

$$\langle a\rangle=\{e, a, a^2, a^3, \cdots, a^{n-1}\}$$

是一个 n 阶**有限循环群**.

例 5.3.2　群$(\mathbf{Z}, +)$是由 1 生成的无限循环群, 可以记作$(\mathbf{Z}, +)=\langle 1\rangle$. 因为 $1^0=0$;

对任意正整数 n, $n=1+1+\cdots+1$, 按照群中元素的幂的表示方法 $n=1^n$; 对任意负整数$-n$, $-n=(-1)+(-1)+\cdots+(-1)$, 按照群中逆元的表示方法

$$-n=1^{-1}+1^{-1}+\cdots+1^{-1}=1^{-n}.$$

例 5.3.3　整数集 $\mathbf{Z}$ 按同余关系 $R=\{\langle a, b\rangle \mid a \equiv b \bmod n\}$, 作成的商代数$(\mathbf{Z}_n, +_n)$是有限循环群, 这里 $n>0$, $\mathbf{Z}_n=\{[0], [1], \cdots, [n-1]\}$. $+_n$ 定义为

$$[x]+_n[y]=[x+y],\ [x], [y]\text{是 } \mathbf{Z}_n \text{ 中模 } n \text{ 等价类}.$$

为了清楚起见, 列出其运算表(如表 5.3 所示), 容易验证$(\mathbf{Z}_n, +_n)$满足结合律, 其单位元为[0]. 对于任一元素$[k]$, 其逆元为$[n-k]$, 因为

$$[k]+_n[n-k]=[0],$$

由此可知, $(\mathbf{Z}_n, +_n)$是一个群.

表 5.3

$+_n$	[0]	[1]	[2]	[3]	…	$[n-1]$
[0]	[0]	[1]	[2]	[3]	…	$[n-1]$
[1]	[1]	[2]	[3]	[4]	…	[0]
[2]	[2]	[3]	[4]	[5]	…	[1]
[3]	[3]	[4]	[5]	[6]	…	[2]
⋮	⋮	⋮	⋮	⋮		⋮
$[n-1]$	$[n-1]$	[0]	[1]	[2]	…	$[n-2]$

又因为对于任一小于 n 的正整数 k，有

$$[k]=\underbrace{[1]+_n[1]+_n\cdots+_n[1]}_{k}=[1]^k,$$

$$[0]=[1]^n.$$

因此, [1]是群$(\mathbf{Z}_n,+_n)$的生成元, 所以$(\mathbf{Z}_n,+_n)$是一个循环群, 且其阶为 n. 循环群$(\mathbf{Z}_n,+_n)$又称为**模 n 的剩余类加群**.

定理 5.3.4 每一个循环群都是可交换群.

证 设$(G,*)$是一个循环群, 它的生成元是 a, 那么, 对于任意的 $x,y\in G$, 必有 $r,s\in \mathbf{Z}$, 使得 $x=a^r$ 和 $y=a^s$, 由于

$$x*y=a^r*a^s=a^{r+s}=a^s*a^r=y*x.$$

因此, $(G,*)$是一个可交换群.

下面给出循环群的结构定理.

定理 5.3.5 设$(G,*)$是一个循环群, 生成元为 a, 则

(1) 当 a 的阶无限时, $(G,*)$与$(\mathbf{Z},+)$同构;

(2) 当 a 的阶为 n 时, $(G,*)$与$(\mathbf{Z}_n,+_n)$同构.

证 (1) 设 a 是无限阶的, $G=\langle a\rangle=\{\cdots,a^{-3},a^{-2},a^{-1},e,a^1,a^2,a^3,\cdots\}$. 这时若有 $a^k=a^t$, 则必有 $k=t$. 如果 $k\neq t$, 不妨设 $k>t$, 那么有 $a^{k-t}=e$, 这与 a 的阶无限矛盾.

构造一个映射 $f:G\to\mathbf{Z}$, $f(a^k)=k$. 由上讨论易知 f 是从$(G,*)$到$(\mathbf{Z},+)$的双射. 且

$$f(a^r*a^s)=f(a^{r+s})=r+s=f(a^r)+f(a^s).$$

所以, f 是从$(G,*)$到$(\mathbf{Z},+)$的一个同构映射.

(2) 设 a 的阶为 n. 则 $e,a^1,a^2,a^3,\cdots,a^{n-1}$ 是 $G=\langle a\rangle$中 n 个不同的元素, 因为这时若

$$a^k=a^t,\quad 0\leqslant t<k<n,$$

则 $a^{k-t}=e$, 此处 $k-t<n$, 与 a 的阶为 n 矛盾.

构造一个映射 $f:G\to\mathbf{Z}_n$, $f(a^k)=[k]$.

任取 $a^r,a^s\in\langle a\rangle$, 若 $a^r\neq a^s$, 则$[r]\neq[s]$. 否则, 若$[r]=[s]$, 必有 $n|(r-s)$, 易证有 $a^r=a^s$, 矛盾, 因此 f 是 G 到 $\mathbf{Z}_n$ 的单射. 显然 f 是 G 到 $\mathbf{Z}_n$ 的满射, 故 f 是 G 到 $\mathbf{Z}_n$ 的双射. 又

$$f(a^r*a^s)=f(a^{r+s})=[r+s]=[r]+_n[s]=f(a^r)+_nf(a^s).$$

所以, f 是从$(G,*)$到$(\mathbf{Z}_n,+_n)$的一个同构映射.

至此, 对一般循环群的研究可以转化为两个具体的循环群的讨论, 而$(\mathbf{Z},+)$和$(\mathbf{Z}_n,+_n)$已经非常清楚, 所以循环群的问题也就彻底解决了.

例 5.3.4 无限循环群$(G,*)$有且仅有两个生成元.

证　由于$(G, *)$与$(\mathbf{Z}, +)$同构，我们只证明$(\mathbf{Z}, +)$有且仅有两个生成元即可. 易见 1 和−1 是$(\mathbf{Z}, +)$的两个生成元. 因为对于任意 $k\in\mathbf{Z}$，均有 $k=(\pm k)(\pm 1)$. 除此之外，如还有不同于±1 的生成元 a，则 $1=na$，这与 $a\neq\pm 1$ 矛盾. 相应地，循环群$(G, *)$有且仅有两个生成元 a 和 a^{-1}.

5.3.2　置换群

在 3.2 节我们已经介绍过集合上的置换，由于置换是双射函数，而函数可以作复合运算，因此置换也可以进行复合运算，其运算常记为∘，置换的复合也称为**置换的乘法**.

设 A 是由 n 个元素组成的集合，A 上的 n 次置换共有 $n!$个，这 $n!$个置换的集合记为 S_n. 置换的乘法满足下述简单性质:

(1) 满足结合律 $(\sigma\circ\tau)\circ\rho=\sigma\circ(\tau\circ\rho)$;

(2) n 次置换

$$e=\begin{bmatrix}1 & 2 & \cdots & n\\ 1 & 2 & \cdots & n\end{bmatrix}=(1)$$

是 S_n 中的单位元，即对于任意$\sigma\in S_n$，有 $e\circ\sigma=\sigma\circ e=\sigma$;

(3) 每个 n 次置换在 S_n 中都有逆元素，即

$$\begin{bmatrix}1 & 2 & \cdots & n\\ \alpha_1 & \alpha_2 & \cdots & \alpha_n\end{bmatrix}^{-1}=\begin{bmatrix}\alpha_1 & \alpha_2 & \cdots & \alpha_n\\ 1 & 2 & \cdots & n\end{bmatrix}.$$

因此，我们有以下定理.

定理 5.3.6　S_n 关于置换的乘法∘构成一个群，称为 S 上的 n **次对称群**，S_n 的任何一个子群称为 S 上的 n **次置换群**.

需要说明的是，当 $n\geqslant 3$ 时，$(S_n, \circ)$是非交换的. 例如，取例 3.2.6 中的(2 3), (1 3 2)，就有

$$(2\ 3)\circ(1\ 3\ 2)=(1\ 2)\neq(1\ 3\ 2)\circ(2\ 3)=(1\ 3).$$

例 5.3.5　在例 3.2.6 中，$S_3=\{(1), (2\ 3), (1\ 3), (1\ 2), (1\ 2\ 3), (1\ 3\ 2)\}$关于乘法∘是一个 3 次对称群. 可以验证$(\{(1), (2\ 3)\}, \circ)$，$(\{(1), (1\ 3)\}, \circ)$，$(\{(1), (1\ 2)\}, \circ)$和$(\{(1), (1\ 2\ 3), (1\ 3\ 2)\}, \circ)$都是 S_3 的子群，它们是三次置换群.

例 5.3.6　考虑如图 5.1 给出的具有顶点为 1, 2, 3 的等边三角形. 将三角形围绕重心 O 旋转，分别旋转 0°, 120°, 240°. 可以把每一旋转看成是三角形的顶点集合$\{1, 2, 3\}$的置换，于是有

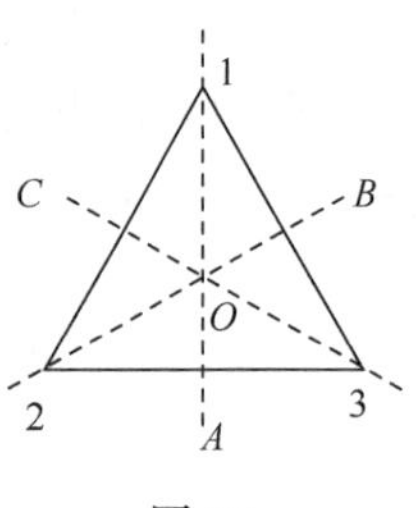

图 5.1

$$\sigma_1=\begin{bmatrix}1&2&3\\1&2&3\end{bmatrix}=(1)\quad(\text{旋转 }0°),$$

$$\sigma_5=\begin{bmatrix}1&2&3\\2&3&1\end{bmatrix}=(1\ 2\ 3)\quad(\text{旋转 }120°),$$

$$\sigma_6=\begin{bmatrix}1&2&3\\3&1&2\end{bmatrix}=(1\ 3\ 2)\quad(\text{旋转 }240°),$$

则$(\{\sigma_1, \sigma_5, \sigma_6\}, \circ)$为三次置换群.

再将三角形围绕直线 $1A$, $2B$, $3C$ 翻转, 又得到顶点集合的置换如下:

$$\sigma_2=\begin{bmatrix}1&2&3\\1&3&2\end{bmatrix}=(2\ 3)\quad(\text{绕 }1A\text{ 翻转}),\qquad \sigma_3=\begin{bmatrix}1&2&3\\3&2&1\end{bmatrix}=(1\ 3)\quad(\text{绕 }2B\text{ 翻转}),$$

$$\sigma_4=\begin{bmatrix}1&2&3\\2&1&3\end{bmatrix}=(1\ 2)\quad(\text{绕 }3C\text{ 翻转}).$$

将等边三角形的旋转和翻转所对应的置换合在一起所做成的集合, 在合成运算下恰好构成一个 3 次对称群.

一般地, 在合成运算$\circ$作用下, 等边 n 边形的所有旋转和翻转的集合构成一个 n 次的 $2n$ 阶的置换群, 这类群通称**二面体群**.

定理 5.3.7 (Cayley)　任何群都同构于一个变换群, 任何一个有限群都同构于一个置换群.

证　设$(G, *)$是任意一个群. 任取 $a\in G$, 定义 G 上的一个变换 f_a 如下:

$$f_a: G\to G,\quad f_a(x)=ax, \text{ 对于任意 } x\in G.$$

可证 f_a 是一个双射: 因为 $f_a(x_1)=f_a(x_2)$可得 $ax_1=ax_2$, 于是 $x_1=x_2$, 所以 f_a 是单射. 对于任意 $b\in G$, 取 $x_0=a^{-1}b$, 则 $f_a(x_0)=ax_0=b$, 所以 f_a 也是满射. 故 f_a 是 G 上的一个可逆变换.

令 $G_1=\{f_a \mid a\in G, f_a(x)=ax, x\in G\}$, 对于任意的 $f_a, f_b\in G_1$, 由于

$$f_a\circ f_b(x)=f_a(f_b(x))=f_a(bx)=a(bx)=(ab)x=f_{ab}(x),$$

故对于任意的 $a, b\in G$, 有 $f_a\circ f_b=f_{ab}$, 即 G_1 关于映射的合成是封闭的.

下面进一步证明$(G, *)$与$(G_1, \circ)$同构. 为此, 作映射

$$\varphi: G\to G_1,\ \varphi(a)=f_a.$$

因为 $f_a=f_b$, 对于任意的 $x\in G$, 有 $f_a(x)=f_b(x)$, 即 $ax=bx$, 从而 $a=b$, 所以φ是单射. 显然φ也是满射.

又对于任意 $a, b\in G$, 有 $\varphi(ab)=f_{ab}=f_a\circ f_b=\varphi(a)\circ\varphi(b)$, 所以$\varphi$是从 G 到 G_1 的一个同构, 故$(G_1, \circ)$是一个群, 因而 $G\cong G_1$, 即$(G, *)$同构于集合 G 上的一个变换群.

当$(G, *)$是有限群时, $(G_1, \circ)$是一个置换群.

例 5.3.7 设 $G=\{\omega_k \mid \omega_k^3=1\}$为 3 次单位根的集合, $\omega_k=\cos\dfrac{2k\pi}{3}+\mathrm{i}\sin\dfrac{2k\pi}{3}$ $(k=0, 1, 2)$, 易知$(G, \cdot)$关于普通乘法构成一个群, 而且是由 ω_1 生成的循环群. 试找出一个与$(G, \cdot)$同构的置换群.

解 由于$(G, \cdot)$是由 ω_1 生成的循环群, 因此 $G=\{1, \omega_1, \omega_1^2\}$. 根据定理 5.3.7 的证明过程可知置换群 $G_1=\{f_a \mid a\in G, f_a(x)=ax, x\in G\}$与$(G, \cdot)$同构, 而 G_1 中的各元素构造如下

$$\sigma_1=\begin{bmatrix}1 & \omega_1 & \omega_1^2\\ 1 & \omega_1 & \omega_1^2\end{bmatrix},\quad \sigma_{\omega_1}=\begin{bmatrix}1 & \omega_1 & \omega_1^2\\ \omega_1 & \omega_1^2 & 1\end{bmatrix},\quad \sigma_{\omega_1^2}=\begin{bmatrix}1 & \omega_1 & \omega_1^2\\ \omega_1^2 & 1 & \omega_1\end{bmatrix}.$$

用$\{1, 2, 3\}$代替$\{1, \omega_1, \omega_1^2\}$, 并写成轮换的形式, 则有

$$\sigma_1=(1),\quad \sigma_{\omega_1}=(1\ 2\ 3),\quad \sigma_{\omega_1^2}=(1\ 3\ 2),$$

故 $G\cong G_1=\{(1), (1\ 2\ 3), (1\ 3\ 2)\}\subseteq S_3$.

用这种方法可以找出与任一群同构的变换群或置换群.

5.4 陪集与拉格朗日定理

5.4.1 陪集

群内的子群反映了群的结构与性质, 因此我们需要进一步研究有关群内子群的性质.

定义 5.4.1 设$(H, *)$是群$(G, *)$的子群, 我们称集合

$$aH=\{a*h \mid h\in H\}$$

为元素 $a\in G$ 所确定的 H 在 G 中的**左陪集**, 元素 a 称为左陪集 aH 的**代表元素**. 我们称集合

$$Ha=\{h*a \mid h\in H\}$$

为元素 a 所确定的 H 在 G 中的**右陪集**, 元素 a 称为右陪集 Ha 的**代表元素**.

当$(G, *)$是交换群时, 子群$(H, *)$的左、右陪集相等.

例 5.4.1 设 $G=(\mathbf{Z}, +)$, $H=\{km \mid k\in\mathbf{Z}\}$, H 是 G 的一个子群, 因为 G 是可换群, H 的左、右陪集相等, 它们是

$$0+H=H=\{km \mid k\in\mathbf{Z}\},$$

$$1+H=\{km+1 \mid k\in\mathbf{Z}\},$$

$$\cdots\cdots$$

$$m-1+H=\{km+m-1 \mid k\in\mathbf{Z}\}.$$

每个左陪集正好对应一个同余类.

例 5.4.2　设$(G, *)$是例 5.3.5 中的 3 次对称群 S_3={(1), (2 3), (1 3), (1 2), (1 2 3), (1 3 2)}, H=({(1), (2 3)}, ∘)为三次置换群. 则 H 的全体左陪集为

$$(1)H=(2\ 3)H=\{(1), (2\ 3)\}=H,$$
$$(1\ 2)H=(1\ 2\ 3)H=\{(1\ 2), (1\ 2\ 3)\},$$
$$(1\ 3)H=(1\ 3\ 2)H=\{(1\ 3), (1\ 3\ 2)\}.$$

H 的全体右陪集为

$$H(1)=H(2\ 3)=\{(1), (2\ 3)\}=H,$$
$$H(1\ 2)=H(1\ 3\ 2)=\{(1\ 2), (1\ 3\ 2)\},$$
$$H(1\ 3)=H(1\ 2\ 3)=\{(1\ 2), (1\ 2\ 3)\}.$$

由例 5.4.2 可以看出, 左右陪集的表示形式不唯一. 例如, 左陪集$(1\ 2)H$与$(1\ 2\ 3)H$ 是相同的集合, 但它们的代表元素却是不同的. 另外左、右陪集一般不相等. 例如, 左陪集$(1\ 2)H=\{(1\ 2), (1\ 2\ 3)\}$与右陪集 $H(1\ 2)=\{(1\ 2), (1\ 3\ 2)\}$不相等. 以下只讨论左陪集, 所得结论对右陪集也平行地成立.

关于左陪集有以下简单性质:

(1) $aH=H$ 的充分必要条件是 $a\in H$;

(2) $b\in aH$ 的充分必要条件是 $aH=bH$. 这说明左陪集中的任何元素都可作为代表元;

(3) $aH=bH$ 的充分必要条件是 $a^{-1}*b\in H$.

证　(1)、(2)、(3)利用左陪集的定义易证.

(4) 任意两个左陪集 aH 和 bH 或者相等或者不相交, 即

$$aH=bH \quad 或 \quad aH\cap bH=\varnothing.$$

证　若 $aH\cap bH\neq\varnothing$, 则存在 $x\in aH\cap bH$, 于是有

$$x\in aH, \quad x\in bH.$$

因此, 由(2)得

$$xH=aH, \quad xH=bH,$$

所以, 有 $aH=bH$.

(5) aH 与 H 中元素的个数相等.

证　设 a 是 G 中任一元素, h_1 和 h_2 是 H 中任意元素, 若 $h_1\neq h_2$, 则

$$a*h_1\neq a*h_2.$$

因此, aH 中没有相同的元素, 所以 aH 和 H 的元素个数相等.

(6) 定义关系:

$$R=\{\langle a, b\rangle \mid a\in G, b\in G 且 a^{-1}*b\in H\},$$

则 R 是 G 中的一个等价关系. 对于 $a\in G$, 若记: $[a]_R=\{x \mid x\in G 且\langle a, x\rangle\in R\}$, 则

$[a]_R=aH$.

证　对于任意 $a\in G$, 必有 $a^{-1}\in G$, 使 $a^{-1}*a=e\in H$, 所以 $\langle a, a\rangle\in R$.

若 $\langle a, b\rangle\in R$, 则 $a^{-1}*b\in H$. 因为 H 是 G 的子群, 故

$$(a^{-1}*b)^{-1}=b^{-1}*a\in H,$$

所以, $\langle b, a\rangle\in R$.

若 $\langle a, b\rangle\in R$, $\langle b, c\rangle\in R$, 则 $a^{-1}*b\in H$, $b^{-1}*c\in H$, 所以 $(a^{-1}*b)*(b^{-1}*c)=a^{-1}*(b*b^{-1})*c=a^{-1}*c\in H$, 即 $\langle a, c\rangle\in R$. 这就证明了 R 是 G 中的一个等价关系.

对于 $a\in G$, 我们有: $b\in[a]_R$ 当且仅当 $\langle a, b\rangle\in R$, 当且仅当 $a^{-1}*b\in H$, 而 $a^{-1}*b\in H$ 等价于 $b\in aH$. 因此, $[a]_R=aH$.

5.4.2　拉格朗日定理

利用如上定义的等价关系可以对群 $(G, *)$ 进行分类, 其每一个等价类都是 H 在 G 中的左陪集, 所有左陪集的集合 $\{aH\mid a\in G\}$ 构成 G 的一个划分, 即

$$G=\bigcup_{a\in G} aH\ .$$

因此, H 在 G 中的左陪集也可以利用这种方法来定义.

类似地, 群 $(G, *)$ 利用子群 $(H, *)$ 也可以分解成一些互不相交的右陪集的并, 所有右陪集的集合 $\{Ha\mid a\in G\}$ 也是 G 的一个划分.

定义 5.4.2　设 $(H, *)$ 是群 $(G, *)$ 的子群, H 在 G 中的左(右)陪集的个数称为 H 在 G 中的**指数**, 记作 $[G:H]$.

当群 $(G, *)$ 是有限群时, 则子群的阶数与指数也都是有限的, 它们有如下关系:

定理 5.4.1 (拉格朗日定理)　设 $(G, *)$ 是有限群, $(H, *)$ 是群 $(G, *)$ 的子群, 则

$$|G|=|H|\cdot[G:H].$$

证　设 $[G:H]=m$, 于是存在 $a_1, a_2, \cdots, a_m\in G$ 使得

$$G=a_1H\cup a_2H\cup\cdots\cup a_mH$$

且 $a_iH\cap a_jH=\varnothing\ (i\neq j)$. 由于对每一个左陪集均有 $|a_iH|=|H|$, 所以有

$$|G|=|a_1H|+|a_2H|+\cdots+|a_mH|=m|H|=|H|\cdot[G:H].$$

拉格朗日定理反映了群和子群之间的一种重要联系. 由拉格朗日定理立即可得如下推论:

推论　(1) 有限群 $(G, *)$ 中任何元素的阶必是 $|G|$ 的一个因子.

(2) 素数阶群必是循环群, 并且任一与单位元不同的元素都是生成元.

证　(1) 设 a 是 G 中一个 r 阶元素, 则 $\langle a\rangle=(\{e, a, a^2, \cdots, a^{r-1}\}, *)$ 是 $(G, *)$ 的一个 r 阶子群, 由拉格朗日定理, r 必能除尽 $|G|$.

(2) 设$|G|=p$, p为素数. 任取G中一个元素a且$a\neq e$, 由(1), $|\langle a\rangle| \mid |G|=p$, 而$|\langle a\rangle|>1$, 故$|\langle a\rangle|=p$, 所以$G=\langle a\rangle$.

我们可以利用拉格朗日定理来确定一个群内可能存在的子群、元素的阶等, 从而搞清楚一个群的结构. 前面我们在寻找一个群的子群时, 主要利用元素的生成子群. 有了拉格朗日定理, 则可由$|G|$的因子先确定可能存在的子群的阶数, 然后根据子群的阶数来寻找子群.

例 5.4.3 确定S_3中的所有子群.

解 因$|S_3|=6$, 除平凡子群外, S_3中只可能有2阶或3阶子群, 又因为2和3都是素数, 因而它们都是循环子群, 分别由2阶元和3阶元生成. 在S_3中(2 3), (1 3), (1 2)为2阶元, 而(1 2 3)和(1 3 2)是3阶元, 故S_3中全部子群为

$$H_1=\{(1)\},\quad H_2=\langle(2\ 3)\rangle,\quad H_3=\langle(1\ 3)\rangle,\quad H_4=\langle(1\ 2)\rangle,\quad H_5=\langle(1\ 2\ 3)\rangle=\langle(1\ 3\ 2)\rangle,\quad H_6=S_3.$$

5.4.3 正规子群

对于群$(G, *)$的任意子群$(H, *)$, 由$a\in G$所确定的左陪集aH与右陪集Ha一般是不相等的, 但对于特殊的子群, 有可能其左陪集等于右陪集, 这样的子群在群中占有很重要的位置.

定义 5.4.3 设$(H, *)$是群$(G, *)$的子群, 对任意元素$a\in G$, 如果

$$aH=Ha,$$

那么称$(H, *)$为群$(G, *)$的**正规子群**.

需要说明的是, 定义中的$aH=Ha$是指对每一个$h_1\in H$, 都存在$h_2\in H$, 使得$a*h_1=h_2*a$, 并不要求对每一$h\in H$有$a*h=h*a$. 对正规子群来说, 左陪集和右陪集相等, 所以, 可以简称**陪集**.

例 5.4.4 所有交换群的子群都是正规子群; 所有平凡子群都是正规子群.

例 5.4.5 设$(G, *)$是例5.3.5中的3次对称群$S_3=\{(1), (2\ 3), (1\ 3), (1\ 2), (1\ 2\ 3), (1\ 3\ 2)\}$, 由例5.4.3求得$(G, *)$所有子群为

$$H_1=\{(1)\},\quad H_2=\langle(2\ 3)\rangle,\quad H_3=\langle(1\ 3)\rangle,\quad H_4=\langle(1\ 2)\rangle,\quad H_5=\langle(1\ 2\ 3)\rangle=\langle(1\ 3\ 2)\rangle,\quad H_6=S_3.$$

不难验证, H_1, H_5和H_6是G的正规子群, 而H_2, H_3和H_4不是正规子群.

定理 5.4.2 设$(H, *)$是群$(G, *)$的子群, $(H, *)$是$(G, *)$的正规子群的充分必要条件是任取$g\in G$, $h\in H$有 $g*h*g^{-1}\in H$.

证 必要性 任取$g\in G$, $h\in H$, 由$gH=Hg$可知, 存在$h_1\in H$使得$g*h=h_1*g$, 从而有$g*h*g^{-1}=h_1*g*g^{-1}=h_1\in H$.

充分性 即证明$g\in G$有$gH=Hg$.

任取$g*h\in gH$, 由$g*h*g^{-1}\in H$可知, 存在$h_1\in H$使得$g*h*g^{-1}=h_1$, 从而$g*h=h_1*g\in Hg$. 这就推出$gH\subseteq Hg$.

反之, 任取 $h*g\in Hg$, 由于 $g^{-1}\in G$ 必有 $(g^{-1})*h*(g^{-1})^{-1}\in H$, 即 $g^{-1}*h*g\in H$. 所以存在 $h_1\in H$ 使得 $g^{-1}*h*g=h_1$, 从而有 $h*g=g*h_1\in gH$. 这就推出 $Hg\subseteq gH$.

综合上述, 对任意的 $g\in G$ 有 $gH=Hg$.

定理 5.4.3 设$(H,*)$是群$(G,*)$的子群, $(H,*)$是$(G,*)$的正规子群的充分必要条件是任取 $g\in G$, 有 $gHg^{-1}=H$.

证 任取 $g\in G$, 有

$$gHg^{-1}=H \quad 等价于 \quad (gHg^{-1})g=Hg \quad 等价于 \quad gH=Hg.$$

由正规子群的定义, 定理得证.

例 5.4.6 设 G 是全体 n 阶实可逆矩阵的集合关于矩阵乘法×构成的群, 其中 $n\geqslant 2$. 令

$$H=\{X\mid X\in G 且 |X|=1\},$$

则 H 是 G 的正规子群.

证 设 E 表示 n 阶单位矩阵, 则 $E\in H$, 故 H 非空.

任取 $M_1, M_2\in H$, 则

$$|M_1M_2^{-1}|=|M_1|\cdot|M_2^{-1}|=1,$$

所以 $M_1M_2^{-1}\in H$. 由子群判别定理可知, $(H,\times)$是群$(G,\times)$的子群.

下面证明 H 是正规的. 任取 $X\in G, M\in H$, 则

$$|XMX^{-1}|=|X|\cdot|M|\cdot|X^{-1}|=|X|\cdot|X^{-1}|=|XX^{-1}|=|E|=1,$$

所以 $XMX^{-1}\in H$, 由判定定理, $(H,\times)$是$(G,\times)$的正规子群.

5.4.4 商群

4.4 节利用代数系统中的同余关系可以构造代数系统的商代数, 群作为特殊的代数系统, 当然也存在商代数即商群的问题.

设$(H,*)$是群$(G,*)$的正规子群, 则 H 在 G 中的左、右陪集的个数相等, H 在 G 中的全体左陪集(或右陪集)构成的集合, 记作 G/H, 即

$$G/H=\{aH\mid a\in G\}.$$

在 G/H 中定义二元运算如下: 对于任意 $aH, bH\in G/H$,

$$aH\circ bH=a*bH.$$

首先验证"∘"运算是良定的, 即 H 的任意两个陪集 aH, bH 的乘积是唯一的.

因为"∘"运算是涉及类的运算, 必须证明该运算与类的代表元素的选择无关. 换句话说, 若 $aH=xH, bH=yH$, 则有 $aH\circ bH=xH\circ yH$.

设 $aH, bH\in G/H$, 若 $aH=xH, bH=yH$, 则 $a=x*h_1, b=y*h_2$, 其中 $h_1, h_2\in H$. 于是 $a*b=x*h_1*y*h_2$. 由于 H 是正规子群, 所以 $h_1*y\in Hy=yH$. 于是存在 $h_3\in H$,

使得 $h_1 * y=y * h_3$, 这时, $a * b=x * y * h_3 * h_2 \in x * yH$, 故有 $a * bH=x * yH$, 即 $aH \circ bH=xH \circ yH$.

易见 G/H 关于运算∘是封闭的. 从而$(G/H, \circ)$为一个代数系统.

再证明"∘"运算是可结合的.

任取 $a, b, c \in G$, 有

$$(aH \circ bH) \circ cH=(a * bH) \circ cH=(a * b) * cH,$$

$$aH \circ (bH \circ cH)=aH \circ (b * c)H=a * (b * c)H,$$

所以, $(aH \circ bH) \circ cH=aH \circ (bH \circ cH)$.

$aH=H$ 是 G/H 中关于运算∘的单位元. 对于任意 $aH \in G/H$, $a^{-1}H$ 是 aH 的逆元.

综上所述, G/H 关于∘运算构成群, 称为 G 关于正规子群 H 的**商群**.

例 5.4.7 设$(\mathbf{Z}, +)$是整数加群, 令

$$3\mathbf{Z}=\{3z \mid z \in \mathbf{Z}\},$$

则$(3\mathbf{Z}, +)$是 $\mathbf{Z}$ 的正规子群. $(\mathbf{Z}, +)$关于$(3\mathbf{Z}, +)$的商群为

$$\mathbf{Z}/3\mathbf{Z}=\{[0], [1], [2]\},$$

其中$[i]=\{3z+i \mid z \in \mathbf{Z}\}$, $i=0, 1, 2$ 且$(\mathbf{Z}/3\mathbf{Z}, \circ)$中的运算如表 5.4 所示.

表 5.4

∘	[0]	[1]	[2]
[0]	[0]	[1]	[2]
[1]	[1]	[2]	[0]
[2]	[2]	[0]	[1]

下面讨论群与商群之间的关系.

定义 5.4.4 设 φ 是从群$(G_1, *)$到群$(G_2, \circ)$的同态映射, 令

$$\ker\varphi=\{x \mid x \in G_1 \text{ 且 } \varphi(x)=e_2\},$$

其中 e_2 为$(G_2, \circ)$的单位元, 称 $\ker\varphi$ 为同态的**核**.

例 5.4.8 考虑例 5.2.9, 例 5.2.10 的两个同态.

(1) 当 $\varphi: \mathbf{R} \to \mathbf{R}^*$, $\varphi(x)=e^x$, 则 $\ker\varphi=\{0\}$;

(2) 当 $\varphi: G_1 \to G_2$, $\varphi(a)=e_2$, 对任意 $a \in G_1$, φ 是零同态, 则 $\ker\varphi=G_1$.

定理 5.4.4 设 φ 是从群$(G_1, *)$到群$(G_2, \circ)$的同态映射, 则

(1) $\ker\varphi$ 是$(G_1, *)$的正规子群;

(2) φ 是单同态当且仅当 $\ker\varphi=\{e_1\}$, 其中 e_1 为 G_1 的单位元.

证 (1) 令 e_1, e_2 分别为$(G_1, *)$和$(G_2, \circ)$的单位元. 由于 $e_1 \in \ker\varphi$, 所以 $\ker\varphi$

非空.

任取 $a, b\in\ker\varphi$, 则

$$\varphi(a*b^{-1})=\varphi(a)\circ\varphi(b^{-1})=\varphi(a)\circ\varphi(b)^{-1}=e_2\circ e_2^{-1}=e_2.$$

因此 $a*b^{-1}\in\ker\varphi$, 从而证明了 $\ker\varphi$ 为$(G_1, *)$的子群.

任取 $a\in\ker\varphi, x\in G_1$, 则

$$\begin{aligned}\varphi(x*a*x^{-1})&=\varphi(x)\circ\varphi(a)\circ\varphi(x^{-1})\\&=\varphi(x)\circ e_2\circ\varphi(x^{-1})\\&=\varphi(x*x^{-1})\\&=\varphi(e_1)=e_2.\end{aligned}$$

所以 $x*a*x^{-1}\in\ker\varphi$. 这就证明了 $\ker\varphi$ 为$(G_1, *)$的正规子群.

(2) **必要性**　假设存在 $a\in\ker\varphi$ 且 $a\neq e_1$, 则

$$\varphi(a)=e_2=\varphi(e_1).$$

与 φ 是单射相矛盾.

充分性　任取 $a, b\in G_1$, 则由 $\varphi(a)=\varphi(b)$得, $\varphi(a)\circ\varphi(b)^{-1}=e_2$, 即 $\varphi(a*b^{-1})=e_2$, 而 $\ker\varphi=\{e_1\}$, 故 $a*b^{-1}=e_1$, 从而推出 $a=b$, 即 φ 是单射, 所以 φ 是单同态.

定理 5.4.5 (群的同态基本定理)　设 φ 是从群$(G_1, *)$到群$(G_2, \otimes)$的满同态, $K=\ker\varphi$, 则$(G/K, \circ)$与$(G_2, \otimes)$同构.

证　设 $G_1/K=\{aK\mid a\in G_1\}$, 作对应关系

$$f: G_1/K\to G_2,\quad aK\to\varphi(a).$$

若 $aK=bK$, 由于 K 是$(G_1, *)$的正规子群, 故 $a*b^{-1}\in K$, 因此 $\varphi(a*b^{-1})=e_2$, 从而有

$$\varphi(a)\otimes\varphi(b)^{-1}=\varphi(a)\otimes\varphi(b^{-1})=\varphi(a*b^{-1})=e_2,$$

即 $\varphi(b)^{-1}$ 是 $\varphi(a)$的逆元素, 故有 $\varphi(b)^{-1}=\varphi(a)^{-1}$, 因而有

$$\varphi(b)=\varphi(a).$$

所以 f 是映射且是单射.

对于任意 $b\in G_2$, 由于 φ 是满同态, 存在 $a\in G_1$ 使得 $\varphi(a)=b$, 故有 $aK\in G_1/K$ 使得

$$f(aK)=\varphi(a)=b.$$

所以 f 是满射.

又对于任意 $aK, bK\in G_1/K$, 有

$$f(aK\circ bK)=f(a*bK)=\varphi(a*b)=\varphi(a)\otimes\varphi(b)=f(aK)\otimes f(bK).$$

所以 f 是同构映射, 从而$(G_1/K, \circ)$与$(G_2, \otimes)$同构.

5.5 环 与 域

前面我们讨论了具有一个二元运算的代数系统——半群、含幺半群、群. 本节讨论具有两个二元运算的代数系统——环和域.

定义 5.5.1 设$(R, +, \cdot)$是代数系统, $+, \cdot$ 分别是两个二元运算 (分别称为加法, 乘法), 如果满足:

(1) $(R, +)$是阿贝尔群(加法群);

(2) $(R, \cdot)$是半群;

(3) 乘法 $\cdot$ 对加法+是可分配的, 即对任意元素 $a, b, c \in R$, 有

$$a\cdot(b+c)=a\cdot b+a\cdot c,$$
$$(b+c)\cdot a=b\cdot a+c\cdot d.$$

那么称$(R, +, \cdot)$是个**环**.

例 5.5.1 整数集$(\mathbf{Z}, +, \cdot)$, 有理数集$(\mathbf{Q}, +, \cdot)$, 实数集$(\mathbf{R}, +, \cdot)$在通常的加法+和乘法 $\cdot$ 下构成环.

因为$(\mathbf{Z}, +)$, $(\mathbf{Q}, +)$, $(\mathbf{R}, +)$关于加法+是加法群, $(\mathbf{Z}, \cdot)$, $(\mathbf{Q}, \cdot)$, $(\mathbf{R}, \cdot)$关于乘法 $\cdot$ 是半群, 乘法在加法上可分配.

例 5.5.2 设 $M_n(\mathbf{R})$表示实数集 $\mathbf{R}$ 上的所有 n 阶矩阵的集合, $+, \times$分别为矩阵的加法与乘法运算, 则代数系统$(M_n(\mathbf{R}), +, \times)$是环, 称为 $\mathbf{R}$ 上的 n 阶**矩阵环**.

因为$(M_n(\mathbf{R}), +)$是阿贝尔群, 其中零阵是单位元; $(M_n(\mathbf{R}), \times)$是半群, 矩阵乘法对加法满足分配律.

例 5.5.3 实系数多项式的集合 $\mathbf{R}[x]$关于多项式的加法与乘法运算构成一个环.

例 5.5.4 设$(G, +)$是一个加群, $E(G)$是 G 上的全体自同态的集合, 在 $E(G)$中定义加法$\oplus$和乘法$\otimes$如下: 对于任意 $f, g \in E(G)$, $x \in G$ 有

$$(f \oplus g)(x)=f(x)+g(x),$$
$$(f \otimes g)(x)=f(g(x)).$$

显而易见$(E(G), \oplus)$是可交换群, $(E(G), \otimes)$是半群, 可验证分配律: 对于任意 $f, g, h \in E(G)$有

$$f \otimes (g \oplus h)=(f \otimes g) \oplus (f \otimes h).$$

类似可以证明右分配律也成立. 所以$(E(G), \oplus, \otimes)$是环, 此环称为加群 G 上的**自同态环**.

定义 5.5.2 给定环$(R, +, \cdot)$.

如果$(R, \cdot)$是可交换的, 那么称$(R, +, \cdot)$是**可交换环**.

如果$(R, \cdot)$是含幺半群, 那么称$(R, +, \cdot)$是**含幺环**.

为了区分含幺环中加法单位元和乘法单位元, 通常把加法的单位元记作 0, 乘法的单位元记作 1 (对于某些环中的乘法可能不存在单位元). 可以证明加法单位元 0 恰好是乘法的零元.

对任何环中的元素 x, 在加法群中的逆元称为 x 的**负元**, 记作$-x$. 若 x 在乘法半群中存逆元的话, 则将它称为**逆元**, 记作 x^{-1}. 针对环中的加法, 我们规定:

$x-y$ 表示 $x+(-y)$.

nx 表示 $x+x+\cdots+x$ (n 个 x 相加), 即 x 的 n 次加法幂.

$-xy$ 表示 xy 的负元.

有了这些规定, 环的元素一般可进行加+, 减$-$, 乘 $\cdot$ 三种运算, 其中减法运算为加法运算的逆运算. 环的元素具有如下性质.

定理 5.5.1　设$(R, +, \cdot)$是个环, 0 是加法单位元, 则对任意元素 $a, b, c\in R$ 有

(1) $a\cdot 0=0\cdot a=0$;

(2) $(-a)\cdot b=a\cdot(-b)=-(a\cdot b)$;

(3) $(-a)\cdot(-b)=a\cdot b$;

(4) $a\cdot(b-c)=a\cdot b-a\cdot c,\quad (b-c)\cdot a=b\cdot a-c\cdot a$.

证　(1) $0=a\cdot 0-a\cdot 0=a\cdot(0+0)-a\cdot 0=a\cdot 0+a\cdot 0-a\cdot 0=a\cdot 0$.

类似地可证: $0\cdot a=0$.

(2) $(-a)\cdot b=a\cdot b+(-a)\cdot b-(a\cdot b)=(a+(-a))\cdot b-(a\cdot b)=0\cdot b-(a\cdot b)$
$=0-(a\cdot b)=-(a\cdot b)$.

类似地可证 $a\cdot(-b)=-(a\cdot b)$.

(3)和(4)作为练习.

例 5.5.5　取$(A, +, *)$为环, 对 $a, b\in A$, 计算$(a-b)^2$和$(a+b)^3$.

解　$(a-b)^2=(a-b)*(a-b)=a^2-b*a-a*b-b*(-b)$
$=a^2-b*a-a*b+b^2$.

$(a+b)^3=(a^2+b*a+a*b+b^2)*(a+b)$
$=a^3+b*a^2+a*b*a+b^2*a+a^2*b+b*a*b+a*b^2+b^3$.

在环中有一类特别重要的元素称为“零因子”.

定义 5.5.3　设$(R, +, \cdot)$是环, 如果 $a, b\in R$, $a\neq 0$, $b\neq 0$ 且 $a\cdot b=0$, 那么称 a 为**左零因子**, b 为**右零因子**. 若一个元素既是左零因子又是右零因子, 则称它为**零因子**.

含有零因子的环称为是**含零因子环**, 无零因子的环称为**无零因子环**.

例 5.5.6　二阶矩阵环$(M_2(\mathbf{R}), +, \times)$是一个含零因子环.

因为, 若取 $A=\begin{bmatrix}1&0\\1&0\end{bmatrix}\neq 0$, $B=\begin{bmatrix}0&0\\1&1\end{bmatrix}\neq 0$, 而 $AB=0$, 所以 A 是左零因子, B 是右零因子. 若取 $C=\begin{bmatrix}1&-1\\1&-1\end{bmatrix}$, 则 $CA=0$, 所以 A 也是右零因子, 因此 A 是环$(M_2(\mathbf{R}), +, \times)$中的一个零因子.

对于可交换环, 上述三个概念可以合而为一, 那么, 什么情况下, 一个环内有零因子呢? 零因子与环的什么性质有关? 下面的定理说明了这个问题.

定理 5.5.2 环$(R, +, \cdot)$中无任何零因子的充要条件是$(R, +, \cdot)$满足乘法消去律.

证 设 $a, b, c\in R$ 是任意元素, 且 $a\neq 0$.

必要性 如果 $a\cdot b=a\cdot c$, 那么 $a\cdot b-a\cdot c=0$, $a\cdot(b-c)=0$, 由于环中无零因子, 所以 $b-c=0$, 即 $b=c$. 故$(R, +, \cdot)$满足左消去律. 类似地可以证明右消去律亦成立.

充分性 如果 $b\cdot c=0$ 且 $b\neq 0$, 那么 $b\cdot c=b\cdot 0$, 由于满足消去律, 所以 $c=0$.

又如果 $b\cdot c=0$ 且 $c\neq 0$, 那么 $b\cdot c=0\cdot c$, 由于满足消去律, 所以, $b=0$. 可见$(R, +, \cdot)$无零因子.

由定理 5.5.2 可见, 环中是否有零因子体现了环内的一种运算上的性质: 消去律是否可以进行.

环除了按乘法的可交换性分为可交换环与非交换环两个类外, 我们还有以下几种类型.

定义 5.5.4 设$(R, +, \cdot)$是环.

(1) 如果$(R, +, \cdot)$是可交换的、有单位元, 且无零因子, 那么称$(R, +, \cdot)$是**整环**.

(2) 如果环$(R, +, \cdot)$至少含有两个元素 0 和 1, 并且 $R^*=R-\{0\}$构成乘法群, 那么称$(R, +, \cdot)$是一个**除环**.

(3) 如果$(R, +, \cdot)$是一个可交换的除环, 那么称$(R, +, \cdot)$是**域**.

域的定义也可以这样叙述: 满足

(1) $(R, +)$是阿贝尔群,

(2) $(R-\{0\}, \cdot)$是阿贝尔群,

(3) 乘法对加法可分配的代数系统$(R, +, \cdot)$称为**域**.

例 5.5.7 $(\mathbf{Q}, +, \cdot)$, $(\mathbf{R}, +, \cdot)$, $(\mathbf{C}, +, \cdot)$都是数域, 分别称为有理数域, 实数域, 复数域.

例 5.5.8 $(\mathbf{Z}, +, \cdot)$是除环但不是域.

因为$(\mathbf{Z}, \cdot)$是交换的, 1 是单位元, 且不含零因子, 但是对于任意整数, 除了± 1外没有乘法的逆元, 因而$(\mathbf{Z}, \cdot)$不是乘法群.

例 5.5.9 设 $\mathbf{Q}(\sqrt{2})=\{a+b\sqrt{2}\mid a, b\in\mathbf{Q}\}$, 试证明$(\mathbf{Q}(\sqrt{2}), +, \cdot)$是整环也是域, 其中+, · 是数的加法和乘法.

证　对于任意的 $x_1=a_1+b_1\sqrt{2}$, $x_2=a_2+b_2\sqrt{2}\in\mathbf{Q}(\sqrt{2})$, 有

$$x_1+x_2=(a_1+a_2)+(b_1+b_2)\sqrt{2}\in\mathbf{Q}(\sqrt{2}),$$
$$x_1\cdot x_2=(a_1a_2+2b_1b_2)+(a_1b_2+a_2b_1)\sqrt{2}\in\mathbf{Q}(\sqrt{2}),$$

故 $\mathbf{Q}(\sqrt{2})$对于+和 · 是封闭的, 又乘法单位元 $1\in\mathbf{Q}(\sqrt{2})$, 根据整环的定义易于验证 $(\mathbf{Q}(\sqrt{2}), +, \cdot)$是整环.

又对于任意的 $x=a+b\sqrt{2}\in\mathbf{Q}(\sqrt{2})$, $x\neq 0$, 有

$$\frac{1}{x}=\frac{1}{a+b\sqrt{2}}=\frac{a-b\sqrt{2}}{a^2-2b^2}=\frac{a}{a^2-2b^2}-\frac{b}{a^2-2b^2}\sqrt{2}\in\mathbf{Q}(\sqrt{2}).$$

所以, $(\mathbf{Q}(\sqrt{2}), +, \cdot)$是域.

与群中子群、正规子群的概念类似, 在环中也有相应的概念.

定义 5.5.5　设$(R, +, \cdot)$是一个环, S是R的一个非空子集, 如果代数系统$(S, +, \cdot)$也是一个环, 那么称$(S, +, \cdot)$为$(R, +, \cdot)$的**子环**.

根据定义, $(\{0\}, +, \cdot)$和$(R, +, \cdot)$也是$(R, +, \cdot)$的子环, 这两个子环称为**平凡子环**.

对于一般的一个子集, 如何检验它是否是子环呢? 我们有如下定理.

定理 5.5.3　设$(R, +, \cdot)$是一个环, $(S, +, \cdot)$是$(R, +, \cdot)$的子代数, 则$(S, +, \cdot)$是$(R, +, \cdot)$的子环的充分必要条件是: 对于任意 $a, b\in S$, $a-b$, $a\cdot b\in S$.

定理的证明作为练习.

定义 5.5.6　设$(R, +, \cdot)$和$(S, \oplus, \odot)$都是环, 如果映射 $h: R\to S$, 对于任何 a, $b\in R$, 有

$$h(a+b)=h(a)\oplus h(b),$$
$$h(a\cdot b)=h(a)\odot h(b),$$

称 h 是从$(R, +, \cdot)$到$(S, \oplus, \odot)$的**环同态**.

定义中第一个条件是保证 h 是从$(R, +)$到$(S, \oplus)$的加群同态, 第二个条件是保证 h 是从$(R, \cdot)$到$(S, \odot)$的半群同态. 并且这两个条件和环的可分配性质是协调的.

定义 5.5.7　设$(I, +, \cdot)$是$(R, +, \cdot)$的子环, 如果对于任意的 $a\in R$ 和 $x\in I$, 都有

$$a\cdot x\in I \quad 和 \quad x\cdot a\in I,$$

那么称$(I, +, \cdot)$是$(R, +, \cdot)$的**理想**.

当 $I=R$ 或 $I=\{0\}$, 则$(I, +, \cdot)$也是$(R, +, \cdot)$的理想, 称为**平凡理想**, 非平凡理想称为**真理想**.

例 5.5.10　考虑整数环$(\mathbf{Z}, +, \cdot)$, 对于任意给定的自然数 n, 作 $n\mathbf{Z}=\{nz \mid z\in\mathbf{Z}\}$是 $\mathbf{Z}$ 的非空子集, 且$\forall nk_1, nk_2\in n\mathbf{Z}$ 有

$$nk_1-nk_2=n(k_1-k_2)\in n\mathbf{Z},$$
$$nk_1\cdot nk_2=n(nk_1k_2)\in n\mathbf{Z}.$$

根据判定定理, $(n\mathbf{Z}, +, \cdot)$是整数环的子环. 易证$(n\mathbf{Z}, +, \cdot)$也是整数环$(\mathbf{Z}, +, \cdot)$的理想.

例 5.5.11 考虑实系数多项式环$(\mathbf{R}[x], +, \cdot)$, 作集合 $S=\{a_1x+a_2x^2+\cdots+a_nx^n \mid a_i\in\mathbf{R}, n\in\mathbf{Z}^+\}$, 设$f(x)=a_1x+a_2x^2+\cdots+a_nx^n$, $g(x)=b_1x+b_2x^2+\cdots+b_nx^n$是$S$中任意两个多项式, 则

$$f(x)-g(x)=(a_1-b_1)x+(a_2-b_2)x^2+\cdots+(a_n-b_n)x^n\in S.$$

显然, 对于任意$u(x)\in\mathbf{R}[x]$, $u(x)f(x)\in S$, 故由定义 5.5.6 得S是$(\mathbf{R}[x], +, \cdot)$的一个理想.

理想在环中起着非常重要的作用, 它类似于正规子群在群中所起的作用. 在群中, 由一个群的正规子群, 可获得对应的一个商群. 在环中, 类似地由理想可以得到相应的一个商环.

典型的代数系统

习 题 5

1. 设$A=\{a, b\}$, 表5.5哪些运算表定义了A上的一个半群? 哪些定义了A上的一个含幺半群?

表 5.5

(Ⅰ)

*	a	b
a	b	a
b	a	b

(Ⅱ)

*	a	b
a	a	b
b	b	a

(Ⅲ)

*	a	b
a	a	b
b	a	a

2. 判断下列集合及其二元运算构成的代数系统是否是一个半群、含幺半群或者二者都不是. 如果它是一个含幺半群, 指出其单位元. 如果它是一个半群或含幺半群, 确定它是否可交换.

(1) $\mathbf{Z}^+$, $*$ 定义为普通的乘法;

(2) $\mathbf{Z}^+$, $a*b=a$;

(3) $\mathbf{Z}^+$, $a*b=\min\{a, b\}$;

(4) $S=\{1, 2, 4, 6, 8, 12\}$, $a*b$定义为a, b取最大公约数;

(5) 2×1矩阵的集合, $*$ 定义为$\begin{bmatrix}a\\b\end{bmatrix}*\begin{bmatrix}c\\d\end{bmatrix}=\begin{bmatrix}a+c\\b+d+4\end{bmatrix}$;

(6) 设 k 是正整数, $N_k=\{0, 1, 2, \cdots, k-1\}$, N_k 上二元运算 $*$ 定义为: $a*b=ab(\mathrm{mod}\ k)$.

3. 设$(\{a, b\}, *)$为一半群, 且 $a*a=b$ 证明:

(1) $a*b=b*a$;

(2) $b*b=b$.

4. 证明: 含幺群 S 的可逆元素集合 T 构成一子半群, 即$(T, *)$为半群$(S, *)$的子半群.

5. 设A表示平面上所有点的集合, 任取$a, b\in A$, 规定$a*b$表示线段ab的中点, 问 $*$ 是不是A上的二元运算? $(A, *)$是不是半群?

6. 设$\mathbf{R}$是实数集, 在$\mathbf{R}$上定义二元运算 $*$, 对任意$a, b\in\mathbf{R}$, $a*b=a+b+ab$, 证明$(\mathbf{R}, *)$是含幺半群.

7. 设$(S, *)$为一半群, $z\in S$ 为左(右)零元. 证明: 对任一 $x\in S$, $x*z$ $(z*x)$亦为左(右)零元.

8. 设$(S, *)$为一半群, a, b, c 为 S 中给定元素, 证明: 如果 a, b, c 满足

$$a*c=c*a,\quad b*c=c*b,$$

那么$(a*b)*c=c*(a*b)$.

9. 设$(A, *)$为一半群, e是左幺元且对于每一个$x\in A$, 存在$y\in A$使得$y*x=e$. 证明: 对于任意的 $a, b, c\in A$, 如果 $a*b=a*c$, 那么 $b=c$.

10. 设$(S, *)$为一半群, 且对任意 $x, y\in S$, 若 $x\neq y$, 则 $x*y\neq y*x$.

(1) 证明 S 中所有元素均为幂等元;

(2) 对任意 $x, y\in S$, $x*y*x=x$, $y*x*y=y$.

11. 设$(S, *)$是一个半群, $G=\{f_a \mid a\in S, f_a(x)=ax\}$, 证明$(G, \circ)$是$(S^S, \circ)$的一个子半群, 其中$\circ$是函数的合成运算. $(G, \circ)$与$(S^S, \circ)$的单位元是否相同?

12. 代数系统$(\{a, b, c, d\}, *)$中运算 $*$ 如表 5.6 规定.

表 5.6

*	a	B	c	d
a	a	b	c	d
b	b	c	d	a
c	c	d	a	b
d	d	a	b	c

(1) 已知 $*$ 运算满足结合律, 证明$(\{a, b, c, d\}, *)$为一循环含幺半群;

(2) 把$(\{a, b, c, d\}, *)$中各元素写成生成元的幂.

13. 判断下列集合及其二元运算构成的代数系统是否是一个群. 如果它是一

个群，确定它是否是阿贝尔群.

(1) $\mathbf{R}$, $a * b=a+b+5$;

(2) $\mathbf{R}$, 所有 $m\times n$ 矩阵的集合在矩阵的加法运算下;

(3) $\mathbf{Z}^+$, $a * b=\max\{a, b\}$;

(4) $S=\{1, 2, 4, 6, 8, 12\}$, $a * b = \gcd(a, b)$;

(5) $(\{e, a\}, *)$, 这里 $e * e=e$, $e * a=a * e=a * a=a$.

14. 设$(G, *)$是一个群，u 是 G 中取定的元素，在 G 中规定"$\circ$"如下: $a \circ b= a*u^{-1}*b$. 证明$(G, \circ)$是群.

15. 设 $G=\{2^m 3^n \mid m, n\in\mathbf{Z}\}$，证明 G 关于乘法构成群.

16. 设$(G, *)$是一个群，如果对于每一个 $a\in G$, 有 $a^2=e$, 那么$(G, *)$是阿贝尔群.

17. 设$(G, *)$是一个群，且对于任意的 $a, b\in G$, 有$(a * b)^2=a^2 * b^2$, 证明$(G, *)$是阿贝尔群.

18. 设$(G, *)$是群，证明$(G, *)$是阿贝尔群的充要条件是，对于任意的 $a, b\in G$, 都有$(a*b)^{-1}=a^{-1}*b^{-1}$.

19. 设$(G, *)$是群, $a, b\in G$, $a\neq e$, 且 $a^4 * b=b * a^5$. 试证 $a*b\neq b*a$.

20. 设$(G, *)$是例 5.2.4 中所定义的群，求解下列方程.

(1) $4 * x=3$;

(2) $y * 5=-6$.

21. 设 G 是从 $\mathbf{Q}$ 到 $\mathbf{Q}$ 的一切形如 $f(x)=ax+b$, $a\neq 0$, $a, b\in\mathbf{Q}$ 的映射集合，定义在 G 上的运算$\circ$为映射的复合. 证明$(G, \circ)$是群，并且证明 $H=\{f \mid f\in G, f(x)=x+b\}$是$(G, \circ)$的子群.

22. 设$(H, *)$和$(K, *)$是群$(G, *)$的子群.

(1) 证明$(H\cap K, *)$也是$(G, *)$的子群;

(2) 问$(H\cup K, *)$是否是$(G, *)$的子群?

23. 设$(G, *)$是群, $(H, *)$, $(K, *)$是其子群, R 是 G 上的二元关系，定义为: 对于任意 $a, b\in G$, aRb 当且仅当存在 $h\in H$, $k\in K$, 满足 $b=h * a * k$. 试证: R 是 G 上的等价关系.

24. 设$(G, *)$是群, R 是 G 上等价关系，并且对任意 $a, x, y\in G$, 若 $a * xRa * y$, 则 xRy. 作 $H=\{h \mid h\in G, hRe\}$, 这里 e 是$(G, *)$的单位元. 证明$(H, *)$是$(G, *)$的子群.

25. 设$(G, *)$是群, $a\in G$, $H=\{x \mid x\in G$ 且 $x * a=a * x\}$, 证明$(H, *)$是$(G, *)$的子群.

26. 设 $\mathbf{R}$ 为实数集合, $G=\{\langle a, b\rangle \mid a, b\in\mathbf{R}$ 且 $a\neq 0\}$. 定义 G 上的运算如下: 对于任意的$\langle a, b\rangle, \langle c, d\rangle\in G$,

$$\langle a, b\rangle * \langle c, d\rangle=\langle a\times c, b\times c+d\rangle,$$

其中+和×分别为实数的普通加法和乘法, 证明:

(1) $(G, *)$是群;

(2) 设 $S=\{\langle 1, b\rangle \mid b\in \mathbf{R}\}$, 则$(S, *)$是$(G, *)$的子群.

27. 设$(H, *)$是群$(G, *)$的子群, $x\in G$, 令

$$xHx^{-1} = \{xhx^{-1} \mid h\in H\}.$$

证明: xHx^{-1} 是$(G, *)$的子群, 称为 H 的**共轭子群**.

28. 设 G 是非零数乘法群, 判断下列映射 f 是否是从 G 到 G 的同态映射?

(1) $f(x)=|x|$;

(2) $f(x)=2x$;

(3) $f(x)=x^2$;

(4) $f(x)=x^{-1}$.

29. 设$(G, *)$是群, $G'=\{f_a \mid f_a: G\to G$, 且 $f_a(x)=a * x, a\in G\}$, 证明:

(1) f_a 是 G 上的双射;

(2) $(G', \circ)$是群, 其中$\circ$是函数的合成运算;

(3) $(G, *)$与$(G', \circ)$同构.

30. 设$(G, *)$是一个阿贝尔群, n 是固定的整数. 证明对于 $a\in G$, 由 $f(a)=a^n$ 定义的函数 $f: G\to G$ 是一个同态.

31. 设$(G, *)$是一个群, $a\in G$, 定义映射f 如下: 对G中每个x, $f(x)=a * x * a^{-1}$, 证明: f是G上自同构.

32. 设$(G, *)$是群, $f: G\to G$, 对G中任意元素a, $f(a)=a^{-1}$, 证明 f 是同构当且仅当G 是阿贝尔群.

33. 设f 和g都是从群$(G_1, *)$到群$(G_2, \otimes)$的同态, 令$C=\{x \mid x\in G_1$ 且 $f(x)=g(x)\}$, 证明$(C, *)$是$(G_1, *)$的子群.

34. 设$(G, *)$是群, a, b是G中任意元素, 证明$a * b$和$b * a$必是同阶的.

35. 设$(G, *)$是群, $x, y\in G$, 且$y * x * y^{-1}=x^2$, 其中$x\neq e$, y是2阶元素, e是单位元. 求x的阶.

36. 设$(G, *)$是群, $a, b, c\in G$. $a * b=c * a * b$, $a * c=c * a$, $b * c=c * b$. 证明:

(1) 若a, b的阶分别为m, n, 则c的阶整除m与n的最大公因子;

(2) 若a, b, c的阶均为2, 给出集合$S=\{a, b, c\}$的生成子群.

37. 设$(G, *)$是群, 且$a\in G$的阶为n, k为正整数, 则$|a^k|=\dfrac{n}{\gcd(k,n)}$.

38. 设$(G, \cdot)$是n阶有限群, 且含有一个n阶元素g, 则$(G, \cdot)$是由g生成的循环群.

39. 设有代数系统$(\mathbf{Z}, *)$, $\mathbf{Z}$是整数集, 对任意$m, n\in \mathbf{Z}$, $m * n=m+n-2$, 问$(\mathbf{Z}, *)$

是循环群吗?

40. 设 $G=\langle a\rangle$是 n 阶循环群, $b=a^k$, 证明:

(1) 元素 b 是群$(G, *)$的生成元, 当且仅当 $\gcd(n, k)=1$;

(2) 元素 b 的周期为 n/d, 其中 $d=\gcd(n, k)$.

41. 设$G=\langle a\rangle$是n阶循环群, 元素a是群G的生成元素, 若m与n的最大公因子为d, 则$\langle a^m\rangle=\langle a^d\rangle$.

42. 设$(G, *)$是群, 若G中只有一个阶数为2的元素a, 则对于G中的每一个元素g, 都有 $a*g=g*a$.

43. 设 $G=\langle a\rangle$, $|G|=n$, 则对于 n 的每一正因子 d, 有且仅有一个 d 阶子群. 因此 n 阶循环群的子群的个数恰为 n 的正因子数。

44. 设$G=\{e, a, a^2, a^3, a^4, a^5\}$, 在运算$a^ia^j=a^r$, $i+j\equiv r(\mathrm{mod}\ 6)$下为一个群, 证明: G与$\mathbf{Z}_6$同构.

45. 在5次对称群S_5中, 求以下置换.

(1) $\begin{bmatrix}1 & 2 & 3 & 4 & 5\\ 5 & 1 & 2 & 3 & 4\end{bmatrix}^{-1}$;　　(2) $\begin{bmatrix}1 & 2 & 3 & 4 & 5\\ 5 & 1 & 2 & 3 & 4\end{bmatrix}^{3}$.

46. 对于给定多项式, 找出使 f 保持不变的所有下标的置换, 这些置换是否构成S_4的子群.

(1) $f=(x_1+x_2)(x_3+x_4)$;

(2) $f=(x_1-x_2)(x_3-x_4)$;

(3) $f=(x_1-x_2)^2+(x_2-x_3)^2+(x_3-x_1)^2$.

47. 设G是$\{1, 2, 3\}$上的置换群, 已知$(1\ 2\ 3)\in G$, $(1\ 2)\in G$, 试列出G的全部元素.

48. 设有$\{a, b, c, d, e\}$的3个置换如下:

$$\alpha=\begin{bmatrix}a & b & c & d & e\\ b & c & a & e & d\end{bmatrix},\quad \beta=\begin{bmatrix}a & b & c & d & e\\ e & c & d & a & b\end{bmatrix},\quad \gamma=\begin{bmatrix}a & b & c & d & e\\ c & b & d & e & a\end{bmatrix}.$$

解方程$\alpha\circ x=\beta$, $y\circ\gamma=\alpha$.

49. 设$S=\{1, -1, \mathrm{i}, -\mathrm{i}\}$, $\mathrm{i}=\sqrt{-1}$, $G=(S$, 复数乘法$)$.

(1) 证明: $H=\{1, -1\}$是G的一个子群;

(2) 确定H的所有左陪集.

50. 已知$(Z_6, +_6)$是群, $Z_6=\{[0], [1], [2], [3], [4], [5]\}$, $+_6$是模6加法. 写出$(Z_6, +_6)$中每个子群及其相应的左陪集.

51. 证明: 在由群$(G, *)$的一个子群$(S, *)$所确定的所有陪集中, 只有一个陪集是子群.

52. 设 $G=(\mathbf{R}, +)$是实数加法群, $H=(\mathbf{Z}, +)$是 G 的子群. 试问:

(1) G 关于 H 的陪集是由什么样的实数组成的?

(2) 求出 H 在 G 中的指数.

53. 已知轮换集合 $H=\{(1), (1\ 2)\}$是对称群 S_3 的子群, 求出 H 的所有陪集.

54. 求$(N_5, +_5)$的所有子群.

55. 设$(G, *)$是一个群, 作 $C=\{a \mid a\in G$, 对任意的 $x\in G$ 有 $a*x=x*a\}$, 证明: $(C, *)$是$(G, *)$的一个正规子群.

56. 设$(H, *)$和$(K, *)$是群$(G, *)$的两个正规子群, 令 $HK=\{h_1*h_2 \mid h_1\in H, h_2\in K\}$. 问$(HK, *)$是否为群$(G, *)$的正规子群?

57. 设 G 是由形如$\begin{bmatrix} r & s \\ 0 & 1 \end{bmatrix}$的二阶矩阵组成的集合, 其中 $r, s\in \mathbf{Q}$ 且 $r\neq 0$, 容易证明$(G, \times)$构成群, 这里$\times$是矩阵乘法运算. 又设 G 的子集 $H=\left\{\begin{bmatrix} 1 & t \\ 0 & 1 \end{bmatrix} \middle| t\in \mathbf{Q}\right\}$, 证明$(H, \times)$是 $(G, \times)$的正规子群.

58. 若群$(G, *)$的子群$(H, *)$满足$|G|=2|H|$, 则$(H, *)$一定是群$(G, *)$的正规子群.

59. 设$G=\{5^m 7^n \mid m, n\in \mathbf{Q}\}$, 关于乘法构成群, f 是G上的映射, $f(5^m 7^n)=5^m$, 证明: f 是G上同态映射, 并求$f(G)$, $\ker f$.

60. 设 G 是可交换群, k 是固定的整数, 令

$$\varphi(a)=a^k.$$

证明φ 是 G 的自同态, 求出φ的象和 $\ker \varphi$.

61. 设φ是从群 G_1 到 G_2 的同态, 同态核为 $N=\ker\varphi$. 证明: G_1 中任意两个元素 a, b 在 G_2 中有相同的象的充要条件是 a, b 在 N 的同一陪集中.

62. 设φ是从群 G_1 到 G_2 的满同态, 假设 G_2 是阿贝尔群, 证明: $\ker\varphi$包含了所有形如 $aba^{-1}b^{-1}$ 的 G_1 的元素, 其中 a, b 是 G_1 中的任意元素.

63. 设$(A, +, \cdot)$是环, $A^A=\{f | f$ 是 A 到 A 的函数$\}$. 定义 A^A 上的运算$\oplus$和$\otimes$如下: 设$f, g\in A^A$, 对于任意 $x\in A$, 有

$$(f\oplus g)(x)=f(x)+g(x),$$
$$(f\otimes g)(x)=f(x)g(x).$$

证明: $(A^A, \oplus, \otimes)$是环.

如果再定义 A^A 上的运算$\oplus$和 $*$ 如下: 设$f, g\in A^A$, 对于任意 $x\in A$, 有

$$(f\oplus g)(x)=f(x)+g(x),$$
$$(f*g)(x)=f(g(x)).$$

问$(A^A, \oplus, \otimes)$是否是环?

64. 判断下列代数系统是否是环, 若是环, 是交换环还是含幺环.

(1) (n 阶对角矩阵, +, ×), 其中 +, ×为矩阵普通加法和乘法;

(2) $\{a+b\sqrt{2}, a, b\in\mathbf{Z}\}$, 其中 +, ∗为数的普通加法和乘法;

(3) $(\{a/b \mid a\in\mathbf{Z}, b=2t+1, t\in\mathbf{Z}\}, +, *)$, 其中 +, ∗为有理数的普通加法和乘法;

(4) $(\{0, 1, 2\}, +, *)$, 其中运算+, ∗由表 5.7 所示.

表 5.7

+	0	1	2
0	0	1	2
1	1	2	0
2	2	0	1

∗	0	1	2
0	0	0	0
1	0	1	2
2	0	2	1

65. 找出下列环中所有的零因子.

(1) $(\mathbf{Z}_4, +_4, \times_4)$;

(2) $(\rho(A), \oplus, \cap)$, 其中 A 为非空集合, ⊕为集合的对称差.

66. 设 $M=\{\langle a, b\rangle \mid a, b\in\mathbf{Q}\}$, 定义运算如下:

$$\langle a_1, b_1\rangle+\langle a_2, b_2\rangle=\langle a_1+a_2, b_1+b_2\rangle,$$

$$\langle a_1, b_1\rangle\cdot\langle a_2, b_2\rangle=\langle a_1a_2, b_1b_2\rangle.$$

证明$(M, +, \cdot)$是环, 求出它的所有零因子, 找出其乘法单位元, 哪些元素有逆元.

67. 设$(R, +, 0)$为一交换群, 在 R 中定义一个乘法运算为: 对于任意 $a, b\in R$, $a\cdot b=0$, 则$(R, +, \cdot)$必为环, 称为**零环**.

68. 令 $\mathbf{Z}[\mathrm{i}]=\{a+b\mathrm{i} \mid a, b\in\mathbf{Z}\}$, 其中 i 为虚数单位, 即 $\mathrm{i}^2=-1$, 那么 $\mathbf{Z}[\mathrm{i}]$对于普通加法和乘法是否构成一个环?

69. 给定代数系统$(\mathbf{Z}, \oplus, \otimes)$, 其中两个二元运算⊕和⊗定义如下:

$$a\oplus b=a+b-1, \quad a\otimes b=a+b-a\cdot b.$$

证明$(\mathbf{Z}, \oplus, \otimes)$是含幺交换环.

70. 在$(\mathbf{Z}_7, +_7, \times_7)$中解方程组:

$$\begin{cases}[4]x-[3]y=[1],\\ [2]x+[1]y=[3].\end{cases}$$

71. 证明: $A=\{3x \mid x\in\mathbf{Z}\}$, $B=\{5x \mid x\in\mathbf{Z}\}$都是整数环$(\mathbf{Z}, +, \cdot)$的子环, 并求 $A\cap B$.

72. 设环 A 中有幂等元 e, 即 $e^2=e$ 且 $e\neq0$, 作集合 $L=\{x-xe \mid x\in A\}$, 证明 L 是 A 的左理想.

73. 设$(A, +, \cdot)$和$(B, +, \cdot)$是环$(R, +, \cdot)$的子环, $A+B=\{a+b \mid a\in A, b\in B\}$.

(1) 问$(A+B, +, \cdot)$是否为环$(R, +, \cdot)$的子环?

(2) 若$(A, +, \cdot)$和$(B, +, \cdot)$是环$(R, +, \cdot)$的理想, 问$(A+B, +, \cdot)$是否为环$(R, +, \cdot)$的

理想?

74. 设$(D_1, +, \cdot)$和$(D_2, +, \cdot)$是环$(R, +, \cdot)$的理想, 问$(D_1 \cap D_2, +, \cdot)$是否为$(R, +, \cdot)$的理想?

75. 考虑复数域 **C** 上的二阶矩阵环的集合 $M_2(\mathbf{C})$, 作 $M_2(\mathbf{C})$的子集合

$$K=\left\{\begin{bmatrix} \alpha & \beta \\ -\overline{\beta} & \overline{\alpha} \end{bmatrix} \middle| \alpha, \beta \in \mathbf{C}\right\},$$

证明$(K, +, \cdot)$是除环但不是域, 其中$+, \cdot$ 为复数的普通加法和乘法.

76. 设$(A, +, \cdot)$是一个环, 在 A 上定义两个二元运算$\oplus$和$\otimes$如下: 对于任意 $a, b \in A$, 有

$$a \oplus b=a+b+1,$$
$$a \otimes b=a \cdot b+a+b,$$

其中 1 为乘法单位元. 证明$(A, \oplus, \otimes)$是一个环, 且$(A, \oplus, \otimes)$与$(A, +, \cdot)$同构.

第 6 章　格与布尔代数

本章介绍另一类具有两个二元运算的代数系统——格与布尔代数，它是与群结构不同的代数系统. 格是20世纪30年代才引入到抽象代数中的，格不仅是代数学的一个重要分支，而且在近代解析几何、偏序空间等方面都有重要的作用，同时在计算机电路逻辑表示的构造中也是十分有用的. 本章只限于介绍格的一些基本知识.

6.1　格的基本概念

在 2.5 节中我们引入了偏序的概念，在偏序集中，我们定义了有关的术语，并曾经证明过:

(1) 一个偏序集的子集，如果存在最小上界(lub)，那么它是唯一的；如果存在最大下界(glb)，那么它也是唯一的.

(2) 如果偏序集拥有最小元素，那么它是唯一的；如果偏序集拥有最大元素，那么它也是唯一的.

我们就以这些知识为基础介绍格的概念和有关性质.

定义 6.1.1　设$(L, \leqslant)$是一个偏序集，如果 L 中任意两个元素 a, b 都有最小上界和最大下界，那么称$(L, \leqslant)$为**格**.

由于最小上界和最大下界的唯一性，可以把求$\{a, b\}$的最小上界和最大下界看成是 a 与 b 的二元运算$\vee$和$\wedge$，用 $a\vee b$ 表示$\{a, b\}$的最小上界，$a\wedge b$ 表示$\{a, b\}$的最大下界. 即

$$a\vee b=\text{lub}\{a, b\},$$

$$a\wedge b=\text{glb}\{a, b\}.$$

例 6.1.1　设 n 是一正整数，S_n 是 n 的所有正因子的集合，D 是整除关系，则(S_n, D)是格.

因为对于任意的 $a, b\in S_n$, $a\vee b=1\text{cm}(a, b)$，$a\wedge b=\gcd(a, b)$. 图 6.1 给出了格(S_8, D), (S_{20}, D)与(S_{30}, D)的哈斯图.

例 6.1.2　设 S 是任意集合，$\rho(S)$是它的幂集，偏序集$(\rho(S), \subseteq)$是格.

因为对 S 的任意子集 A, B, $A\vee B=A\cup B$ 就是 A, B 的最小上界, $A\wedge B=A\cap B$ 就是 A, B 的最大下界.

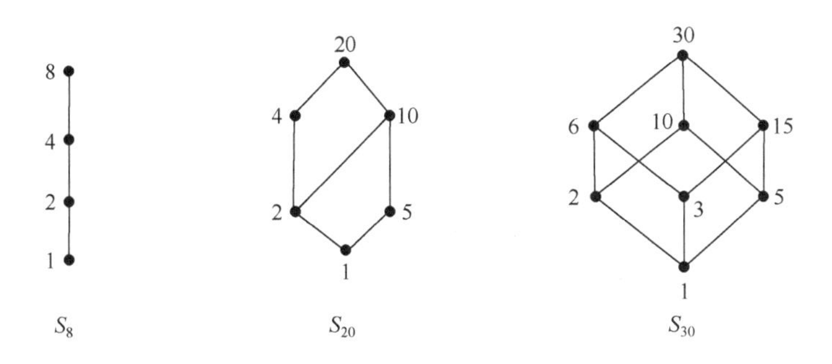

图 6.1

例 6.1.3　判断图 6.2 中的哪些哈斯图是格?

解　哈斯图(a), (c)和(e)表示格. 图(b)不表示格, 因为 $d\wedge e$ 和 $b\vee c$ 都不存在. 图(d)不表示格, 因为 $f\vee g$ 不存在.

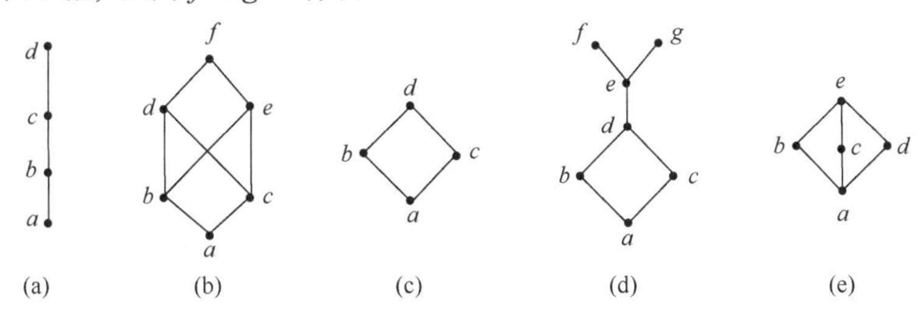

图 6.2

给定一个偏序集$(L, \leqslant)$, $\leqslant$的逆关系$\geqslant$也是 S 中的偏序关系, $(L, \geqslant)$也是偏序集, 我们称偏序集$(L, \leqslant)$和$(L, \geqslant)$互为对偶. 从图形上看, 后者的哈斯图就是前者哈斯图的上下颠倒. 如果 $A\subseteq S$, 那么关系$\leqslant$的 glb(A)对应于$\geqslant$的 lub(A), $\leqslant$的 lub(A)对应于$\geqslant$的 glb(A). 容易证明: 如果$(L, \leqslant)$是一个格, 那么$(L, \geqslant)$也是一个格, 我们称这两个格互为对偶.

格的对偶原理可以表述如下:

设 P 是对任意格都为真的命题, 如果在命题 P 中把$\leqslant$换成$\geqslant$ (或把$\geqslant$换成$\leqslant$), $\vee$换成$\wedge$, $\wedge$换成$\vee$, 那么就得到另一个命题 P', 我们把 P' 称为 P 的**对偶命题**, 那么 P' 对任意格也是真的命题.

例如, P: $a\wedge b=b\wedge a$, P': $a\vee b=b\vee a$.

在应用对偶原理时, 必须注意: P 是对任意格都为真的命题, 其对偶命题才为真, 否则对某个特殊的偏序集$(L, \leqslant)$为真的命题, 在$(L, \geqslant)$中未必为真.

例如, $L=\mathbf{N}$, $\leqslant$表示普通数的大小顺序, 则偏序集$(L, \leqslant)$有最小元 0, 由此, 并不能应用对偶原理, 得出“$(L, \geqslant)$有最大元”这个结论.

许多格的性质都是互为对偶的. 有了格的对偶原理, 在证明格的性质时, 只须证明其中的一个命题即可.

例 6.1.4 设 S 是任意集合, $L=\rho(S)$是它的幂集, 偏序集$(L, \subseteq)$是格, 它的对偶格是$(L, \supseteq)$, 这里 $\subseteq$ 是“包含于”, $\supseteq$ 是“包含”. 于是在偏序集$(L, \supseteq)$ 中, $A\wedge B$ 是集合 $A\cup B$, $A\vee B$ 是集合 $A\cap B$.

定义 6.1.2 设$(L, \leqslant)$是一个格, S 是 L 的一个非空集合, 如果对于任意 $a, b\in S$, 有 $a\vee b\in S, a\wedge b\in S$, 那么称$(S, \leqslant)$是$(L, \leqslant)$的**子格**.

例 6.1.5 考虑如图 6.3 (a)所示的格$(L, \leqslant)$的子格.

图 6.3(b)所示的偏序集$(L_b, \leqslant)$不是$(L, \leqslant)$的子格, 因为 $c\wedge b\notin L_b$. 图 6.3 (c)所示的偏序集$(L_c, \leqslant)$不是$(L, \leqslant)$的子格, 因为 $b\vee c=d\notin L_c$, 但把$(L_c, \leqslant)$自身看作一个偏序集时, 它是一个格. 图 6.3 (d)所示的偏序集$(L_d, \leqslant)$是$(L, \leqslant)$的子格.

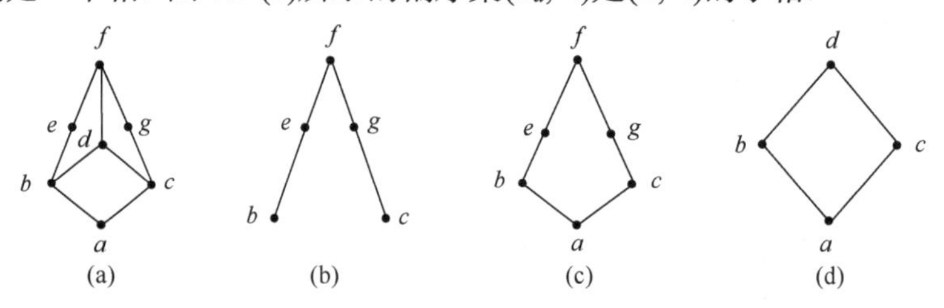

图 6.3

下面讨论格的基本性质. 根据$\vee$和$\wedge$的意义, 得到下面的关系式.

定理 6.1.1 设$(L, \leqslant)$是格, 对于对于任意的 $a, b, c, d\in L$, 都有

性质	对偶形式
(1) $a\leqslant a\vee b$ 且 $b\leqslant a\vee b$;	$a\geqslant a\wedge b$ 且 $b\geqslant a\wedge b$.
(2) 若 $a\leqslant c$ 且 $b\leqslant c$, 则 $a\vee b\leqslant c$;	若 $a\geqslant c$ 且 $b\geqslant c$, 则 $a\wedge b\geqslant c$.

(3) 若 $a\leqslant b$ 且 $c\leqslant d$, 则 $a\vee c\leqslant b\vee d, a\wedge c\leqslant b\wedge d$.

定理 6.1.2 设$(L, \leqslant)$是格, 对于任意的 $a, b\in L$, 运算$\vee$和$\wedge$满足交换律、结合律、幂等律和吸收律, 即对于对于任意的 $a, b, c\in L$, 有

(1) **交换律** $a\vee b=b\vee a$,

$a\wedge b=b\wedge a$;

(2) **结合律** $(a\vee b)\vee c=a\vee(b\vee c)$,

$(a\wedge b)\wedge c=a\wedge(b\wedge c)$;

(3) **幂等律** $a\vee a=a$,

$a\wedge a=a$;

(4) **吸收律** $a\vee(a\wedge b)=a$,

$a\wedge(a\vee b)=a$.

证　(1) $a\vee b$ 和 $b\vee a$ 分别是 $\{a, b\}$ 和 $\{b, a\}$ 的最小上界. 由于 $\{a, b\}=\{b, a\}$, 所以 $a\vee b=b\vee a$.

由对偶原理, $a\wedge b=b\wedge a$.

(2) 令 $x=(a\vee b)\vee c$, $y=a\vee(b\vee c)$, 由最小上界的定义有, $x\geqslant a\vee b$, $x\geqslant c$, 由定理 6.1.1(1)及传递性, $x\geqslant a$, $x\geqslant b$. 现由 $x\geqslant b$, $x\geqslant c$, 得 $x\geqslant b\vee c$, 再由 $x\geqslant a$ 和 $x\geqslant b\vee c$, 得 $x\geqslant a\vee(b\vee c)$. 故 $x\geqslant y$. 同理可得 $x\leqslant y$, 根据偏序关系的反对称性得 $x=y$.

由对偶原理, $(a\wedge b)\wedge c=a\wedge(b\wedge c)$.

(3) 显然 $a\leqslant a\vee a$, 又由 $a\leqslant a$ 可得 $a\vee a\leqslant a$. 根据反对称性有 $a\vee a=a$.

由对偶原理, $a\wedge a=a$.

(4) 显然 $a\vee(a\wedge b)\geqslant a$. 由 $a\leqslant a$, $a\wedge b\leqslant a$ 可得 $a\vee(a\wedge b)\leqslant a$, 根据反对称性有

$$a\vee(a\wedge b)=a.$$

根据对偶原理, $a\wedge(a\vee b)=a$.

定理6.1.3　设 $(L, \leqslant)$ 是格, 对于任意 $a, b, c\in L$, 有分配不等式:

$$a\vee(b\wedge c)\leqslant(a\vee b)\wedge(a\vee c),$$

$$(a\wedge b)\vee(a\wedge c)\leqslant a\wedge(b\vee c).$$

证　由于 $a\leqslant a\vee b$ 和 $a\leqslant a\vee c$, 得 $a\leqslant(a\vee b)\wedge(a\vee c)$. 再由 $b\wedge c\leqslant b\leqslant a\vee b$ 和 $b\wedge c\leqslant c\leqslant a\vee c$, 得 $b\wedge c\leqslant(a\vee b)\wedge(a\vee c)$. 因此, $a\vee(b\wedge c)\leqslant(a\vee b)\wedge(a\vee c)$.

对上式使用对偶原理, 即有 $(a\wedge b)\vee(a\wedge c)\leqslant a\wedge(b\vee c)$.

定理6.1.4 (模不等式)　设 $(L, \leqslant)$ 是格, 对于任意 $a, b, c\in L$, 则

$$a\leqslant c \text{ 当且仅当 } a\vee(b\wedge c)\leqslant(a\vee b)\wedge c.$$

证　设 $a\leqslant c$. 根据最小上界定义, $a\vee c=c$. 由定理6.1.3的第一式得

$$a\vee(b\wedge c)\leqslant(a\vee b)\wedge(a\vee c)=(a\vee b)\wedge c.$$

反之, 设 $a\vee(b\wedge c)\leqslant(a\vee b)\wedge c$. 由最小上界定义, $a\leqslant a\vee(b\wedge c)$. 由最大上界的定义, $(a\vee b)\wedge c\leqslant c$. 由偏序的传递性, 便得 $a\leqslant c$.

定理 6.1.2 说明, 格可以看成是具有两个二元运算的代数系统 $(L, \wedge, \vee)$, 并且运算 $\wedge$ 和 $\vee$ 满足结合律、交换律、吸收律、幂等律. 利用这些性质也可以从一般代数系统的角度给出格的另一个等价定义.

定理 6.1.5　设 $(L, \otimes, \oplus)$ 是具有两个二元运算的代数系统, 若对于 $\otimes$ 和 $\oplus$ 运算满足交换律、结合律、吸收律, 则可以适当定义 L 中的偏序 $\leqslant$, 使得 $(L, \leqslant)$ 构成一个格, 且 $a, b\in L$ 有 $a\wedge b=a\otimes b$, $a\vee b=a\oplus b$.

证　首先证明在 L 中 $\otimes$ 和 $\oplus$ 运算都满足幂等律.

对任意 $a\in L$, 由吸收律得 $a\otimes a=a\otimes(a\oplus(a\otimes a))=a$. 同理有 $a\oplus a=a$.

其次我们在 L 上定义一个关系 R, 对任意 $a, b\in L$, $R=\{\langle a, b\rangle \mid a\oplus b=b\}$.

现在我们证明 R 是偏序关系. 因为

(1) 对任一元素 $a\in L$, 由幂等律 $a\oplus a=a$, 有 $\langle a, a\rangle\in R$, 所以 R 在 L 上是自反的.

(2) 对于任意 $a, b\in L$, 如果 $\langle a, b\rangle\in R$ 和 $\langle b, a\rangle\in R$, 那么有 $a\oplus b=b$, $b\oplus a=a$. 因此有

$$a=b\oplus a=a\oplus b=b,$$

即 R 在 L 上是反对称的.

(3) 对任意 $a, b, c\in L$ 有, 如果 $\langle a, b\rangle\in R$ 且 $\langle b, c\rangle\in R$, 那么有 $a\oplus b=b$, $b\oplus c=c$. 因此有

$$a\oplus c=a\oplus(b\oplus c)=(a\oplus b)\oplus c=b\oplus c=c,$$

故 $\langle a, c\rangle\in R$. 即 R 在 L 上是传递的.

综上所述, R 为 L 上的偏序, 以下把 R 记作 $\leqslant$.

再次我们证明 $(L, \leqslant)$ 构成格, 即证明 $a\vee b=a\oplus b$, $a\wedge b=a\otimes b$.

对于任意 $a, b\in L$, 有

$$a\oplus(a\oplus b)=(a\oplus a)\oplus b=a\oplus b,$$

$$b\oplus(a\oplus b)=a\oplus(b\oplus b)=a\oplus b.$$

根据 $\leqslant$ 的定义有 $a\leqslant a\oplus b$ 和 $b\leqslant a\oplus b$, 所以 $a\oplus b$ 是 $\{a, b\}$ 的上界.

假设 c 为 $\{a, b\}$ 的上界, 则有 $a\oplus c=c$ 和 $b\oplus c=c$, 从而有

$$(a\oplus b)\oplus c=a\oplus(b\oplus c)=a\oplus c=c.$$

这就证明了 $a\oplus b\leqslant c$, 所以 $a\oplus b$ 是 $\{a, b\}$ 的最小上界, 即 $a\vee b=a\oplus b$.

为证 $a\otimes b$ 是 $\{a, b\}$ 的最大下界, 先证 $a\oplus b=b$ 的充分必要条件是 $a\otimes b=a$.

首先由 $a\oplus b=b$ 可知 $a\otimes b=a\otimes(a\oplus b)=a$. 反之由 $a\otimes b=a$ 可知

$$a\oplus b=(a\otimes b)\oplus b=b\oplus(b\otimes a)=b.$$

再由如上证明和 $\leqslant$ 的定义有 $a\leqslant b$ 的充分必要条件是 $a\otimes b=a$, 依照前边的证明, 类似地可证 $a\otimes b$ 是 $\{a, b\}$ 的最大下界, 即 $a\wedge b=a\otimes b$.

根据定理 6.1.5, 可以给出格的另一个等价定义.

定义 6.1.3 设 $(L, \otimes, \oplus)$ 是代数系统, $\otimes$ 和 $\oplus$ 为二元运算, 如果 $\otimes$ 和 $\oplus$ 运算满足交换律、结合律、吸收律, 那么 $(L, \otimes, \oplus)$ 构成一个**格**.

格中的幂等律可以由吸收律推出. 以后我们不再区别是偏序集定义的格, 还是代数系统定义的格, 而统称为格, 记作 $(L, \wedge, \vee)$.

由于格是具有两个二元运算的代数系统, 因此, 对格可引入代数系统中的同态概念.

定义 6.1.4 设 $(L_1, \wedge, \vee)$ 和 $(L_2, \wedge, \vee)$ 是两个格, 定义一个映射 $f: L_1\to L_2$, 如果对于任何 $a, b\in L_1$, 有

$$f(a\wedge b)=f(a)\wedge f(b),$$
$$f(a\vee b)=f(a)\vee f(b),$$

那么称 f 是从(L_1, ∧, ∨)到(L_2, ∧, ∨)的**格同态**.

若 f 是双射函数, 则称 f 是**格同构**, 或说(L_1, ∧, ∨)和(L_2, ∧, ∨)两个格同构.

定理 6.1.6　设$(L_1, \leqslant_1)$和$(L_2, \leqslant_2)$是两个格, 如果 $f: L_1\to L_2$ 是格同态, 那么对任意 $a, b\in L$, 且 $a\leqslant_1 b$, 必有 $f(a)\leqslant_2 f(b)$.

证　当 $a\leqslant_1 b$ 时, 有 $a\vee b=b$, 因此

$$f(a\vee b)=f(a)\vee f(b)=f(b),$$

所以, $f(a)\leqslant_2 f(b)$.

从定理 6.1.6 可以看出, 格同态具有保序性. 但定理 6.1.6 的逆不成立, 即格保序映射不一定是格同态映射.

例 6.1.6　设格$(L, \leqslant_1)$和$(S, \leqslant_2)$的哈斯图如图 6.4 所示.

图 6.4

作映射 $f: L\to S$ 如下:

$$a_1\mapsto a_2,\quad b_1\mapsto b_2,\quad c_1\mapsto b_2,\quad d_1\mapsto b_2,\quad e_1\mapsto c_2,$$

显然 f 是格$(L, \leqslant_1)$到$(S, \leqslant_2)$的保序映射, 但

$$f(b_1\wedge c_1)=f(a_1)=a_2\neq f(b_1)\wedge f(c_1)=b_2,$$

所以, f 不是格同态映射.

但对于相互同构的两个格, 由保序性, 对任何 $a, b\in L$, 当 $a\leqslant_1 b$ 时, 有 $f(a)\leqslant_2 f(b)$; 反之, 当 $f(a)\leqslant_2 f(b)$时, 亦有 $a\leqslant_1 b$. 反映在哈斯图上, 两个格的哈斯图是完全相同的, 只是各结点的标记不同而已.

6.2　几种特殊类型的格

本节介绍几种特殊类型的格.

定义 6.2.1　设(L, ∧, ∨)是格, 如果对于任意 $a, b, c\in L$, 有下面的分配性质:

$$a\wedge(b\vee c)=(a\wedge b)\vee(a\wedge c),$$

$$a\vee(b\wedge c)=(a\vee b)\wedge(a\vee c),$$

那么称$(L, \wedge, \vee)$为**分配格**.

分配性质中的两个等式是对偶的, 只要其中一个成立, 另一个一定成立.

例 6.2.1 设S是任意集合, $L=\rho(S)$, $(L, \cap, \cup)$是分配格. 因为集合的并和交满足分配性质.

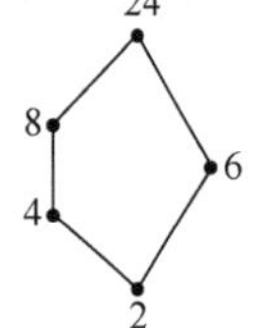

图 6.5

例 6.2.2 设$L=\{2, 4, 6, 8, 24\}$, D是L上的整除关系, 则(L, D)是一个格, 但不是分配格.

解 格(L, D)的哈斯图如图 6.5 所示.

显然, $4D8$, 但是

$$(8\wedge 6)\vee 4=2\vee 4=4, \quad (8\vee 4)\wedge(6\vee 4)=8\vee 24=8.$$

故分配性质不满足, 所以(L, D)不是分配格.

例 6.2.3 图 6.6 给出的三个偏序集都是格, 判断它们是否为分配格?

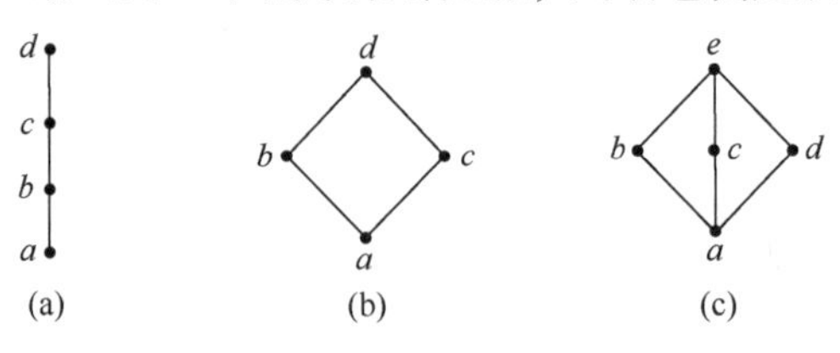

图 6.6

解 在(a), (b)中分配等式成立, 故(a), (b)是分配格. 在(c)中, 由于

$$b\vee(d\wedge c)=b\vee a=b,$$
$$(b\vee d)\wedge(b\vee c)=e\wedge e=e,$$

故(c)不是分配格.

定理6.2.1 每一个链是分配格.

证 设$(L, \leqslant)$是链, 则$(L, \leqslant)$为格. 对任意$a, b, c\in L$, 只要讨论以下两种情况:

(1) $a\leqslant b$或$a\leqslant c$ (a不是最大);

(2) $b\leqslant a$且$c\leqslant a$ (a是最大).

对于情况(1), 无论是$b\leqslant c$还是$c\leqslant b$, 都有

$$a\wedge(b\vee c)=a=(a\wedge b)\vee(a\wedge c).$$

对于情况(2), 总有$b\vee c\leqslant a$, 得$a\wedge(b\vee c)=b\vee c$. 而由$b\leqslant a$和$c\leqslant a$, 应有

$$(a\wedge b)\vee(a\wedge c)=b\vee c,$$

故$a\wedge(b\vee c)=(a\wedge b)\vee(a\wedge c)$成立, 因此$(L, \leqslant)$为分配格.

定理6.2.2 设$(L, \wedge, \vee)$是分配格, 对任意的$a, b, c\in L$, 如果满足:

$$a\wedge b=a\wedge c \quad 和 \quad a\vee b=a\vee c,$$

那么必有$b=c$.

证 因为 $(a\wedge b)\vee c=(a\wedge c)\vee c=c$, 而

$$(a\wedge b)\vee c=(a\vee c)\wedge(b\vee c)=(a\vee b)\wedge(b\vee c)$$
$$=b\vee(a\wedge c)=b\vee(a\wedge b)=b.$$

所以, $b=c$成立.

比分配格更广泛的一类格是模格.

定义 6.2.2 设$(L, \wedge, \vee)$是格, 如果对于任何 $a, b, c\in L$, 有下面的模律:

$$若\ a\leqslant c, 则\ a\vee(b\wedge c)=(a\vee b)\wedge c,$$

那么称$(L, \wedge, \vee)$是一个**模格**.

例6.2.4 群$(G, *)$的所有正规子群关于集合的包含关系 $\subseteq$ 构成一个模格.

定理 6.2.3 分配格是模格.

证 由于 $a\vee(b\wedge c)=(a\vee b)\wedge(a\vee c)$, 若 $a\leqslant c$, 则 $a\vee c=c$. 代入上式得

$$a\vee(b\wedge c)=(a\vee b)\wedge c.$$

下面讨论有界格和有补格.

定义6.2.3 若格$(L, \wedge, \vee)$中存在一个元素a, 对于任何元素$b\in L$, 都有$a\leqslant b$(或$b\leqslant a$), 则称a为格$(L, \wedge, \vee)$的**全下界**(或**全上界**).

对于一个格$(L, \wedge, \vee)$, 如果全下界存在, 那么是唯一的, 记作0. 同样地, 如果全上界存在, 那么也是唯一的, 记作1.

定义 6.2.4 设$(L, \wedge, \vee)$是格, 如果L中存在全下界和全上界, 那么称$(L, \wedge, \vee)$为**有界格**, 记作$(L, \wedge, \vee, 0, 1)$.

例 6.2.5 格$(\mathbf{Z}, \leqslant)$不是有界格, 其中$\leqslant$为数的小于等于关系. 因为$(\mathbf{Z}, \leqslant)$既无全上界也无全下界.

例 6.2.6 设S是任意集合, $L=\rho(S)$是它的幂集, $(L, \subseteq)$是有界格. 因为它的全上界是S, 全下界为$\varnothing$.

由全下界和全上界的定义, 有以下定理.

定理6.2.4 设$(L, \wedge, \vee, 0, 1)$是一个有界格, 对任意元素$a\in L$, 必有

$$a\vee 0=a, \quad a\wedge 1=a,$$
$$a\vee 1=1, \quad a\wedge 0=0.$$

证明留给读者完成.

定义6.2.5 设$(L, \wedge, \vee, 0, 1)$是一有界格, 对于L中的一个元素a, 如果存在元素$b\in L$, 使得

$$a\wedge b=0,$$
$$a\vee b=1,$$

那么称元素b是元素a的**补元**或**补**, 记为a'.

补元是对称的, 如果b是a的补元, 那么a也是b的补元. 一般地说, 在任何有界格中, 0 和 1 总是互为补元, 而其他元素可能存在补元, 也可能不存在补元, 即使存在补元, 可能是唯一的, 也可能有多个补元.

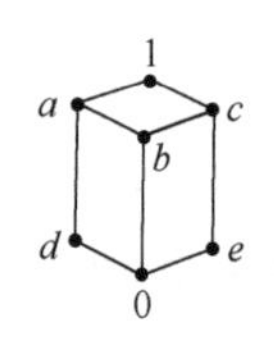

图 6.7

例 6.2.7 观察如图 6.7 所示的有界格中元素的补元.

解 d 和 c, d 和 e, a 和 e, 0 和 1 互为补元, 即 a, c, d, e, 0, 1 都有补元, 但 b 没有补元. 而 d, e 有两个补元. 0 是 1 的唯一的补元, 1 是 0 唯一的补元.

例 6.2.8 考虑例 6.1.1 中讨论的格(S_{20}, D)与(S_{30}, D), 如图 6.1 所示. 在(S_{30}, D)中每个元素都有补元. 而(S_{20}, D)中元素 2 和 10 没有补元.

定理6.2.5 在分配格中, 如果元素a有一个补元, 那么a的补元是唯一的.

证 假定b和c都是a的补元, 则

$$a \wedge b = 0 = a \wedge c,$$

$$a \vee b = 1 = a \vee c.$$

由定理 6.2.2, 得 $b=c$.

定义6.2.6 在一个有界格中, 如果每个元素都至少有一个补元, 那么称此格为**有补格**.

例 6.2.9 如图 6.8 所示是一些有补格.

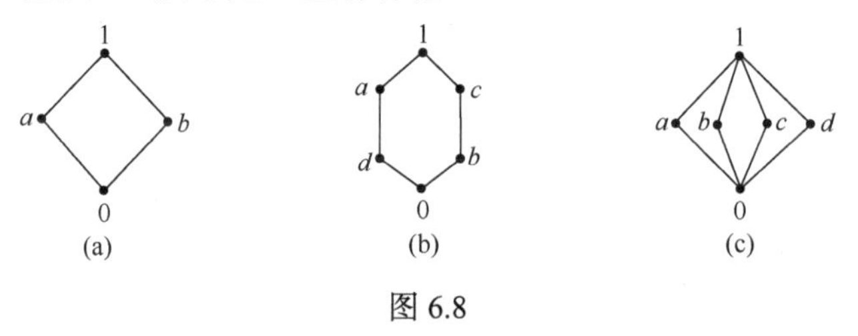

图 6.8

6.3 布 尔 代 数

布尔代数也称**开关代数**或**逻辑代数**, 它是由英国数学家布尔(G. Boole)为了研究数理逻辑于 1847 和 1854 年提出的一种数学模型, 它作为一种有效的数学工具, 在计算机科学和数字电路的分析与设计中有着广泛的应用.

6.3.1 布尔代数

定义6.3.1 如果一个格, 既是有补格, 又是分配格, 那么称此格为**有补分配格**, 又称为**布尔格**.

由于布尔格中的每个元素都有唯一的补元, 求补运算也可以看作是格中的一元运算, 因此, 布尔格可以看作具有两个二元运算$\wedge$, $\vee$和一个一元运算“$'$”的代数系统, 习惯上记作$(B, \wedge, \vee, ', 0, 1)$, 称为**布尔代数**.

例 6.3.1　设$S_{110}=\{1, 2, 5, 10, 11, 22, 55, 110\}$是110的正因子集合. 令gcd, lcm分别表示求最大公约数和最小公倍数的运算. 问$(S_{110}, \text{gcd}, \text{lcm})$是否构成布尔代数? 为什么?

解　首先证明$(S_{110}, \text{gcd}, \text{lcm})$构成格.

容易验证对于任意$x, y, z\in S_{110}$, 有$\text{gcd}(x, y)\in S_{110}$, $\text{lcm}(x, y)\in S_{110}$. 另外满足

交换律　$\text{gcd}(x, y)=\text{gcd}(y, x)$,

$\text{lcm}(x, y)=\text{lcm}(y, x)$;

结合律　$\text{gcd}(\text{gcd}(x, y), z)=\text{gcd}(x, \text{gcd}(y, z))$,

$\text{lcm}(\text{lcm}(x, y), z)=\text{lcm}(x, \text{lcm}(y, z))$;

吸收律　$\text{gcd}(x, \text{lcm}(x, y))=x$,

$\text{lcm}(x, \text{gcd}(x, y))=x$.

由定理6.1.5知, $(S_{110}, \text{gcd}, \text{lcm})$构成格. 易验证对于任意$x, y, z\in S_{110}$, 有

$$\text{gcd}(x, \text{lcm}(y, z))=\text{lcm}(\text{gcd}(x, y), \text{gcd}(x, z)).$$

故$(S_{110}, \text{gcd}, \text{lcm})$是分配格.

又1为S_{110}中的全下界, 110为S_{110}中的全上界, 1和110互为补元, 2和55互为补元, 5和22互为补元, 10和11互为补元. 因此, $(S_{110}, \text{gcd}, \text{lcm})$是有补格.

综上所述, $(S_{110}, \text{gcd}, \text{lcm})$为布尔代数.

例6.3.2　设A为任意集合, 证明A的幂集格$(\rho(A), \cap, \cup, \bar{\ }, \varnothing, A)$构成布尔代数, 称为**集合代数**.

证　$\rho(A)$关于$\cap$和$\cup$构成格, 因为$\cap$和$\cup$运算满足交换律、结合律和吸收律.

由于$\cap$和$\cup$互相可分配, 因此$\rho(A)$是分配格, 且全下界是空集$\varnothing$, 全上界是A. 根据集合补的定义, 取全集为A, 对于任意$C\in\rho(A)$, $\overline{C}$是C的补元. 从而可得$\rho(A)$是有补分配格, 即布尔代数.

布尔代数具有如下性质.

定理6.3.1　设$(B, \wedge, \vee, ', 0, 1)$为布尔代数, 则对于所有$a, b\in L$, 有

(1) $(a')'=a$,

(2) (德 · 摩根定律) $(a\vee b)'=a'\wedge b'$, $(a\wedge b)'=a'\vee b'$.

证　(1) 由于$a\wedge a'=0$, $a\vee a'=1$和$(a')'\wedge a'=0$, $(a')'\vee a'=1$, 而补元是唯一的, 所以, $(a')'=a$.

(2) $(a\vee b)\wedge(a'\wedge b')=(a\wedge a'\wedge b')\vee(b\wedge a'\wedge b')=0$,

$(a\vee b)\vee a'\wedge b'=(a\vee b\vee a')\wedge(a\vee b\vee b')=1$.

所以, $(a\vee b)'=a'\wedge b'$. 根据对偶原理可得$(a\wedge b)'=a'\vee b'$.

从代数系统观点看, 布尔代数$(B, \wedge, \vee, ', 0, 1)$是有两个二元运算, 一个一元运算, 并带有两个特殊元素的代数系统. 反之, 如果一个代数系统有两个二元运算, 一个一元运算并带有两个特殊元素, 那么这些运算以及特殊元素要满足什么定律才可以保证它是一个布尔代数呢? 或者说, 在布尔代数所满足的所有定律中(如交换律, 结合律, 分配律等), 由于这些定律之间是相互联系, 不是独立的, 那么哪些定律从本质上刻画了布尔代数呢?

我们知道, 布尔代数是有补分配格, 有补分配格$(B, \wedge, \vee, ', 0, 1)$必须满足格的定义、有全上界和全下界、分配律成立、每个元的补元存在. 显然, 全上界1和全下界0可以用下面的同一律来描述.

同一律 在B中存在两个元素0和1, 使得对任意$a\in B$, 有$a\wedge 1=a, a\vee 0=a$.

在格$(B, \wedge, \vee, ', 0, 1)$中满足同一律的0和1肯定是全下界和全上界. 另一方面, 补元的存在可以用下面的互补律来描述.

互补律 对任意$a\in B$, 存在$a'\in B$, 使得$a\wedge a'=0, a\vee a'=1$.

从定理6.1.5我们知道格可以用交换律、结合律、吸收律来描述, 因此, 简单地说,一个有补分配格就必须满足交换律、结合律、吸收律、分配律、同一律、互补律. 另外, 可以证明, 由交换律、分配律、同一律、互补律可以得到结合律、吸收律. 所以我们有布尔代数的等价定义.

定义 6.3.2 设$(B, \otimes, \oplus, ')$是一个代数系统, 其中$\otimes$和$\oplus$是B中的二元运算, 是B中的一元运算. 如果对任意$a, b, c\in B$, 满足

(1) **交换律** $a\otimes b=b\otimes a$,

$a\oplus b=b\oplus a$;

(2) **分配律** $a\oplus(b\otimes c)=(a\oplus b)\otimes(a\oplus c)$,

$a\otimes(b\oplus c)=(a\otimes b)\oplus(a\otimes c)$;

(3) **同一律** 在B中存在两个元素0和1, 使得对任意$a\in B$, 有

$$a\otimes 1=a,$$
$$a\oplus 0=a;$$

(4) **互补律** 对任意$a\in B$, 存在$a'\in B$, 使得

$$a\otimes a'=0,$$
$$a\oplus a'=1.$$

那么称$(B, \otimes, \oplus, ')$为**布尔代数**, 通常将布尔代数$(B, \otimes, \oplus, ')$记为$(B, \otimes, \oplus, ', 0, 1)$. 为方便起见, 也称$B$是布尔代数.

例 6.3.3 设$B=\{0, 1\}$, B上的运算$\wedge$, $\vee$和$'$分别由表6.1, 表6.2和表6.3给出.

表 6.1

$\wedge$	0	1
0	0	0
1	0	1

表 6.2

$\vee$	0	1
0	0	1
1	1	1

表 6.3

a	a'
0	1
1	0

容易证明$(B, \wedge, \vee, ', 0, 1)$是布尔代数, 习惯上称之为**电路代数**, 它是 Hasse 图为链的唯一的布尔代数.

定义6.3.3　设$(B, \wedge, \vee, ', 0, 1)$是布尔代数, S是L的非空子集, 若$0, 1\in S$, 且S对$\wedge$, $\vee$和 $'$ 运算都是封闭的, 则称S是B的**子布尔代数**.

定义6.3.4　若一个布尔代数的元素个数是有限的, 则称此布尔代数为**有限布尔代数**.

对任意布尔代数$(B, \otimes, \oplus, ', 0, 1)$, 子集$\{0, 1\}$和$B$总能构成子布尔代数, 这两个子布尔代数称为$(B, \otimes, \oplus, ', 0, 1)$的**平凡子布尔代数**.

例6.3.4　考察图6.9所示的布尔代数$(B, \otimes, \oplus, ', 0, 1)$.

(1) $S_1=\{a, a_1, 0, 1\}$, 由于$0, 1\in S$且S_1对运算$\otimes$, $\oplus$ 和$'$ 都是封闭的, 所以 $(S_1, \otimes, \oplus, ', 0, 1)$ 是 $(B, \otimes, \oplus, ', 0, 1)$的子布尔代数.

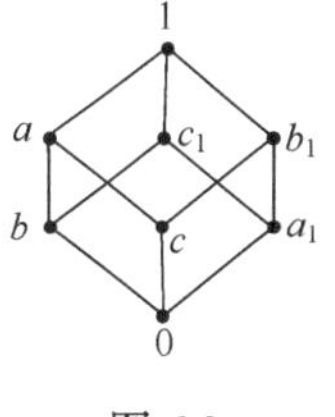

图 6.9

(2) $S_2=\{a, b_1, c, 1\}$, 由于 $0\notin S_2$, 所以 $(S_2, \otimes, \oplus, ', 0, 1)$不是 $(B, \otimes, \oplus, ', 0, 1)$的子布尔代数. 但若将 1 和 c 分别作为全上界和全下界, 重新定义补运算 $|$, 则$(S_2, \otimes, \oplus, |, 0, c)$是布尔代数.

(3) $S_3=\{a, b, 0, 1\}$, 由于 S_3 对运算$\otimes$不是封闭的, 所以$(S_3, \otimes, \oplus, ', 0, 1)$不是$(B, \otimes, \oplus, ', 0, 1)$的子布尔代数, 并且集合 S_3 也不能构成布尔代数.

6.3.2　布尔同态

定义 6.3.5　设$(B_1, \wedge, \vee, ', 0, 1)$和$(B_2, \cap, \cup, ^{-}, \alpha, \beta)$是两个布尔代数. 如果存在一个从 B_1 到 B_2 的映射 f, 使得对于任意的 $a, b\in B_1$, 有

$$f(a\vee b)=f(a)\cup f(b),$$
$$f(a\wedge b)=f(a)\cap f(b),$$
$$f(a')=\overline{f(a)},$$
$$f(0)=\alpha,$$
$$f(1)=\beta,$$

那么称f是从布尔代数 B_1 到 B_2 的同态映射, 简称**布尔同态**. 其中$\cap$, $\cup$, $^{-}$ 泛指布尔代数 B_2 中的求最大下界、最小上界和补元的运算. α和β分别是B_2的全下界和全

上界.

类似于其他代数系统, 也可以定义布尔代数的单同态、满同态和同构.

例6.3.5 设$S=\{a, b, c\}$, 集合代数$(\rho(S), \cap, \cup, \bar{\ }, \varnothing, S)$为一个布尔代数, $(\{0, 1\}, \otimes, \oplus, ')$也是一个布尔代数. 证明这两个布尔代数同态.

解 作映射 $f: \rho(S)\to\{0, 1\}$为: 对于任意的$A\in\rho(S)$,

$$f(A)=\begin{cases}1, & a\in A,\\ 0, & a\notin A.\end{cases}$$

因为, 对于任意的$A, B\in\rho(S)$, 有

$$f(A\cup B)=f(A)\oplus f(B)=\begin{cases}1, & a\in A\cup B,\\ 0, & a\notin A\cup B;\end{cases}$$

$$f(A\cap B)=f(A)\otimes f(B)=\begin{cases}1, & a\in A\cap B,\\ 0, & a\notin A\cap B.\end{cases}$$

若$a\in A$, 则$a\notin \bar{A}$, 便有

$$f(\bar{A})=0,\quad f(A)'=1'=0.$$

若$a\notin \bar{A}$, 则$a\in A$, 便有

$$f(\bar{A})=1,\quad f(A)'=0'=1.$$

总之, 对于任意的$A\in\rho(S)$, 都有$f(\bar{A})=f(A)'$.
显然, $f(S)=1$, $f(\varnothing)=0$.

综上, f 是从$(\rho(S), \cap, \cup, \bar{\ }, \varnothing, S)$到$(\{0, 1\}, \otimes, \oplus, ')$的一个布尔同态.

两个布尔代数之间的布尔同态定义还可进行简化.

定理6.3.2 设$(B_1, \wedge, \vee, ', 0, 1)$和$(B_2, \cap, \cup, \bar{\ }, \alpha, \beta)$是两个布尔代数. f 是从B_1到B_2的映射, 使得对于任意的$a, b\in B_1$, 有

$$f(a\wedge b)=f(a)\cap f(b),\quad f(a')=\overline{f(a)},$$

则 f 是从布尔代数B_1到B_2的布尔同态.

证 对于任意的$a, b\in B_1$, 有

$$\begin{aligned}f(a\vee b)&=f(((a\vee b)')')=\overline{f((a\vee b)')}\\&=\overline{f(a'\wedge b')}=\overline{f(a')\cap f(b')}\\&=\overline{\overline{f(a)}\cap\overline{f(b)}}=\overline{\overline{f(a)}}\cup\overline{\overline{f(b)}}\\&=f(a)\cup f(b),\end{aligned}$$

而

$$f(0)=f(0\wedge 0')=f(0)\wedge f(0')=f(0)\wedge\overline{f(a)}=\alpha,$$

$$f(1)=f(1\vee 1')=f(1)\vee f(1')=f(1)\vee\overline{f(1)}=\beta.$$

由定义可知，f是B_1到B_2的同态.

需要说明的是，定理 6.3.2 中的条件若换成

$$f(a\vee b)=f(a)\cup f(b),$$
$$f(a')=\overline{f(a)}.$$

结论同样成立. 但仅有$f(a\vee b)=f(a)\cup f(b)$, $f(a\wedge b)=f(a)\cap f(b)$, 定理6.3.2的结论不一定成立. 因为此时$f(0)=\alpha, f(1)=\beta$ 未必成立.

例6.3.6　考察图6.9所示的布尔代数$(B, \otimes, \oplus, ', 0, 1)$与集合代数$(\rho(A), \cap, \cup, \bar{}, \varnothing, S)$, 其中$A=\{1, 2, 3\}$. 证明二布尔代数同构.

证　作映射φ 如下:

$$\varphi(0)=\varnothing,\quad \varphi(a)=\{1\},\quad \varphi(b)=\{2\},\quad \varphi(c)=\{3\},$$
$$\varphi(a_1)=\{2, 3\},\quad \varphi(b_1)=\{1, 3\},\quad \varphi(c_1)=\{1,2\},\quad \varphi(1)=A.$$

显然φ是双射，容易验证φ是布尔同构.

6.3.3　原子

定义6.3.6　设L是格，$0\in L$, $a\in L$, 对于任意$b\in L$, 若$0<b\leqslant a$, 则$b=a$, 称a是L中的**原子**. 简单地讲，覆盖元素0的元素称为格的原子.

例6.3.7　考虑图6.10中的几个格中的原子.

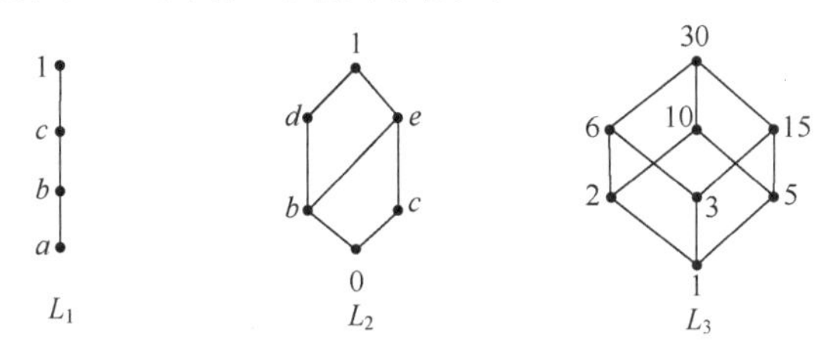

图 6.10

容易判断L_1的原子是b. L_2的原子是b, c. L_3的原子是2, 3, 5.

定理6.3.3　设元素a, b是布尔代数B中的两个原子，若$a\neq b$, 则$a\wedge b=0$.

证　假设$a\wedge b\neq 0$, 则有

$$0<a\wedge b\leqslant a \quad 和 \quad 0<a\wedge b\leqslant b.$$

由于a, b是原子，则有 $a\wedge b=a$ 和 $a\wedge b=b$, 从而有$a=b$, 与已知矛盾.

定理6.3.4　设B是有限布尔代数，则对于B中每一个非零元素x, 至少存在一个原子a, 满足$a\wedge x=a$.

证　若x是原子，则$x\wedge x=x$, 因此，x就是所求的原子.

若x不是原子，因为$x\geqslant 0$, 所以从x下降到0有一条路径，而B是有限的，即有一条有限路径:

$$x \geqslant a_1 \geqslant a_2 \geqslant \cdots \geqslant a_k \geqslant 0,$$

则a_k满足

$$x \wedge a_k = a_k,$$

故a_k就是所求的原子a.

定理6.3.5　设B是有限的布尔代数, x是B中任意非零元素, 令

$$T(x)=\{a_1, a_2, \cdots, a_n\}$$

是B中所有小于或等于x的原子构成的集合, 则

$$x=a_1 \vee a_2 \vee \cdots \vee a_n,$$

称这个表示式为x的**原子表示**, 且表示式是唯一的.

证　令$a=a_1 \vee a_2 \vee \cdots \vee a_n$. 因为$a_i \leqslant x$, $i=1, 2, \cdots, n$, 所以$a \leqslant x$.

下证$x \leqslant a$. 由于$x \leqslant a$的充要条件是$x \wedge a'=0$. 为此, 我们使用反证法.

若$x \wedge a' \neq 0$, 于是必有一原子b, 使得 $b \leqslant x \wedge a'$, 则$b \leqslant x$, $b \leqslant a'$.

又因为b也是原子, 且$b \leqslant x$, 所以$b \in T(x)$, 因此$b \leqslant a$, 与$b \leqslant a'$矛盾. 因而$x \wedge a'=0$, 即$x \leqslant a$.

若另有一种表示式 $x=b_1 \vee b_2 \vee \cdots \vee b_k$, 其中$b_1, b_2, \cdots, b_k$也是$B$中小于或等于$x$的不同的原子. 因为$b_i \leqslant x$, $i=1, 2, \cdots, k$, 所以$\{b_1, b_2, \cdots, b_k\} \subseteq T(x)$且$k \leqslant n$.

如果$k<n$, 那么$a_1, a_2, \cdots, a_n$中必有一a_i与$b_1, b_2, \cdots, b_k$全不相同. 于是有

$$\begin{aligned} a_i &= a_i \wedge (b_1 \vee b_2 \vee \cdots \vee b_k) \\ &= (a_i \wedge b_1) \vee (a_i \wedge b_2) \vee \cdots \vee (a_i \wedge b_k) \\ &= 0 \vee 0 \vee \cdots \vee 0 = 0, \end{aligned}$$

得$a_i=0$, 矛盾. 从而证明了$a_i \in \{b_1, b_2, \cdots, b_k\}$且$k=n$. 因此, $\{b_1, b_2, \cdots, b_k\}=\{a_1, a_2, \cdots, a_n\}$.

定理6.3.6 (Stone表示定理)　设B是有限布尔代数, A是B的全体原子构成的集合, 则B同构于A的集合代数$\rho(A)$.

证　任取$x \in B$, 令$T(x)=\{a \mid a \in B, a$是原子且$a \leqslant x\}$, 则$T(x) \subseteq A$.

定义映射$\varphi: B \to \rho(A)$, $\varphi(x)=T(x)$, 对于任意$x \in B$.

下面证明φ 是从B到$\rho(A)$的同构映射.

任取 $x, y \in B$, 对于任意的 $b \in B$, 有 $b \in T(x \wedge y)$当且仅当 $b \in A$ 且 $b \leqslant x \wedge y$ 当且仅当($b \in A$ 且 $b \leqslant x$)且($b \in A$ 且 $b \leqslant y$)当且仅当 $b \in T(x)$且 $b \in T(y)$当且仅当 $b \in T(x) \cap T(y)$. 从而有 $T(x \wedge y)=T(x) \cap T(y)$, 即有

$$\varphi(x \wedge y)=\varphi(x) \cap \varphi(y).$$

任取 $x, y \in B$, 设 $x=a_1 \vee a_2 \vee \cdots \vee a_n$, $y=b_1 \vee b_2 \vee \cdots \vee b_m$ 是 x, y 的原子表示, 则

$$x\vee y=a_1\vee a_2\vee\cdots\vee a_n\vee b_1\vee b_2\vee\cdots\vee b_m.$$

从而

$$T(x\vee y)=\{a_1, a_2, \cdots, a_n, b_1, b_2, \cdots, b_m\}.$$

所以$T(x\vee y)=T(x)\cup T(y)$, 即 $\varphi(x\vee y)=\varphi(x)\cup\varphi(y)$.

任取$x\in B$, 存在$x'\in B$ 使得$x\vee x'=1, x\wedge x'=0$. 因此有

$$\varphi(x)\cup\varphi(x')=\varphi(x\vee x')=\varphi(1)=A,$$

$$\varphi(x)\cap\varphi(x')=\varphi(x\wedge x')=\varphi(0)=\varnothing.$$

而$\varnothing$和A分别为$\rho(A)$的全下界和全上界, 因此$\varphi(x')$是$\varphi(x)$在$\rho(A)$中的补元, 即

$$\varphi(x')=\overline{\varphi(x)}.$$

综上所述, φ是B到$\rho(A)$的同态映射.

下面证明φ为双射.

假设$\varphi(x)=\varphi(y)$, 则有$T(x)=T(y)=\{a_1, a_2, \cdots, a_n\}$. 由定理6.3.3可知

$$x=a_1\vee a_2\vee\cdots\vee a_n=y.$$

于是φ为单射.

任取$\{b_1, b_2, \cdots, b_m\}\in\rho(A)$, 令$x=b_1\vee b_2\vee\cdots\vee b_m$, 则

$$\varphi(x)=T(x)=\{b_1, b_2, \cdots, b_m\}.$$

于是, φ为满射.

综上所述, B 同构于A的集合代数$\rho(A)$.

推论6.3.1　任何有限布尔代数的基数为2^n, n为该代数中所有原子的个数.

证　设B是有限布尔代数, A是B的所有原子构成的集合, 且$|A|=n$, 由定理6.3.6得, $B\cong\rho(A)$, 而$|\rho(A)|=2^n$, 所以$|B|=2^n$.

推论6.3.2　任何等势的有限布尔代数都是同构的.

根据定理6.3.6, 任何有限布尔代数的基数都是2的幂, 反过来, 对于任何2^n, n为自然数, 在同构意义上, 仅存在一个2^n元的布尔代数与之对应.

格

习　题　6

1. 设偏序集(A, D), D 是 A 上的整除关系, 试画出下列偏序集的哈斯图, 问哪个是格.

(1) $A=\{2, 4, 8, 16\}$;

(2) $A=\{1, 3, 5, 9, 12, 15, 45\}$;

(3) $A=\{2, 3, 6, 12, 24, 36, 72\}$.

2. 请判断下面关于格命题的真假性.

(1) 设$(L, \leqslant, *, \oplus)$为格, 则$(L, *)$和$(L, \oplus)$均为交换半群;

(2) 设$(L, \leqslant, *, \oplus)$为格, $a, b\in L$, 则 $a \oplus b=a$ 和 $a \oplus b=b$ 至少有一个成立;

(3) 设$(L, \leqslant, *, \oplus)$为格, $a, b, c\in L$, 如果 $a\leqslant c$, 那么 $a \oplus (b * c)\leqslant (a \oplus b)*c$.

3. 设 $L=\{S_0, S_1, \cdots, S_7\}$, 其中 $S_0=\{a, b, c, d, e, f\}$, $S_1=\{a, b, c, d, e\}$, $S_2=\{a, b, c, e, f\}$, $S_3=\{a, b, c, e\}$, $S_4=\{a, b, c\}$, $S_5=\{a, b\}$, $S_6=\{a, c\}$, $S_7=\{a\}$, 试画出格$(L, \subseteq)$的哈斯图.

4. 确定下列如图 6.11 所示的哈斯图中, 哪些是格? 哪些不是格?

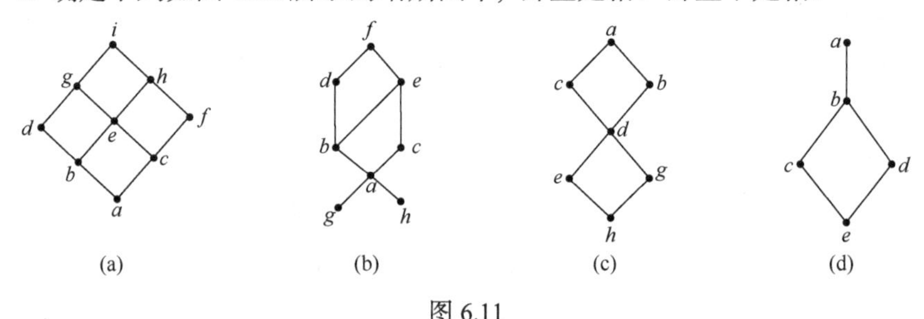

图 6.11

5. 设 D_{90} 表示 90 的全体因子的集合, 包括 1 和 90, D_{90} 与整除关系$\leqslant$构成格.

(1) 画出格的哈斯图;

(2) 计算 $6\vee 10$, $6\wedge 10$, $9\vee 30$ 和 $9\wedge 30$.

6. 试证, 在格$(L, \wedge, \vee)$中, 若有 $a\leqslant b\leqslant c$, 则必有

(1) $a\vee b=b\wedge c$;

(2) $(a\wedge b)\vee(b\wedge c)=b=(a\vee b)\wedge(a\vee c)$.

7. 设$(L, \leqslant)$是一个格, $a\in L$, S 是 L 的子集, 其中 $S=\{x \mid a\leqslant x, x\in L\}$. 证明$(S, \leqslant)$是$(L, \leqslant)$的一个子格.

8. 试求格(S_{12}, D)的所有子格.

9. 设 I 是格 L 的非空子集, 如果

(1) 对于 L 中的任意元素 $a, b\in L$, 有 $a\vee b\in I$;

(2) 对于 L 中的任意元素 $a, x\in L$, 若 $x\leqslant a$, 则 $x\in I$.

那么称 I 是格 L 的**理想**. 证明: 格 L 的理想是一个子格.

10. 证明全序集的子集是一个子格.

11. 图 6.12 中(a), (b), (c)分别给出了四元格 L 到链 M 之间的 3 个映射, 判断它们哪些是保序映射, 哪些是格同态映射?

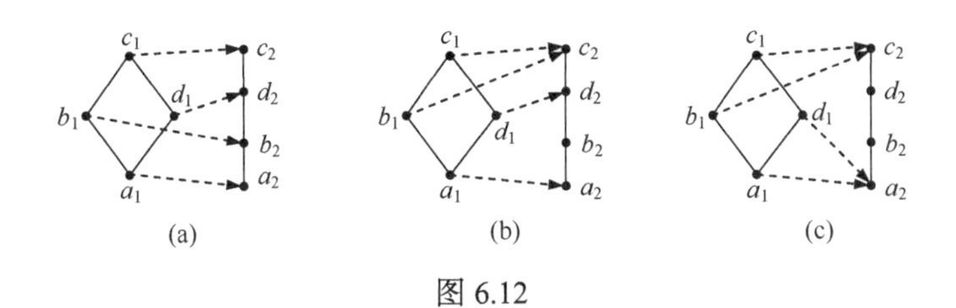

图 6.12

12. 设整数 36 的正因子集合为 A, 整数 4 的正因子集合为 L_1, 整数 9 的正因子集合为 L_2, D 是 A, L_1, L_2 上的整除关系. 在 $L_1 \times L_2$ 上定义二元关系 R 为

$$\langle a_1, b_1 \rangle R \langle a_2, b_2 \rangle \text{当且仅当 } a_1 D a_2 \text{ 且 } b_1 D b_2.$$

证明格$(L_1 \times L_2, R)$与格(A, D)同构.

13. 设 $A=(L_1, \leqslant_1)$和 $B=(L_2, \leqslant_2)$是两个格, f 是从 A 到 B 的格同态, 证明 A 的同态像是 B 的子格.

14. 判断下列如图 6.13 所示的哈斯图中, 哪些格是分配格、有补格或者两者都成立.

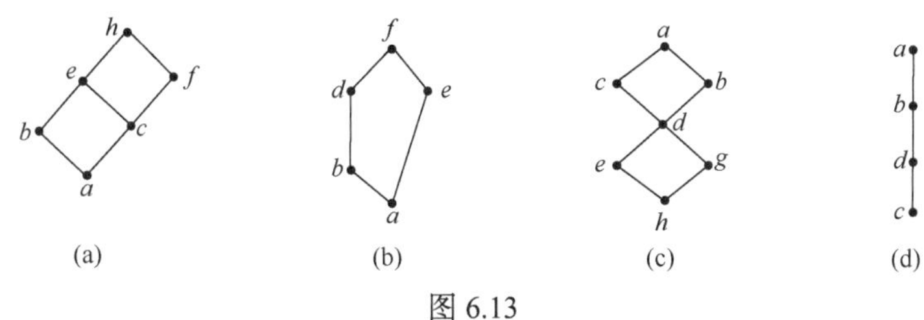

图 6.13

15. 设 $S=\{1, 2, 4, 6, 9, 12, 18, 36\}$, 设 D 是 S 上的整除关系.

(1) 证明 D 是一个偏序关系;

(2) 试画出关系 D 的哈斯图, 并由此说明(S, D)是一个格;

(3) D 是一个分配格吗? 为什么?

(4) 求集合$\{2, 4, 6, 12, 18\}$的下界、最大下界、最小元素及上界、最小上界和最大元素.

16. 设$(L, \wedge, \vee)$是一个分配格, $a, b, c \in L$, 证明:

(1) $a \wedge b \leqslant c \leqslant a \vee b$ 的充要条件是 $c=(a \wedge c) \vee (b \wedge c) \vee (a \wedge b)$;

(2) 若$(a \vee b) \wedge c=b \wedge c$, 则$(c \vee b) \wedge a=b \wedge a$;

(3) $a \vee (b \wedge (a \vee c))=(a \vee b) \wedge (a \vee c)$.

17. 试证$(\mathbf{Z}, \leqslant)$是分配格, 其中$\leqslant$是通常的数的小于等于.

18. 设$(L, \wedge, \vee)$是模格, $a, b \in L$, 作

$$S=\{x \mid x \in L \text{ 且 } a \wedge b \leqslant x \leqslant a\}, \quad T=\{y \mid y \in L \text{ 且 } b \leqslant y \leqslant a \vee b\}.$$

证明下面的映射

$$f_1: x \to x \vee b\ (x \in S), \quad f_2: y \to y \wedge a\ (y \in T)$$

互逆且是 S 和 T 之间的同构映射.

19. 证明：一个格是分配格，当且仅当对于这个格中的任意元素 a, b, c，都有

$$(a \vee b) \wedge c \leqslant a \vee (b \wedge c).$$

20. 在如图 6.14 所示的有补格中，给出每个元素的补元.

图 6.14

21. 试求格$(D_{75}, |)$中所有元素的补元.

22. 证明: 在有界分配格中，所有有补元构成的集合为一个子格.

23. 设$(D_{63}, \leqslant)$表示 63 的所有正因子关于整除构成的格.

(1) 画出该格的哈斯图;

(2) 判断$(D_{63}, \leqslant)$是否是一个布尔代数.

24. 设$(B, \wedge, \vee, ', 0, 1)$是一布尔代数，在 L 上定义二元运算⊕为: $a \oplus b = (a \wedge \bar{b}) \vee (\bar{a} \wedge b)$，证明$(L, \oplus)$是一个阿贝尔群.

25. 给定代数系统 $B=(A, \times, +, ')$，其中 $A=\{a, b, c, d\}$，运算表为

表 6.4

×	a	b	c	d
a	a	b	a	b
b	b	b	b	b
c	a	b	c	d
d	b	b	d	d

+	a	b	c	d
a	a	a	c	c
b	a	b	c	d
c	c	c	c	c
d	c	d	c	d

x	x′
a	d
b	c
c	b
d	a

试判定 B 是否是布尔代数?

26. 设 $A=\{a, b, c, d, e, f, g, h\}$, R 是由

$$M_R = \begin{bmatrix} 1 & 1 & 1 & 1 & 1 & 1 & 1 & 1 \\ 0 & 1 & 0 & 0 & 1 & 1 & 1 & 1 \\ 0 & 0 & 1 & 0 & 1 & 1 & 1 & 1 \\ 0 & 0 & 0 & 1 & 0 & 1 & 1 & 1 \\ 0 & 0 & 0 & 0 & 1 & 1 & 1 & 1 \\ 0 & 0 & 0 & 0 & 0 & 1 & 0 & 1 \\ 0 & 0 & 0 & 0 & 0 & 0 & 1 & 1 \\ 0 & 0 & 0 & 0 & 0 & 0 & 0 & 1 \end{bmatrix}$$

定义的关系, 判断(A, R)是否是一个布尔代数.

27. 判断下列图 6.15 所示的偏序集是否是布尔代数, 说明理由.

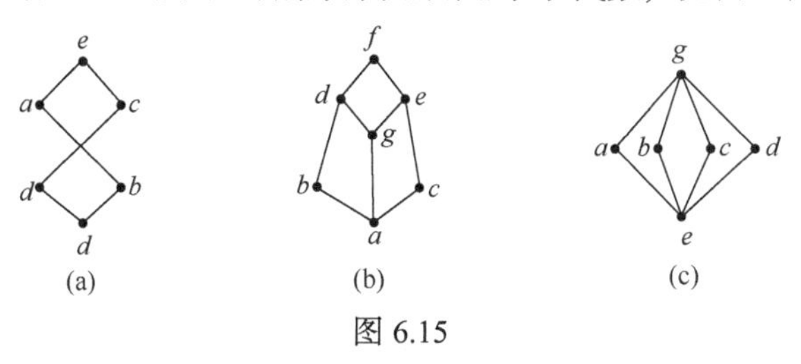

图 6.15

28. 在布尔代数$(B, \wedge, \vee, ', 0, 1)$中, 试简化下列各式.

(1) $(a \wedge b)' \vee (a \vee b)'$;

(2) $(a' \wedge b' \wedge c) \vee (a \wedge b' \wedge c) \vee (a \wedge b' \wedge c')$;

(3) $(a \wedge c) \vee c \vee ((b \vee b') \wedge c)$;

(4) $(1 \wedge a) \vee (0 \wedge a')$.

29. 在布尔代数$(B, \wedge, \vee, ', 0, 1)$中, 试证明:

(1) $a \vee (a' \wedge b)=a \vee b$;

(2) $a \wedge (a' \vee b)=a \wedge b$;

(3) $(a \wedge b) \vee (a \wedge b')=a$;

(4) $(a \wedge b \wedge c) \vee (a \wedge b)=a \wedge b$.

30. 设$U=(\{\varnothing, S_1, S_2, E\}, \cap, \cup, \bar{}, \varnothing, E)$是布尔代数, 其中$S_1=\{a_1, a_2\}$ $S_2=\{a_3, a_4\}$, $E=\{a_1, a_2, a_3, a_4\}$. U的原子集合S是什么? 试画出布尔代数U的哈斯图, 并画出同构于U的布尔代数$V=(\rho(S), \cap, \cup, \bar{}, \varnothing, S)$的哈斯图.

31. 设a, b为布尔代数B中任意元素, 求证: $a=b$当且仅当$(a \wedge b') \vee (a' \wedge b)=0$.

32. 设$(B, \wedge, \vee, ', 0, 1)$是布尔代数, $a \in B$. 称a是**极小的**, 如果$a \neq 0$且对于任意$x \in B$, 有$x \leqslant a$, 那么$x=a$或$x=0$. 证明a是极小的当且仅当a是原子.

33. 设$(D_n, \leqslant)$表示 n 的所有正因子关于整除构成的格. 把下列布尔代数中的每个非零元素写成不同原子的交.

(1) $(D_{42}, \leqslant)$;　　　　(2) $(D_{30}, \leqslant)$.

34. 设$(B, \wedge, \vee, ', 0, 1)$是布尔代数, $k \in B$, $h: B \to B$为如下定义的映射: 对任何$x \in B$,

$$h(x)=x \vee k.$$

(1) 问h是否为一布尔同态, 为什么?

(2) 证明$(h(B), \wedge, ', k, 1)$为布尔代数.

第三篇 图 论

图论(graph theory)是应用数学的一部分，其内容非常丰富，应用也相当广泛．图论始于非常简单的几何思想，它以图为研究对象．图论中的图是由若干给定的点及连接两点的线所构成的图形，这种图形通常用来描述某些事物之间的某种特定关系，用点代表事物，用连接两点的线表示相应两个事物间具有这种关系．因此图论是研究图的抽象性质的一种数学．

图论的最早文字记载出现在欧拉(Euler)1736 年的论著中，他所考虑的原始问题有很强的实际背景．当时，哥尼斯堡(Königsberg)(今俄罗斯加里宁格勒)是东普鲁士的首都，普雷格尔河(Pregel)横贯其中．十八世纪在这条河上建有七座桥，将河中间的两个岛和河岸联结起来．有人提出：是否有可能从小城的任何地方出发，每座桥各走一次，最后又回到原来的出发点．欧拉证明了这种走法不存在．

在图论的历史中，另一个引人入胜的问题是著名的四色问题．四色问题的提出来自英国．1852 年，毕业于伦敦大学的弗兰科·格思里(F. Guthrie)来到一家科研单位搞地图着色工作时，发现了一种有趣的现象：每幅地图都可以用四种颜色着色，使得有共同边界的国家都被着上不同的颜色．这个现象能不能从数学上加以严格证明呢？1852 年 10 月，他让自己的兄弟去请教了著名数学家奥古斯都·德·摩根(A. D. Morgan)．德·摩根也没能找到解决这个问题的途径，于是写信向自己的好友、著名数学家哈密顿(W.R.Halmiton)爵士请教．哈密顿直到 1865 年逝世为止，也没有能够解决此问题．1872 年，当时英国最著名的数学家凯莱(A.Cayley)正式向伦敦数学学会提出了这个问题，于是四色问题成了世界数学界关注的问题．

1878～1880 年，著名律师兼数学家肯普(Kempe)与泰勒两人分别提交了证明四色猜想的论文，宣布证明了四色问题．但是到 1890 年，数学家赫伍德(P.J.Heawood)以自己的精确计算指出肯普的证明是错误的，不久，泰勒的证明也被人们否定了．然而有趣的是，赫伍德发现肯普的方法虽然不能证明四色问题，但却可以证明地图用 5 种颜色就足够了，即五色定理成立．此后四色猜想一直成为人们感兴趣的问题．

1976 年，美国数学家阿佩尔与哈肯在伊利诺斯大学的两台不同的电子计算机上，用了 1200 个小时，做了 100 亿次判断，终于完成了四色问题的证明．不过很多数学家并不满足于计算机取得的成就，他们认为应该有一种简捷明快的书面证明方法，但直到目前为止，还没有一种不依赖于计算机的证明方法.

图论的应用范围非常广泛，比较典型的例子有：1847 年，克希霍夫(Kirchoff)利用图论来分析电路网络中的电流问题，这是利用图论解决工程问题的首篇论文. 1857 年，凯莱应用树的理论解决了异构体的计数问题，其研究开创了图论面向实际应用成功的先例，这也推动了图论的不断发展.

本篇分为两章，第7章主要介绍图论的一般原理，而第8章则介绍树的有关知识，它在计算机科学中有着非常重要的应用. 通过本篇的学习，可以对图论有一个全面和完整的了解，特别是对图论的一般原理、图的矩阵计算及一些常用图有一定的认识，同时能够掌握图论的研究方法.

第7章 图论基础

本章主要介绍图论的基本原理，包括图论中众多的基本概念、基本方法以及图论的矩阵计算等内容，同时介绍一些常用的图，如欧拉图、哈密顿图、平面图以及二部图等，这些内容构成了图论的基础.

7.1 图的基本概念

对于离散结构的刻画，图是一种有力的工具. 我们已经看到，有限集合上的关系可用一种直观的图——有向图来表示. 在运筹规划、网络研究中，在计算机程序流程分析中，都会遇到由称为“结点”和“边”组成的图. 对于这种图形，我们主要关心的是它有多少个结点和哪些结点之间有线连接，至于连线的长短曲直及点的位置都无关紧要. 对这种图进行抽象就得到了作为数学概念的图的定义.

定义 7.1.1 一个**图** G 由非空结点集合 $V=\{v_1, v_2, \cdots, v_n\}$以及边集合 $E=\{e_1, e_2, \cdots, e_m\}$所组成，其中每条边可用一个结点对表示，亦即

$$e_i=(v_j, v_k), \quad i=1, 2, \cdots, m.$$

这样的一个图 G 常用 $G=\langle V(G), E(G)\rangle$来表示，简记为 $G=\langle V, E\rangle$.

例 7.1.1 设 $V=\{a, b, c, d\}$, $E=\{e_1, e_2, e_3, e_4, e_5, e_6, e_7\}$，其中 $e_1=e_2=(a, b)$, $e_3=(c, c)$, $e_4=(a, d)$, $e_5=(d, c)$, $e_6=(b, d)$, $e_7=(a, c)$，则 $G=\langle V, E\rangle$是一个图.

图通常由每个结点用一个点和每条边用一条线连接的图形来表示，称之为 G 的**图形**. 如图 7.1 就给出了例 7.1.1 的 G 的图形.

图往往用来记录关系或连接的信息，在 v_i, v_j 之间的边表示两个结点 v_i 和 v_j 之间的联系. 在图的图形表示中，连接是最重要的信息，一般地，许多不同的图形可以表示同一个图. 如图 7.2 也表示例 7.1.1 的图 G.

图 7.1　　　　图 7.2

例 7.1.2　设有 4 个城市: v_1, v_2, v_3, v_4, 其中 v_1 与 v_2 之间, v_2 与 v_4 之间, v_2 与 v_3 之间有直达航班, 试将此问题用图的方法表示之.

解　以城市为结点, 城市之间的直达航线为边, 则图中的结点集合为

$$V=\{v_1, v_2, v_3, v_4\}.$$

图中的边集为

$$E=\{e_1, e_2, e_3\},$$

其中 $e_1=(v_1, v_2)$, $e_2=(v_2, v_4)$, $e_3=(v_2, v_3)$, 这个图可表示为 $G=\langle V, E\rangle$.

从例 7.1.2 可以看出, 对于结点对之间的边可以有两种不同的理解. 两个城市之间的航班可以是双向的, 也可以是单向的. 如果从 v_1 到 v_2 的航班是双向的, 那么边(v_1, v_2)与(v_2, v_1)有相同的含义, 即结点对与次序无关, 这种结点对称为**无序结点对**. 如果从 v_1 到 v_2 的航班是单向的, 那么边(v_1, v_2)与(v_2, v_1)有不同的含义, 即结点对与次序有关, 这种结点对称为**有序结点对**. 一般地, 对于图, 我们有如下常用术语.

定义 7.1.2　设 $e=(a, b)$是图 $G=\langle V, E\rangle$中的一条边, 若边 e 对应的结点对(a, b)是有序的, 则称边 e 是**有向边**. a 称为 e 的**起点**, b 称为 e 的**终点**, a, b 通称为 e 的**端点**. 称 e 与结点 a, b 是**关联的**, 结点 a 与结点 b 是**邻接的**. 如图 7.3 所示. 不与任何结点邻接的结点称为**孤立结点**. 如图 7.4 中结点 f.

图 7.3　　　　图 7.4

若边 e 对应的结点对(a, b)是无序的, 则称边 e 是**无向边**. 无向边除无起点与终点外, 其他术语与有向边相同.

若一条边所关联的两个结点 a, b 是重合的, 则称此边为**环**. 如图 7.4 中的边 (c, c).

为了叙述方便, 我们约定用 (a, b) 表示无向边, 用 $\langle a, b\rangle$ 表示有向边, 用 $[a, b]$ 既表示有向边又表示无向边. 于是图 7.4 中的 G 可简记为

$$G=\langle V, E\rangle=\langle\{a, b, c, d, e, f\}, \{\langle a, b\rangle, \langle a, d\rangle, \langle c, c\rangle, \langle d, c\rangle, \langle d, e\rangle, \langle e, b\rangle\}\rangle.$$

利用图中边的有向与无向性可将图分成三种类型, 即

无向图　每一条边都是无向边的图, 常用 G 表示; 如图 7.5 所示.

有向图　每一条边都是有向边的图, 常用 D 来表示; 如图 7.4 所示.

混合图　图中一些边是有向边, 另一些边是无向边; 如图 7.6 所示.

图 7.5　　　图 7.6

今后我们只讨论有向图和无向图.

在无向图中, 两结点之间(包括结点自身之间)若多于一条边, 则称这些边为**平行边**. 如图 7.7(a)所示. 在有向图中, 两结点之间(包括结点自身之间)若同始点和同终点的边多于一条, 则称这些边为**平行边**. 如图 7.7(b)所示. 两结点间平行边的条数称为边的**重数**. 仅有一条边时重数为 1, 无边时重数为 0.

定义 7.1.3　含有平行边的图称为**多重图**. 不含平行边和环的图称为**简单图**.

在图 7.7 中(a)和(b)为多重图, 图 7.8 中(a)和(b)为简单图.

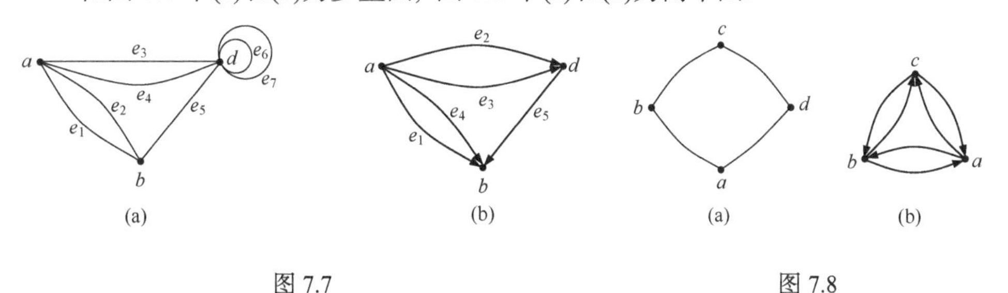

(a)　(b)　(a)　(b)

图 7.7　　　图 7.8

有时在一个图中边的旁侧加一些数字, 以刻画此边的某些数量特征, 称为边的**权**, 带有权的边称为**权边**. 具有权边的图称为**赋权图**, 如图 7.9 所示. 而无权边的图称为**无权图**.赋权图有时候非常有用. 例如, 图 7.9 可表示连接三个城市的公路网, 由于每条公路允许通过的车流量是不同的, 各公路的这一数量特征可用边

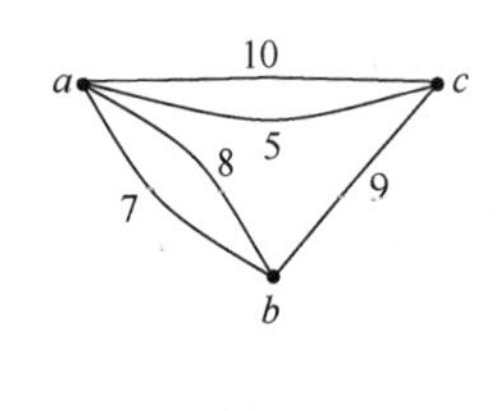

图 7.9

的权来刻画.

定义 7.1.4　在有向图中, $v \in V$, 以 v 为始点的边的条数称为结点 v 的**出度**, 记作 $\deg^+(v)$; 以 v 为终点的边的条数称为结点 v 的**入度**, 记作 $\deg^-(v)$. 结点 v 的出度与入度之和称为结点 v 的**度数**, 记作 $\deg(v)$.

在无向图中, 结点 v 的度数等于与结点 v 相关联的边的条数, 也记作 $\deg(v)$. 孤立结点的度数为零.

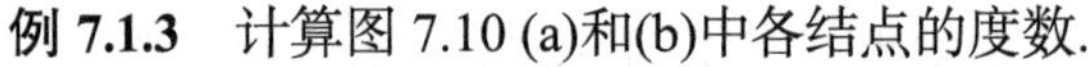

例 7.1.3　计算图 7.10 (a)和(b)中各结点的度数.

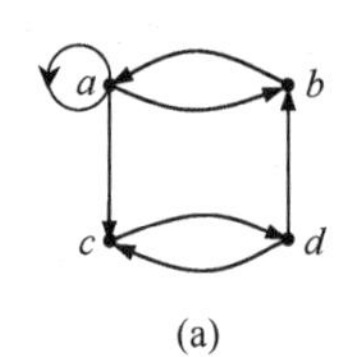

(a)

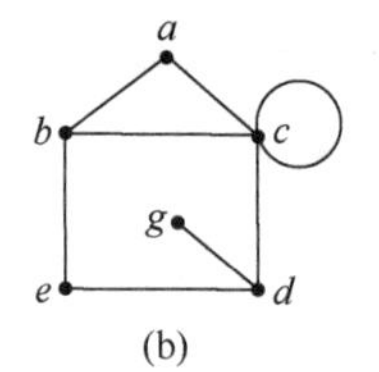

(b)

图 7.10

解　对于图(a), 各结点的度数为: $\deg^+(a)=3$, $\deg^-(a)=2$, $\deg(a)=5$. $\deg^+(b)=1$, $\deg^-(b)=2$, $\deg(b)=3$. $\deg^+(c)=1$, $\deg^-(c)=2$, $\deg(c)=3$. $\deg^+(d)=2$, $\deg^-(d)=1$, $\deg(d)=3$.

对于图(b), 各结点的度数为: $\deg(a)=2$, $\deg(b)=3$, $\deg(c)=5$, $\deg(d)=3$, $\deg(e)=2$, $\deg(g)=1$.

为了方便, 以后我们把具有 n 个结点和 m 条边的图称为(n, m)**图**. 若$|V|=n$, 则称 G 为 n **阶图**. 如果图 G 是一个$(n, 0)$图, 那么称此图为**零图**, 零图是仅由一些孤立结点所组成的. 图 7.11(a) 给出了一个零图. 如果图 G 是一个$(1, 0)$图, 那么称此图为**平凡图**, 即平凡图是仅由一个孤立结点所组成的, 如图 7.11(b)所示.

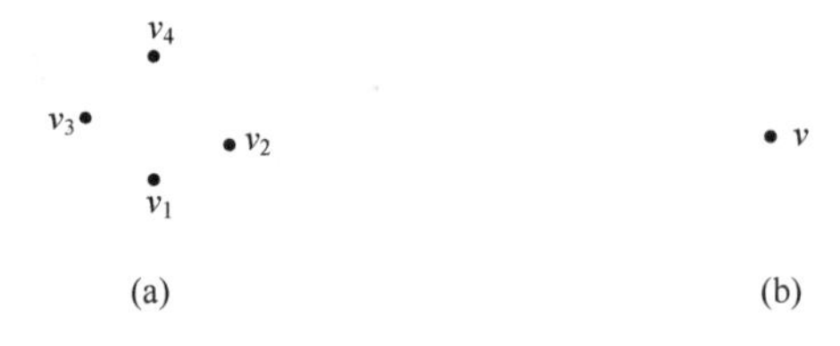

图 7.11

下面给出(n, m)图中结点的度数与边数之间的关系.

定理 7.1.1　设 G 是(n, m)图, 它的结点集合为 $V=\{v_1, v_2, \cdots, v_n\}$, 则

$$\sum_{i=1}^{n} \deg(v_i) = 2m .$$

证　因为每一条边提供两个度数, 而所有各结点度数之和为 m 条边所提供, 所以上式成立.

在有向图中, 上式也可写成

$$\sum_{i=1}^{n}\deg^{+}(v_i)+\sum_{i=1}^{n}\deg^{-}(v_i)=2m.$$

此定理是图论中的基本定理, 常称为**握手定理**.

定理 7.1.2　在图中, 度数为奇数的结点必为偶数个.

证　设度数为偶数的结点有 n_1 个, 记为 v_{E_i} $(i=1, 2, \cdots, n_1)$. 度数为奇数的结点有 n_2 个, 记为 v_{O_j} $(j=1, 2, \cdots, n_2)$. 由定理 7.1.1 得

$$2m=\sum_{i=1}^{n}\deg(v_i)=\sum_{i=1}^{n_1}\deg(v_{E_i})+\sum_{j=1}^{n_2}\deg(v_{O_j}).$$

在上式右端, 因为度数为偶数的各结点度数之和为偶数, 所以第一项度数和为偶数; 若 n_2 为奇数, 则第二项为奇数, 两项之和将为奇数, 这是不可能的, 故 n_2 必为偶数.

例 7.1.4　已知图 G 中有 11 条边, 1 个 4 度结点, 4 个 3 度结点, 其余的结点度数均小于 3, 问 G 中至少有几个结点?

解　设 G 中有 x 个结点, 度数小于 3 的结点数为 $x-5$ 个. 由握手定理, 得

$$2\times 11\leqslant 1\times 4+4\times 3+2(x-5),$$

解之, 得

$$x\geqslant 8,$$

故 G 中至少有 8 个结点.

很多实际问题可以用图来求解. 为了建立一个图的模型, 需要决定结点和边分别代表什么, 一般地, 我们用边表示两个结点之间的关系.

例 7.1.5　在一个部门的 25 个人中间, 由于意见不同, 是否可能每个人恰好与其他 5 个人意见一致?

解　考虑一个图, 其中结点代表人, 如果两个人意见相同, 那么可用边连接. 若每个人恰好与其他 5 个人意见一致, 则每个结点的度数都是奇数, 从而构成一个奇数个结点且每个结点的度数为奇数的图, 由握手定理, 这是不可能的.

下面给出与结点度数有关的概念.

在无向图 G 中, 令

$$\Delta(G)=\max\{\deg(v)\mid v\in V(G)\},$$

$$\delta(G)=\min\{\deg(v)\mid v\in V(G)\}.$$

称 $\Delta(G)$, $\delta(G)$分别为 G 的**最大度**和**最小度**. 在不致混淆的情况下, 将 $\Delta(G)$, $\delta(G)$分别简记为 Δ 和 δ. 如例 7.1.3(a)中, $\Delta=5$, $\delta=3$, 在例 7.1.3(b)中, $\Delta=5$, $\delta=1$.

定理 7.1.3 设 G 为任意 n 阶无向简单图, 则 $\Delta(G)\leqslant n-1$.

证 因为 G 无平行边, 也无环, 所以, G 中任何结点 v 至多与其余 $n-1$ 个结点相邻, 即 $\deg(v)\leqslant n-1$. 由 v 的任意性可知, $\Delta(G)\leqslant n-1$.

在有向图 D 中, 除可定义最大度 $\Delta(D)$和最小度 $\delta(D)$外, 令

$$\Delta^+(D)=\max\{\deg^+(v) \mid v\in V(D)\},$$

$$\delta^+(D)=\min\{\deg^+(v) \mid v\in V(D)\},$$

$$\Delta^-(D)=\max\{\deg^-(v) \mid v\in V(D)\},$$

$$\delta^-(D)=\min\{\deg^-(v) \mid v\in V(D)\}$$

分别称为 D 的**最大出度**、**最小出度**、**最大入度**、**最小入度**. 它们可简记为 Δ^+, δ^+, Δ^-, δ^-.

在例 7.1.3(a)中, $\Delta^+=3$, $\Delta^-=2$, $\delta^+=2$, $\delta^-=1$.

定义 7.1.5 设 $G=\langle V, E\rangle$为 n 阶无向图, $V=\{v_1, v_2,\cdots,v_n\}$, 称 $\deg(v_1)$, $\deg(v_2)$, $\cdots$, $\deg(v_n)$为 G 的**度数列**.

设 $D=\langle V, E\rangle$为 n 阶有向图, $V=\{v_1, v_2, \cdots, v_n\}$, 称 $\deg(v_1)$, $\deg(v_2)$, $\cdots$, $\deg(v_n)$为 D 的**度数列**, 称 $\deg^+(v_1)$, $\deg^+(v_2)$, $\cdots$, $\deg^+(v_n)$与 $\deg^-(v_1)$, $\deg^-(v_2)$, $\cdots$, $\deg^-(v_n)$分别为 D 的**出度列**和**入度列**.

对于结点标定的无向图和有向图, 它的度数列是唯一的.

在例 7.1.3 图(a)中, 按字母顺序, 其度数列为(5, 3, 3, 3); 出度列为(3, 1, 1, 2); 入度列为(2, 2, 2, 1). 在图(b)中, 按结点的标定顺序, 其度数列为(2, 3, 5, 3, 2, 1).

定义 7.1.6 对于给定的非负整数列 $d=(d_1, d_2, \cdots, d_n)$, 若存在以 $V=\{v_1, v_2, \cdots, v_n\}$为结点集的 n 阶无向图 G, 使得 $\deg(v_i)=d_i$ $(i=1, 2, \cdots, n)$, 则称 d 是**可图化的**. 若所得图是简单图, 则称 d 是**可简单图化的**.

对于任意的非负整数列 $d=(d_1, d_2, \cdots, d_n)$是否为可图化的, 我们有如下判定定理.

定理 7.1.4 对于非负整数列 $d=(d_1, d_2, \cdots, d_n)$, 则 d 是可图化的充分必要条件是

$$\sum_{i=1}^{n} d_i \equiv 0(\bmod 2).$$

证 由握手定理可知, 必要条件是显然的. 下面证明其充分性.

由已知条件可知, d 中必有偶数个奇数, 不妨设为 $d_1, d_2, \cdots, d_{2k}$, 对应的奇数度结点为 $v_1, v_2, \cdots, v_{2k}$. 首先在结点 v_r 和 v_{r+k}之间连一条边$(r=1, 2, \cdots, k)$. 然后对

所有 n 个结点, 在 v_i (i=1, 2, …, 2k)处作(d_i−1)/2 个环, 再在 v_j (j=2k+1, 2k+2, …, n)处作 d_j/2 个环, 将所得各边集合在一起组成边集 E, 得到的图 G 满足 $\deg(v_i)=d_i$, 所以 d 是可图化的.

定理 7.1.4 可判断非负整数列是否可图化, 但其是否可简单图化, 可结合定理 7.1.3 与定理 7.1.4 一起来判断.

例 7.1.6 判断下列各非负整数列哪些是可图化的? 哪些是可简单图化的?

(1) (5, 2, 3, 1, 4);

(2) (5, 4, 3, 2, 2);

(3) (3, 3, 3, 1);

(4) (4, 4, 3, 3, 2, 2).

解 除(1)中序列不可图化外, 其余各序列都可图化.

(2) 序列有 5 个数, 若它可简单图化, 设所得图为 G, 则 $\Delta(G)=\max(5, 4, 3, 2, 2)=5$, 这与定理 7.1.3 矛盾. 所以(2)中序列不可简单图化.

(3) 假设序列可以简单图化, 设 $G=\langle V, E\rangle$以(3)中序列为度数列. 不妨设 $V=\{v_1, v_2, v_3, v_4\}$且 $\deg(v_1)=\deg(v_2)=\deg(v_3)=3$, $\deg(v_4)=1$.

由于 $\deg(v_4)=1$, 而 v_4 只能与 v_1, v_2 和 v_3 之一相邻, 于是 v_1, v_2, v_3 不可能都是 3 度结点, 这是矛盾的, 因而(3)中序列也不可简单图化.

(4) 序列是可简单图化的, 图 7.12 中两个 6 阶无向简单图都以(4)中序列为度数列.

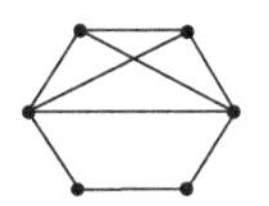
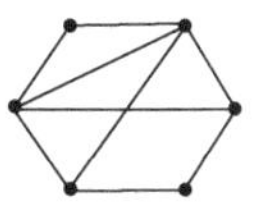

图 7.12

定义 7.1.7 各结点的度数均为 n 的图称为 n **次正则图**.

图 7.13 所示的图称为彼得森(Petersen)图, 是 3 次正则图. 图 7.14 所示的图称为 5 次正则图.

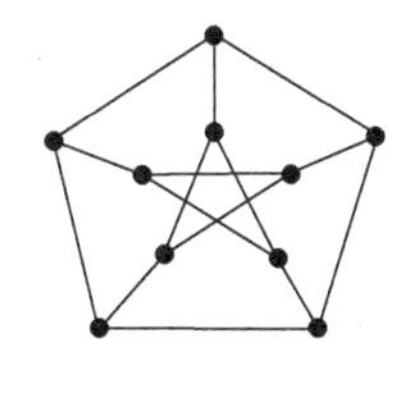

图 7.13

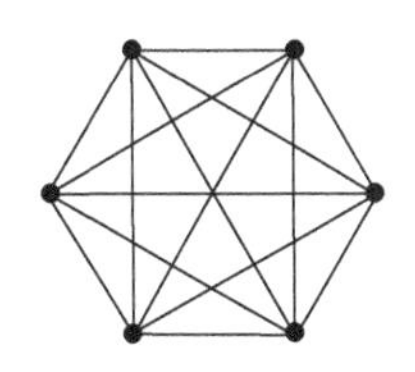

图 7.14

定义 7.1.8 设 $G=\langle V, E\rangle$和 $G'=\langle V', E'\rangle$是两个图.

(1) 如果$V' \subseteq V$且$E' \subseteq E$, 那么称G'是G的**子图**, G是G'的**母图**. 如果$V' \subset V$且$E' \subset E$, 那么称G'为G的**真子图**.

(2) 如果$V'=V$且$E' \subseteq E$, 那么称G'为G的**生成子图**.

(3) 设$V' \subseteq V$且$V' \neq \varnothing$, 以V'为结点集, 以两端点都在V'中的全体边为边集的G的子图, 称为结点集V'的**导出子图**.

(4) 设$E' \subseteq E$且$E' \neq \varnothing$, 以E'为边集, 以E'中边关联的结点的全体为结点集的G的子图, 称为边集E'的**导出子图**.

在图 7.15 中, (b), (c)均为(a)的子图, 也是真子图, (b)是生成子图. (c)是结点子集$\{a, b\}$的导出子图, 也是边集$\{e_1, e_2\}$的导出子图. (b)也是边集$\{e_3, e_4, e_5, e_6\}$的导出子图.

注意, 每个图都是其自身的子图.

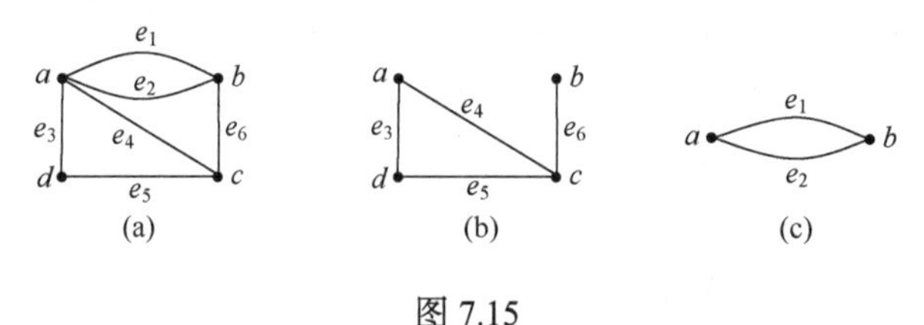

图 7.15

定义 7.1.9 设$G=\langle V, E\rangle$是(n, m)无向简单图, 若G中任一结点都与其余的$n-1$个结点相邻接, 则称G为n**阶无向完全图**, 记作K_n.

图 7.16 为 4 阶完全图K_4及 5 阶完全图K_5.

图 7.16

定理 7.1.5 n个结点的无向完全图K_n的边数是$\frac{1}{2}n(n-1)$.

证 由于K_n中任意两个结点都有边相连, 那么n个结点中任取两个的组合数为

$$\mathrm{C}_n^2 = \frac{1}{2}n(n-1),$$

即为K_n的边数.

由完全图可引出补图的概念.

定义 7.1.10 设$G=\langle V, E\rangle$和$G'=\langle V, E'\rangle$是两个图, 如果$E \cap E'=\varnothing$且$G''=\langle V, E$

$\cup E'\rangle$是完全图，那么称图 G'是图 G 的**补图**.

由定义可以看出 G 也是图 G'的补图，即二者互为补图. 图 7.17 中(a)与(b)互为补图.

图 7.17

图是表达事物之间关系的工具，在画图时，由于结点位置的不同，边的曲、直不同，同一个事物之间的关系可能画出不同形状的图来，因而有图的同构的概念.

定义 7.1.11　设 $G_1=\langle V_1, E_1\rangle$和 $G_2=\langle V_2, E_2\rangle$是两个图，若存在双射$\varphi: V_1\to V_2$，使得对于任意 $a, b\in V_1$, $[a, b]\in E_1$ 当且仅当$[\varphi(a), \varphi(b)]\in E_2$，并且$[a, b]$和$[\varphi(a), \varphi(b)]$有相同的重数，则称 G_1 和 G_2 是**同构**的，记作 $G_1\cong G_2$.

两个同构的图除了结点和边的名称不同外，实际上代表同样的组合结构. 到目前为止，判断两个图同构还只能从定义出发.

分析图的同构定义可知，两个图同构，除了两个图的各结点与边之间存在一一对应关系外，而且这种对应关系还保持结点间的邻接关系(在有向图时还保持边的方向)和边的重数，因此有如下两个图同构的必要条件：

(1) 结点数相等；

(2) 边数相等；

(3) 度数相同的结点数相等.

需要说明的是这几个条件不是两个图同构的充分条件.

例 7.1.7　判断图 7.18 所示的(a)与(b)两图是否同构？

解　对于图(a)与(b)，可作映射：$\varphi(1)=v_3$, $\varphi(2)=v_1$, $\varphi(3)=v_4$, $\varphi(4)=v_2$. 则φ为双射. 在此双射φ下，边$\langle 1, 2\rangle$, $\langle 1, 3\rangle$, $\langle 2, 4\rangle$和$\langle 3, 4\rangle$分别映射到$\langle v_3, v_1\rangle$, $\langle v_3, v_4\rangle$, $\langle v_1, v_2\rangle$和$\langle v_4, v_2\rangle$，而后面这些边又是(b)中仅有的边，因此两图是同构的.

图 7.18

例 7.1.8　判断图 7.19 所示的(a)和(b)两图是否同构？

解 两图满足同构的必要条件, 但两图却不同构. 因为在两图中, 仅有(a)中 u_1 与(b)中 v_1 度数是 3, 所以(a)中的 u_1 应与(b)中的 v_1 相对应. 但(a)中的 u_1 与两个度数为 1 的结点 u_5, u_6 邻接, 而(b)中的 v_1 仅与一个度数为 1 的结点 v_6 邻接, 即二者邻接关系不一样, 因此二者不同构.

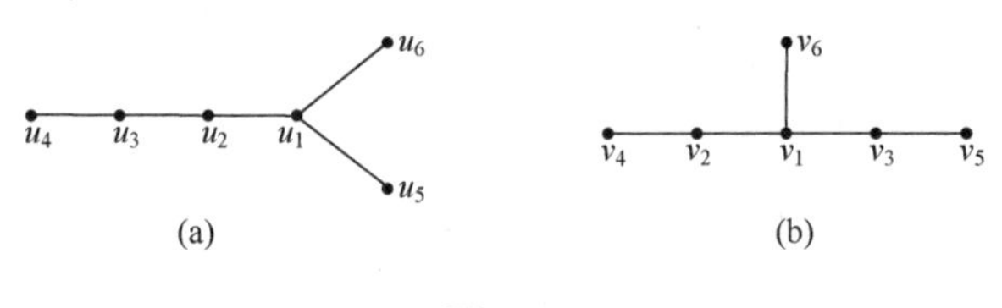

图 7.19

7.2 路径与图的连通性

在解决实际问题时, 我们常常要考虑这样的问题: 如何从一个图 G 中的给定结点出发, 沿着一些边连续移动而到达另一个指定结点, 这种依次由点和边组成的序列, 就形成了路的概念. 本节先讨论有向图的路径与回路, 然后再将其推广到无向图中.

7.2.1 路径与回路

定义 7.2.1 设有向图 $D=\langle V, E\rangle$, 从结点 v_0 到结点 v_n 的一条**路径**是图的一个点边交替序列

$$\Gamma=(v_0e_1v_1e_2v_2\cdots e_nv_n),$$

其中 v_{i-1} 和 v_i 分别是边 e_i 的始点和终点, $i=1, 2, \cdots, n$. 路径 Γ 中所含边的条数称为路径 Γ 的**长度**. 长度为0的路径定义为单独一个结点.

在 Γ 中, 如果同一条边不出现两次, 那么称此路径是**简单路径**或**迹**; 如果同一结点不出现两次, 那么称此路径是**基本路径**或**轨道**.

如果路径的始点 v_0 和终点 v_n 相重合, 即 $v_0=v_n$, 那么称此路径为**回路**, 没有相同边的回路称为**简单回路**; 通过各结点不超过一次的回路称为**基本回路**或**圈**.

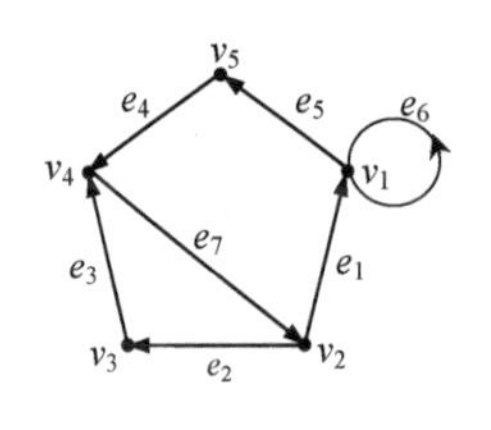

图 7.20

由定义可知, 基本路径(基本回路)是简单路径(简单回路), 但反过来不一定成立.

例 7.2.1 在图 7.20 中,

$\Gamma_1=(v_2e_1v_1e_6v_1e_5v_5e_4v_4)$是一条长度为 4 的路径.

$\Gamma_2=(v_3e_3v_4e_7v_2e_1v_1)$是一条长度为 3 的基本路径.

$\Gamma_3=(v_2e_2v_3e_3v_4e_7v_2e_1v_1e_6v_1e_5v_5e_4v_4e_7v_2)$是一条长度为 8 的回路.

$\Gamma_4=(v_4e_7v_2e_2v_3e_3v_4)$是一条长度为3的基本回路.

在无向图中, 以上各术语的定义完全类似, 故不重复. 路径和回路也可仅用边的序列表示, 在非多重图时也可用结点序列表示.

如例7.2.1的Γ_2可表示为

$$(e_3e_7e_1) \quad 或 \quad (v_3v_4v_2v_1).$$

任一路径中, 如果删去所有回路, 那么必得基本路径. 例如Γ_1中删去回路$(v_1e_6v_1)$就可得到基本路径$\Gamma_5=(v_2e_1v_1e_5v_5e_4v_4)$. 任一回路中, 如果删去中间所有其余回路, 那么必得基本回路. 例如Γ_3中删去回路$(v_2e_2v_3e_3v_4e_7v_2)$和$(v_1e_6v_1)$就可得到基本回路:

$$\Gamma_6=(v_2e_1v_1e_5v_5e_4v_4e_7v_2).$$

关于基本路径与基本回路的长度, 我们有如下定理.

定理 7.2.1　设G是具有n个结点的图, 则

(1) 任何基本路径的长度不大于$n-1$;

(2) 任何基本回路的长度不大于n.

证　(1) 在基本路径中各结点均是不同的, 任何长度为r的基本路径中, 不同结点的个数为$r+1$, 而图中仅有n个不同的结点, 故$r+1\leqslant n$, 从而得$r\leqslant n-1$.

(2) 对于长度为r的基本回路中, 不同结点的个数为r, 而图中仅有n个不同的结点, 故$r\leqslant n$.

例 7.2.2　在例7.2.1中, 考虑路径$\Gamma_1=(v_2e_1v_1e_6v_1e_5v_5e_4v_4)$其长度为4, 去掉$v_1$到$v_1$之间的回路$(v_1e_6v_1)$, 所得的基本路径是$(v_2e_1v_1e_5v_5e_4v_4)$, 其边数为$3<5-1=4$.

考虑回路$\Gamma_3=(v_2e_2v_3e_3v_4e_7v_2e_1v_1e_6v_1e_5v_5e_4v_4e_7v_2)$, 其长度为8, 去掉$v_2$到$v_2$之间的回路$(v_2e_2v_3e_3v_4e_7v_2)$和$v_1$到$v_1$之间的回路$(v_1e_6v_1)$, 所得的基本回路是$(v_2e_1v_1e_5v_5e_4v_4e_7v_2)$, 其边数为$4<5$.

利用路径的概念可定义可达性.

定义 7.2.2　设$D=\langle V, E\rangle$是图, $v_i, v_j\in V$. 如果从v_i到v_j存在一条路径, 那么称v_i, v_j是**可达**的. 规定v_i到自身总是可达的.

如果从v_i到v_j是可达的, 那么在v_i和v_j之间的路径可能只有一条, 也可能存在多条, 但这些路径中, 我们比较感兴趣是长度最短的路径, 这种路径称为**短程线**. 而短程线的长度称为从v_i到v_j的**距离**, 记作$d(v_i, v_j)$. 若从v_i到v_j不可达, 则$d(v_i, v_j)=\infty$.

在例7.2.1中, 从v_2到v_4是可达的, 在v_2和v_4之间的路径有多条, 如

$$\Gamma_1=(v_2e_1v_1e_6v_1e_5v_5e_4v_4);$$
$$\Gamma_2=(v_2e_1v_1e_5v_5e_4v_4);$$
$$\Gamma_3=(v_2e_2v_3e_3v_4).$$

其短程线为Γ_3, $d(v_2, v_4)=2$.

注意, 在有向图中, $d(v_i, v_j)$不一定等于$d(v_j, v_i)$. 但一般地满足如下性质:

(1) $d(v_i, v_j)\geqslant 0$;

(2) $d(v_i, v_i)=0$;

(3) $d(v_i, v_j)+d(v_j, v_k)\geqslant d(v_i, v_k)$.

7.2.2 图的连通性

对于无向图, 我们可以类似定义可达的概念, 因而可以讨论无向图的连通性.

定义 7.2.3 在无向图 G 中, 如果它的任意两个结点都是可达的, 那么称图 G 是**连通**的; 否则, 称图 G 是**非连通**的.

例 7.2.3 图 7.21(a)和(b)均为连通的, 但图 7.22 是非连通的.

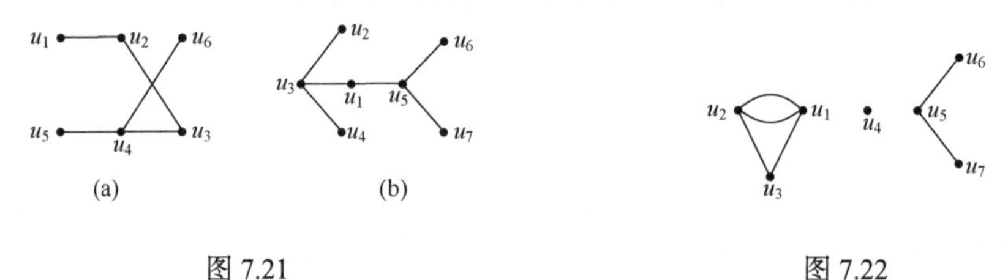

图 7.21　　图 7.22

不难证明, 无向图中结点之间的连通性是结点集V上的等价关系R, 因此对应等价关系R, 必可对结点集V作出一个划分, 把V分成非空子集$V_1, V_2, \cdots, V_m$, 则它们的导出子图$G(V_1), G(V_2), \cdots, G(V_m)$都是连通的, 我们称子图$G(V_1), G(V_2), \cdots, G(V_m)$为图$G$的**连通分支**, 其连通分支数记作$\omega(G)$.

显然, 若$\omega(G)=1$, 则G是连通图; 若$\omega(G)\geqslant 2$, 则G是非连通图. 如图7.22有三个连通分支, 因此$\omega(G)=3$.

在一个连通图中, 通常存在一些关键的点或边, 如果删去图中的这些点或边, 那么图的连通性受到影响.

所谓删去图 G 的一个结点 v, 就是删去结点 v 和与 v 关联的所有边. 如图 7.23(b)所示.

所谓删去图 G 的一条边 e, 就是仅删去边 e 而保留与边 e 关联的结点. 如图 7.23(c)所示.

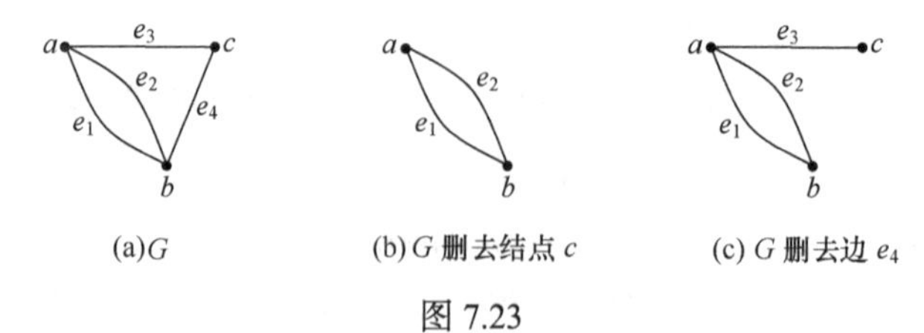

图 7.23

对应于上面两种图的操作，我们有以下定义.

定义 7.2.4　设无向图 $G=\langle V, E\rangle$为连通图，若存在点集 $V_1 \subseteq V$，使图 G 删除 V_1 的所有结点后，所得的子图是不连通图，而删除 V_1 的任何真子集后，所得到的子图仍是连通图，则称 V_1 是 G 的一个**点割集.** 若点割集只有一个结点 v，则称该结点 v 为图 G 的**割点**.

如图 7.24(a)所示，取 $V_1=\{v_2, v_3\}$，删除 V_1 的所有结点后，所得的子图成为具有两个连通分支的非连通图(b)，因此，$V_1=\{v_2, v_3\}$是 G 的一个点割集. 类似地，$\{v_5, v_6\}$, $\{v_4\}$也是 G 的点割集.

如果取 $V_1=\{v_4\}$，那么删除结点 v_4后，所得的子图成为具有两个连通分支的非连通图，如图 7.24 (c)所示，所以 v_4是 G 的一个割点.

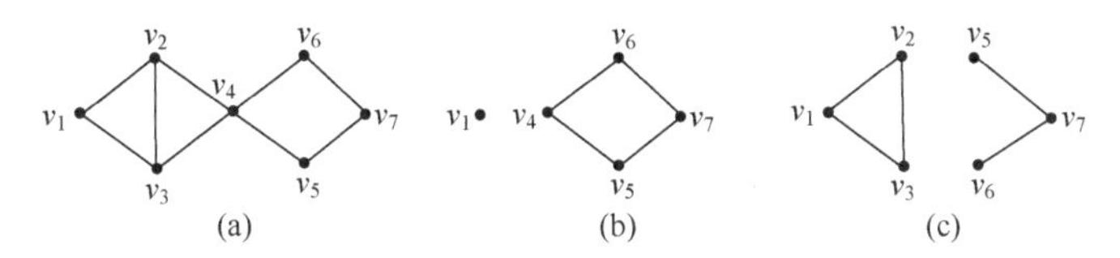

图 7.24

定理 7.2.2　连通无向图 G 中的结点 v 是割点的充要条件是，存在两个结点 u 和 w，使得连接结点 u 和 w 的每一条路径都通过 v.

证　若结点 v 是连通图 $G=\langle V, E\rangle$的一个割点，删去 v 得到子图 G'，则 G'至少包含两个连通分支:

$$G_1=\langle V_1, E_1\rangle,\quad G_2=\langle V_2, E_2\rangle$$

任取 $u\in V_1, w\in V_2$，因为 G 是连通的，故在 G 中必有一条连结 u 和 w 的路径Γ，但 u 和 w 在 G'中属于两个不同的连通分支，故 u 和 w 必不连通，因此Γ必须通过 v，故 u 和 w 之间的每一条路径都通过 v.

反之，若连接图 G 中两个结点 v_i 和 v_j 的每一条路径都通过 v，删去 v 得到子图 G''，在 G''中，此二结点必不连通，故 v 是图 G 的割点.

定义 7.2.5　设 G 不是完全图，我们称

$$\kappa(G)=\min\{|V_1| \mid V_1\text{是 } G \text{ 的点割集}\}$$

为 G 的**点连通度**，简称**连通度**.

由定义可知，连通度$\kappa(G)$是为了生成一个不连通图而需要删去的结点的最少数目. 对于一些特殊的图，我们很容易得到其连通度.

不连通图的连通度等于 0. 存在割点的连通图其连通度为 1. 如图 7.24(a)所示. 完全图 K_n 中，删去任何 m 个($m<n-1$)结点后仍是连通图，但是删去了 $n-1$ 个结点后成为仅有一个孤立结点的平凡图，故$\kappa(K_n)=n-1$.

与点割集、割点类似, 我们可以定义边割集、割边.

定义 7.2.6　无向图 $G=\langle V, E\rangle$为连通图, 若存在边集 $E_1 \subseteq E$, 使图 G 删除 E_1 的所有边后, 所得的子图是不连通图, 而删除 E_1 的任何真子集后, 所得到的子图仍是连通图, 则称 E_1 是 G 的一个**边割集**. 若边割集只有一条边 e, 则称边 e 为 G 的**割边**或**桥**.

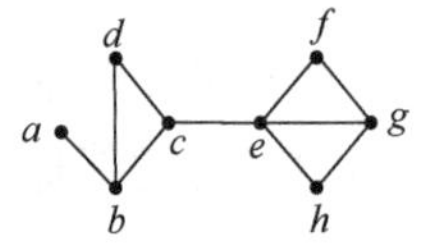

图 7.25

例 7.2.4　如图 7.25 所示的图 G 的割点为 b, c, e. 桥为 e_{ab}, e_{ce}.

与点连通度相似, 我们有以下定义.

定义 7.2.7　设 G 是非平凡图, 我们称

$$\lambda(G)=\min\{|E_1| \mid E_1 \text{是 } G \text{ 的边割集}\}$$

为 G 的**边连通度**.

边连通度$\lambda(G)$是为了生成一个不连通图而需要删去的边的最少数目. 对于平凡图 G, 有$\lambda(G)=0$; 不连通图也有$\lambda(G)=0$.

对图 7.26(a)中的图 G, 删去边 e_{cd}得到图 7.26(b), 图 G 变得不连通, 因此, $\lambda(G)=1$.

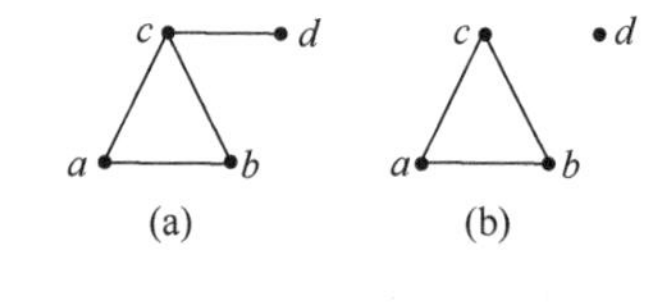

图 7.26

显然, 点、边连通度$\kappa(G)$和$\lambda(G)$都是使连通图不再连通需删去的结点或边的最少数目, 它们的数值越小, 图的连通性越脆弱.

关于图G的三个参数$\kappa(G)$, $\lambda(G)$, $\delta(G)$有如下关系.

定理 7.2.3　设 $G=\langle V, E\rangle$为无向图, 则有$\kappa(G)\leqslant\lambda(G)\leqslant\delta(G)$.

证　若 G 为不连通图或单一孤立结点的图, 那么由定义可知

$$\kappa(G)=\lambda(G)=0\leqslant\delta(G) \text{ 或 } \kappa(G)=\lambda(G)=\delta(G)=0.$$

若 G 为完全图 K_n, 则$\kappa(G)=\lambda(G)=\delta(G)=n-1$.

对其他情况, 我们先证$\lambda(G)\leqslant\delta(G)$. 由于度数最小的那个结点上邻接的所有边被删除后, G 显然不再连通, 因而$\lambda(G)$至多是$\delta(G)$, 即$\lambda(G)\leqslant\delta(G)$.

再证$\kappa(G)\leqslant\lambda(G)$. 在 G 中删去构成割集的$\lambda(G)$条边, 将产生 G 的两个子图 G_1, G_2, 此时, 没有任何边的两个端点分别在 G_1, G_2 中. 显然, 这$\lambda(G)$条边在 G_1, G_2 中的端点至多为 $2\lambda(G)$个, 那么至多去掉$\lambda(G)$个结点(分别为这$\lambda(G)$条边的端点), 同样会使 G 不连通, 因此 G 的点连通度$\kappa(G)$不超过$\lambda(G)$, 即$\kappa(G)\leqslant\lambda(G)$.

对于有向图的连通性, 与无向图的连通性不同.

定义 7.2.8　在有向图 D 中, 如果任意两结点对中, 至少从一个结点到另一个结点是可达的, 那么称图 D 是**单向连通**的; 如果在任意两结点对中, 两结点都可以互相可达, 那么称图D是**强连通**的; 如果它的底图(忽略边的方向)是连通的, 那

么称图 D 是**弱连通**的.

需要说明的是, 强连通的也一定是单向连通和弱连通的, 单向连通的一定是弱连通的, 但其逆均不真.

图 7.27 中, (a)是强连通的, (b)是单向连通的, (c)是弱连通的.

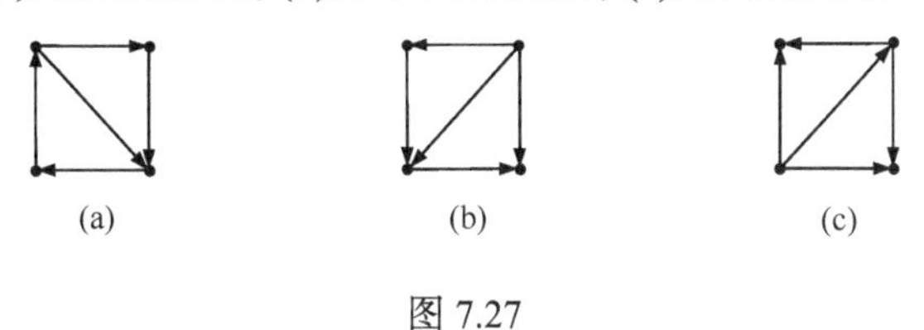

图 7.27

与无向图定义连通分支类似. 设$D=\langle V, E\rangle$是有向图, 定义$R=\{\langle u, v\rangle \mid u, v\in V, u$与$v$相互可达$\}$, 显然, 二元关系$R$具有自反性, 对称性和传递性, 即$R$是$V$上的一个等价关系. 故$R$把$V$划分成若干个等价类$V_1, V_2, \cdots, V_k$, 则它们的导出子图$D(V_1), D(V_2), \cdots, D(V_k)$都是强连通的, 我们称子图$D(V_1), D(V_2), \cdots, D(V_k)$为图$D$的**强分图**. 单向分图, 弱分图用类似的方法可以得到.

利用图的连通性, 可以研究很多计算机科学中的问题, 现举一例说明.

在计算机系统中允许多个程序同时工作, 各个程序执行过程中要动态地申请一些资源. 有时各程序对资源的请求可能会出现冲突, 如程序 p_1 控制着资源 r_1 而又申请资源 r_2; 程序 p_2 控制着资源 r_2 而又申请资源 r_1, 此时, 这两个程序 p_1 和 p_2 将长期互相等待而都无法继续工作, 这就产生了所谓的"死锁"状态.

若用点表示系统中的资源, 程序 p_k 占有资源 r_i 又调用资源 r_j, 则从结点 r_i 到 r_j 用一条有向边相连, 在任意一瞬时计算机资源的状态图, 都构成一个有向图, 称为资源分配图. 如果资源分配图包含强连通子图, 计算机系统就会处于死锁状态. 死锁现象是设计操作系统时应尽量避免的, 而利用资源分配图就可以发现并纠正死锁.

如, 设资源集合为$R=\{r_1, r_2, r_3, r_4\}$, 程序集合为$P=\{p_1, p_2, p_3, p_4\}$, 且资源分配状态为:

p_1 占有资源 r_4 而又申请资源 r_1;

p_2 占有资源 r_1 而又申请资源 r_2 和 r_3;

p_3 占有资源 r_2 而又申请资源 r_3;

p_4 占有资源 r_3 而又申请资源 r_1 和 r_4.

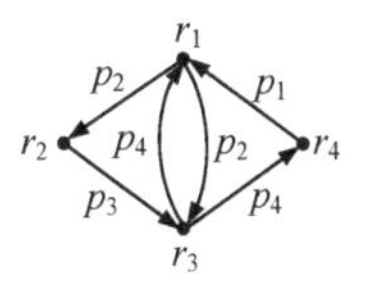

图 7.28

它们的资源分配图 $D=\langle R, P\rangle$如图 7.28 所示. 因为图 7.28 是强连通图, 所以系统处于死锁状态.

7.3　图的矩阵表示

用图形表示一个图，在图较为简单的情况下，具有直观、明了的优越性，但对于复杂的图，这种方法就不太方便了，因此有必要引进新的表示方法. 矩阵是研究图的性质的最有效工具之一. 用矩阵来表示图，可以充分利用代数的知识，将图的问题变为代数计算问题，同时也便于计算机处理. 本节主要讨论图的邻接矩阵、可达矩阵和关联矩阵.

7.3.1　邻接矩阵

定义 7.3.1　设 $D=\langle V, E\rangle$是不含平行边的有向图，$V=\{v_1, v_2, \cdots, v_n\}$，假设各结点按一定顺序从 v_1 到 v_n 排列，定义矩阵 $A=(a_{ij})_{n\times n}$，其中

$$a_{ij}=\begin{cases}1, & \langle v_i, v_j\rangle \in E, \\ 0, & \langle v_i, v_j\rangle \notin E,\end{cases}$$

则称 A 为图 D 的**邻接矩阵**.

例7.3.1　写出图7.29的邻接矩阵.

$$A=\begin{bmatrix}1 & 1 & 0 & 0\\ 1 & 0 & 0 & 0\\ 1 & 1 & 0 & 0\\ 0 & 0 & 0 & 0\end{bmatrix}.$$

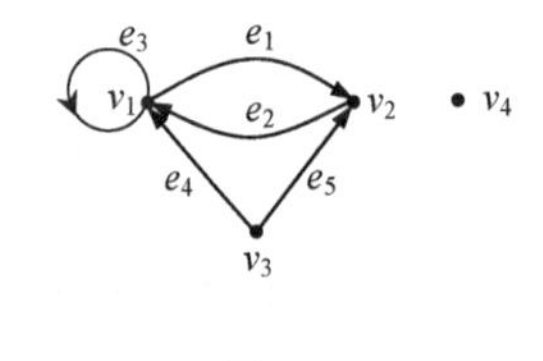

图 7.29

从定义可以看出，有向图 $D=\langle V, E\rangle$的邻接矩阵与 V 中的元素标定次序有关，对于 V 中各元素不同的标定次序可得到同一图D的不同邻接矩阵. 因此，图的邻接矩阵不唯一. 一般地，若不具体说明结点的排列顺序，则默认为书写集合 V 时结点的顺序.

邻接矩阵的概念可以推广到无向图，只需将以上定义中的$\langle v_i, v_j\rangle$换成(v_i, v_j). 有向图的邻接矩阵不一定是对称的，而无向图的邻接矩阵都是对称的. 对有向图推出的结论都可以平行地用到无向图上.

邻接矩阵的概念还可以推广到多重图和赋权图. 对多重图，a_{ij} 代表从 v_i 到 v_j 的边的重数；对赋权图，a_{ij} 代表权 $w(i, j)$.

当有向图代表关系时，邻接矩阵就是前边讲过的关系矩阵. 类似于关系图和关系矩阵的对应关系，由邻接矩阵也可以很容易地辨认出其对应的图中各结点间的邻接关系.

例如，图$D=\langle V, E\rangle$的邻接矩阵为

$$A=\begin{bmatrix}0&1&1&0\\1&1&0&1\\1&1&0&0\\0&1&0&1\end{bmatrix},$$

则由邻接矩阵可知此图有两个环，它们分别在v_2和v_4上.

另外，若邻接矩阵的元素全为 0，则对应的图为零图. 若邻接矩阵的元素除主对角线上元素全为 0，而其余元素全为 1，则对应的图为完全图. 若邻接矩阵为单位矩阵，则对应的图中每一个结点都有自回路而无其他边.

通过对邻接矩阵的元素的运算还可获得对应图的某些数量特征. 设有向图$D=\langle V, E\rangle$的邻接矩阵为

$$A=\begin{bmatrix}a_{11}&a_{12}&\cdots&a_{1n}\\a_{21}&a_{22}&\cdots&a_{2n}\\\vdots&\vdots&&\vdots\\a_{n1}&a_{n2}&\cdots&a_{nn}\end{bmatrix},$$

则容易得出图的如下特征:

(1) D 中元素 v_i 的出度、入度、度数分别为

$$\deg^+(v_i)=\sum_{k=1}^{n}a_{ik};$$

$$\deg^-(v_i)=\sum_{k=1}^{n}a_{ki};$$

$$\deg(v_i)=\sum_{k=1}^{n}(a_{ik}+a_{ki}).$$

(2) D 中边的总数，即 D 中长度为 1 的路径总数为$\sum_{i=1}^{n}\sum_{j=1}^{n}a_{ij}$. D 中环的个数，即长度为 1 的回路总数为$\sum_{k=1}^{n}a_{kk}$.

现在我们计算从结点 v_i 到结点 v_j 的长度为 2 的路径的数目. 由于每条从 v_i 到 v_j 的长度为 2 的路径，必须经过一个中间结点 v_k，即 $v_i\to v_k\to v_j$ $(1\leqslant k\leqslant n)$. 如果图 D 中有路径 $v_iv_kv_j$ 存在，那么 $a_{ik}=a_{kj}=1$，从而 $a_{ik}\cdot a_{kj}=1$. 反之，如果图 D 中不存在路径 $v_iv_kv_j$，那么 $a_{ik}=0$ 或 $a_{kj}=0$，则 $a_{ik}\cdot a_{kj}=0$. 于是从结点 v_i 到结点 v_j 的长度为 2 的路径的数目为

$$a_{i1}\cdot a_{1j}+a_{i2}\cdot a_{2j}+\cdots+a_{in}\cdot a_{nj}=\sum_{k=1}^{n}a_{ik}\cdot a_{kj}.$$

按照矩阵的乘法规则，它恰好等于矩阵 A^2 中第 i 行，第 j 列的元素 $a_{ij}^{(2)}$，其中

$$A^2=(a_{ij}^{(2)})_{n\times n}=\begin{bmatrix} a_{11} & a_{12} & \cdots & a_{1n} \\ a_{21} & a_{22} & \cdots & a_{2n} \\ \vdots & \vdots & & \vdots \\ a_{n1} & a_{n2} & \cdots & a_{nn} \end{bmatrix}\cdot\begin{bmatrix} a_{11} & a_{12} & \cdots & a_{1n} \\ a_{21} & a_{22} & \cdots & a_{2n} \\ \vdots & \vdots & & \vdots \\ a_{n1} & a_{n2} & \cdots & a_{nn} \end{bmatrix}.$$

因此，从结点 v_i 到结点 v_j 的长度为 2 的路径的数目为 $a_{ij}^{(2)}$，结点 v_i 的长度为 2 的回路的数目为 $a_{ii}^{(2)}$.

从结点 v_i 到结点 v_j 的长度为 3 的路径，可以看作是由 v_i 到 v_k 的一条长度为 1 的路径，再联结 v_k 到 v_j 的一条长度为 2 的路径，故 v_i 到 v_j 的长度为 3 的路径数目为

$$a_{ij}^{(3)}=\sum_{k=1}^{n}a_{ik}\cdot a_{kj}^{(2)}.$$

即 $A^3=(a_{ij}^{(3)})_{n\times n}$. 一般地，设 $A^k=(a_{ij}^{(k)})_{n\times n}$，由上述分析，可得下面定理.

定理 7.3.1 设 A 是图 D 的邻接矩阵，$V=\{v_1, v_2, \cdots, v_n\}$，则 A^k 中的元素 $a_{ij}^{(k)}$ 为从 v_i 到 v_j 的长度为 k 的路径数目，$\sum\limits_{i,j}a_{ij}^{(k)}$ 为 D 中长度为 k 的路径总数，$\sum\limits_{i}a_{ii}^{(k)}$ 为 D 中长度为 k 的回路总数.

证 利用数学归纳法易证，留给读者作为练习.

若令矩阵

$$B_1=A,\quad B_2=A+A^2,\ \cdots,\ B_r=A+A^2+\cdots+A^r.$$

由定理 7.3.1 可得下面推论.

推论 7.3.1 设 $B_r=(b_{ij}^{(r)})$ $(r\geqslant 1)$，则 B_r 中元素 $b_{ij}^{(r)}$ 为从 v_i 到 v_j 的长度不超过 r 的路径数目，$\sum\limits_{i,j}b_{ij}^{(r)}$ 为 D 中所有长度不超过 r 的路径总数，$\sum\limits_{i}b_{ii}^{(r)}$ 为 D 中所有长度不超过 r 的回路总数.

例 7.3.2 设有向图 $D=\langle V, E\rangle$，如图 7.30 所示. 其邻接矩阵为

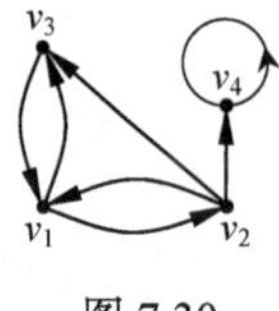

图 7.30

$$A=\begin{bmatrix} 0 & 1 & 1 & 0 \\ 1 & 0 & 1 & 1 \\ 1 & 0 & 0 & 0 \\ 0 & 0 & 0 & 1 \end{bmatrix}.$$

通过计算可以得到

$$A^2=\begin{bmatrix}2&0&1&1\\1&1&1&1\\0&1&1&0\\0&0&0&1\end{bmatrix},\quad A^3=\begin{bmatrix}1&2&2&1\\2&1&2&2\\2&0&1&1\\0&0&0&1\end{bmatrix},\quad A^4=\begin{bmatrix}4&1&3&3\\3&2&3&3\\1&2&2&1\\0&0&0&1\end{bmatrix}.$$

$$B_4=A+A^2+A^3+A^4=\begin{bmatrix}7&4&7&5\\7&4&7&7\\4&3&4&2\\0&0&0&4\end{bmatrix}.$$

由上面矩阵, 我们可以得到一些结论. 例如, 从结点 v_3 到 v_4 的长度为 2 的路径不存在, 长度为 3 的路径有 1 条, 长度为 4 的路径有 1 条. 从 v_3 出发的长度为 4 的回路有 2 条. 从 v_3 到 v_4 长度不超过 4 的路径总共有 2 条.

利用图 D 的邻接矩阵 A, 通过计算出 $A, A^2, \cdots, A^n, \cdots$, 可以看出从结点 v_i 到结点 v_j 是否存在路径, 若存在路径, 其长度、路径数目都可以很容易的求出来. 但 A^k 要计算到何时为止? 根据定理 7.2.1 可知, 如果简单有向图 D 有 n 个结点 $V=\{v_1, v_2, \cdots, v_n\}$, 那么基本路径的长度不超过 $n-1$, 基本回路的长度不超过 n, 因此, 只需考察 $B_{n-1}=A+A^2+\cdots+A^{n-1}$ 或 $B_n=A+A^2+\cdots+A^n$ 即可.

7.3.2 可达矩阵

如果仅研究从 v_i 到 v_j 是否存在一条任意长的路径, 而不关心路径的数量, 那么只需考虑矩阵 $B_n=(b_{ij})_{n\times n}$:

$$B_n=A+A^2+\cdots+A^n.$$

若 $b_{ij}\neq 0$, 则表示从 v_i 到 v_j 是可达的; 若 $b_{ij}=0$, 则表示从 v_i 到 v_j 是不可达的; 即 b_{ij} 反映了结点间的可达性. 因此, 我们有可达矩阵的概念.

定义 7.3.2　设 $D=\langle V, E\rangle$ 是有向图, $V=\{v_1, v_2, \cdots, v_n\}$, 假设各结点按一定顺序排列, 定义矩阵 $P=(p_{ij})_{n\times n}$, 其中

$$p_{ij}=\begin{cases}1, & B_n\text{中}b_{ij}\neq 0,\\ 0, & B_n\text{中}b_{ij}=0.\end{cases}$$

则称 P 为图 D 的**可达矩阵**.

可达矩阵表明了图中任意两个结点间是否存在一条路径, 以及在任何结点上是否存在回路. 一般地, 可由图 D 的邻接矩阵 A 得到可达性矩阵 P, 即令 $B_n=A+A^2+\cdots+A^n$, 再将 B_n 中不为零的元素均改换为 1, 而零元素不变, 这个改换后的矩阵即为可达矩阵 P.

例如, 例 7.3.2 所给的图的可达性矩阵是

$$P=\begin{bmatrix}1&1&1&1\\1&1&1&1\\1&1&1&1\\0&0&0&1\end{bmatrix}.$$

一般计算 B_n 或 B_{n-1} 工作量较大, 可把邻接矩阵作为布尔矩阵, 用布尔矩阵运算直接求得. 我们在关系的运算中, 已介绍过布尔矩阵运算方法, 这里不再重复.

例 7.3.3 设有向图 $D=\langle V, E\rangle$, 如图 7.31 所示, 求其可达矩阵.

解 图 D 的邻接矩阵为

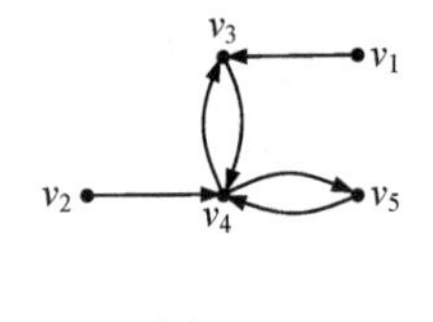

图 7.31

$$A=\begin{bmatrix}0&0&1&0&0\\0&0&0&1&0\\0&0&0&1&0\\0&0&1&0&1\\0&0&0&1&0\end{bmatrix}.$$

通过计算可以得到

$$A^2=\begin{bmatrix}0&0&0&1&0\\0&0&1&0&1\\0&0&1&0&1\\0&0&0&1&0\\0&0&1&0&1\end{bmatrix},\quad A^3=\begin{bmatrix}0&0&1&0&1\\0&0&0&1&0\\0&0&0&1&0\\0&0&1&0&1\\0&0&0&1&0\end{bmatrix},\quad A^4=A^2,\quad A^5=A^3,$$

所以 $P=A+A^2+A^3+A^4+A^5=\begin{bmatrix}0&0&1&1&1\\0&0&1&1&1\\0&0&1&1&1\\0&0&1&1&1\\0&0&1&1&1\end{bmatrix}.$

可达矩阵 P 并没有反映出图 D 中每一结点自身的可达性, 如果需要考虑这种特征, 那么可以用单位矩阵 $E=A^0$ 来表示每一结点自身可达, 即有

$$P'=A^0+P=A^0+A+A^2+\cdots+A^n.$$

如例 7.3.3 中的 P' 是

$$P'=\begin{bmatrix}1&0&1&1&1\\0&1&1&1&1\\0&0&1&1&1\\0&0&1&1&1\\0&0&1&1&1\end{bmatrix}.$$

作为可达矩阵 P 的应用，可以用矩阵的方法判断一个图的连通性. 对于无向图 G, 由图的连通性定义可知，无向图 G 为连通图的充分必要条件是 G 的可达矩阵 P 除对角线上元素以外所有元素均为 1.

对于有向图的强连通性，强连通相当于无向连通，因此，有向图 D 为强连通的充分必要条件是 D 的可达矩阵 P 除对角线上元素以外所有元素均为 1.

对于有向图 D, 也可以利用有向图的可达矩阵求出其所有强分图.

设 P 是有向图 D 的可达矩阵，其元素为 p_{ij}, P^{T} 是 P 的转置矩阵，其元素为 p_{ij}^{T}, 则图 D 的强分图可以从矩阵 $P\wedge P^{\mathrm{T}}=(p_{ij}\wedge p_{ij}^{\mathrm{T}})$求得，其中$\wedge$为布尔运算. 因为从 v_i 到 v_j 可达，则 $p_{ij}=1$, 从 v_j 到 v_i 可达，则 $p_{ji}=1$, 即 $p_{ij}^{\mathrm{T}}=1$, 于是当且仅当 v_i 到 v_j 可以互相可达时，$P\wedge P^{\mathrm{T}}$ 的第(i,j)个元素的值为 1.

例 7.3.4　求图 7.31 的所有强分图.

解　图 D 的可达矩阵 P 与 P^{T} 分别为

$$P=\begin{bmatrix}0&0&1&1&1\\0&0&1&1&1\\0&0&1&1&1\\0&0&1&1&1\\0&0&1&1&1\end{bmatrix},\quad P^{\mathrm{T}}=\begin{bmatrix}0&0&0&0&0\\0&0&0&0&0\\1&1&1&1&1\\1&1&1&1&1\\1&1&1&1&1\end{bmatrix},$$

则有

$$P\wedge P^{\mathrm{T}}=\begin{bmatrix}0&0&0&0&0\\0&0&0&0&0\\0&0&1&1&1\\0&0&1&1&1\\0&0&1&1&1\end{bmatrix}.$$

这说明有向图 D 的所有强分图的结点集为$\{v_1\}$, $\{v_2\}$, $\{v_3, v_4, v_5\}$.

作为邻接矩阵与可达矩阵的应用，我们介绍一个关于信息传递方面的例子.

设有 n 个人 $P_1, P_2, \cdots, P_n$, 其中某些人在做决策时能够互相影响，而这种影响一般是单方面的，即如果 P_i 影响 P_j, 那么 P_j 不一定影响 P_i. 并且每个人不影响自己. 另外可以考虑二级影响，即如果存在一条从 P_i 到 P_j 长度为 2 的路径，则 P_i 对 P_j 有**二级影响**. 类似地，如果存在一条从 P_i 到 P_j 长度为 r 的路径，那么 P_i 对 P_j 有 r **级影响**.

例 7.3.5　设图 7.32 给出了一个设计组中 6 个成员之间描述影响关系的有向图. 问设计组中哪些不同成员之间有二级影响，保证设计组中成员没有影响的

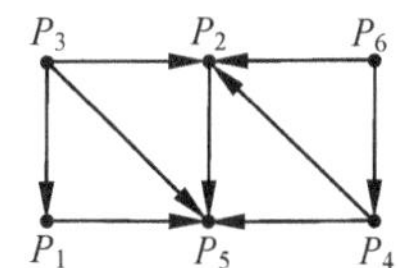

图 7.32

最小级数是多少?

解 图的邻接矩阵为

$$A=\begin{bmatrix}0&0&0&0&1&0\\0&0&0&0&1&0\\1&1&0&0&1&0\\0&1&0&0&1&0\\0&0&0&0&0&0\\0&1&0&1&0&0\end{bmatrix},$$

则

$$A^2=\begin{bmatrix}0&0&0&0&0&0\\0&0&0&0&0&0\\0&0&0&0&2&0\\0&0&0&0&1&0\\0&0&0&0&0&0\\0&1&0&0&2&0\end{bmatrix},\quad A^3=\begin{bmatrix}0&0&0&0&0&0\\0&0&0&0&0&0\\0&0&0&0&0&0\\0&0&0&0&0&0\\0&0&0&0&0&0\\0&0&0&0&1&0\end{bmatrix},\quad A^4=0.$$

故设计组中不同成员之间有二级影响的有序对是 $\langle P_3, P_5\rangle$, $\langle P_4, P_5\rangle$, $\langle P_6, P_2\rangle$, $\langle P_6, P_5\rangle$. 设计组中成员没有影响的最小级数是 r=4.

7.3.3 关联矩阵

对于无向图 G, 除了可用邻接矩阵表示外, 还可以用关联矩阵来表示.

定义 7.3.3 设 $G=\langle V, E\rangle$是无向图, $V=\{v_1, v_2,\cdots, v_n\}$, $E=\{e_1, e_2, \cdots, e_m\}$, 定义 m_{ij} 为结点 v_i与边 e_j的关联次数, 则称$(m_{ij})_{n\times m}$为图 G 的**关联矩阵**. 记作 $M(G)$.

显然 m_{ij} 的可能取值为 0 (v_i与 e_j不关联)、1(v_i与 e_j关联 1 次)、2 (v_i与 e_j关联 2 次, 即 v_i有环 e_j).

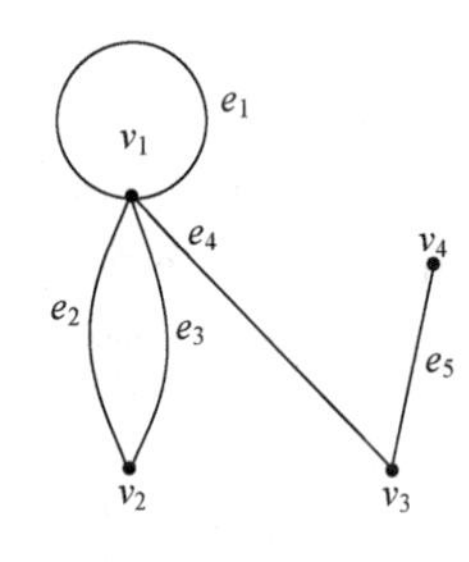

图 7.33

例如, 图 7.33 所示的图的关联矩阵为

$$M(G)=\begin{bmatrix}2&1&1&1&0\\0&1&1&0&0\\0&0&0&1&1\\0&0&0&0&1\end{bmatrix}.$$

不难看出, 关联矩阵 $M(G)$有以下性质:

(1) $\sum_{i=1}^{n} m_{ij}=2\,(j=1, 2, \cdots, m)$, 即每条边关联两个结点;

(2) $\deg(v_i)=\sum_{j=1}^{m} m_{ij}$，即 $M(G)$第 i 行元素之和为 v_i 的度数, i=1, 2, …, n;

(3) $2m=\sum_{j=1}^{m}\sum_{i=1}^{n} m_{ij}=\sum_{i=1}^{n}\deg(v_i)$，即握手定理;

(4) $\sum_{j=1}^{m} m_{ij}=0$ 当且仅当 v_i 是孤立点;

(5) 第 j 列与第 k 列相同当且仅当边 e_j 与 e_k 是平行边.

对于有向图 D, 也可用关联矩阵来表示.

定义 7.3.4　设无环有向图 $D=\langle V, E\rangle$, $V=\{v_1, v_2, \cdots, v_n\}$, $E=\{e_1, e_2, \cdots, e_m\}$，令

$$m_{ij}=\begin{cases}1, & v_i\text{为}e_j\text{的始点},\\ 0, & v_i\text{与}e_j\text{不关联},\\ -1, & v_i\text{为}e_j\text{的终点},\end{cases}$$

则称$(m_{ij})_{n\times m}$为 D 的关联矩阵, 记作 $M(D)$.

例如, 图 7.34 所示的图的关联矩阵为

$$M(D)=\begin{bmatrix}-1 & 1 & 0 & 0 & 0\\ 1 & -1 & 1 & 0 & 0\\ 0 & 0 & 0 & 1 & -1\\ 0 & 0 & -1 & -1 & 1\end{bmatrix}.$$

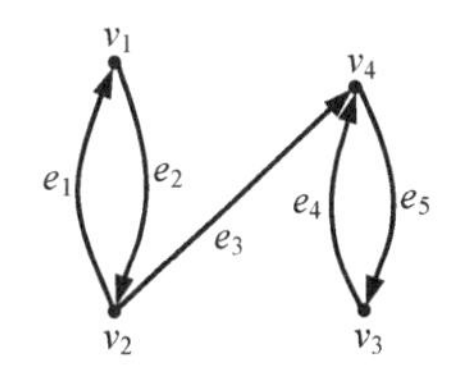

图 7.34

不难看出, 关联矩阵 $M(D)$有以下性质:

(1) $\sum_{i=1}^{n} m_{ij}=0$ (j=1, 2, …, m), 从而$\sum_{j=1}^{m}\sum_{i=1}^{n} m_{ij}=0$，

这说明 $M(D)$中所有元素之和为 0;

(2) 在 $M(D)$中, −1 的个数等于 1 的个数, 都等于边数 m, 这是有向图的握手定理;

(3) 第 i 行中, 1 的个数等于 $\deg^+(v_i)$, −1 的个数等于 $\deg^-(v_i)$.

7.4　最短路径与关键路径

作为图论的经典问题, 最短路径与关键路径问题在工程规划、网络寻优、军事等领域应用十分广泛, 对该问题的讨论有着重要的理论和应用价值.

7.4.1　最短路径

设图$G=\langle V, E, W\rangle$为一无向赋权图, 在简单图中, 一条边e可以用它关联的两个

结点 v_i 和 v_j 来表示，写成 $e=(v_i, v_j)$. 于是，边 e 的权可以写成$W(e)=W(v_i, v_j)=w_{ij}$，称为边 e 的**长度**. 为了便于问题的讨论，我们假定G的每条边的长度$w_{ij}\geqslant 0$；若结点v_i和v_j没有边相连，则$w_{ij}=\infty$；对于每个结点v_i，规定$w_{ii}=0$.

以$\Gamma(v, w)$表示图G中以v，w为端点的所有路径的集合，用$W(\Gamma(v, w))$表示路径上的边权之和，即

$$W(\Gamma(v, w))=\sum_{e\in\Gamma(v,w)} w(e)$$

称为**路径的长度**. 我们的目标就是在$\Gamma(v, w)$中找一条路径$\Gamma_0(v, w)$，使得

$$W(\Gamma_0(v, w))=\min\{W(\Gamma) \mid \Gamma \text{为 } G \text{ 中从 } v \text{ 到 } w \text{ 的路径}\}.$$

则称Γ_0为从v到w的**最短路径**，记作$d(v, w)$. 求给定两结点之间的最短路径的问题称为**最短路径问题**. 当将一个无向图看成是每条边的权都为1的赋权图时，路径的长度的概念与距离的概念是一致的.

在实际应用时，“边权”可以有各种解释. 例如，在运输网络中，从v_i运一批货物到v_j，若边权视为通常意义下的路程，则最短路径就是使运输总路程最短的路线. 若边权表示运输时间，则最短路径就是使运输总时间最短的路线. 若边权表示运输费用，则最短路径就是使运输总费用最省的路线.

求给定两个结点之间的最短路径的算法有多种，目前公认的最好的算法是由荷兰著名计算机专家迪克斯特拉(E. W. Dijkstra)于1959年提出的标号法. 它不仅能求从v到w的指定的最短路径，而且还可以求出从v到图中其他所有各点的最短路径.

1. Dijkstra 算法思想

设无向赋权图$G=\langle V, E, W\rangle$，结点v是预设的起点，求从起点v到预设终点w的最短路径. 其基本思想是从结点v出发，逐步地向外探寻最短路径. 简单地可以描述为：从起点开始→试探(在所有已作出选择的路径后面追加一个尚未被选择的新结点作为终点)→选择最短路径→再试探→再选择→…，直至找到预设终点为止.

在执行过程中，将结点集V分为两部分：一部分称为具有P标号(固定标号)的集合P，另一部分称为具有T标号(临时标号)的集合$T=V-P$. 结点u的P标号表示从始点v经P中结点到u的最短路径的长度，记作$d_P(u)$，用$d_P(u)$作为结点u的标记，以示u已经被计算过了.

在计算过程中，用$d_T(u)$表示从始点v到结点u ($u\in T$) 不含T中其他结点的最短路径的长度，但$d_T(u)$不一定是从v到u的距离，因为从v到u可能包含T中其他结点的更短的路径. 对于$d_T(u)$的计算方法如下：

初始时，首先将v取为P标号，标记为0，其余结点为T标号．对于T中的每个结点u计算$d_T(u)=W(v, u)$，若t是使$d_T(u)$最小的T中结点，则将 t 变为P标号结点，其P标记为$d_P(t)$．此时记$P'=P\cup\{t\}$, $T'=T-\{t\}$．

继续对T'中的结点进行新的试探性标记，设$d_{T'}(u)$为从v到u $(u\in T')$不含T'中其他结点的最短路径的长度，则

$$d_{T'}(u)=\min\{d_T(u), d_P(t)+W(t, u)\}.$$

分两种情况说明$d_{T'}(u)$的计算:

(1) 如果从v到u有一条最短路径，它不包含T'中的其他结点，也不含t点，那么$d_{T'}(u)=d_T(u)$．

(2) 如果从v到u有一条最短路径，它从v到t，不包含T'中的结点，接着是边(t, u)，那么$d_{T'}(u)=d_T(u)+W(t, u)$．

除此之外，不再有其他更短的不含T'另外结点的路径了．

对 T'中的每个结点都计算出 $d_{T'}(u)$，然后找出最小者：$d_P(u^*)=\min\limits_{v_i\in T'}\{d_{T'}(v_i)\}$，则知 $d_P(u^*)$必为 v 到 u^*的最短路径长度，将 u^*的 T 标号修改为 P 标号，u^*的 P 标记为 $d_P(u^*)$．重复以上过程，一旦得到所要的结点 w 的标号变为 P 标号，计算即行停止．

设u_i, u_j是已取得P标号的两个相邻结点，假设u_i在u_j之前，相应的P标记为$d_P(u_i)$和$d_P(u_j)$，则弧(u_i, u_j)在v到u_j的最短路径上的充要条件是

$$W(u_i, u_j)=w_{ij}=d_P(u_j)-d_P(u_i).$$

据此利用所有满足条件的P标号结点的P标记，就可以找到一条从结点v到w的最短路径．

2. Dijkstra 算法步骤

步骤1　初始化．将起点v置为P标号，并令$d_P(v)=0$, $P=\{v\}$, v的P标记为0．置v以外的其他结点v_i为T标号，即$T=V-P$．计算

$$d_T(v_i)=\begin{cases} w(v, v_i), & (v, v_i)\in E, \\ \infty, & (v, v_i)\notin E. \end{cases}$$

步骤2　寻找具有最小值的T标号的结点．若 $d_P(u)=\min\limits_{v_i\in T}\{d_T(v_i)\}$，则将 u 作为加入路径的新结点 (若 T 中满足条件的结点 u 有多个，则可任选一个)，同时将 u 的 T 标号修改为 P 标号, u 的 P 标记为 $d_P(u)$．

步骤3　修改．修改结点集，$P\leftarrow P'=P\cup\{u\}$, $T\leftarrow T'=T-\{u\}$．设具有T标号的结点有k个，对其中每个结点v_i计算

$$d_T(v_i)\leftarrow d_{T'}(u)=\min\{d_T(v_i), d_P(v_k)+w_{ki}\}, i=1, 2, \cdots, k.$$

步骤4 重复步2与步3，直至w的标号变为P标号，得到w的P标记$d_P(w)$，计算即行停止.

当w变为P标号而恰好$P=V$时，不仅可以求出从v到w的一条最短路径，而且实际上也求出了从v到所有结点的最短路径.

上述算法是正确的. 因为在每一步，设P中每一结点的P标号是从v到该结点的最短路径的长度(开始时，$P=\{v\}$，$d_P(v)=0$，这个假设是正确的)，故只要证明上述$d_T(v_l)$是从v到v_l的最短路径的长度即可. 事实上，任一条从v到v_l的路径，若通过T的第一个结点是v_p，而$v_p \neq v_l$，由于所有边长非负，则这种路径的长度不会比$d_T(v_l)$小.

例 7.4.1 求图 7.35 所示图中结点 v_1 到 v_6 的最短路径.

解 用标号法解此题.

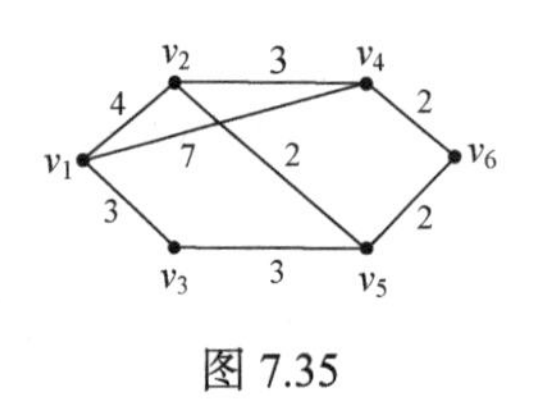

图 7.35

开始$P=\{v_1\}$, $T=\{v_2, v_3, v_4, v_5, v_6\}$, v_1的P标记为0.

第1轮标号:

$d_P(v_1)=0$, $d_T(v_2)=w_{12}=4$, $d_T(v_3)=w_{13}=3$,

$d_T(v_4)=w_{14}=7$, $d_T(v_j)=w_{1j}=\infty, j=5, 6$.

比较可见: $d_T(v_3)=\min\limits_{v_j \in T}\{d_T(v_j)\}=d_P(v_3)=3$. v_3变为P标号，即$v_3 \in P$, P标记为3. 此时$P=\{v_1, v_3\}$, $T=\{v_2, v_4, v_5, v_6\}$.

第2轮标号:

$$d_T(v_2)=\min\{d_T(v_2), d_P(v_3)+w_{32}\}=\min\{4, 3+\infty\}=4,$$

$$d_T(v_4)=\min\{d_T(v_4), d_P(v_3)+w_{34}\}=\min\{7, 3+\infty\}=7,$$

$$d_T(v_5)=\min\{d_T(v_5), d_P(v_3)+w_{35}\}=\min\{\infty, 3+3\}=6,$$

$$d_T(v_6)=\min\{d_T(v_6), d_P(v_3)+w_{36}\}=\min\{\infty, 3+\infty\}=\infty.$$

比较可知: $d_T(v_2)=\min\limits_{v_j \in T}\{d_T(v_j)\}=d_P(v_2)=4$, v_2变为P标号, P标记为4. 此时$P=\{v_1, v_3, v_2\}$, $T=\{v_4, v_5, v_6\}$.

第3轮标号:

$$d_T(v_4)=\min\{d_T(v_4), d_P(v_2)+w_{24}\}=\min\{7, 4+3\}=7,$$

$$d_T(v_5)=\min\{d_T(v_5), d_P(v_2)+w_{25}\}=\min\{6, 4+2\}=6,$$

$$d_T(v_6)=\min\{d_T(v_6), d_P(v_2)+w_{26}\}=\min\{\infty, 4+\infty\}=\infty,$$

$$d_T(v_5)=\min\{d_T(v_5), d_P(v_3)+w_{35}\}=\min\{6, 3+3\}=6.$$

比较可知: $d_T(v_5)=\min\limits_{v_j \in T}\{d_T(v_j)\}=d_P(v_5)=6$, v_5变为P标号, P标记为6. 此时$P=\{v_1, v_3, v_2, v_5\}$, $T=\{v_4, v_6\}$.

第4轮标号:

$$d_T(v_4)=\min\{d_T(v_4), d_P(v_2)+w_{54}\}=\min\{7, 4+3\}=7,$$

$$d_T(v_6)=\min\{d_T(v_6), d_P(v_5)+w_{56}\}=\min\{\infty, 6+2\}=8,$$

$$d_T(v_4)=\min\{d_T(v_4), d_P(v_1)+w_{14}\}=\min\{7, 0+7\}=7.$$

比较可知: $d_T(v_4)=\min_{v_j\in T}\{d_T(v_j)\}=d_P(v_4)=7$, v_4变为P标号, P标记为7. 此时$P=\{v_1, v_3, v_2, v_5, v_4\}$, $T=\{v_6\}$.

第5轮标号:

$$d_T(v_6)=\min\{d_T(v_6), d_P(v_4)+w_{46}\}=\min\{8, 7+2\}=8,$$

$$d_T(v_6)=\min\{d_T(v_6), d_P(v_5)+w_{56}\}=\min\{8, 6+2\}=8.$$

比较可知: $v_6\in P$, P标记为7. 此时, $P=\{v_1, v_3, v_2, v_5, v_4, v_6\}$, v_6已改为P标号, 计算结束.

图7.36标出了从v_1到v_6的所有P标号结点的P标记(中括号中数字), 根据弧在最短路径上的充要条件$W(u_i, u_j)=d_P(u_j)-d_P(u_i)$, 可以得到从$v_1$到$v_6$的最短路径有两条(粗实线所示):

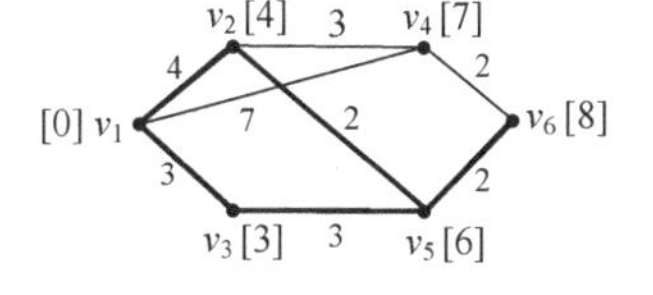

图 7.36

$$v_1\to v_2\to v_5\to v_6,\quad v_1\to v_3\to v_5\to v_6,$$

其权都是8.

7.4.2 关键路径

在一个错综复杂的建造工程或工艺制作流程中, 往往有成千上万个任务. 在这些任务之间存在着错综复杂的联接关系, 有些任务可以同时进行, 有些任务之间有先后次序. 如何利用工序流程图对工程的的过程进行合理管控, 关键路径法就是用图论方法表述的统筹法.

在图论中, 可以把工序流程图描述成一个 n 阶有向赋权图 $D=\langle V, E, W\rangle$, 称为**计划评审技术图**, 简称 **PERT 图**, 它满足下列条件:

1) D 是简单图且无回路;

2) 有一个结点入度为 0, 称此结点为**发点**; 有一个结点出度为 0, 称此结点为**收点**;

3) 边$\langle v_i, v_j\rangle$表示项目活动, 它的权为完成项目活动 v_i 到达 v_j 所用的时间.

将一个网络工程计划绘制成 PERT 图时, 一般应遵循如下规则:

(1) PERT 图一般要求从左向右、从上到下按时间顺序绘制. 这虽然不是必须的要求, 但是符合人们阅读习惯, 可以增加 PERT 图的可读性.

(2) 用结点标明整个工程中的各项任务, 用有向弧表示任务之间的先后依存关系. 例如有向弧$\langle v_1, v_2\rangle$表示任务v_2必须在任务v_1完成以后才能开始, 或者说, 任务v_1必须在任务v_2以前完成.

(3) 相邻两结点只能有一条有向弧表示项目活动, 对于具有相同开始和结束的两项以上项目活动, 不能画成图 7.37(a)的形式, 而必须引进一个虚活动, 画成图 7.37(b)的形式, 虚活动的完成时间是 0.

(4) 在 PERT 图中不能出现回路, 即不能有循环现象. 否则, 组成回路的工序永远不能结束, 工程永远不能完工.

(5) 每一个结点都要编号, 号码不一定要连续, 但是不能重复, 且按照前后顺序不断增大. 在手工绘图时, 它能够增加图形的可读性和清晰性.

例 7.4.2 一项工程由 13 道工序组成, 所需时间(单位: 天)及工序之间的优先关系如表 7.1 所示, 其中"—"表示无先驱工序, 画出该工程相应的一个 PERT 图.

表 7.1

工序序号	A	B	C	D	E	F	G	H	I	J	K	L
所需时间	1	2	3	4	3	4	4	2	4	6	1	1
先行工序	—	—	—	A	A	A, B	A, B	A, B	C, H	D, F	E, I	G, K

项目的 PERT 图如图 7.38 所示, 结点①是发点, ⑧是收点, 表示项目的结束, 边上的字母代表这条边的项目活动, 其中有向边②→③是一个虚活动.

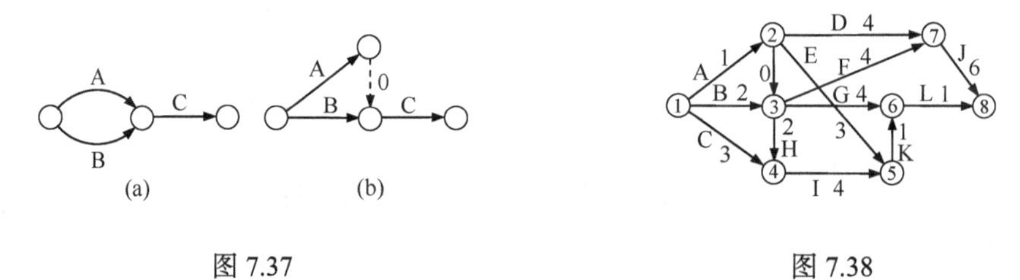

图 7.37　　　　图 7.38

下面给出确定关键路径所涉及的一些基本概念.

设D是 PERT 图. 将D中任意一个结点v的相邻结点分为两类:

$$\Gamma_D^+(v)=\{u \mid u\in V \text{且} \langle v, u\rangle\in E\}, \quad \Gamma_D^-(v)=\{u \mid u\in V \text{且} \langle u, v\rangle\in E\},$$

称$\Gamma_D^+(v)$为v的**后继元素**, 称$\Gamma_D^-(v)$为v的**先驱元素**.

设L是 PERT 图中任意一条从发点(记为v_1)到任务v_i的基本路径, 用$t(L)$表示路径L上所有权值的总和. 因为在开始v_i之前必须已经完成从v_1到v_i的所有任务, 所以最早完成时间就是从发点v_1到开始任务v_i至少需要(必须得到保证的)的时间, 它应该不少于所有基本路径上时间总和$t(L)$的最大值. 将所有$t(L)$中的最大值称为v_i的**最早完成时间**, 记作 TE (v_i), $i=1, 2, \cdots, n$. 显然, TE$(v_1)=0$. 当$v_i\neq v_1$的最早完

成时间可按如下公式计算:

$$\mathrm{TE}(v_i)=\max_{v_j\in\Gamma_D^-(v_i)}\{\mathrm{TE}(v_j)+w_{ji}\},\quad i=2,3,\cdots,n.$$

在保证收点 v_n 的最早完成时间不增加的前提下, 任务 v_i 最多可以利用或自由支配的时间为从 v_1 最迟到达 v_i 的时间, 称为 v_i 的**最晚完成时间**, 记作 TL (v_i). 由定义可知, $\mathrm{TL}(v_n)=\mathrm{TE}(v_n)$, 当 $v_i\neq v_n$ 的最晚完成时间由下面公式计算:

$$\mathrm{TL}(v_i)=\min_{v_j\in\Gamma_D^+(v_i)}\{\mathrm{TL}(v_j)-w_{ij}\},\quad i=1,2,\cdots,n-1.$$

对于任务 v_i 而言, 当 $\mathrm{TL}(v_i)-\mathrm{TE}(v_i)<0$ 时, 任务 v_i 可支配的时间小于必需的时间, 一般这是不可能的. 当 $\mathrm{TL}(v_i)-\mathrm{TE}(v_i)\geqslant 0$ 时, 任务 v_i 可支配的时间大于等于必需时间, 在不影响项目最后完成的前提下, $\mathrm{TL}(v_i)-\mathrm{TE}(v_i)$ 是任务 v_i 可以推迟开始的最大时间量, 称为 v_i 的**缓冲时间**, 记作 TS (v_i), 即

$$\mathrm{TS}(v_i)=\mathrm{TL}(v_i)-\mathrm{TE}(v_i),\quad i=1,2,\cdots,n.$$

特别地, 当 $\mathrm{TL}(v_i)-\mathrm{TE}(v_i)=0$ 时, 任务 v_i 可支配的时间与必需时间之间没有空隙, 说明任务 v_i 在工序中没有调整的余地, 是不能耽误的.

在一个 PERT 图中, 如果图中存在一条从发点到收点的基本路径, 路径上的每个结点的 TE 值与 TL 值都相等, 并且路径上各权值之和有最大值, 那么这条基本路径称为**关键路径**.

在 PERT 图中确定关键路径, 就是求从发点到收点的一条最长基本路径. 其特点是在完成关键路径上任意一项任务, 如果拖延了时间 t, 那么整个计划的完成时间也就拖延了时间 t. 也就是说, 要使整个计划按最早完成时间完成, 那么就必须按最早完成时间到达关键路径上的各结点. 可见关键路径上的结点都是由那些 TE 值与 TL 值相等的结点组成. 而不在关键路径上的各结点, 都有一个缓冲时间, 等于相应结点的 TL 值与 TE 值之差. 因此, 要想缩短整个计划的最早完成时间, 只需加快关键路径上那些任务的完成即可.

例 7.4.3 求例 7.4.2 中图 7.38 所示 PERT 图中各结点的最早、最晚和缓冲时间以及关键路径.

解 (1) 各结点的最早完成时间计算如下:

TE (1)=0; TE (2)=max{0+1}=1;

TE (3)=max{0+2, 1+0}=2; TE (4)=max{0+3, 2+2}=4;

TE (5)=max{1+3, 4+4}=8; TE (6)=max{2+4, 8+1}=9;

TE (7)=max{1+4, 2+4}=6; TE (8)=max{9+1, 6+6}=12.

(2) 各结点的最晚完成时间计算如下:

TL (8)=12; TL (7)=min{12 − 6}=6;

TL (6)=min{12 − 1}=11; TL (5)=min{11 − 1}=10;

TL (4)=min{10 – 4}=6; TL (3)=min{6 – 2, 11 – 4, 6 – 4}=2;

TL (2)=min{2 – 0, 10 – 3, 6 – 4}=2; TL (1)=min{2 – 1, 2 – 2, 6 – 3}=0.

(3) 各结点的缓冲时间计算如下:

TS (1)=TS (3)=TS (7)=TL (8)=0; TS (2)=2 – 1=1;

TS (4)=6 – 4=2; TS (5)=10 – 8=2; TS (6)=11 – 9=2.

关键路径为:①→③→⑦→⑧. 完成这项工程至少需要 2+4+6=12 天.

以结点④为例, 分析此题可以看出, TE (4)=4, TL (4)=6, 这说明结点④至少需要的时间是 4 天, 而可以利用的时间是 6 天, 对于结点④即便耽误 2 天也不至于影响到整个工序在最早完成时间内完成, 这个时差 TL (4) – TE (4)=2 就是工序中可以利用的时间, 所以无需放入关键路径. 而关键路径上的任务就没有这个时差, 它们是对预先计划完成时间起决定性作用的任务.

7.5 欧拉图与哈密顿图

从本节开始将讨论一些特殊的图. 本节讨论两类典型的图——欧拉图与哈密顿图.

7.5.1 欧拉图

首先讨论本章开始时欧拉所解决的哥尼斯堡七桥问题. 为了解决哥尼斯堡七桥问题, 欧拉运用了科学研究最一般的方法——抽象. 用 4 个字母 A, B, C, D 代表 4 个城区, 并用 7 条线表示 7 座桥, 如图 7.39 所示, 哥尼斯堡七桥问题可抽象为一个数学问题, 即经过图中每条边一次且仅一次的问题, 后来人们把具有这种回路的图称为欧拉图.

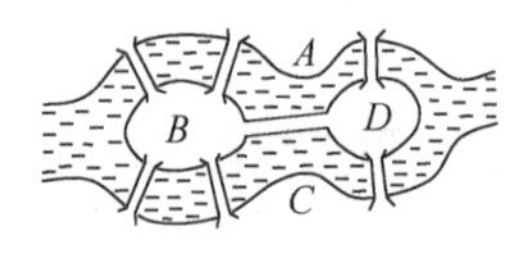

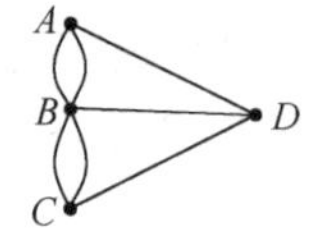

图 7.39

定义 7.5.1 给定无孤立结点图 G, 若存在一条路径, 经过图中每条边一次且仅一次, 则称此路径为**欧拉路径**, 简称**欧拉路**; 若存在一条回路, 经过图中每条边一次且仅一次, 则称此回路为**欧拉回路**. 具有欧拉回路的图称为**欧拉图**.

显然, 具有欧拉路的图除孤立结点外是连通的, 而孤立结点不影响欧拉路的讨论. 因此, 下面讨论与欧拉路有关的问题时, 均假定图是连通的.

下面分别给出图中存在欧拉路或欧拉回路的判别方法.

定理 7.5.1　无向图 G 具有一条欧拉路, 当且仅当 G 是连通的且有零个或两个奇数度结点.

证　必要性　设 G 具有欧拉路, 即有点边序列 $v_0e_1v_1e_2v_2 \cdots e_iv_ie_{i+1} \cdots e_kv_k$, 因为欧拉路经过所有图 G 的结点, 故图 G 必是连通的.

因为欧拉路中边是不能重复的, 但结点可能重复. 因此, 对任意一个不是端点的结点 v_i, 在欧拉路中每当 v_i 出现一次, 必关联两条边, 故 v_i 虽可重复出现, 但 $\deg(v_i)$必是偶数. 对于端点, 若 $v_0=v_k$, 则 $\deg(v_0)$为偶数, 即 G 中无奇数度结点. 若 $v_0 \neq v_k$, 则 $\deg(v_0)$, $\deg(v_k)$为奇数, G 中就有两个奇数度结点.

充分性　若图 G 连通, 有零个或两个奇数度结点, 我们构造一条欧拉路如下:

(1) 若有两个奇数度结点, 则从其中一个奇数度结点开始构造一条路径, 即从 v_0 出发经关联边 e_1 进入 v_1, 若 $\deg(v_1)$为偶数, 则必可由 v_1 再经关联边 e_2 进入 v_2, 如此进行下去, 每条边仅取一次. 由于 G 是连通的, 故必可到达另一奇数度结点停下, 得到一条路径 L_1: $v_0e_1v_1e_2 \cdots v_ie_{i+1} \cdots e_kv_k$.

(2) 若 L_1 通过了 G 的所有边, 则 L_1 就是欧拉路, 否则继续扩展路径 L_1.

(3) 若 G 去掉 L_1 后得到子图 G_1, 则 G_1 中每个结点度数都为偶数, 因为原来的图是连通的, 故 L_1 与 G_1 至少有一个结点 v_i 重合, 在 G_1 中由 v_i 重复(1)的方法, 得到简单回路 L_2.

(4) 当 L_1 与 L_2 组合在一起, 如果恰是 G, 那么 L_1+L_2 是欧拉路, 否则重复(3)的过程可得简单回路 L_3. 以此类推直到得到一条经过图 G 中所有边的欧拉路.

推论 7.5.1　无向图 G 是欧拉图当且仅当 G 是连通的, 并且所有结点度数全为偶数.

证明类似于定理 7.5.1, 省略.

由于有了欧拉路和欧拉回路的判别准则, 因此哥尼斯堡七桥问题立即有了确切的否定答案, 因为从图 7.39 中可以看到 $\deg(B)=5$, $\deg(A)=\deg(C)=\deg(D)=3$, 故欧拉路或欧拉回路不存在.

需要强调的是, 只具有欧拉路而无欧拉回路的图不是欧拉图. 若图中存在欧拉路, 则图中的两个奇数度结点为每条欧拉路的端点; 若图为欧拉图, 则图中每个结点都可作为欧拉回路的起点与终点.

例 7.5.1　判断图 7.40 中, 哪些有欧拉路? 哪些是欧拉图?

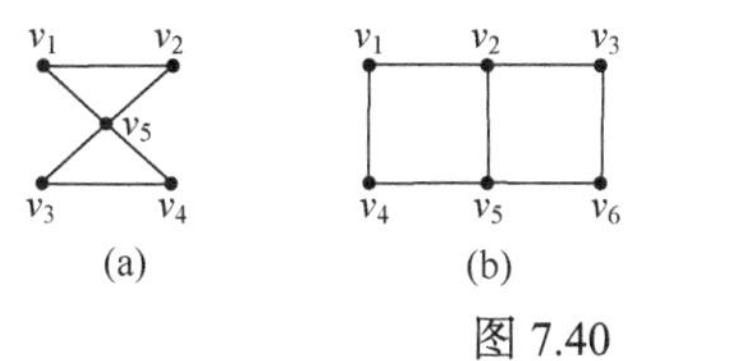

图 7.40

解　(a) 是欧拉图，因为图中每个结点的度数都是偶数.

(b) 有欧拉路，因为图中 $\deg(v_2)=\deg(v_5)=3$，而其余结点的度数均为 2.

(c) 既无欧拉路，也无欧拉回路. 因为图中 $\deg(v_1)=\deg(v_2)=\deg(v_5)=\deg(v_6)=3$.

例 7.5.2　某艺术馆在如图 7.41 所示的 5 个房间里安排一场展览，参观这个展览是否存在使你通过每个门恰好一次的路线？如果存在，给出你的参观路线.

解　可将艺术馆的的图示抽象成一个图，每个房间和房外都视为结点，而每一扇门相当于边，一种可能的图如图 7.42 所示. 该问题转化为该图是否存在一条欧拉路或欧拉回路.

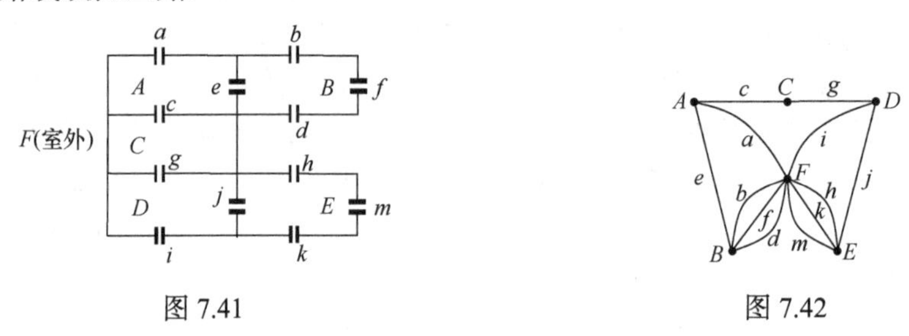

图 7.41　　　　　　　　　　　　图 7.42

由于图 7.42 中结点 A 和 D 的度数为 3, B 和 E 的度数为 4, F 的度数为 8, C 的度数为 2，故图中存在一条欧拉路. 用图 7.42 的标号，一条参观路线为

$$AeBbFfBdFhEmFkEjDgCcAaFiD.$$

作为与七桥问题类似的还有一笔画的判别问题. 要判定一个图 G 是否可一笔画出,有两种情况：一种是从图 G 中某一结点出发，经过图 G 的每条边一次且仅一次到达另一结点. 另一种就是从 G 的某个结点出发，经过 G 的每条边一次且仅一次再回到该结点. 上述两种情况可以分别由欧拉路和欧拉回路的判定条件予以解决.

例 7.5.3　判断图 7.43 中各图能否一笔画出？

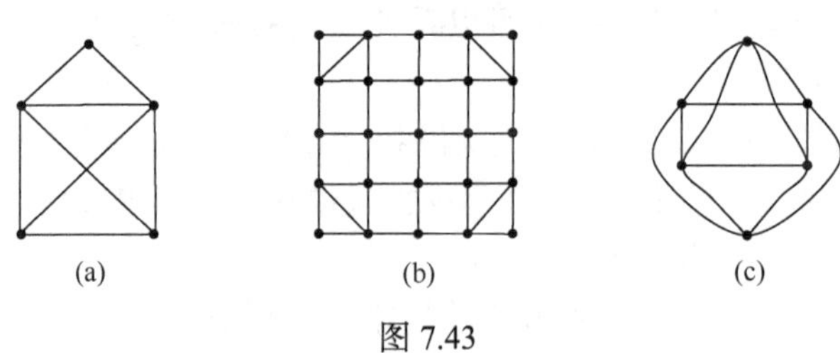

(a)　　　　(b)　　　　(c)

图 7.43

解　(a) 可以一笔画出，有欧拉路，因为奇数度结点的个数为 2 个，而其余结点的度数为偶数.

(b) 不能一笔画出，因为奇数度结点的个数为 4 个.

(c) 可以一笔画出，有欧拉回路，因为奇数度结点的个数为 0 个.

将无向图中的欧拉路与欧拉回路的概念推广到有向图，我们有类似的概念与结论.

定义 7.5.2　给定有向图 D, 通过图中每条边一次且仅一次的一条单向路径(回路), 称为**单向欧拉路(回路)**.

定理 7.5.2　有向图具有单向欧拉路, 当且仅当它的每个结点的入度等于出度, 可能有两个结点是例外, 其中一个结点的入度比它的出度大 1, 另一个结点的入度比它的出度小 1.

推论 7.5.2　有向图具有单向欧拉回路, 当且仅当它的每个结点的入度等于出度.

例 7.5.4　判断图 7.44 中, 哪些图有欧拉路？哪些图是欧拉图？

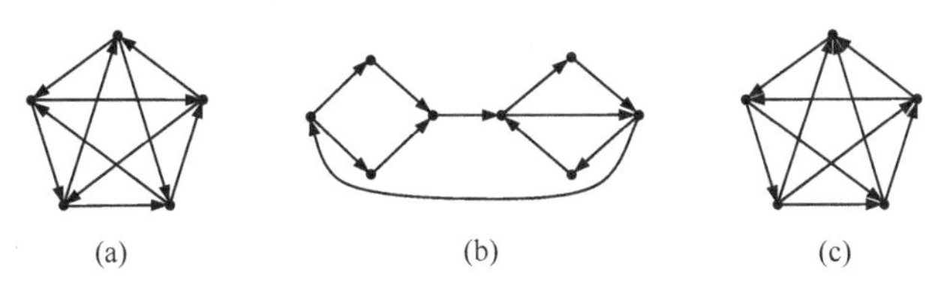

图 7.44

解　(a) 为欧拉图.

(b) 存在欧拉路, 但无欧拉回路, 因而不是欧拉图.

(c) 既无欧拉路, 也无欧拉图, 更不是欧拉图.

7.5.2　哈密顿图

与欧拉图类似的是哈密顿图. 1859 年, 英国的数学家哈密顿(W.R.Halmiton)爵士在与朋友的信中提出一个“周游世界”的游戏, 它可以算是欧拉七桥问题的延续, 它把图 7.45(a)所示的正十二面体的二十个结点当作是地球上的二十个城市, 要求旅游者从某个城市出发, 沿棱走过每个城市一次且仅一次, 最后回到出发点. 其立体图可用平面图 7.45(b)来描述. 这个游戏在欧洲曾风靡一时, 它有很多解, 称为哈密顿回路. 图 7.45(b)所示的粗实线即为一解.

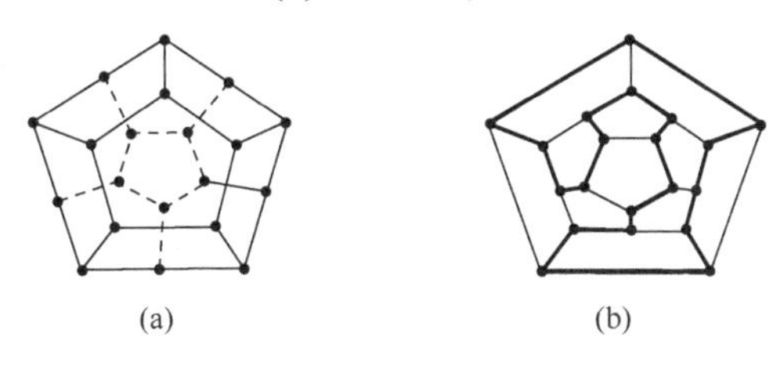

图 7.45

定义 7.5.3　在无向图 $G=\langle V, E\rangle$中, 经过 G 的每个结点一次且仅一次的路径称为**哈密顿路径**. 经过 G 的每个结点一次且仅一次的回路称为**哈密顿回路**. 具有哈密顿回路的图称为**哈密顿图**.

例 7.5.5 判断图 7.46 中各图是否为哈密顿图?

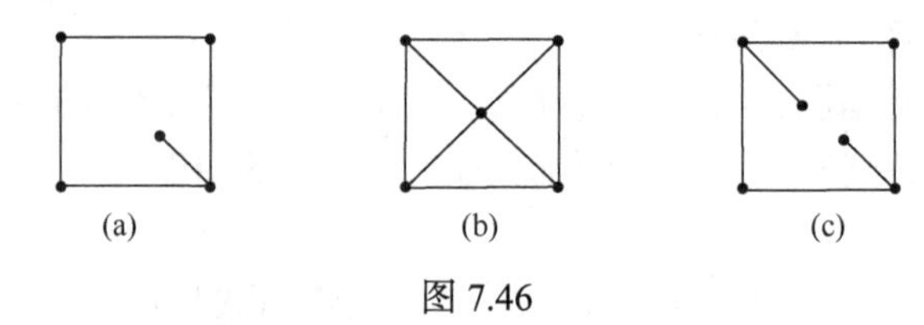

图 7.46

解 图(a)中有哈密顿路径, 但不存在哈密顿回路, 所以它不是哈密顿图.

图(b)中有哈密顿回路, 它是哈密顿图.

图(c)中既无哈密顿回路, 也不存在哈密顿路径.

虽然哈密顿回路问题与欧拉回路问题在形式上极为相似, 但到目前为止, 对图 G 是否存在哈密顿回路还没有找到判别的充要条件. 下面只能分别给出哈密顿回路存在的必要条件和充分条件.

定理 7.5.3 若 $G=\langle V, E\rangle$是哈密顿图, V_1 是 V 的任意非空真子集, 则

$$\omega(G-V_1)\leqslant |V_1|.$$

这里 $\omega(G-V_1)$表示从 G 中删去结点集 V_1 后所得到的图的连通分支数.

证 设 C 是图 G 的一条哈密顿回路.

(1) 若 V_1 中的结点在 C 上彼此相邻, 则

$$\omega(C-V_1)=1\leqslant |V_1|.$$

(2) 若 V_1 中的结点在 C 上存在 r 个($2\leqslant r\leqslant |V_1|$)互不相邻, 则

$$\omega(C-V_1)=r\leqslant |V_1|.$$

一般来说, V_1 中的结点在 C 上既有相邻的也有不相邻的, 因而总有, $\omega(C-V_1)\leqslant |V_1|$. 又因为 $C-V_1$ 是 $G-V_1$ 的的生成子图, 所以 $\omega(G-V_1)\leqslant\omega(C-V_1)\leqslant |V_1|$.

定理 7.5.3 中的条件不是充分的, 即使图 G 满足定理的条件, 也不能肯定 G 是哈密顿图. 如彼得森图(图 7.13 所示), 它对任意 $G-V_1$ 都满足 $\omega(G-V_1)\leqslant|V_1|$, 但不是哈密顿图. 但如果 G 不满足定理 7.5.3 的条件, 那么 G 肯定不是哈密顿图. 应用定理 7.5.3 可以判定某些图不是哈密顿图.

例如, 设 G 为图 7.47 所示, 在 G 中取 $V_1=\{b, d, f, g, i, k, p\}$, $G-V_1$ 如图 7.48 所示. 因为 $\omega(G-V_1)=9>|V_1|=7$, 所以 G 不是哈密顿图.

奥尔(O. Ore)于 1960 年给出了无向图具有哈密顿回路或路径的充分条件.

定理 7.5.4 设 G 是 n ($n\geqslant 3$)阶简单无向图, 如果对于 G 中任意不相邻的结点 u 和 v, 都有

$$\deg(u)+\deg(v)\geqslant n,$$

那么 G 是哈密顿图.

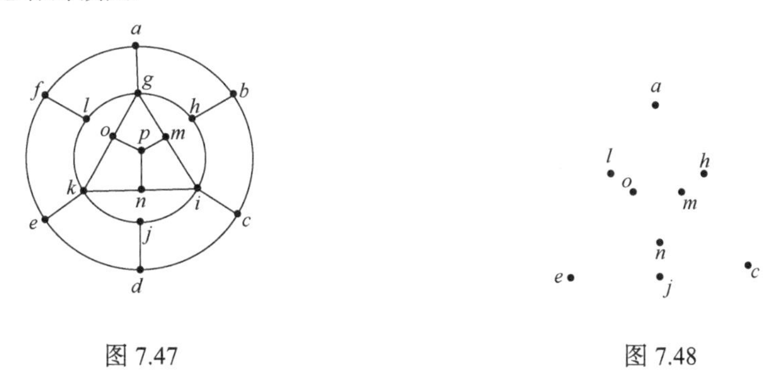

图 7.47　　　　图 7.48

证　首先利用反证法证明 G 是连通的.

设 G 不连通, 则 G 至少有两个连通分支 G_1 和 G_2, 设其结点数分别为 n_1 和 n_2. 显然 $n_1+n_2\leqslant n$. 任取结点 $u\in G_1$, $v\in G_2$, 这时 u 和 v 在 G 中不相邻且 $\deg(u)\leqslant n_1-1$, $\deg(v)\leqslant n_2-1$, 于是

$$\deg(u)+\deg(v)\leqslant(n_1-1)+(n_2-1)\leqslant n-2<n-1,$$

与已知条件矛盾, 故 G 是连通的.

再证: 当 G 中每对结点 u 和 v 满足 $\deg(u)+\deg(v)\geqslant n$ 时, G 是哈密顿图.

假设 G 满足题设条件, 但 G 不是哈密顿图, 则在 G 中选择一条最长路径 $\varGamma$: $v_1v_2\cdots v_p$, 显然 $p\leqslant n$. 由于 $\varGamma$ 最长, 所以与 v_1 和 v_p 邻接的结点应该都在路径 $\varGamma$ 上.

(1) 若 v_1 和 v_p 邻接, 则由于 $\varGamma$ 最长及 G 的连通性, G 中所有结点应该都在 $\varGamma$ 上, 否则, 如图 7.49(a)所示, 可得到一条比 $\varGamma$ 长 1 的路径. 因此, $\varGamma+(v_1, v_p)$ 为 G 的一条哈密顿回路, 此与假设 G 不是哈密顿图矛盾, 故结论成立.

(2) 若 v_1 和 v_p 不邻接, 设与 v_1 邻接的结点分别是 $v_{i_1},v_{i_2},\cdots,v_{i_k}$, 若结点 v_{i_1-1}, v_{i_2-1}, $\cdots$, v_{i_k-1} 都不与 v_p 邻接, 由于 v_1 和 v_p 不邻接, 于是与 v_p 邻接的结点最多有 $n-k-1$, 因此 $\deg(v_1)+\deg(v_p)\leqslant k+(n-k-1)=n-1<n$, 与已知条件矛盾. 设 $v_{i_1},v_{i_2},\cdots,v_{i_k}$ 中与 v_p 邻接的结点为 $v_{i_m-1}(1\leqslant m\leqslant k)$, 因为 v_1 和 v_{i_m} 邻接, 所以路径 $\varGamma$: $v_{i_m}v_1\cdots v_{i_m-1}v_p\cdots v_{i_m+1}$ 与 $\varGamma$ 等长, 如图 7.49(b)所示, 这时 $\varGamma'$ 的起点与终点邻接, 问题又归结到情形①.

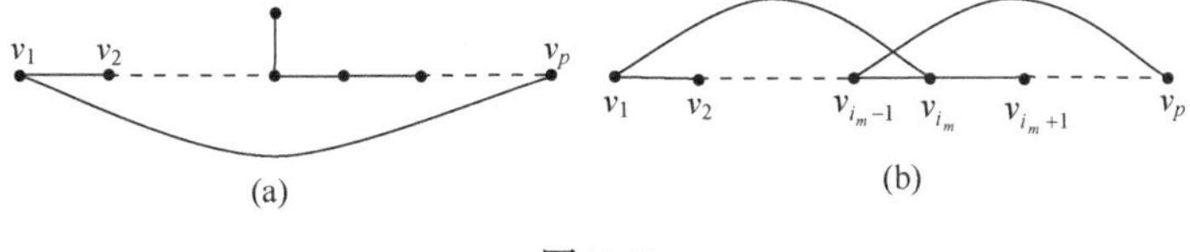

图 7.49

定理 7.5.5　设 G 是 n $(n\geqslant3)$阶无向简单图, 如果对于 G 中任意不相邻的结点 u

和 v, 都有

$$\deg(u)+\deg(v) \geqslant n-1,$$

那么在 G 中存在一条哈密顿路径.

证　证明略.

定理 7.5.6 (狄拉克定理)　设 G 是 n ($n \geqslant 3$)阶无向简单图, 如果每一结点的度数至少为 $\frac{1}{2}n$, 那么图 G 是哈密顿图.

Ore 定理的充分条件要求过于苛刻, 很多本来是哈密顿图, 但由于满足不了 Ore 定理的条件, 而不能用这一定理来判定.

例如, 设 G 为图 7.50 所示, G 是具有 6 个结点的无向简单图, 它显然是哈密顿图, 但该图中任意一对结点的度数都等于 4, 并不大于图中结点总数 6.

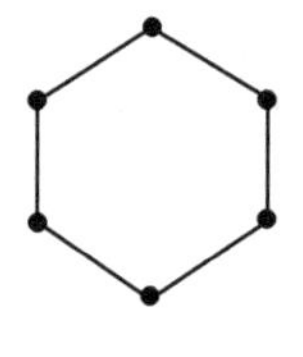

图 7.50

作为本节内容的推广, 我们简单介绍两个著名的图论问题.

一个是与欧拉图问题密切相关的所谓中国邮递员问题. 它是由山东师范大学的管梅谷教授于 1960 年首次提出的. 这个问题的实际模型是: 一个邮递员从邮局选好信件去投递, 他要走遍他负责的投递范围内的每一条街道, 完成送信任务后回到邮局. 他应按什么路线走才能使总路程最短?

这个问题可以归结为在赋权图中求权最小的欧拉回路问题. 该问题曾引起了世界不少数学家的关注. 1973 年, 匈牙利数学家埃德蒙斯(J. Edmonds)和约翰逊(L.Johnson)对中国邮递员问题给出了一种有效的算法.

另一个与哈密顿问题密切相关的问题是所谓旅行推销员问题, 或称为货郎担问题. 设某推销员为推销商品需要跑遍各大城市且不重复, 而最后返回原地, 如果任何两个城市的距离都是已知的, 问应如何安排旅行路线使总路程最短?

旅行推销员问题用图论的语言可叙述为: 在赋权完全图中, 求权最小的哈密顿回路. 该问题人们至今未找到有效的方法. 它的有效算法到底存在还是不存在? 这是当今数学界的一个著名难题, 但是此问题已找到若干近似算法, 有兴趣的读者可参阅有关文献.

7.6　平面图与对偶图

在现实生活中, 常常要画一些图形, 希望边与边之间尽量减少相交的情况. 例如, 印刷线路板的设计, 交通道路的设计, 地下管道的铺设等. 因此图的平面化问题具有非常重要的意义.

7.6.1 平面图

定义 7.6.1 设 $G=\langle V, E\rangle$是一个无向图，如果能够把 G 的所有结点和边画在平面上，使得任何两条边除了端点外没有其他的交叉点，那么就称 G 是一个**平面图**.

把平面图图示在平面上，我们称为平面图的一个平面嵌入.

应该注意，有些图形从表面看有几条边是相交的，但是不能就此肯定它不是平面图. 例如图 7.51(a)，表面看有几条边相交，但如果把它画成图 7.51(b)，那么可以看出它是一个平面图.

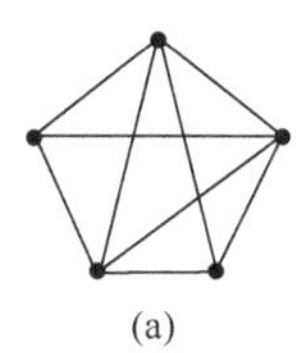

(a)

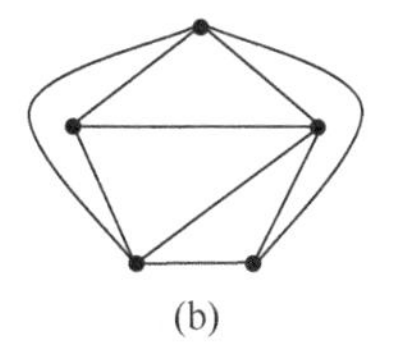

(b)

图 7.51

有些图形不论怎样改画，除去结点外，总有边相交，这样的图是非平面图. 例如图 7.52(a)，这个图无论怎样改画，至少有一条边与其他边相交.

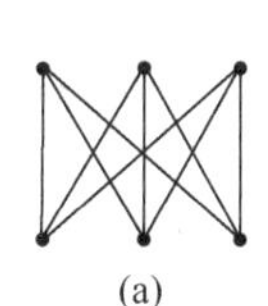

(a)

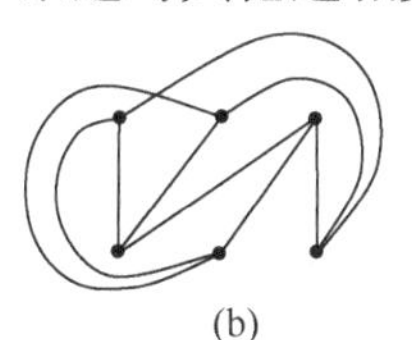

(b)

图 7.52

定义 7.6.2 设 G 是一连通平面图，由图中的边所包围的最小平面区域，其内部既不包含图的结点，也不包含图的边，这样的区域称为 G 的一个**面**，包围该面的所有边所构成的回路称为这个面的**边界**. 边界的长度称为该面的**次数**，面 R 的次数记作 $\deg(R)$. 其中面积有限的区域称为**有限面**，面积无限的区域称为**无限面**，记作 R_0.

如图 7.53 所示，图(a)有 4 个面 R_1, R_2, R_3, R_0. R_1 的边界为 $abda$, $\deg(R_1)=3$, R_2 的边界为 $bcdb$, $\deg(R_2)=3$, R_3 的边界为 $adcea$, $\deg(R_3)=4$, R_0 的边界为 $abcea$, $\deg(R_0)=4$. 图(b)有 3 个面 R_1, R_2, R_0. R_1 的边界为 $abca$, $\deg(R_1)=3$, R_2 的边界为 $adedca$, $\deg(R_2)=5$, R_0 的边界为 $abcda$, $\deg(R_0)=4$.

对于非连通的平面图 G 可以类似地定义它的面、边界和次数. 若非连通的平面图 G 有 $n(n\geqslant 2)$个连通分支，则 G 的无限面的边界由 n 个回路组成. 如图 7.54 所示，R_0 的边界由两个回路 $abcda$ 和 $ehge$ 所组成，$\deg(R_0)=7$.

对于平面图的面与边数之间有如下定理.

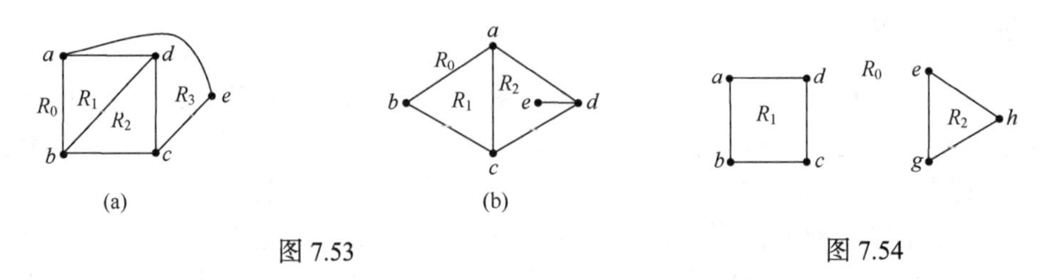

图 7.53　　图 7.54

定理 7.6.1　在平面图 G 中，所有面的次数之和等于其边数 m 的 2 倍，即

$$\sum_{i=1}^{r}\deg(R_i)=2m,$$

其中，r 为图 G 中面的个数.

证　因为任何一条边，或者是二个面的公共边，或者在一个面中作为边界被重复计算两次，故面的次数之和等于其边数的两倍.

如图 7.53(a)中，$\sum_{i=0}^{3}\deg(R_i)=14$，恰为图的边数 7 的 2 倍.

1750 年，欧拉给出了任何一个凸多面体结点数 n，棱数 m 和面数 r 满足公式：

$$n-m+r=2.$$

但这个公式的适用范围并不仅限于凸多面体，事实上在很多领域中都有类似的公式，这里我们将它推广到平面图上，有如下定理.

定理 7.6.2 (欧拉公式)　设 G 是任意(n, m)连通平面图，它的面数为 r，则恒有

$$n-m+r=2.$$

证　对边数 m 进行归纳.

(1) 若 $m=0$，G 只有一个孤立结点，则 $n=1$，$m=0$，$r=1$，故 $n-m+r=2$ 成立.

(2) 设 $m=k$ 时结论成立，下面证明 $m=k+1$ 时结论也成立. 当 G 有 $k+1$ 条边时，设其结点数为 n，面数为 r，可分两种情况讨论.

如果 G 中有度数为 1 的结点，那么删除该结点及其关联的一条边得图 G'. 显然 G'也是连通平面图. 设 G'的结点数、边数和面数依次为 n'，m'，r'，则 $n'=n-1$，$m'=m-1$，$r'=r$，按归纳假设应满足欧拉公式，即 $n'-m'+r'=2$，亦即

$$(n-1)-(m-1)+r=2,$$

整理得

$$n-m+r=2.$$

如果 G 中没有度数为 1 的结点，那么在有限面的边界中删除一条边得图 G'. G'也是连通平面图且边数为 k. 此时 G'的结点数、边数和面数依次为 $n'=n$，$m'=m-1=k$，$r'=r-1$，按归纳假设应满足欧拉公式，即 $n'-m'+r'=2$，亦即

$$n-(m-1)+(r-1)=2,$$

整理得

$$n-m+r=2.$$

综上所述，当边数为 $k+1$ 时公式成立，定理得证.

需要说明的是，欧拉定理对于非连通平面图 G 公式不成立. 此时 n, m, r 之间的关系还与连通分支数ω有关.

欧拉公式的推广 对于任意的具有ω个连通分支的平面图 G，有

$$n-m+r=\omega+1.$$

由欧拉公式可得另一个定理.

定理 7.6.3 设 G 是一个有 n 个结点 m 条边的简单连通平面图，若 $n\geqslant 3$，则有

$$m\leqslant 3n-6.$$

证 设 G 的面数为 r，当 $n=3, m=2, 3$ 时，结论成立.

当 $n\geqslant 3$ 时，因为 G 是简单图，每面的次数不小于 3，根据定理 7.6.1，有

$$2m\geqslant 3r.$$

应用欧拉公式，可得

$$n-m+\frac{2}{3}m\geqslant 2,$$

即

$$m\leqslant 3n-6.$$

定理 7.6.3 给出了结点数大于等于 3 的简单连通平面图应满足的必要条件，可用来判断某些图不是平面图.

如图 7.55 所示，该图是 K_5 图，但不是平面图. 因为 K_5 是简单连通图，$n=5$，$m=10$，而 $3n-6=9<10$，与定理结论矛盾，因此 K_5 不是平面图.

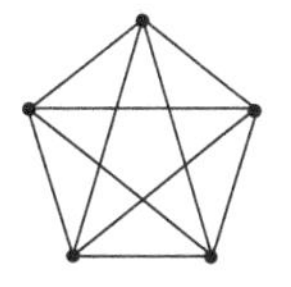

图 7.55

定理 7.6.3 的条件是不充分的. 如图 7.56 所示，常称作 $K_{3,3}$ 图，由于该图为简单连通图，$n=6, m=9, 3\times 6-6=12$，即满足 $m\leqslant 3n-6$，但 $K_{3,3}$ 却不是平面图.

上面虽然给出了判断某些图不是平面图的方法，但却不能判断某个图是平面图. 波兰华沙大学的数学家库拉托夫斯基(kuratowski)给出了一个判断某个图是平面图的充要条件.

定义 7.6.3 图 K_5 和 $K_{3,3}$ 称为**库拉托夫斯基图**.

注意图 $K_{3,3}$ 可以有不同的形式. 如图 7.56 和图 7.57 都是 $K_{3,3}$ 图.

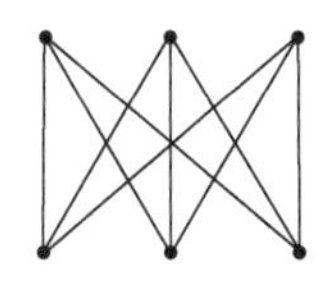

图 7.56

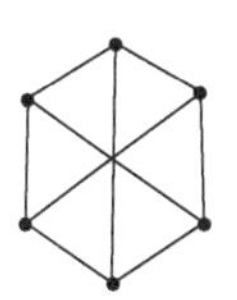

图 7.57

定义 7.6.4　在一个图 $G=\langle V, E\rangle$中, 将一些边(v_{i_1}, v_{j_1}), (v_{i_2}, v_{j_2}), …, (v_{i_k}, v_{j_k})删除, 并分别将结点v_{i_1}与v_{j_1}, …, v_{i_k}与v_{j_k}合并而用新结点 w_1, w_2, …, w_k代替, 所得到的新图 $G'=\langle V', E'\rangle$称为图 G 的**基本缩减**.

图 7.58(a), (b), (c)给出了彼得森图的基本缩减过程.

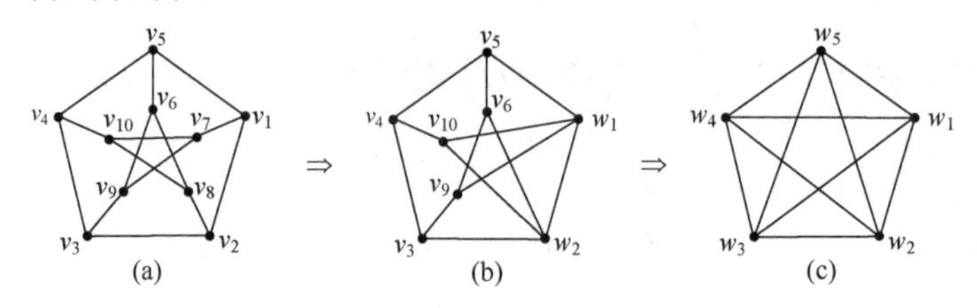

图 7.58

利用图的基本缩减概念, 可以给出判断图 G 是平面图的充要条件.

定理 7.6.4 (kuratowski 定理)　图 G 是平面图的充要条件是 G 的任何子图都不能缩减成库拉托夫斯基图.

定理的证明过程较长, 这里略去.

由定理 7.6.4 可知彼得森图不是平面图.

例 7.6.1　图 7.59 中(a)是平面图, (b)是非平面图. 因为若取(b)的子图(c), 在图(c)中将边(v_3, v_4)缩减成结点 w, 并将图中结点位置调整为 $v_1v_2wv_5v_6v_7v_1$, 便可得到 $K_{3,3}$.

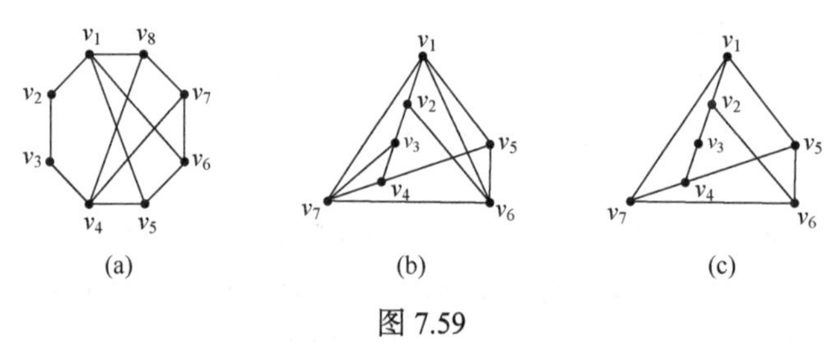

图 7.59

7.6.2　对偶图

与平面图有密切关系的图是对偶图.

定义 7.6.5　设 $G=\langle V, E\rangle$是一平面图, 它具有面 $R_1, R_2, \cdots, R_n$, 如果图 $G^*=\langle V^*, E^*\rangle$满足下述条件:

(1) 对图 G 的任一个面 R_i, 内部有且仅有一个结点 $v_i^*\in V^*$;

(2) 对图 G 的两个面 R_i, R_j 的公共边界 e_k, 存在且仅存在一条边 $e_k^*\in E^*$, 使 $e_k^*=(v_i^*, v_j^*)$, 且 e_k^*与 e_k相交;

(3) 当且仅当 e_k只是一个面 R_i的边界时, v_i^*存在一个环 e_k^*和 e_k相交.

那么称图 G^*是图 G 的**对偶图**.

例如, 在图 7.60 中, G 的边和结点分别用实线和“•”表示, 而它的对偶图 G^*的边和结点分别用虚线和“◦”表示, 对偶图 G^*如图 7.60 所示.

从定义不难看出 G 的对偶图 G^*有以下性质:

(1) G^*是平面图, 且是连通图;

(2) 在多数情况下, G^*为多重图(含平行边的图);

(3) 若边 e 为 G 中的环, 则 G^*与 e 对应的边 e^*为割边, 若 e 为割边, 则 G^*中与 e 对应的边 e^*为环;

(4) 同构的平面图的对偶图不一定是同构的.

定义 7.6.6　设 G^*是平面图 G 的对偶图, 若 $G^*\cong G$, 则称 G 为**自对偶图**.

图 7.61 中, 用虚线和“◦”表示的对偶图 G^*是实心点、实线边图 G 的自对偶图.

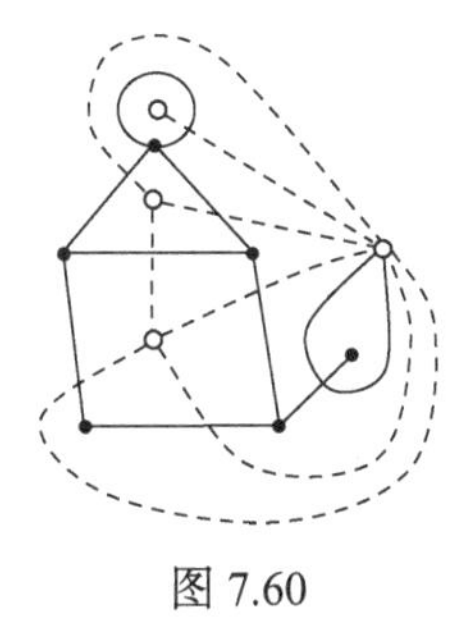

图 7.60

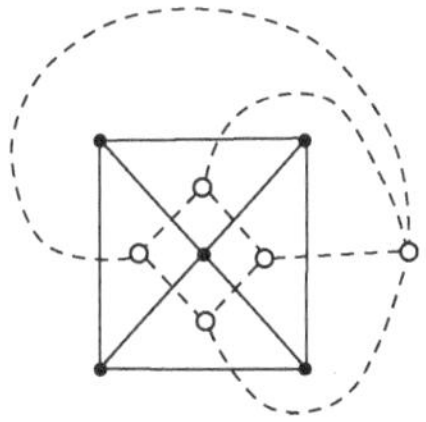

图 7.61

平面图 G 与其对偶图 G^*的结点数、边数和面数之间的关系由下面定理给出.

定理 7.6.5　设 G^*是连通平面图 G 的对偶图, n^*, m^*, r^*和 n, m, r 分别为 G^*和 G 的结点数, 边数和面数, 则

(1) $n^*=r, m^*=m, r^*=n$;

(2) 设 G^*的结点 v_i^*位于 G 的面 R_i 中, 则 $\deg_{G^*}(v_i^*)=\deg(R_i)$.

证　(1) 由 G^*的构造可知, $n^*=r, m^*=m$, 是显然的.

由于 G 与 G^*都连通, 因而满足欧拉公式:

$$n-m+r=2,\quad n^*-m^*+r^*=2,$$

从而有

$$r^*=2+m^*-n^*=2+m-r=n.$$

(2) 设 G 的面 R_i 的边界为Γ_i, Γ_i中有 $k_1(k_1\geqslant 0)$条割边, k_2 个非割边, 于是Γ_i的长度为 k_2+2k_1, 即 $\deg(R_i)=k_2+2k_1$, 而 k_1 条割边对应 v_i^*处有 k_1 个环, k_2 条非割边对应从 v_i^*处引出 k_2 条边, 所以 $\deg_{G^*}(v_i^*)=k_2+2k_1=\deg(R_i)$.

从对偶图的定义, 我们可以看到, 若对平面图进行着色, 则可以归结为其对

偶图的结点的着色问题, 因此著名的四色问题就可以归结为要证明对于任何一个平面图, 一定可以用四种颜色, 对它的结点进行着色, 使得邻接的结点都有不同的颜色. 关于图的着色问题, 有兴趣的读者可参看专门的图论书籍.

7.7 二部图与匹配

7.7.1 二部图

定义 7.7.1 设 $G=\langle V, E\rangle$为一个无向图, 若存在结点集 V 的一个划分, $V_1\cup V_2=V$, $V_1\cap V_2=\varnothing$, 使得 G 中的每条边 $e=(v_i, v_j)$均满足 $v_i\in V_1$, $v_j\in V_2$, 则称 G 为**二部图**或**二分图**, 称 V_1 和 V_2 为**互补结点子集**, 常将二部图 G 记作$\langle V_1, V_2, E\rangle$.

若 G 是简单二部图, V_1 中每个结点均与 V_2 中所有结点相邻, 则称 G 为**完全二部图**, 记为 $K_{r,s}$, 其中 $r=|V_1|$, $s=|V_2|$.

如图 7.62 中所示各图都是二部图, 其中(c)为完全二部图 $K_{3,3}$, $K_{3,3}$ 通常画成与其同构的(e)的形式, (d)是完全二部图 $K_{2,3}$, $K_{2,3}$ 常画成(f)的形式.

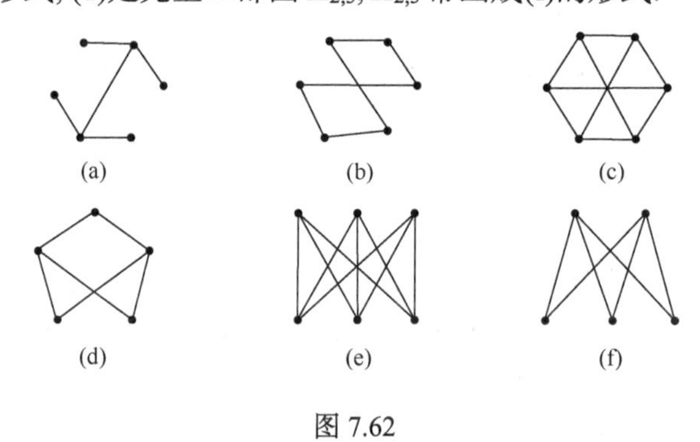

图 7.62

一个图是否为二部图, 有如下判别定理.

定理 7.7.1 无向图 $G=\langle V, E\rangle$是二部图当且仅当 G 中所有回路的长度均为偶数.

证 必要性 若 G 中无回路, 结论显然成立.

若 G 中有回路, 只需证明 G 中无奇数长度的回路. 设 $\varGamma$ 为 G 中任意一条回路, 令

$$\varGamma=(v_0\, v_1\, v_2 \ldots v_k\, v_0),$$

不妨设 $v_0\in V_1$, 则 $v_0, v_2, v_4, \cdots\in V_1$, $v_1, v_3, v_5, \cdots\in V_2$, k 必为奇数, 否则, 边(v_k, v_0)不存在. $\varGamma$ 中共有 $k+1$ 条边, 故 $\varGamma$ 是长度为偶数的回路.

充分性 设 G 为连通图, 否则可对每个连通分支进行讨论. 设 v_0 为 G 中任意一个结点, 定义互补结点子集 V_1 和 V_2 如下:

$$V_1=\{v \mid v\in V \text{ 且 } d(v_0, v)\text{为偶数}\},$$

$$V_2=\{v \mid v\in V \text{ 且 } d(v_0, v)\text{为奇数}\}.$$

易知, $V_1\neq\varnothing$, $V_2\neq\varnothing$, $V_1\cap V_2=\varnothing$, $V_1\cup V_2=V$. 下面证明 V_1 中任意两结点不相邻.

若存在 $v_i, v_j\in V_1$ 相邻, 令$(v_i, v_j)=e$, 设 v_0 到 v_i, v_j 的短程线分别为 $\varGamma_i, \varGamma_j$, 则它们的长度 $d(v_0,v_i)$, $d(v_0,v_j)$都是偶数, 于是$\varGamma_i\cup\varGamma_j\cup e$ 中一定包含一长度为奇数的回路, 这与已知条件矛盾, 类似可证, V_2 中也不存在相邻的结点, 于是 G 为二部图.

例 7.7.1　判断下列图 7.63(a), (b)和(c)是否为二部图.

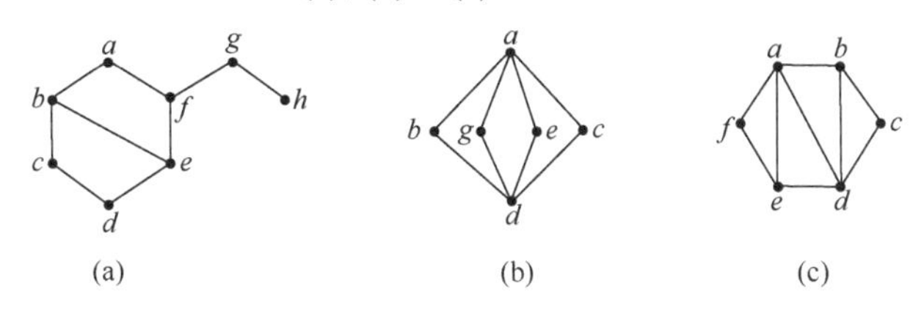

图 7.63

解　图(a), (b)是二部图. 因为图(a), (b)中所有的回路的长度均为偶数, 其中图(b)是 $K_{2,4}$ 图. 图(c)不是二部图, 因图中存在长为 3 的回路, 如 $bcdb$.

7.7.2　匹配问题

二部图的重要应用方面是匹配, 它是解决各种分配问题的常用方法.

定义 7.7.2　设 $G=\langle V, E\rangle$为无向图, 如果 E 的子集 M 中任意两条边之间无公共端点, 那么称 M 为图 G 的一个**匹配**. 若在 M 中加入任意一条边所得集合都不是 G 的匹配, 则称 M 为**极大匹配**; 含有最多边数的匹配称为 G 的**最大匹配**, 最大匹配的边数称为**匹配数**或**边独立数**, 记作 $\beta(G)$, 简记为 β.

图 7.64　　　　图 7.65

如图 7.64 中, $\{e_2, e_4\}$, $\{e_2, e_{10}\}$, $\{e_1, e_3, e_6\}$, $\{e_3, e_5, e_7\}$等都是图 G 的匹配, $\{e_1, e_3, e_6\}$, $\{e_3, e_5, e_7\}$等都是图 G 的极大匹配, 也是 G 的最大匹配, $\beta=3$.

定义 7.7.3　设 M 是图 G 中一个匹配. 若$(v_i, v_j)\in M$, 则称 v_i 与 v_j **被 M 所匹配**. $v\in V$, 若存在边 $e\in M$, 使得 e 与 v 关联, 则称 v 为 **M 饱和点**, 否则, 称 v 为 **M 非饱和点**. 若 G 中每个结点都是 M 饱和点, 则称 M 为 G 中的**完美匹配**.

如图 7.65 中, $M=\{e_1, e_4, e_7\}$为完美匹配. 在图 7.64 中, 没有完美匹配, 因此它

的任何匹配都存在 M 非饱和点.

定义 7.7.4　设 $G=\langle V_1, V_2, E\rangle$ 为二部图, M 为 G 中一个最大匹配. 若 $|M|=\min\{|V_1|, |V_2|\}$, 则称 M 为 G 中一个**完备匹配**, 此时若 $|V_1|\leqslant|V_2|$, 则称 M 为从 V_1 到 V_2 的完备匹配.

对于完备匹配 M, 若 $|V_1|=|V_2|$, 这时, M 为从 V_1 到 V_2 的完美匹配.

如图 7.66 中, G_1 和 G_2 都存在完备匹配(粗实线边所示), 同时 G_1 还是完美匹配. 图 G_3 中没有完备匹配, 粗实线边组成的集合是最大匹配, 但不是完备匹配.

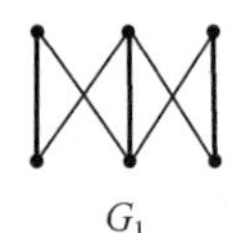
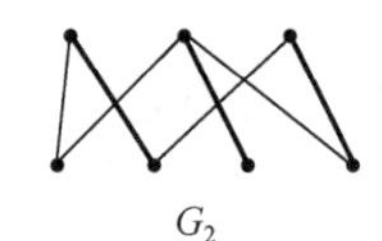
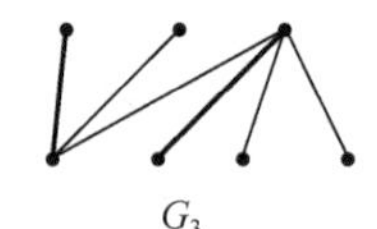

G_1　　G_2　　G_3

图 7.66

定理 7.7.2 (Hall 定理)　设二部图 $G=\langle V_1, V_2, E\rangle$, $|V_1|\leqslant|V_2|$, 则 G 中存在从 V_1 到 V_2 的完备匹配的充分必要条件是 V_1 中任意 k 个结点($k=1, 2, \cdots, |V_1|$)至少与 V_2 中的 k 个结点相邻接.

定理 7.7.2 中的条件称为**相异性条件**.

如图 7.66 中, G_1 和 G_2 均满足相异性条件, 它们都存在完备匹配. G_3 中, 存在 V_1 中的两个结点只与 V_2 中的一个结点相邻, 它不满足“相异性条件”, 所以, 图 G_3 不存在完备匹配.

利用 Hall 定理, 我们有以下结论.

定理 7.7.3　设二部图 $G=\langle V_1, V_2, E\rangle$, 如果

(1) V_1 中每个结点至少关联 t $(t\geqslant 1)$条边;

(2) V_2 中每个结点至多关联 t 条边,

那么 G 中存在从 V_1 到 V_2 的完备匹配.

证　由已知条件可知, V_1 中任意 k $(1\leqslant k\leqslant|V_1|)$个结点至少关联 kt 条边. 又 V_2 中每个结点至多关联 t 条边, 所以, 这 kt 条边至少关联 V_2 中 k 个结点, 因此, 二部图 G 满足相异性条件. 由 Hall 定理可知, G 中一定存在完备匹配.

我们常称定理 7.7.3 中的条件为 t **条件**. 需要说明的是, 满足 t 条件的二部图, 它一定满足相异性条件, 反之不真.

如图 7.66 中, G_1 虽不满足 t 条件, 但它满足相异性条件, 所以, 它也存在完备匹配. G_2 满足 t 条件($t=2$), 显然它存在完备匹配.

许多实际问题常常化为二部图的匹配问题, 现举两例.

例 7.7.2　某大学计算机系有 3 个课外学习小组: 网络组、网页制作组和数据库组. 今有张、王、李、赵、陈 5 名同学. 若已知:

(1) 张、王为网络组成员, 张、李、赵为网页制作组成员, 李、赵、陈为数

据库组成员;

(2) 张为网络组成员, 王、李、赵为网页制作组成员, 王、李、赵、陈为数据库组成员;

(3) 张为网络组和网页制作组成员, 王、李、赵、陈为数据库组成员.

问以上 3 种情况下能否各选出 3 名不兼职的组长?

解　设 v_1, v_2, v_3, v_4, v_5 分别表示张、王、李、赵、陈, u_1, u_2, u_3 分别表示网络组、网页制作组、数据库组. 在 3 种情况下作二部图分别记为 G_1, G_2, G_3, 如图 7.67 所示.

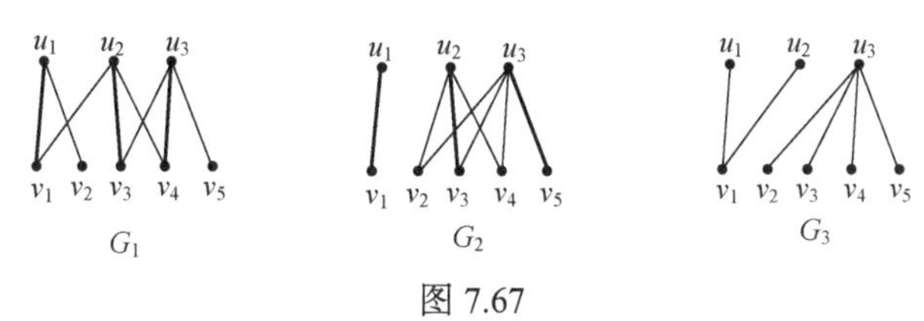

图 7.67

图 G_1 满足 t=2 的 t 条件, 所以存在完备匹配, 图中粗实线所示的匹配就是其中的一种分配方案, 即选张为网络组组长, 李为网页制作组组长, 赵为数据库组组长.

图 G_2 不满足 t 条件, 但满足相异性条件, 因而也存在完备匹配, 图中粗线所示就是其中的一种分配方案.

图 G_3 不满足 t 条件, 也不满足相异性条件, 所以图中不存在完备匹配, 故选不出 3 名不兼职的组长.

例 7.7.3　假设有六位姑娘 $L_1, L_2, L_3, L_4, L_5, L_6$ 和六位未婚男子 $G_1, G_2, G_3, G_4, G_5, G_6$ 相互结识. 六位姑娘分别对下列集合中的男子中意: L_1: $\{G_1, G_2, G_4\}$, L_2: $\{G_3, G_5\}$, L_3: $\{G_1, G_2, G_4\}$, L_4: $\{G_2, G_5, G_6\}$, L_5: $\{G_3, G_6\}$, L_6: $\{G_2, G_5, G_6\}$. 而六位男子则分别对下列集合中的姑娘钟情: G_1: $\{L_1, L_3, L_6\}$, G_2: $\{L_2, L_4, L_6\}$, G_3: $\{L_2, L_5\}$, G_4: $\{L_1, L_3\}$, G_5: $\{L_2, L_6\}$, G_6: $\{L_3, L_4, L_5\}$. 问如何配偶能使双方满意的男女最多.

解　设 $V_1=\{L_1, L_2, L_3, L_4, L_5, L_6\}$, $V_2=\{G_1, G_2, G_3, G_4, G_5, G_6\}$, 构造数学模型: 以 L_i 和 G_j $(i, j=1, 2, 3, 4, 5, 6)$为结点, 若姑娘 L_i 钟情于男子 G_j, 同时男子 G_j 钟情于女子 L_i, 则画一条连接 L_i 与 G_j 的边, 从而得到二部图 $G=\langle V_1, V_2, E\rangle$, 问题转化为寻找 G 的一个最大匹配. 从图 7.68 中可以求得一个最大匹配(粗实线所示)为

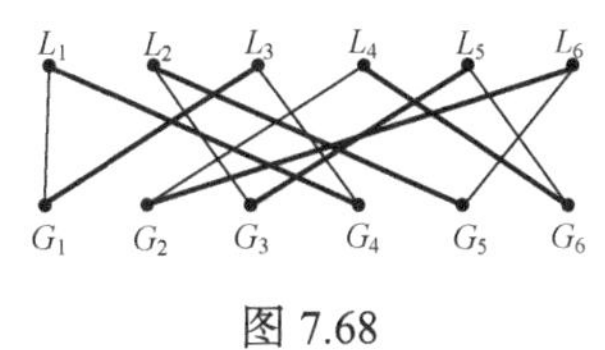

图 7.68

$$M=\{(L_1, G_4), (L_2, G_5), (L_3, G_1), (L_4, G_6), (L_5, G_3), (L_6, G_2)\}.$$

根据 M 进行男女配对, 可以使男女双方都满意且结婚对数最多.

注意这样的匹配可以有多种，虽然匹配不同，但是其最大匹配数是相同的. 许多实际问题，如毕业生的分配、课程表的安排、人员的调动等都与此问题类似.

图论基础

习 题 7

1. 设有 4 个程序 p_1, p_2, p_3, p_4，它们之间有一些调用关系：p_1 能调用 p_2，p_2 能调用 p_3，p_2 能调用 p_4，试用图的方法表示之.

2. 画出下列各图的图形，并指出哪个是有向图，无向图，多重图，简单图.

(1) $G=\langle V, E\rangle$, $V=\{a, b, c, d, e\}$, $E=\{(a, b), (a, c), (d, e), (d, d), (b, c), (a, d), (b, a)\}$.

(2) $G=\langle V, E\rangle$, $V=\{a, b, c, d, e\}$, $E=\{\langle a, b\rangle, \langle b, c\rangle, \langle a, c\rangle, \langle d, a\rangle, \langle d, e\rangle, \langle d, d\rangle, \langle a, e\rangle\}$.

3. 设 $G=\langle V, E\rangle$是一个无向图，$V=\{v_1, v_2, \cdots, v_8\}$, $E=\{(v_1, v_2), (v_2, v_3), (v_3, v_1), (v_1, v_5), (v_5, v_4), (v_3, v_4), (v_7, v_8)\}$.

(1) $G=\langle V, E\rangle$的$|V|$, $|E|$各是多少？画出 G 的图示；

(2) 指出与 v_3 邻接的结点，以及与 v_3 关联的边；

(3) 该图是否有孤立结点？

(4) 求出各结点的度数.

4. 已知无向图 $G=\langle V, E\rangle$, $V=\{v_1, v_2, \cdots, v_6\}$, $E=\{(v_1, v_2), (v_1, v_3), (v_3, v_3), (v_4, v_5), (v_5, v_1), (v_1, v_4), (v_3, v_4)\}$.

(1) 画出 G 的图形；

(2) 求出 G 中各结点的度数及δ, Δ.

5. 无向图 G 有 12 条边，G 中有 6 个 3 度结点，其余结点的度数均小于 3，问 G 中至少有多少个结点？为什么？

6. 在有 21 条边的无向图 G 中，有 3 个 4 度结点，其余均为 3 度结点，问无向图共有多少个结点.

7. 设有向简单图 D 的度数列为 2, 2, 3, 3，入度序列为 0, 0, 2, 3，试求 D 的出度序列和该图的边数.

8. 下列各组数中，哪些能构成无向图的度数列？哪些能构成无向简单图的度数列？

(1) 3, 3, 3, 3, 3, 3;

(2) 3, 4, 7, 7, 7, 7;

(3) 1, 2, 3, 4, 5, 5.

9. 晚会上大家握手言欢, 试证明握过奇数次手的人数是偶数.

10. 设图 $G=\langle V, E\rangle$, $|V|=n$, $|E|=m$. k 度结点有 n_k 个, 且每个结点或是 k 度结点或是 $k+1$ 度结点. 证明: $n_k=n(k+1)-2m$.

11. 图 $G=\langle V, E\rangle$是无向简单图, 其中$|V|=n$, $|E|=m$, 证明: $m\leqslant\dfrac{n(n-1)}{2}$.

12. 一次会议有 20 人参加, 其中每个人都在其中有不少于 10 个朋友. 这 20 人围成一圆桌入席, 有没有可能使任意相邻而坐的两个人都是朋友? 为什么?

13. 证明在任何两个或两个人以上的组内, 存在两个人在组内有相同个数的朋友.

14. 画出 6 个结点的完全图, 并举出其中互补的图.

15. 设图 G 是具有 3 个结点的完全图, 试问:

(1) G 有多少个子图?

(2) G 有多少个生成子图?

(3) 若没有任何两个子图是同构的, 则 G 的子图个数是多少? 将它们构造出来.

16. 画出图 7.69 的补图.

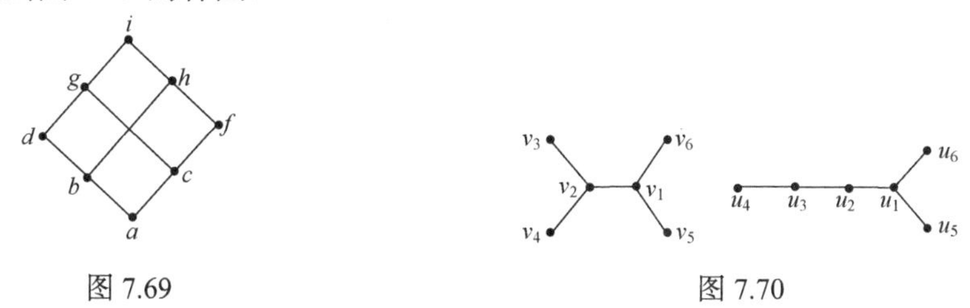

图 7.69　　图 7.70

17. 判断图 7.70 所示的两个图是否同构?

18. 设 G 为 n 阶无向简单图, n 是大于等于 2 的奇数. 证明图 G 与它的补图 G'中的奇数度结点个数相等.

19. 设 G 是无向完全图, 若对 G 的每一条边指定一个方向, 所得的图称为**竞赛图**. 证明: 无有向回路的竞赛图 $G=\langle V(G), E(G)\rangle$中, 对于任意 $u, v\in V(G)$, $\deg^+(u)\neq\deg^+(v)$.

20. 设无向图 G 中各结点的度数都是 3, 且结点数 n 与边数 m 之间有如下关系: $2n-3=m$. 问:

(1) G 中结点数 n 与边数 m 各为多少?

(2) 在同构的意义下 G 是唯一的吗?

21. 证明图 7.71 所示的两个图是不同构的.

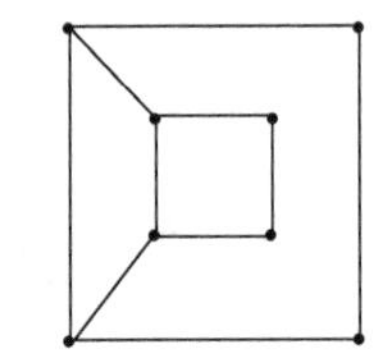

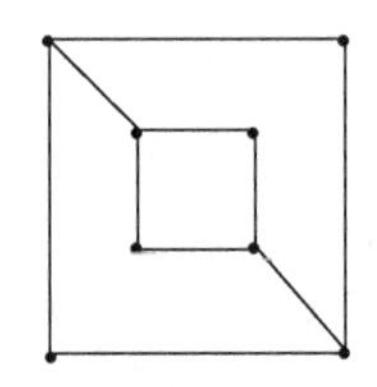

图 7.71

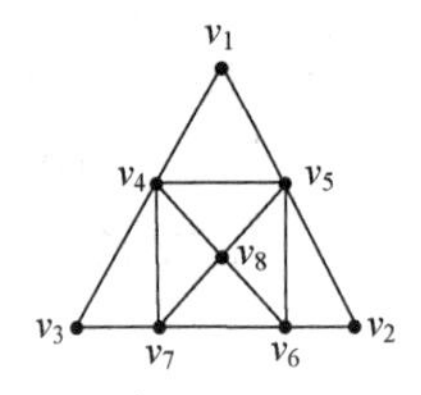

图 7.72

22. 给定图 $G=\langle V, E\rangle$, 如图 7.72 所示.

(1) 在 G 中找出一条长度为 7 的路径;

(2) 在 G 中找出一条长度为 4 的简单路径;

(3) 在 G 中找出一条长度为 5 的基本路径;

(4) 在 G 中找出一条长度为 8 的复杂路径;

(5) 在 G 中找出一条长度为 7 的回路;

(6) 在 G 中找出一条长度为 4 的简单回路;

(7) 在 G 中找出一条长度为 5 的基本回路.

23. 设简单平面图 G 中结点数 n=7, 边数 m=15. 证明: G 是连通的.

24. 若 n 阶连通图中恰有 n–1 条边, 则图中至少有一个结点度数为 1.

25. 证明: 如果无向图 G 是不连通的, 那么 G 的补图是连通的.

26. 设 G 为(n, m)简单图, 且 $m>C_{n-1}^2$, 证明 G 是连通的.

27. 找出图 7.73 中各图的所有边割集和点割集.

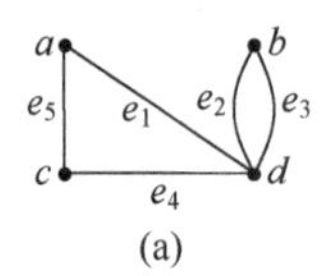

图 7.73

28. 对于图 7.74 所示的简单图:

(1) 给出 3 条边和 4 条边的边割集;

(2) 求出一个最小的点割集;

(3) 求$\kappa(G)$, $\lambda(G)$.

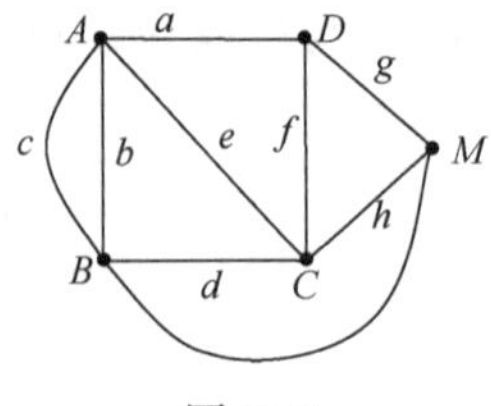

图 7.74

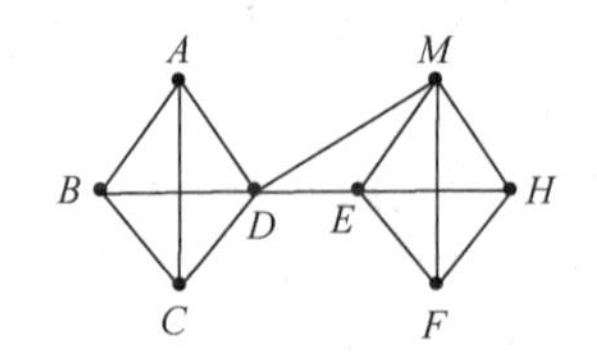

图 7.75

29. 对于图 7.75 所示的简单图.

(1) 给出一个最小的边割集和一个最大的边割集;

(2) 给出一个结点的点割集和 2 个结点的点割集;

(3) 求$\kappa(G)$, $\lambda(G)$.

30. 判定图 7.76 和图 7.77 是否为弱连通、单向连通、强连通? 写出其各分图.

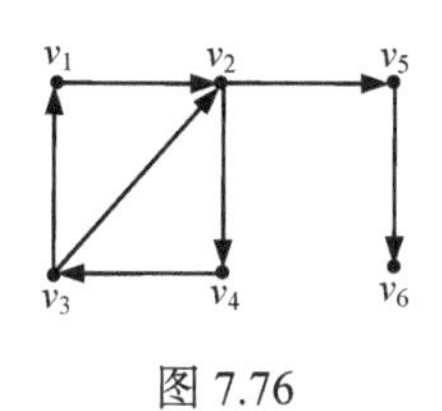

图 7.76

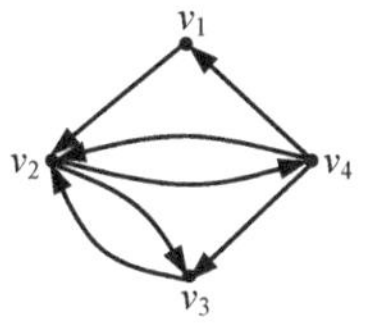

图 7.77

31. 设 $V=\{a, b, c, d, e\}$. 给定 6 个图:

$G_1=\langle V, E_1\rangle, E_1=\{(a, b), (b, c), (c, d), (a, e)\}$;

$G_2=\langle V, E_2\rangle, E_2=\{(a, b), (b, e), (e, b), (a, e), (d, e)\}$;

$G_3=\langle V, E_3\rangle, E_3=\{(a, b), (b, e), (e, d), (c, c)\}$;

$G_4=\langle V, E_4\rangle, E_4=\{\langle a, b\rangle, \langle b, c\rangle, \langle c, a\rangle, \langle a, d\rangle, \langle d, a\rangle, \langle d, e\rangle\}$;

$G_5=\langle V, E_5\rangle, E_5=\{\langle a, b\rangle, \langle b, a\rangle, \langle b, c\rangle, \langle c, d\rangle, \langle d, e\rangle, \langle e, a\rangle\}$;

$G_6=\langle V, E_6\rangle, E_6=\{\langle a, a\rangle, \langle a, b\rangle, \langle b, c\rangle, \langle e, c\rangle, \langle e, d\rangle\}$.

试问: (1) 哪些图是有向图? 哪些图是无向图? 哪些是简单图?

(2) 哪些图是强连通图? 哪些图是单向连通图? 哪些图是弱连通图?

32. 求上题中:

(1) 图 G_3 的邻接矩阵;

(2) 图 G_2 和 G_5 的关联矩阵;

(3) 图 G_5 邻接矩阵以及从 b 到 c, d 长度为 3 的路径条数, 从 b 到 b 长度为 2 的回路的条数以及长度为 3 的路径共有多少条, 长度不超过 3 的路径条数和回路的条数;

(4) 图 G_5 的可达矩阵.

33. 设有向图 $D=\langle V, E\rangle$如图 7.78 所示.

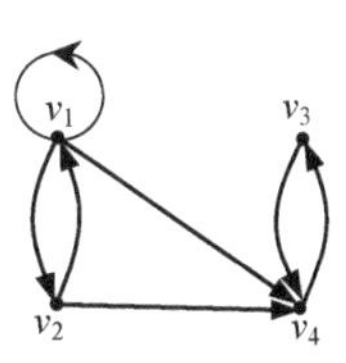

图 7.78

(1) 求 D 的邻接矩阵;

(2) D 中 v_1 到 v_4 的长度为 4 的路径有多少条?

(3) D 中经过 v_1 的长度为 3 的回路有多少条?

(4) D 中长度不超过 4 的路径有多少条? 其中有多少条回路?

34. 求图 7.79 所示图的邻接矩阵与可达矩阵.

35. 设 D 是有向图, M 是 G 的关联矩阵, 证明: MM^{T} 的对角线上的元素恰好是 D 中所有结点的度数.

36. 设有向图 D 如图 7.80，求图 D 中从 v_2 到 v_4 长度分别为 1, 2, 3, 4 的路径各有几条.

图 7.79　　　图 7.80

37. 设 D 是具有结点 v_1, v_2, v_3, v_4 的有向图，它的邻接矩阵为

$$A=\begin{bmatrix}0&1&1&1\\0&1&1&0\\1&1&0&1\\1&0&0&0\end{bmatrix},$$

(1) 画出这个图;

(2) D 是单向连通还是强连通?

(3) 求从 v_1 到 v_1 长度为 3 的回路，从 v_1 到 v_2，从 v_1 到 v_3，从 v_1 到 v_4 长度为 3 的路径.

38. 如图 7.81 所示. 试用 Dijkstra 算法求解下列问题:

(1) 结点 v_0 到各个结点的最短路径，并写出它们的权;

(2) 结点 v_1 到 v_5 的最短路径，并写出它们的权.

图 7.81　　　图 7.82

39. 如图 7.82 为某街道布局图，试用 Dijkstra 算法求结点 v_0 到每个结点的最短路径，并写出它们的权.

40. 如图 7.83 所示的图(a)与(b)为 PERT 图. 求两图中 v_7 的最早完成时间、最晚完成时间、缓冲时间以及关键路径.

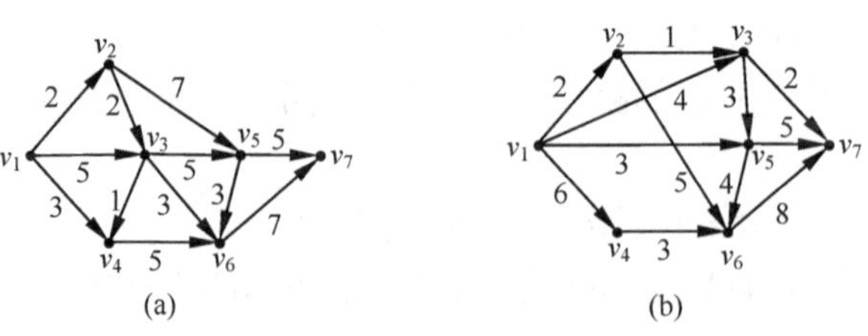

图 7.83

41. 写出图 7.84 中两图的欧拉回路或欧拉路径.

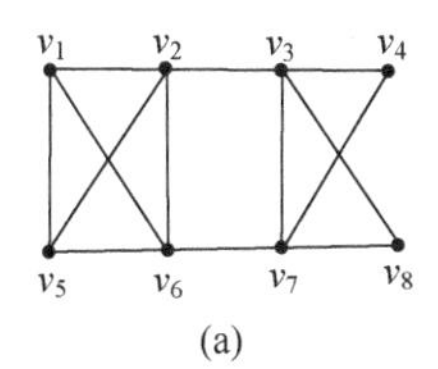

(a)

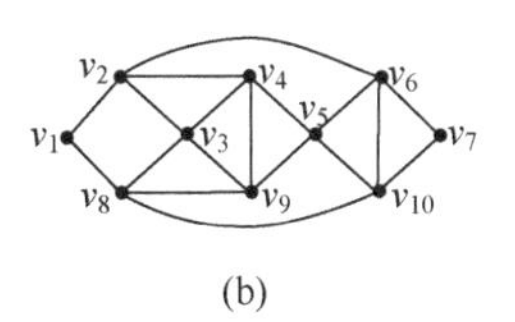

(b)

图 7.84

42. 图 7.85 是否可以一笔画出？如果可以的话画出欧拉路，否则说明原因.

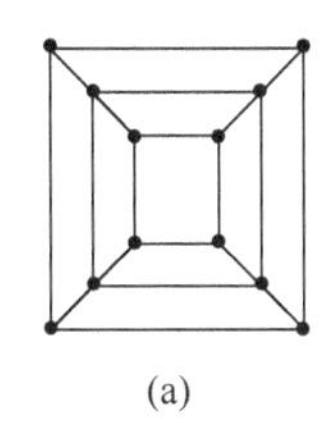

(a)

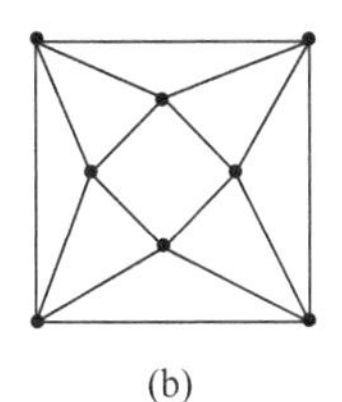

(b)

图 7.85

43. 设 G 是具有 k 个奇数度结点的无向连通图, 在 G 中至少要添加多少条边才能使 G 具有欧拉回路?

44. 当一个图的结点数 n 为何值时, 完全图 K_n 为欧拉图?

45. 图 $D=\langle V, E\rangle$, 其中 $V=\{a, b, c, d, e\}$, $E=\{\langle a, b\rangle, \langle b, d\rangle, \langle c, a\rangle, \langle d, e\rangle, \langle e, b\rangle\}$.

(1) 试画出图 D;

(2) 试求 D 的邻接矩阵;

(3) D 是否为欧拉图.

46. 证明: 如果一个有向图 D 是弱连通且是欧拉图, 那么 D 是强连通图.

47. (1) 画一个有一条欧拉回路和一条哈密顿回路的图;

(2) 画一个有一条欧拉回路但没有哈密顿回路的图;

(3) 画一个没有欧拉回路但有一条哈密顿回路的图;

(4) 画一个既无欧拉回路, 又无哈密顿回路.

48. 判断图 7.86 与图 7.87 中两图是否有哈密顿回路或哈密顿路径.

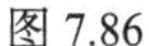

图 7.86

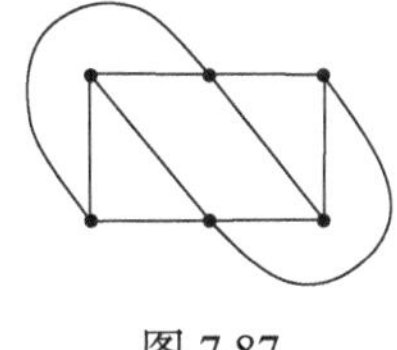

图 7.87

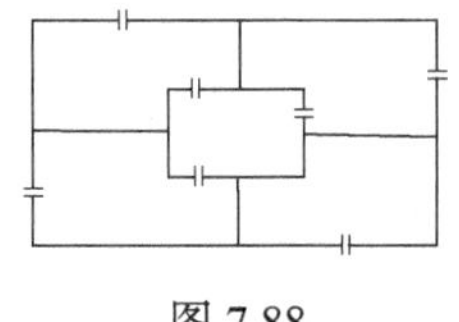

图 7.88

49. 在某历史大厦的门口, 大厦的房屋平面图如图 7.88 所示. 参观这栋房子的每个房间是否存在通过每个门刚好一次的道路？解释你的理由.

50. 在 K_5 中给出两条无任何公共边的哈密顿回路.

51. 设 G 是连通简单平面图, G 中有 11 个结点 5 个面, 求 G 中的边数.

52. 指出图 7.89 所示的平面图中各面的次数, 并验证各面次数之和等于其边数的 2 倍.

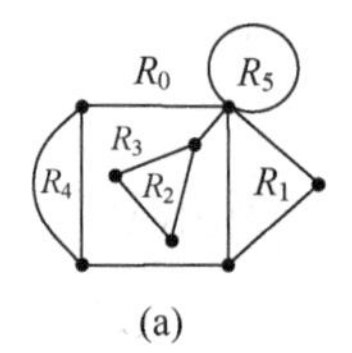

(a)

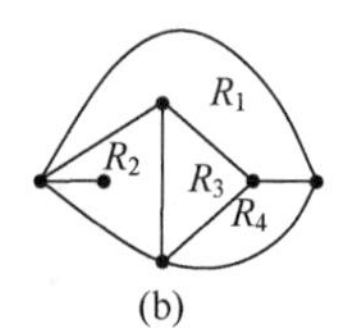

(b)

图 7.89

53. 证明图 7.90 所示的图都不是平面图.

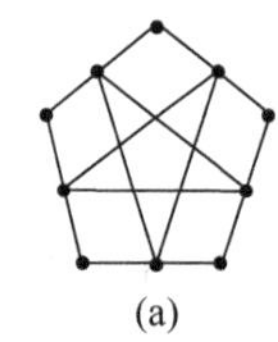
(a)

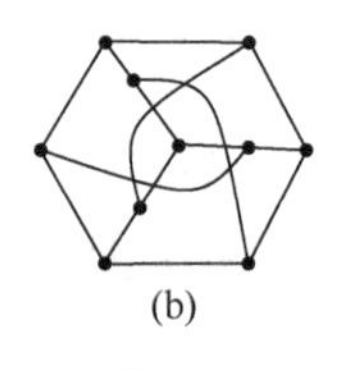
(b)

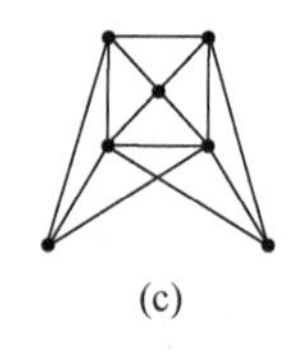
(c)

图 7.90

54. 若 G 是(n, m)平面图, 且 G 的所有面全由长度为 3 的回路围成, 证明: $m=3n-6$.

55. 设 $G=\langle V, E\rangle$是连通的简单平面图, $|V|=n\geqslant 3$, 面数为 r, 则 $r\leqslant 2n-4$.

56. 证明对于连通无向简单平面图, 当边数 $m<30$ 时, 必存在度数$\leqslant 4$ 的结点.

57. 设 $G=\langle V, E\rangle$是简单的无向平面图, 证明 G 中至少有一个结点的度数$\leqslant 5$.

58. 证明在有 6 个结点, 12 条边的连通简单平面图中, 每个区域用 3 条边围成.

59. 画出图 7.91 所示的两个图的对偶图.

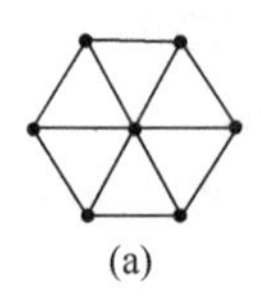
(a)

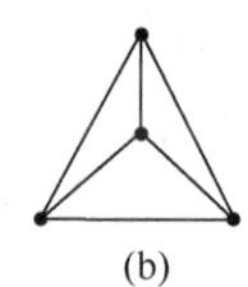
(b)

图 7.91

60. 试证明, 如果 G 是一个(n, m)平面图, 且 G 是自对偶的, 那么 $m=2(n-1)$.

61. 判断图 7.92 所示的两个图是否为二部图？若是, 找出它的互补结点子集.

62. 画出完全二部图 $K_{2,2}$, $K_{3,5}$, $K_{2,4}$.

63. 完全二部图 $K_{r,s}$ 中, 边数 m 是多少？匹配数β是多少？

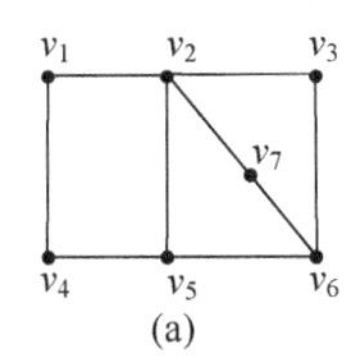

(a)

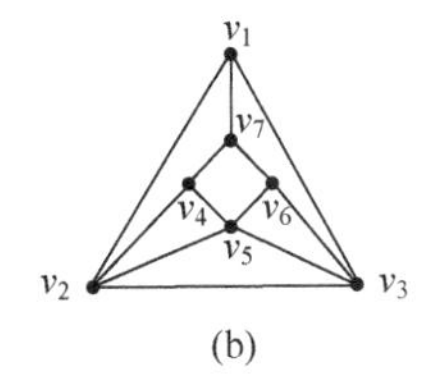

(b)

图 7.92

64. 求图 7.93 和图 7.94 中的最大匹配、完美匹配、匹配数β.

65. 对于图 7.95 所示的无向二部图:

(1) 试证明它满足定理 7.7.2 中的相异性条件;

(2) 试证明它满足定理 7.7.3 中的 t 条件;

(3) 试求 V_1 到 V_2 的一个最大匹配.

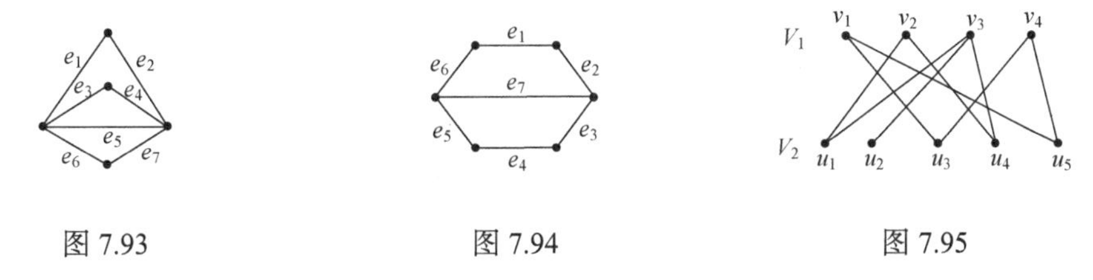

图 7.93　　图 7.94　　图 7.95

66. 设有 n 个甲班学生和 n 个乙班学生开联欢会, 每个甲班学生恰好认识 k 个乙班学生, 每个乙班学生也恰好认识 k 个甲班学生. 可否适当安排, 使每个甲班学生均与他所认识的一个乙班学生一起交谈?

67. 某年级共开设 7 门课程, 由 7 名教员承担. 已知每位教员都能承担 3 门课程. 他们将自己能承担的课程报到教务处, 教务处发现每门课程恰好有 3 位教员能承担. 问教务处能否安排这 7 位教员每人担任 1 门课, 且每门课都有人承担.

68. 现有 x_1, x_2, x_3, x_4, x_5 五个人, y_1, y_2, y_3, y_4, y_5 五项工作. 已知 x_1 能胜任 y_1 和 y_2, x_2 能胜任 y_2 和 y_3, x_3 能胜任 y_2 和 y_5, x_4 能胜任 y_1 和 y_3, x_5 能胜任 y_3, y_4 和 y_5. 如何安排才能使每个人都有工作做, 且每项工作都有人做?

第 8 章　树

树是图论中一个非常重要的基本概念, 图论中的许多问题, 都依赖于我们对树的认识以及关于它的一系列结果. 历史上基尔霍夫(Kirchhoff)对电路网络的研究, 凯莱(Cayley)对有机化学中各种同分异构体个数的计算都曾遇到过这类图. 此外, 树还广泛应用在计算机科学与技术领域, 如数据的存储和传输等. 本章主要介绍树的基本概念和应用.

本章所涉及的图都假定是简单图, 回路均指基本回路或简单回路, 不含复杂回路(有重复边或环的回路).

8.1　树的基本概念

8.1.1　树的定义

定义 8.1.1　连通而无简单回路的无向图称为**无向树**, 简称**树**, 常用 T 表示树. 在树中度数为 1 的结点称为**树叶**, 度数大于 1 的结点称为**分支结点**.

若无向图 G 至少有两个连通分支且每个连通分支均为树, 则称此无向图 G 为**森林**.

平凡图称为平凡树.

例 8.1.1　图 8.1 中, G_1 为树, v_7 为树的分支结点, $v_1, v_2, v_3, v_4, v_5, v_6$ 为树叶. G_2, G_3 均不是树; G_2 中包含有回路, G_3 是非连通的, 但 G_3 是森林.

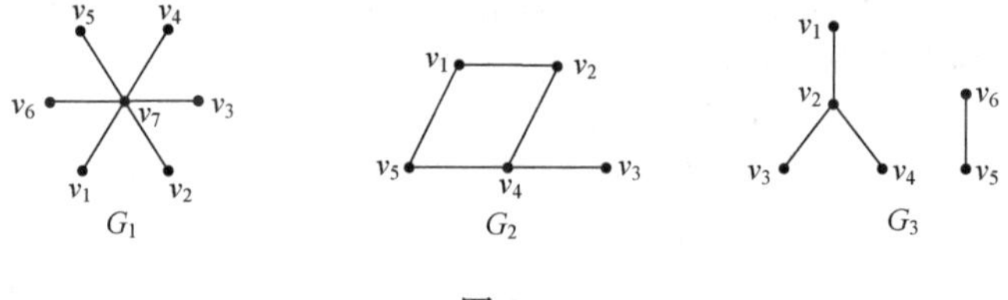

图 8.1

下面的定理比较全面地反映了树的各方面的特征.

定理 8.1.1　设 $G=\langle V, E\rangle$是(n, m)无向图, 则下面各条件是等价的:

(1) G 是树;

(2) G 中任意两个结点之间存在唯一的路径;

(3) G 中无回路且 $m=n-1$;

(4) G 是连通的且 $m=n-1$;

(5) G 中无回路, 但在任何两个不同的结点之间加一条新边, 则得到唯一的一个包含新边的基本回路.

证　(1) $\Rightarrow$ (2). 先证明存在性. 由 G 的连通性可知, 对于任意 $u, v\in V$, u 与 v 之间存在一条路径.

再证唯一性(反证法).

若路径不是唯一的, 设Γ_1与Γ_2都是 u 到 v 的路径, 易知必存在由Γ_1和Γ_2上的边构成的回路, 这与 G 中无回路矛盾.

(2) $\Rightarrow$ (3). 首先证明 G 中无回路. 若 G 中存在关联某结点 v 的环, 则 v 到 v 存在长为 0 和 1 的两条路径, 这与已知矛盾.

若 G 中存在长度大于或等于 2 的回路, 则回路上任何两个结点之间都存在两条不同的路径, 这也与已知矛盾.

其次证明: $m=n-1$. (归纳法)

当 $n=1$ 时, G 为平凡图, 结论显然成立.

设 $n\leqslant k$ $(k\geqslant 1)$时结论成立.

当 $n=k+1$ 时, 设 $e=(u, v)$为 G 中的一条边, 由于 G 中无回路, 所以, $G-e$ 有两个连通分支 G_1 和 G_2. 设 n_i 和 m_i 分别为 G_i 中的结点数和边数, 则 $n_i\leqslant k$ $(i=1, 2)$. 由归纳假设, 有

$$m_i=n_i-1.$$

于是, $m=m_1+m_2+1=n_1+n_2+1-2=n-1$.

(3) $\Rightarrow$ (4). 只需证明 G 是连通的. (反证法)

假设 G 是不连通的, 由 $s(s\geqslant 2)$个连通分支 $G_1, G_2, \cdots, G_s$ 组成, 并且 G_i 中均无回路, 因而 G_i 全为树. 由(1)$\Rightarrow$(2)$\Rightarrow$(3)可知, $m_i=n_i-1$, 于是,

$$m=\sum_{i=1}^{s}m_i=\sum_{i=1}^{s}(n_i-1)=\sum_{i=1}^{s}n_i-s=n-s.$$

由于 $s\geqslant 2$, 与 $m=n-1$ 矛盾.

(4) $\Rightarrow$ (5). 用归纳法(首先证明 G 是无回路的).

对于$n=2$, 这时$m=1$, 满足$m=n-1$, 显然, G是无回路的.

设 $n=k$ $(k\geqslant 1)$时结论成立. 考虑 $n=k+1$ 的情形.

因为G是连通的且$m=n-1$, 故对于每个结点u有$\deg(u)\geqslant 1$, 可以证明在G中至少存在一个结点v, 使得$\deg(v)=1$. 若不然, 即G的每个结点 u 有$\deg(u)\geqslant 2$, 则由握手定理可知$2m>2n$, 从而有$m>n$, 此与$m=n-1$矛盾.

删去结点v及其关联边, 得到一个新图G', 由归纳假设得图G'无回路, 而在图

G'中添加v及其关联边又得到图G, 而$\deg(v)=1$, 故图G是无回路的. 若在连通图G中增加新的边(u_i, u_j), 则该边与G中u_i到u_j的一条路径构成一个回路, 则该回路必是唯一的, 否则若删去此新边, G中必有基本回路, 得出矛盾.

(5) $\Rightarrow$ (1). 只需证明 G 是连通的. 对于任意 $u, v\in V$, 且 $u\neq v$, 则产生一条新边(u, v), 从而 $C=(u, v)\cup G$ 构成唯一的回路. 显然 $C-(u, v)$为 G 中 u 到 v 的一条路径, 由 u, v 的任意性可知, G 是连通的.

由定理 8.1.1 所刻画的树的特征可见, 在结点给定的无向图中, 树是边数最少的连通图, 也是边数最多的无回路图. 由此可知, 在无向(n, m)图 G 中, 若 $m<n-1$, 则 G 是不连通的; 若 $m>n-1$, 则 G 必含回路.

需要说明的是, 只要图满足定理8.1.1中五个条件中任意一条, 那么它就是树. 我们这里以"连通且无回路"作为树的定义, 只不过是因为比较起来它更为直观一些而已. 今后对于任何图, 如果已经确定它是一个树, 那么就可以把定理中的五个条件作为其已经具备的性质.

对于树叶还有如下性质.

定理 8.1.2 设 T 为 n 阶非平凡树, 则 T 中至少有两片树叶.

证 因为T是非平凡树, 所以T中每个结点的度数都大于等于1. 由握手定理和定理 8.1.1, 对于任意(n, m)图, 有

$$\sum_{v\in V}\deg(v)=2m=2(n-1).$$

另一方面, 设 T 有 x 片树叶, 可得

$$2(n-1)=\sum_{v\in V}\deg(v)\geqslant x+2(n-x).$$

由上式解出 $x\geqslant 2$.

例 8.1.2 已知无向树 T 中, 有 1 个 3 度结点, 2 个 2 度结点, 其余结点全是树叶, 试求树叶的个数, 并画出满足要求的非同构的无向树.

解 设 T 有 x 片树叶, 于是结点总数为

$$n=1+2+x=3+x,$$

由握手定理和树的性质 $m=n-1$ 可得

$$\begin{aligned}2m&=2(n-1)=2\times(2+x)\\&=1\times 3+2\times 2+x.\end{aligned}$$

解出 $x=3$, 故 T有 3 片树叶. 于是 T的度数列为: 1, 1, 1, 2, 2, 3. 在度数列中, T中有一个 3 度结点 v, 因此与 v 邻接有 3 个结点, 这 3 个结点的不同度数列只能是以下两种情况之一:

$$1, 1, 2;\quad 1, 2, 2.$$

设它们对应的树分别为 T_1, T_2. 因此度数列 1, 1, 1, 2, 2, 3 只能产生两个非同构的 6 阶无向树, 如图 8.2 所示.

图 8.2

8.1.2 生成树

定义 8.1.2 设 $G=\langle V, E\rangle$是无向连通图, 若 T 是 G 的生成子图并且是树, 则称 T 是 G 的**生成树**. 生成树 T 中的边称为 T 的**树枝**; 不在生成树 T 中但属于图 G 的边称为 T 的**弦**. T 的所有弦的集合的导出子图称为 T 的**余树**.

注意, 余树不一定是树, 因为余树不一定连通, 也可能包含回路.

例 8.1.3 在图 8.3 中, 可以看到该图的粗线所示的一个生成树 T. 其中 $e_1, e_2, e_3, e_4, e_5, e_9$ 都是 T 的树枝, $e_6, e_7, e_8, e_{10}, e_{11}$ 都是 T 的弦. T 的余树如图 8.4 所示, 余树是不连通的, 同时也包含回路.

定理 8.1.3 任何无向连通图 G 至少存在一棵生成树.

证 若连通图 G 中无回路, 则 G 为自身的生成树.

若 G 中包含回路Γ, 则随意地删除回路Γ上的一条边, 而不影响图的连通性. 若Γ上仍有回路, 则再删除回路Γ上的一条边, 直到Γ无回路为止, 最后得到的图是无回路、连通的且为 G 的生成子图, 故为 G 的生成树.

定理 8.1.3 为我们从一个无向连通图中寻找其生成树提供了依据和方法, 这种方法我们称为**破圈法**. 在寻找其生成树的过程中, 删除回路上的不同边, 可以得到不同的生成树, 因此一个图的生成树 T 一般是不唯一的.

在图 8.3 中, 利用破圈法, 若依次删去边 $e_1, e_3, e_6, e_8, e_{11}$, 可以得到图 G 的另一棵生成树, 如图 8.5 所示.

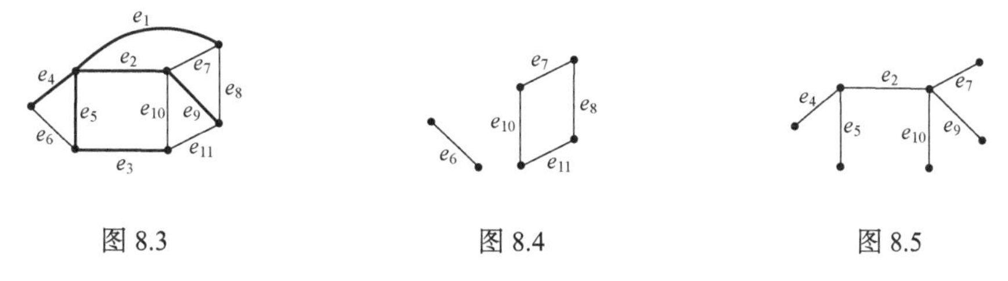

图 8.3　　图 8.4　　图 8.5

寻找一个连通图的生成树也具有其实际意义.

例 8.1.4 在某地要建 5 个工厂, 拟修筑道路连接这 5 处. 经勘测其道路可依如图 8.6(a)图示的无向边铺设, 为使这 5 处都有道路相通, 问至少要铺设几条路?

怎样铺设?

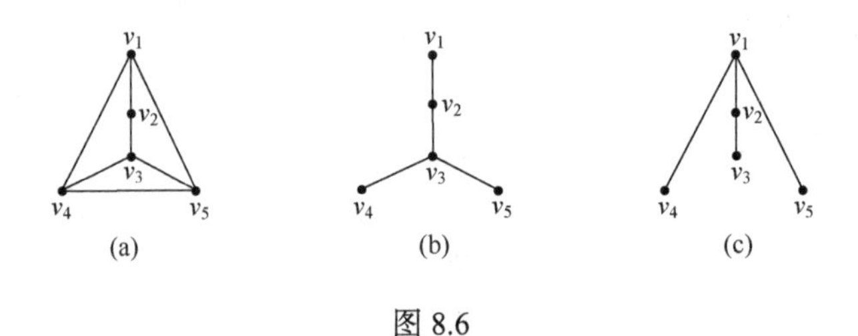

图 8.6

解 此问题即为寻找图 8.6(a)的生成树问题. 由图 8.6(a)可知 $n=5$, 则 $n-1=4$, 故生成树的边数为 4, 亦即至少要铺设 4 条路才能使道路相通行. 铺设方案可按图 8.6(b)或(c)所示的线路执行.

利用定理 8.1.1 和定理 8.1.3, 关于生成树的树枝和弦, 我们有如下定理.

定理 8.1.4 设 G 是任一(n, m)连通图, 则 G 的任一生成树有 $n-1$ 条树枝和 $m-n+1$ 条弦.

证 对于任一(n, m)连通图, 利用破圈法, 易得 G 的任一生成树有 $n-1$ 条边. 因此要确定 G 的一棵生成树, 就必须删除 $m-n+1$ 条边, 而删除的边恰为生成树的弦.

定理 8.1.5 设 T 是连通图 G 的一棵生成树, T'为 T 的余树, Γ 为 G 中任意一个回路, 则 $E(T')\cap E(\Gamma)\neq\varnothing$.

证 若 $E(T')\cap E(\Gamma)=\varnothing$, 则 $E(\Gamma)\subseteq E(T)$, 这说明 T 中有回路Γ, 与 T 是树矛盾.

定理 8.1.6 设 T 为无向连通图 G 中一棵生成树, e 为 T 的任意一条弦, 则 $T\cup e$ 中包含一条只有 G 中一条弦 e 而其余均为 T 的树枝的基本回路, 而且不同的弦对应的基本回路也不同.

证 设 $e=(u, v)$, 由定理 8.1.1 可知, 在 T 中, u, v 之间存在唯一的路径$\Gamma(u, v)$, 则$\Gamma(u, v)\cup e$ 为所要求的基本回路. 显然, 不同的弦对应的基本回路也不同.

由定理 8.1.4, 对于(n, m)连通图 G, G 的任一生成树 T 有 $m-n+1$ 条弦, 由定理 8.1.6 可知, 我们可以在图 G 中由 T 确定 $m-n+1$ 条基本回路, 称为生成树 T 的**基本回路**, 这 $m-n+1$ 条基本回路称为生成树 T 的**基本回路系统**. 称 $m-n+1$ 为 G 的**圈秩**, 记作$\pi(G)$, 即$\pi(G)=m-n+1$.

例 8.1.5 求图 8.3 中的基本回路系统.

解 G 中结点数 $n=7$, 边数 $m=11$, 生成树的基本回路个数为 $m-n+1=5$. 取 T 为例 8.1.3 中的生成树, T 的弦分别为 e_6, e_7, e_8, e_{10}, e_{11}, 每条弦对应一个基本回路, 设它们分别为 $\Gamma_1, \Gamma_2, \Gamma_3, \Gamma_4, \Gamma_5$, 根据对应的弦, 它们分别为

$$\Gamma_1=e_4e_5e_6,\quad \Gamma_2=e_1e_2e_7,\quad \Gamma_3=e_1e_2e_9e_8,\quad \Gamma_4=e_2e_5e_3e_{10},\quad \Gamma_5=e_2e_5e_3e_9e_{11}.$$

基本回路系统为$\{\Gamma_1, \Gamma_2, \Gamma_3, \Gamma_4, \Gamma_5\}$, $\pi(G)=5$.

与基本回路系统类似, 我们可以讨论图的基本割集系统.

定理 8.1.7　设 T 是连通图 G 的一棵生成树, e 为 T 的树枝, 则 G 中存在只含树枝 e 而其余边都是弦的边割集, 且不同的树枝对应的边割集也不同.

证　因为 e 为 T 的树枝, 由定理 8.1.1 可知, $T-\{e\}$有两个连通分支 T_1 和 T_2. 令

$$S_e=\{e_1 \mid e_1\in E(G)\text{且 } e_1 \text{ 的两个端点分别属于 } V(T_1)\text{和 } V(T_2)\},$$

由构造可知, S_e 为 G 的边割集, $e\in S_e$ 且 S_e 中除 e 外都是弦. 显然, 不同的树枝对应的边割集也不同.

设 T 是 n 阶连通图 G 的一棵生成树, 由定理 8.1.4, G 的任一生成树 T 有 $n-1$ 条树枝, 设其为 $e_1, e_2, \cdots, e_{n-1}$. 如果令 S_i 是 G 的只含树枝 e_i 的割集, 由定理 8.1.7, S_i 总可由 T 的树枝 e_i 与 T 的若干条弦来组成, 那么称 S_i 为 G 的对应于生成树 T 由树枝 e_i 生成的**基本割集**, $i=1, 2, \cdots, n-1$. 称$\{S_1, S_2, \cdots, S_{n-1}\}$为 G 对应于 T 的**基本割集系统**, 称 $n-1$ 为 G 的**割秩**, 记作 $\eta(G)$, 即 $\eta(G)=n-1$.

例 8.1.6　求图 8.3 中的基本割集系统.

解　取 T 为例 8.1.3 中的生成树, 对应生成树 T 的树枝为 $e_1, e_2, e_3, e_4, e_5, e_9$. 设它们对应的基本割集分别为 $S_1, S_2, S_3, S_4, S_5, S_6$. 根据对应的树枝, 它们分别为

$$S_1=\{e_1, e_7, e_8\},\quad S_2=\{e_2, e_7, e_8, e_{10}, e_{11}\},\quad S_3=\{e_3, e_{10}, e_{11}\},$$

$$S_4=\{e_4, e_6\},\quad S_5=\{e_5, e_6, e_{10}, e_{11}\},\quad S_6=\{e_9, e_8, e_{11}\}.$$

此图的割秩为 $\eta(G)=6$, 基本割集系统为$\{S_1, S_2, S_3, S_4, S_5, S_6\}$.

需要说明的是, 无向连通图 G 中圈秩和割秩的个数与生成树的选取无关, 但不同生成树对应的基本回路系统和基本割集系统可能不同.

8.1.3　赋权图的最小生成树

定义 8.1.3　设 T 是无向连通赋权图 $G=\langle V, E, W\rangle$的一棵生成树, T 的各边权之和称为 T 的**权**, 记作 $W(T)$. G 的所有生成树中权最小的生成树称为 G 的**最小生成树**.

一个无向图的生成树不是唯一的, 同样地, 一个赋权图的最小生成树也不是唯一的. 求赋权图的最小生成树的方法很多, 这里主要介绍 Kruskal **算法** (或称为**避圈法**).

Kruskal 算法的基本步骤:

(1) 设 n 阶无向连通赋权图 $G=\langle V, E, W\rangle$有 m 条边. 不妨设 G 中没有环(否则, 可以将所有的环先删去), 将 m 条边按权从小到大排序: $w(e_1)\leqslant w(e_2)\leqslant \cdots \leqslant w(e_m)$.

(2) 首先选取权最小的边 e_1, 使 e_1 属于生成树 T;

(3) 依次检查 $e_2, \cdots, e_m$, 若 $e_j\,(j=2, 3, \cdots, m)$与已在 T 中的边不构成回路, 取 e_j 也在 T 中, 否则舍弃 e_j;

(4) 算法停止时得到的 T 为 G 的最小生成树.

这个算法的正确性是可以证明的. 其证明过程从略.

在算法的步骤(2)和(3)中, 若满足条件的最小权边不止一条, 则可以从中任选一条, 这样就会产生不同的最小生成树, 但它们的权是完全相同的.

例 8.1.7 图 8.7 (a)为某训练基地内各训练场 A~H 的步行小道, 现计划把某些步行小道铺成机动车道, 边上的数字表示修建该道路所需费用. 请设计一个既使得各训练场之间有机动车道相连, 又造价最小的铺设方案.

解 应用 Kruskal 算法求图 8.7(a)的最小生成树, 其步骤如图 8.7 (b) ~ (h)所示.

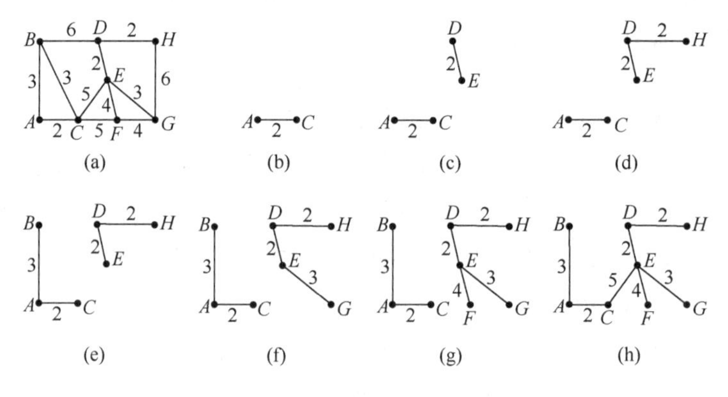

图 8.7

图 8.7 (h)为所求的最小生成树 T, 它也是使得各训练场之间有机动车道相连, 又造价最小的铺设方案, T 的权 $W(T)=21$.

如果选择另一种边的序列是(A, C), (E, D), (D, H), (A, B), (E, G), (G, F), (E, C), 那么可以得到图 8.7 (a)的另一颗最小生成树 T', 其权 $W(T')=21$.

图 8.7 (a)还有其他的最小生成树, 请读者找出每一棵最小生成树.

8.2 根 树

与无向图中的无向树一样, 在有向图中也有树的概念.

定义 8.2.1 设 D 是有向图, 若 D 不考虑边的方向时是一棵无向树, 则称 D 为**有向树**.

如图 8.8(a)是有向树, (b)不是有向树.

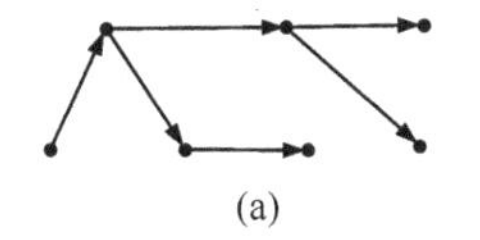
(a)

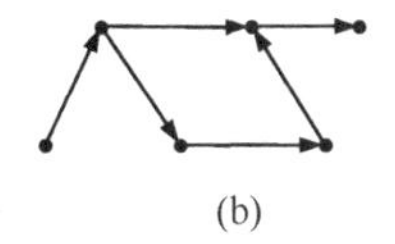
(b)

图 8.8

显然, 有向图中树的概念并没有给我们带来太多的新内容, 因而我们对它没有太大的兴趣. 下面我们引入一种新型的树, 即所谓根树.

定义 8.2.2　设 T 是 n 阶有向树, 如果 T 中恰有一个结点的入度为 0, 其余所有结点的入度都为 1, 那么称 T 为**根树.** 入度为 0 的结点称为**树根**, 入度为 1 出度为 0 的结点称为**树叶**, 入度为 1 出度不为 0 的结点称为**内点**. 内点和树根统称为**分支点**.

图 8.9 是一棵根树. 在图 8.9 中, v_0 是树根, v_4, v_6, v_8, v_9, v_{10} 是树叶, v_1, v_2, v_3, v_7 是分支点.

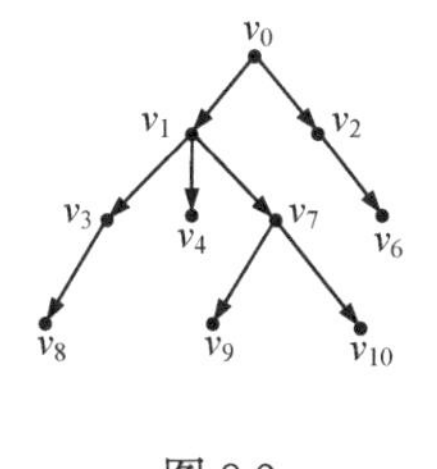

图 8.9

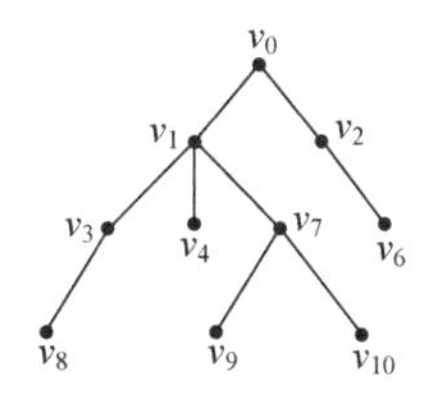

图 8.10

对于一棵根树, 可以有树根在下向上生长或树根在上向下生长的两种不同画法, 但不论哪一种画法, 根树中有向边的方向都是一致的, 并且两种不同画法所对应的根树是同构的. 通常用树根在上向下生长, 所有边的方向均省略的图来表示. 例如, 图 8.9 可用图 8.10 来表示.

例 8.2.1　设根树 T 有 17 条边, 12 片树叶, 4 个 4 度结点, 1 个 3 度结点. 求 T 的树根的度数.

解　因为 T 为根树且边数为 17, 则所有结点的出度之和为 17. 设树根的度数为 x, 由树叶的出度为 0, 而分支点的入度为 1, 从而有

$$x+12\times0+4\times(4-1)+1\times(3-1)=17,$$

得 $x=3$, 即 T 的树根的度数为 3.

对于根树, 我们有如下性质.

定理 8.2.1　设 T 是一棵根树, 根是 v, 并设 a 是 T 的任一结点, 那么从 v 到 a 有唯一的有向路径.

证　根据有向树的定义, 显然, 从 v 到 a 存在一条有向路径. 因此, 我们仅证明其唯一性.

用反证法. 若从根 v 到 a 有两条不同的路径, 不妨设为

$$P_1: (v=a_0, a_1, a_2, \cdots, a_n=a),$$

$$P_2: (v=b_0, b_1, b_2, \cdots, b_m=a).$$

此两条有向路径有相同的起始点, 于是考虑两种情况:

(1) 若存在一个非负整数 k, $0\leqslant k<\min\{n, m\}$, 使得非负整数 $t\leqslant k$ 时, $a_{n-t}=b_{m-t}$ 而 $a_{n-k-1}\neq b_{m-k-1}$. 此时汇合点 a_{n-k}(或 b_{m-k})的入度是 2, 则与根树定义矛盾(图 8.11).

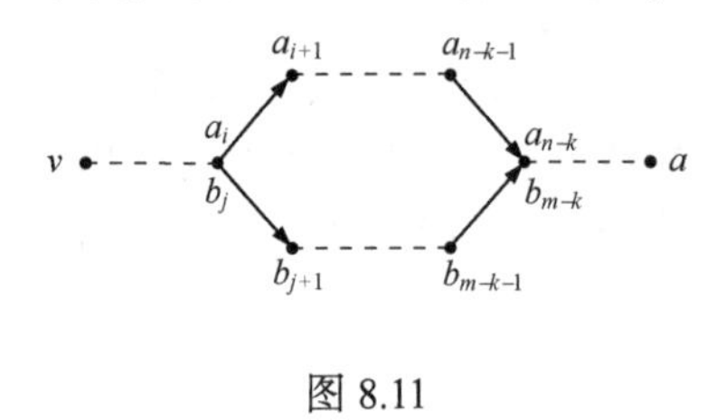

图 8.11

(2) 若 $i=\min\{n, m\}$时, 有 $a_{n-i}=b_{m-i}$ 而 $n\neq m$. 此时, 根有非 0 的入度, 又与根树的定义矛盾.

综上所述, 从 v 到 a 不可能有两条不同的有向路径.

定理 8.2.2 对根树 T 成立公式

$$m=n-1.$$

这里 m 是边数, n 是结点数.

证 因为除根结点外, 每一结点的入度为 1, 也就是说, 除根结点外, 每一结点对应一条边, 所以, $m=n-1$.

由定理 8.2.2 可以看出, 根树同样满足无向图的结点数和边数之间的关系. 根树的结点还存在"层数"的概念, 对于层数, 可以定义如下.

定义 8.2.3 在根树中, 从树根到任一结点 v 的单向路径的长度称为该结点 v 的**层数**, 层数最大的结点的层数称为**树高**.

由层数的定义可知, 层数相同的结点在同一层上. 因此, 在画根树时, 同一层数的结点尽量画在同一水平线上.

在图 8.10 所示的根树中, v_0是树根, v_1, v_2在第一层, v_3, v_4, v_6, v_7在第二层, v_8, v_9, v_{10}在第三层, 树高为 3.

很多实际问题均可用根树来表示, 最典型就是家族关系.

例 8.2.2 用根树表示如下家族关系.

设有某祖宗 a 生有两个儿子: b, c. b 生有两个儿子: d, e; c 生有三个儿子: f, g, h. 而 g 与 d 又分别生有一个儿子 i, j. 此家族关系可用根树表示(图 8.12), 称为**家族树**.

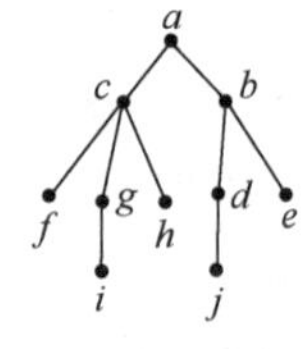

图 8.12

由于可以用根树表示家族关系, 现在一般均用家族成员之间的关系术语来称呼根树中的结点关系, 这种关系定义如下.

定义 8.2.4 设 T 为一棵非平凡的根树, 对于任意 u, $v\in V(T)$.

(1) 若从 u 到 v 有一条单向路径, 则称 u 是 v 的**祖先**, v 是 u 的**后代**.

(2) 若从 u 到 v 有一条边, 则称 u 是 v 的**父亲**, v 为 u 的**儿子**.

(3) 若结点 u 和 v 具有相同父亲, 则称 u 和 v 是**兄弟**.

由家族树所引出的第二个概念是关于有序树的概念. 在家族树中, 兄弟间是有一定次序的, 它们是不能随意颠倒的. 如图 8.12 中, f 和 g 是不能互相替代的, 因为 g 有一个儿子 i 而 f 没有儿子. 这给我们一启示, 在一些根树中需要对每个分支结点的儿子们进行编号.

定义 8.2.5 若将根树 T 中相同层数的结点都标定次序, 则称 T 为**有序树**. 若树 T 中每一个结点的儿子不仅给出次序, 而且还明确它们的位置, 则称 T 为**位置树**.

有序树的排列, 一般是自左至右, 左兄右弟. 根据根树 T 中每个分支点儿子数以及是否有序, 可以将根树分成下列几类:

(1) 若 T 的每个分支点至多有 n 个儿子, 则称 T 为 n **元树**; 又若 n 元树是有序的, 则称它为 n **元有序树.**

(2) 若 T 的每个分支点都恰好有 n 个儿子, 则称 T 为 n **元正则树**; 又若 T 是有序的, 则称它为 n **元有序正则树**.

(3) 若 T 是 n 元正则树, 且每个树叶的层数均为树高, 则称 T 为**完全** n **元正则树**; 又若 T 是有序的, 则称它为**完全** n **元有序正则树**.

例 8.2.3 讨论下列图 8.13 各树的类型.

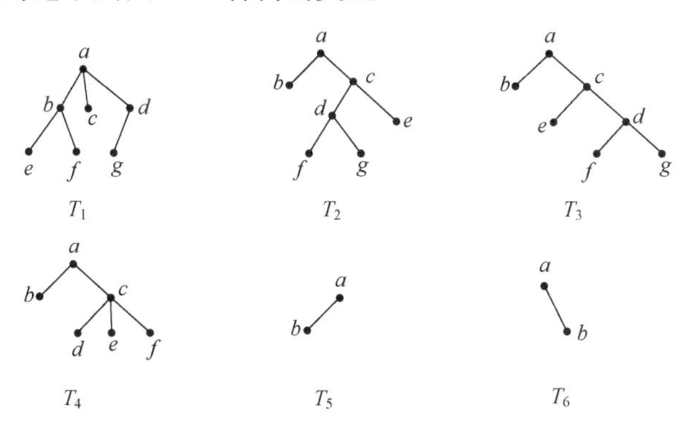

图 8.13

解 树 T_1 和 T_4 是三元树但不是三元正则树; T_2 和 T_3 是二元正则树, 视其为非有序树, T_2 和 T_3 相等; 当作有序树时它们是不相等的, 因为在 T_2 中, d 是 c 的第一个儿子, 而在 T_3 中 d 是 c 的第 2 个儿子. T_5 和 T_6 是一元树, 但 T_5 和 T_6 作为有序树是相等的, 作为位置树不相等, 在 T_5 中, b 是 a 的左儿子, 在 T_6 中, b 是 a 的右儿子.

对于 n 元正则树的树叶数，我们有如下定理.

定理 8.2.3　设有 n 元正则树，其树叶数为 t，分支点数为 k，则

$$t=(n-1)k+1.$$

证　由假设知，该树有 $k+t$ 个结点. 由定理 8.1.1 知，该树的边数为 $k+t-1$. 因为每片树叶的度数为 1，根的度数为 n，每个内点的度数为 $n+1$，由握手定理及 n 元正则树的定义，有

$$2(k+t-1)=t+(n+1)(k-1)+n,$$

即

$$t=(n-1)k+1.$$

例 8.2.4　假设有一台计算机，它有一条加法指令，可计算 3 个数的和. 如果要求 9 个数 $x_1, x_2, x_3, x_4, x_5, x_6, x_7, x_8, x_9$ 之和，问至少要执行几次加法指令?

解　用 3 个结点表示 3 个数，将表示 3 个数之和的结点作为它们的父亲结点. 此问题可理解为求一个三元正则树的分支点问题. 把 9 个数看成树叶. 由定理 8.2.3 知，有

$$9=(3-1)k+1,$$

得 $k=4$，即至少要执行 4 次加法指令.

图 8.14 表示了两种可能的顺序.

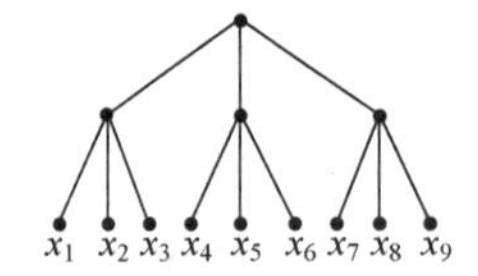

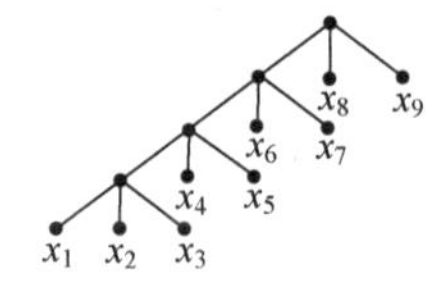

图 8.14

下面讨论根树的子树.

定义 8.2.6　设 T 为一棵根树，$v \in V(T)$，由 v 及其后代导出的子图 T_v 称为 T 的**根子树**，v 称为子树 T_v 的**根**. 如果 v 不是 T 的根，那么称子树 T_v 为 T 的**真子树**.

定理 8.2.4　根树的根子树是根树.

证　设 S 是根树 T 的子树，根据根子树的定义，S 至少含有根结点，不妨设为 a.

(1) 树中不存在回路，所以 a 的真后裔不可能是 a 的祖先. 这样，S 中没有 a 的真祖先存在，因而在 S 中 a 的引入次数为 0.

(2) S 中 a 以外的结点都是 a 的后裔，所以，对根树 T 而言，从 a 到其余结点都有一条有向路径 Γ，显然，Γ 所经过的结点都是 a 的后裔且全在 S 中，因而 Γ 也在 S 中. 所以，对根子树 S 而言，从 a 到 S 中其余结点也都有一条有向路径.

(3) 因为对根子树 S 而言，从 a 到 S 中其余结点都有一条有向路径，所以其余结点的引入次数不少于 1，但 S 是 T 的子图，引入次数不能多于 1，于是其余结点的引入次数都是 1.

综上所述，根子树也是根树.

8.3　二元树及其应用

在 n 元树中，由于二元树在计算机中最易处理，所以二元树最为重要，应用最为广泛. 本节介绍二元树的应用.

在二元树中，每个分支结点 v 最多有两个儿子，位于左边的称为 v 的**左儿子**，右边的称为 v 的**右儿子**. 由左、右儿子导出的根子树分别称为该分支点的**左子树**和**右子树**.

定义 8.3.1　一个有向图，如果它的每个连通分图都是有向树，那么称该有向图为(有向)**森林**；在森林中，如果所有树都是有序树且给树指定了次序，那么称此森林是**有序森林**.

任何一棵有序树都可以用二元树表示，其转换的一般步骤如下：

(1) 从根开始，保留每个父亲同其最左边儿子的连线，撤销与别的儿子的连线.

(2) 兄弟间用从左向右的有向边连接.

(3) 按如下方法确定二元树中结点的左儿子和右儿子：直接位于给定结点下面的结点，作为左儿子，对于同一水平线上与给定结点右邻的结点，作为右儿子，依此类推.

例 8.3.1　将图 8.15 中有序树(a)用二元树表示.

按照有序树变二元树的方法，图 8.15 中，(a)的二元树可表示为(b).

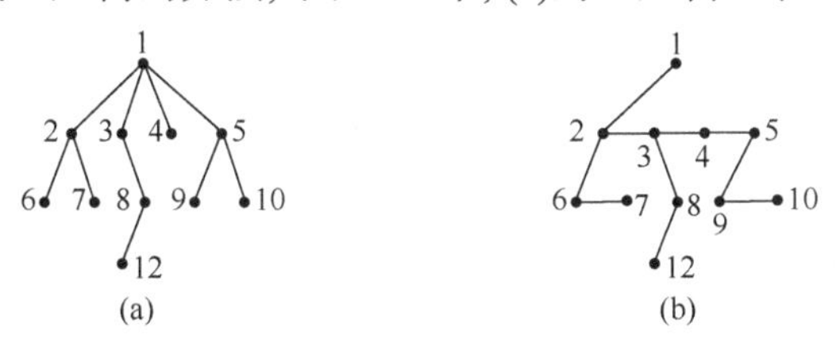

图 8.15

把作出的二元树恢复为原 n 元有序树，只要将每一分支结点的左儿子看作它的大儿子，而将其右儿子看作它的弟兄，删去该分支结点到其右儿子的边，添加该分支结点的父亲结点到该分支结点的右儿子结点的边即可.

用类似的方法可用二元树来表示由 n 元有序树组成的森林. 其做法是, 将森林中的每一棵 n 元有序树表示为二元树, 将它们的树根以父子方式连接起来, 左父右子.

图 8.16(a)为 3 棵有序树组成的有序森林, (b)为(a)的二元树.

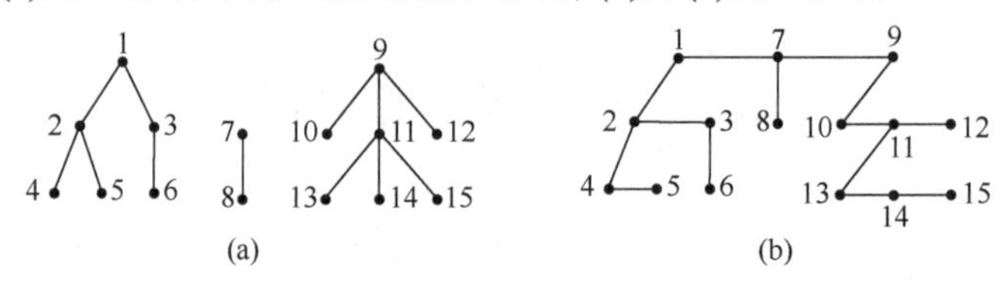

图 8.16

二元正则树是二元树中最为简单而又特别有用的根树. 二元正则树有以下性质.

定理 8.3.1　二元正则树的结点个数 n 必定是奇数.

证　二元正则树中除树根 v_0 的度数为 2 外, 其他结点的度数均为 3 或 1. 由定理 8.2.2 知, 二元正则树的边数为 $n-1$. 根据握手定理, 得

$$2(n-1)=\sum_{i=1}^{n-1}\deg(v_i)+\deg(v_0)=2+\sum_{i=1}^{n-1}\deg(v_i).$$

若 n 为偶数, 则 $n-1$ 为奇数, 从而树的度数的总和为奇数, 但这是不可能的, 因此 n 必为奇数.

定理 8.3.2　二元正则树中树叶的数目 $k=\dfrac{n+1}{2}$, 其中 n 为树的结点数.

证　设二元正则树 T 有 n 个结点, k 片树叶和 m 条边, 那么除根和叶以外它有 $n-1-k$ 个分支结点, 各为 3 度结点, 于是由握手定理得

$$2(n-1)=3(n-1-k)+k+2.$$

解得

$$k=\frac{n+1}{2}.$$

定义 8.3.2　在根树中, 一个结点的路径长度, 就是从树根到此结点的路径中的边数. 内点的路径长度称为**内部路径长度**, 树叶的路径长度称为**外部路径长度**.

定理 8.3.3　若二元正则树 T 有 n 个分支点, 且内部路径长度的总和为 I, 外部路径长度的总和为 E, 则

$$E=I+2n.$$

证　对分支点数目 n 进行归纳.

当 $n=1$ 时, $E=2$, $I=0$, 故 $E=I+2n$ 成立.

假设 $n=k-1$ 时成立, 即 $E_1=I_1+2(k-1)$.

当 $n=k$ 时, 任选一个只有两片树叶的分支点 v, 该分支点与根的路径长度为 l, 在 T 内删去 v 的两片树叶, 得到一个新树 T_1. 将 T_1 与原树 T 比较, 它减少了两片长度为 $l+1$ 的树叶和一个长度为 l 的分支点, 原来的分支点 v 变成了一个长度为 l 的树叶. 根据归纳假设, T_1 满足 $E_1=I_1+2(k-1)$. 但在原树 T 中, 有

$$E=E_1+2(l+1)-l=E_1+l+2, \quad I=I_1+l,$$

代入上式得 $E-l-2=I-l+2(k-1)$, 即 $E=I+2k$.

下面介绍二元树的三个最重要的应用.

1. 最优树问题

定义 8.3.3 设二元树 T 有 k 片树叶, 分别赋权 $w_1, w_2, \cdots, w_k$, 则称二元树 T 为**赋权二元树**, 称

$$W(T)=\sum_{i=1}^{k} w_i L(v_i)$$

为 T 的**权**, 其中 $L(v_i)$是树叶 v_i 的外部路径的长度. 在所有有 k 片树叶、赋权为 $w_1, w_2, \cdots, w_k$ 的二元树中, 权 $W(T)$最小的二元树称为**最优二元树**.

图 8.17 是三棵二元树 T_1, T_2 和 T_3, 它们都是权为 3, 3, 5, 5, 8 的二元树.

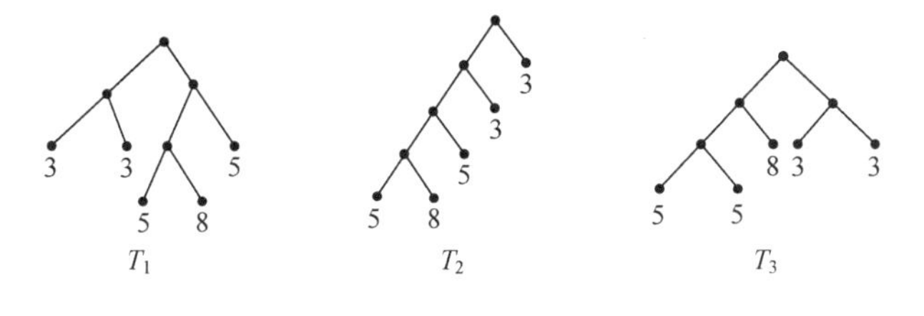

图 8.17

根据树权 $W(T)$的定义, 计算出它们的权分别为

$$W(T_1)=3\times2+3\times2+5\times3+8\times3+5\times2=61.$$

$$W(T_2)=5\times4+8\times4+5\times3+3\times2+3\times1=76.$$

$$W(T_3)=5\times3+5\times3+8\times2+3\times2+3\times2=58.$$

但它们是否为最优二元树还不知道. 对任意赋权的二元树, 如何求出其最优树是一个非常重要的问题. 1952 年 Huffman 给出了求最优树的算法.

Huffman 算法描述如下:

给定 k 个非负实数 $w_1, w_2, \cdots, w_k$, 令 $S=\{w_1, w_2, \cdots, w_k\}$;

(1) 在 S 中选择两个最小的权 w_i 和 w_j, 得一个分支点, 其权为 $w_{ij}=w_i+w_j$;

(2) 画线$\langle w_{ij}, w_i\rangle$和$\langle w_{ij}, w_j\rangle$;

(3) 在 S 中删去权 w_i 和 w_j, 然后再加入新的权 w_{ij};

(4) 重复步骤(1) ~ (3), 直到 S 中只有一个权值为止.

例 8.3.2　求赋权 3, 3, 5, 5, 8 的最优二元树.

利用 Huffman 算法求解最优二元树的全过程如图 8.18(a) ~ (d).

显然, 树(d)是最优二元树, 且 $W(T)=54$. 由此可知, 图 8.17 所给出的三棵树都不是最优二元树.

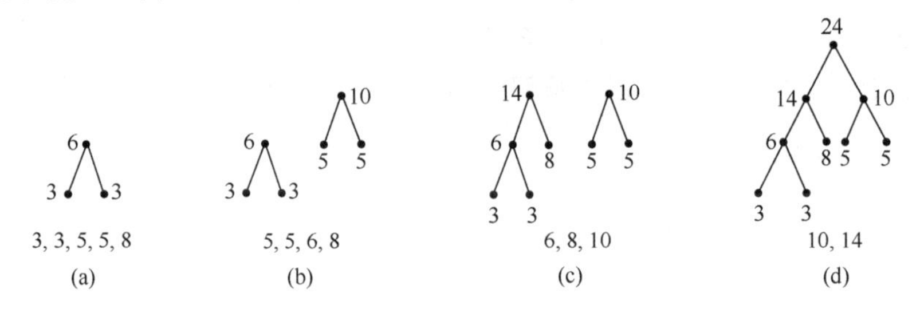

图 8.18

2. 前缀码问题

在通讯系统中, 每个符号都可用二进制数来表示字符. 但由于字符出现的频率不一样以及为了保密的原因, 能否用不等长的二进制数表示不同的字符, 使传输的信息所用的总码元尽可能少, 而接收效率最高, 费用最小呢? 但是不等长的编码方案给编码和译码带来了困难. 为了解决这个问题, 需要引入前缀码.

定义 8.3.4　设 $a_1a_2\cdots a_{n-1}a_n$ 是长度为 n 的符号串, 称其子串 a_1, a_1a_2, $\cdots$, $a_1a_2\cdots a_{n-1}$ 分别为该符号串的长度为 1, 2, $\cdots$, $n-1$ 的**前缀**.

设 $A=\{b_1, b_2, \cdots, b_m\}$ 为一个符号串集合, 若对于任意 $b_i, b_j \in A$, $i\neq j$, b_i 和 b_j 互不为前缀, 则称 A 为**前缀码**; 若符号串 b_i $(i=1, 2, \cdots, m)$中只出现 0 和 1, 则称 A 为**二元前缀码**.

例如, {1, 00, 011, 0101, 01001, 01000 }为前缀码, {1, 00, 011, 0101, 0100, 01001, 01000 }不是前缀码, 因为 0100 既是 01001 又是 01000 的前缀.

那么如何构造一个二元前缀码并用它进行编码和译码呢? 我们可以利用二元树产生一个二元前缀码, 其方法如下:

设 T 是具有 k 个树叶的二元树, v 为 T 的分支点. 若 v 只有一个儿子, 则在连接 v 的边上可标 0 或 1; 若 v 有两个儿子, 在连接 v 的左边上标 0, 右边上标 1; 设 v_i 是 T 的一个树叶, 从树根到 v_i 的路径上各边的标号(0 或 1), 按路径上边的顺序组成的符号串放在 v_i 处, 则 k 个树叶处 k 个符号串组成的集合为二元前缀码.

由上述做法可知, 树叶 v_i 处符号串的前缀均在 v_i 所在路径上的结点处达到, 由定理 8.2.1, 从根到树叶的路径是唯一的, 因此, 每个 v_i 处符号串都不可能含于其他根到树叶的路径之前，即每个符号串都不是其他符号串的前缀，故所得符号串集合必为前缀码.

例 8.3.3　求出图 8.19 中两棵二元树所产生的二元前缀码.

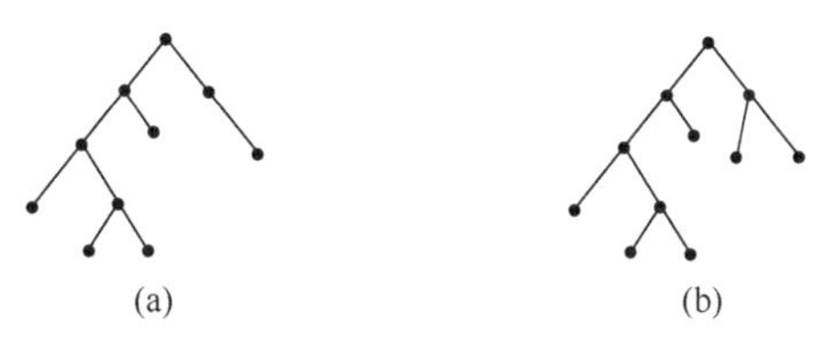

(a)　(b)

图 8.19

图 8.19 (a)为二元树，将连接每个分支点的两条边分别标上 0 和 1，见图 8.20(a)所示，产生的前缀码为{11, 01, 000, 0010, 0011}. 若将只有一个儿子的分支点引出的边标上 0，则产生前缀码为{10, 01, 000, 0010, 0011}. 可见图 8.19 (a)产生的前缀码不唯一.

图 8.19(b)是二元正则树，它只能产生唯一的前缀码. 标定后二元正则树为图 8.20(b)所示，前缀码为{01, 10, 11, 000, 0010, 0011}.

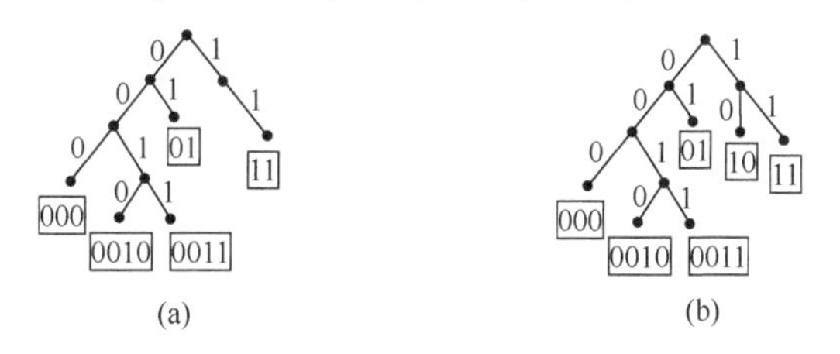

(a)　(b)

图 8.20

由图 8.20(b)产生的前缀码可传输 6 个符号，比如 A, B, C, D, E 和 F，并且在传输时都不会传错. 但当这些字母出现频率不同时，哪一个符号串传输哪个字母最省呢?

我们用符号出现的频率为权，利用 Huffman 算法求最优二元树，由最优二元树产生的前缀码称为**最佳前缀码**，用最佳前缀码传输对应的符号可使传输的二进制数位最省.

例 8.3.4　在通信中，八进制数字出现的频率如下:

0: 25%　1: 20%　2: 15%　3: 10%;

4: 10%　5: 10%　6: 5%　7:　5%.

求传输它们的最佳前缀码，并求传输 $10^n(n\geqslant 2)$个按上述比例出现的八进制数字需要多少个二进制数字? 若使用等长的(长为 3)的码子传输需要多少个二进制数字?

解　由题意可知, 以 100 乘各频率为权, 得 8 个权为 $w_0=25$, $w_1=20$, $w_2=15$, $w_3=10$, $w_4=10$, $w_5=10$, $w_6=5$, $w_7=5$.

用 Huffman 算法求最优树如图 8.21 所示.

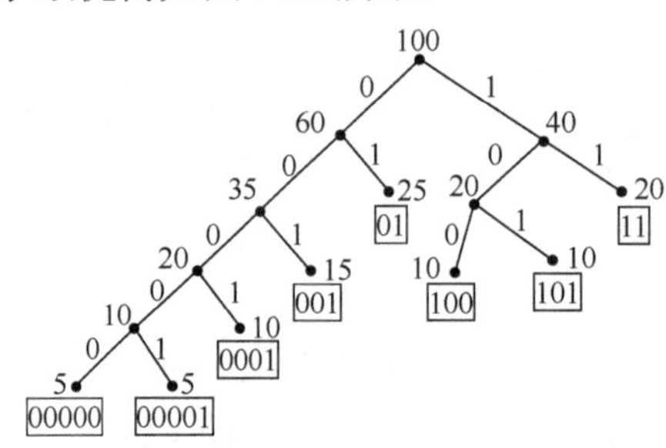

图 8.21

图中矩形框中的符号串为对应数字的编码, 即可用编码 01, 11, 001, 100, 101, 0001, 00000 和 00001 来分别传输 0, 1, 2, 3, 4, 5, 6 和 7.

8 个编码的集合{01, 11, 001, 100, 101, 0001, 00000, 00001}为前缀码, 且是最佳前缀码.

设图 8.21 中的树为 T, 显然, $W(T)$为传输 100 个题中八进制数字所用二进制数字个数.

除用定义计算 $W(T)$外, $W(T)$还可等于各分支点权之和, 所以, $W(T)=10+20+35+60+100+40+20=285$.

由此可知, 传输 100 个题中八进制数字需要 285 个二进制位, 因此, 传输 10^n 个题中八进制数字需要 $10^{n-2}\times 285=2.85\times 10^n$ 个二进制数.

用长度为 3 的 0/1 符号串传输 10^n 个八进制数字(如: 000 传 0, 001 传 1, …, 111 传 7),需用 3×10^n 个二进制数.

由此可见, 用前缀码进行编码, 可提高传输效率. 此外, 最佳前缀码不是唯一的. 因为选择两个最小权的选法不唯一, 与两个权所对应的结点放在左右位置也可不同, 画出的最优树当然也就不同, 但它们的权都是相等的, 即它们都是最优树.

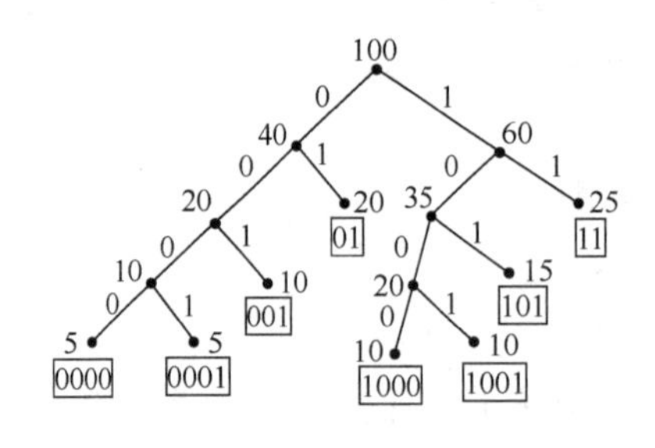

图 8.22

图 8.22 所示的二元正则树是本例的另一棵二元树 T'.

图中矩形框中的符号串为对应数字的编码, 即可用编码 11, 01, 101, 001, 1000, 1001, 0000 和 0001 来分别传输 0, 1, 2, 3, 4, 5, 6 和 7.

$$W(T')=10+20+40+100+60+35+20=285=W(T).$$

所以, T'也是最优树.

按这个编码传输 10^n ($n\geqslant 2$)个给定频率出现的八进制数字, 也需用 2.85×10^n 个二进制位.

3. 二元树的遍历

在计算机系统中, 数据结构的管理常用有向树进行组织, 例如表示算术表达式及各种字符串, 在对它进行操作时, 常常需要遍访每一个结点, 逐一对每个数据元素实施操作, 这样就存在一个操作顺序问题, 由此提出了对树的遍历问题.

定义 8.3.5　对一棵根树的每个结点都访问且仅访问一次称为**树的遍历**或**周游一棵树**.

这里仅考虑二元有序正则树的遍历问题. 根据根结点被处理的先后不同, 二元有序正则树主要有以下三种遍历方式:

前序遍历(先根遍历)　访问树结点的次序为树根、左子树、右子树.

中序遍历(中根遍历)　访问树结点的次序为左子树、树根、右子树.

后序遍历(后根遍历)　访问树结点的次序为左子树、右子树、树根.

对于图 8.23 所示的根树, 按前序遍历法, 其遍历结果为 $a\ b\ (c\ (d\ f\ g)\ e)$.

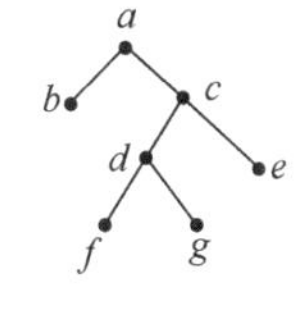

图 8.23

按中序遍历法, 其遍历结果为 $b\ a\ (f\ d\ g)\ c\ e$.

按后序遍历法, 其遍历结果为 $b\ ((f\ g\ d)\ e\ c)\ a$.

利用二元有序正则树可表示四则运算的算式. 如果树 T 是由代数表达式给出的, 那么对每个结点希望执行标示结点的运算符号所指定的计算, 根据不同的访问方式, 可以得到不同的算法.

用二元有序正则树存放算式时, 规定: 最高层次的运算符放在树根上, 然后依次将运算符放在根子树的树根上, 参与运算的数放在树叶上, 被除数、被减数放在左子树的树叶上.

例 8.3.5　(1) 用二元有序正则树表示下面算式

$$(a*(b+c)+d*e*f)\div(g+(h-i)*j).$$

(2) 用 3 种遍历法访问(1)中的二元树, 并写出遍历结果.

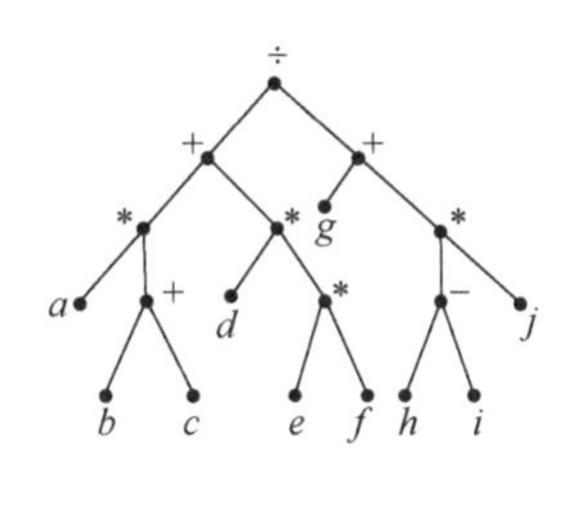

图 8.24

解　(1) 表示算式的二元树如图 8.24 所示.

(2) 前序遍历结果:

$$\div(+*a\,(+bc))(*d\,(*ef))(+g\,(*\,(-hi)\,j\,)).$$

去掉遍历结果中的全部括号，得$\div\ +*a+bc*d\ *ef+g\ *-hij$.

在上式中，我们规定：每个运算符与它后面紧邻的数进行运算，其运算结果也是正确的. 我们称运算符在运算数前面的表示法为**前缀符号法**或**波兰符号法**. 它是由波兰逻辑学家扬·武卡谢维奇(Jan Lukasiewicz)于1920年引入表示数学表达式的一种方法.

中序遍历结果为

$$((a*\,(b+c))+d*\,(e*f\,))\div(g+((h-i)\,*j)).$$

在上式中，利用四则运算规则省去一些括号，得到原算式，所以，中序遍历的结果还原了算式.

后序遍历结果为

$$((a(bc+)*)(d\,(ef*)*)+)(g((hi-)j*)+)\div.$$

去掉遍历结果的全部括号，得 $abc+*d\ ef**+ghi-j*+\div$.

在上式中，我们规定：每个运算符与它前面紧邻的数进行运算，其运算结果也是正确的. 我们称运算符在运算数后面的表示法为**后缀符号法**或**逆波兰符号法**.

树

习　题　8

1. 已知无向树 T 中，有1个3度结点，4个2度结点，其余结点全是树叶，试求树叶数，并画出满足要求的非同构的无向树.

2. 7阶无向图有3片树叶和1个3度结点，其余3个结点的度数均无1和3. 试画出满足要求的所有非同构的无向树.

3. 已知无向树 T 有5片树叶，2度与3度结点各1个，其余结点的度数均为4，求 T 的阶数 n，并画出满足要求的所有非同构的无向树.

4. 在一棵树有7片树叶，3个3度结点，其余结点全是4度结点，试求4度结点的个数，并画出满足要求的非同构的无向树.

5. 一棵树有两个2度结点，1个3度结点，3个4度结点，问它有几个1度的结点.

6. 证明: 恰有两片叶的树是一条链, 除两端的两个 1 度结点外, 其余皆为 2 度分支结点.

7. 设 T 是非平凡的无向树, T 中度数最大的结点有 2 个, 它们的度数为 $k(k\geqslant 2)$, 证明 T 中至少有 $2k-2$ 片树叶.

8. 设 G 是一个森林, 由 3 个连通分图组成, 若 G 有 15 个结点, 问 G 有多少条边?

9. 设图 G 的每一结点的度数均为 2, 试证明 G 的每一分图均包含一个环.

10. 画出图 8.25 所示的无向图的所有非同构的生成树.

图 8.25　　图 8.26

11. 求图 8.26 所示中, 实线边所示的子图为 G 的一棵生成树 T, 求 G 的对应于 T 的基本回路系统和基本割集系统.

12. 证明生成树的余树不包含割集, 而且割集的补不包含生成树.

13. 给定以下 4 组数:

(1) 4, 4, 4, 4;

(2) 2, 3, 3, 3, 1, 1, 1, 1;

(3) 2, 2, 3, 3, 1, 1, 1, 1;

(4) 2, 2, 3, 3, 3, 3, 1, 1, 1, 1.

在以上 4 组数中, 问

① 哪些能构成无向树的度数列?

② 对于能构成无向简单图但不能构成无向树的度数列, 若所构成的无向简单图存在生成树, 问生成树的圈秩是几? 割秩是几?

14. 设 L 是图 G 中的基本回路, a 和 b 是 L 中任意两条边, 证明存在一个边割集 C, 使 $L\cap C=\{a, b\}$.

15. 图 8.27 表示 7 个城市 a, b, c, d, e, f, g 及架起城市间直接通信线路的预测造价. 给出一个设计方案使得各城市间能够通信并且总造价最小, 并计算出最小的总造价.

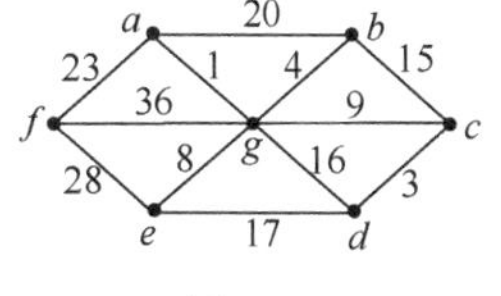

图 8.27

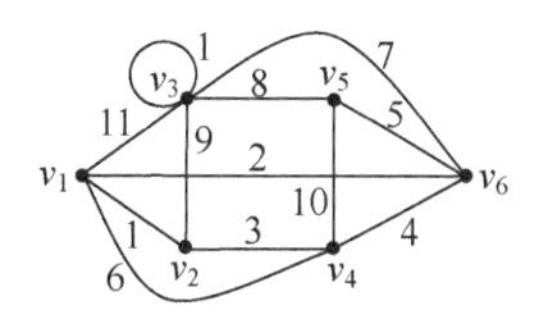

图 8.28

16. 设有 6 个村庄 v_i, i=1, 2, …, 6, 欲修建道路使村村可通，现已有修建方案如赋权图 8.28 所示，其中边表示道路，边上的数字表示修建该道路所需费用，问应选择修建哪些道路可使得任两个村庄之间是可通的且总的修建费用最低？要求写出求解过程，画出符合要求的最低费用的道路网络图并计算其费用.

17. 试用 Kruskal 算法求图 8.29 所示 3 个图中的最小生成树.

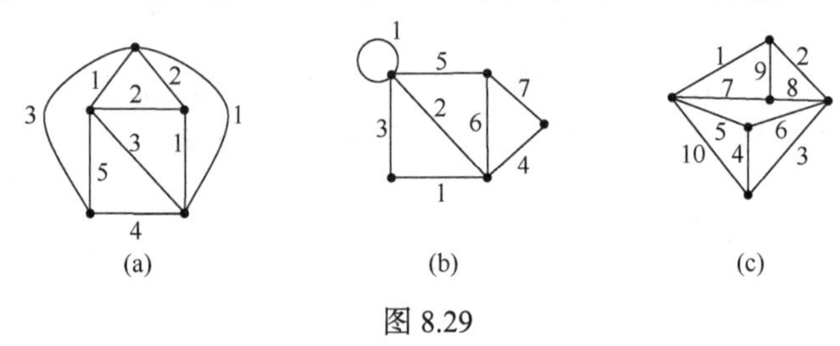

图 8.29

18. 图 8.30 为赋权无向图，各边的权如图所示. 试用 Kruskal 算法求其最小生成树.

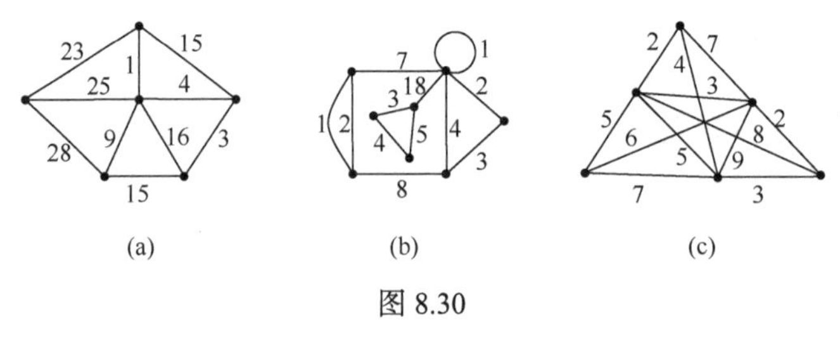

图 8.30

19. 设有 5 个城市 $v_1, v_2, \cdots, v_5$，任意两城市之间铁路造价如下(以百万元为单位):

$w(v_1, v_2)=4$, $w(v_1, v_3)=7$, $w(v_1, v_4)=16$, $w(v_1, v_5)=10$, $w(v_2, v_3)=13$,

$w(v_2, v_4)=8$, $w(v_2, v_5)=17$, $w(v_3, v_4)=3$, $w(v_3, v_5)=10$, $w(v_4, v_5)=12$.

试求出连接 5 个城市而且造价最低的铁路网.

20. 某城市拟在6个区之间架设互联网，其网点之间的距离如下赋权图矩阵 A 给出(∞表示两区之间无电话线路).

$$A=\begin{bmatrix} 0 & 1 & \infty & 2 & 9 & \infty \\ 1 & 0 & 4 & \infty & 8 & 5 \\ \infty & 4 & 0 & 3 & \infty & 10 \\ 2 & \infty & 3 & 3 & 7 & 6 \\ 9 & 8 & \infty & 7 & 0 & \infty \\ \infty & 5 & 10 & 6 & \infty & 0 \end{bmatrix}$$

试设计架设路线的最优方案，请画出图并计算出路线长.

21. 利用简单有向图的邻接矩阵, 如何确定它是否为根树? 如果它是根树, 如何确定它的根和树叶?

22. 一棵高度为 h 的 m 元完全树具有如下性质: 第 h 层上的结点都是叶结点, 其余各层上每个结点都有 m 棵非空子树. 若按层次从上到下, 每层从左到右的顺序从 1 开始对全部结点编号, 试计算:

(1) 第 k 层结点数($1 \leqslant k \leqslant h$);

(2) 整棵树结点数.

23. 考虑如图 8.31 所示的根树 $T(v_0)$.

(1) 列出所有第三层的结点;

(2) 列出所有的树叶;

(3) v_8 的兄弟是什么? 后代是什么?

(4) 画出 v_2, v_3 的子树 $T(v_2), T(v_3)$;

(5) 求树 $T(v_0)$和子树 $T(v_3)$的高度.

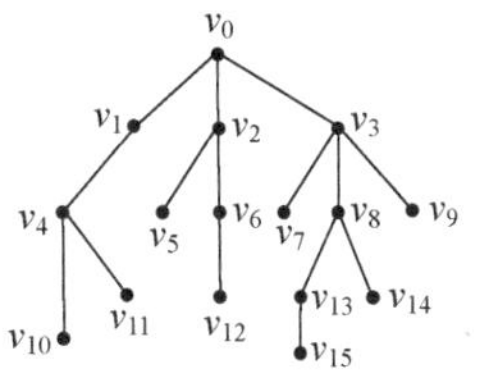

图 8.31

24. 如果 T 是一棵恰好有 3 层的 n 元正则树, 证明 T 的结点总数一定是 $1+kn$, 其中 $2 \leqslant k \leqslant n+1$.

25. 证明在一棵高度为 n 的 n 元树中, 树叶的最大个数为 n^k.

26. 讨论图 8.32 各树的类型.

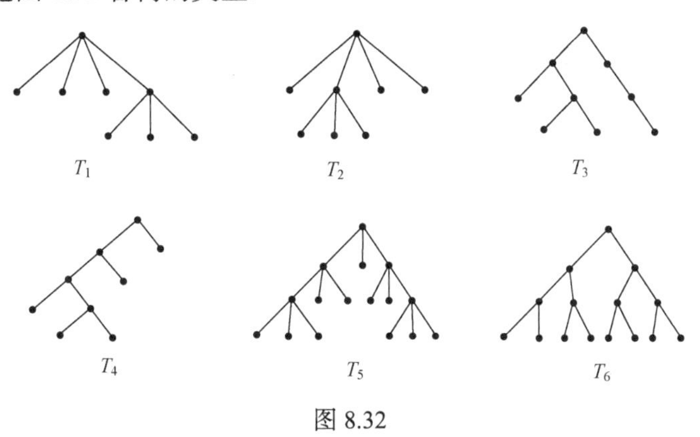

图 8.32

27. 若在一个教室内放置25台个人计算机, 而教室的墙壁上只有一个拥有四对插孔的插座, 如果我们全部利用具有四对插孔的延长线相连以接通电源. 试问最少需要多少条此类延长线才能接通全部25台计算机的电源?

28. 把图 8.33 所示的树用二元树表示.

29. 把图8.34所示的森林用二元树表示.

30. 画出图8.35所示的两棵二元树所对应的森林.

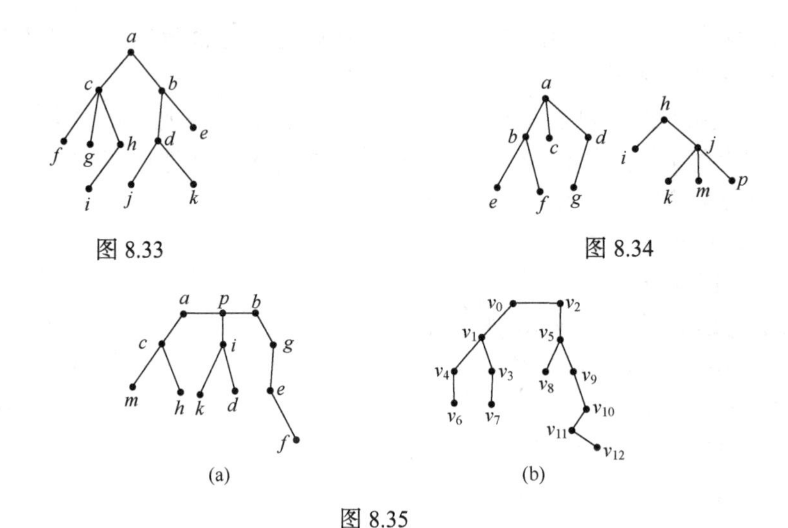

图 8.33

图 8.34

(a) (b)

图 8.35

31. 设 G 是二元正则树, G 有 15 个结点, 其中有 8 个是树叶. 求

(1) G 中的边数, G 的总度数;

(2) G 的分支点数, G 中度数为 3 的结点数.

32. 画出所有不同构的高为 2 的二元树, 其中有多少棵二元正则树? 有多少棵完全二元正则树?

33. 设二元树包含的结点数为1, 3, 7, 2, 12.

(1) 画出两棵高度最大的二元树;

(2) 画出两棵二元正则树, 要求每个父亲结点的值大于其孩子结点的值.

34. 试求树叶的权分别为 2, 3, 3, 4, 5, 6, 8 的最优二元树及其赋权路径长度.

35. 用机器分辨一些币值为 1 分、2 分、5 分的硬币, 假设各种硬币出现的概率分别为 0.5、0.4、0.1. 问如何设计一个分辨硬币的算法, 使所需的时间最少(假设每作一次判别所用的时间相同, 以此为一个时间单位)?

36. 有七个赋权结点, 其权值分别为 3, 7, 8, 2, 6, 10, 14, 试以它们为树叶构造一棵最优二元树 T, 并计算赋权 $W(T)$.

37. 在下面给出的 3 个符号串集合中, 哪些是前缀码? 哪些不是前缀码? 若是前缀码, 构造二元树, 其树叶代表二进制编码. 若不是前缀码, 则说明理由.

(1) {0, 10, 110, 1111};

(2) {1, 01, 001, 000};

(3) {1, 11, 101, 001, 0011}.

38. 写出图 8.36 中两棵二元树所产生的二元前缀码.

39. 有一电文共使用五种字符 a, b, c, d, e, 其出现频率依次为 4, 7, 5, 2, 9.

(1) 试画出对应的最优二元树(要求左子树根结点的权小于等于右子树根结点

的权);

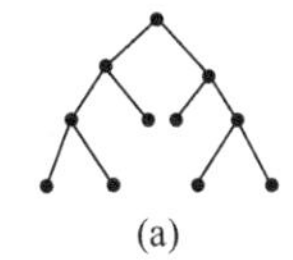
(a)

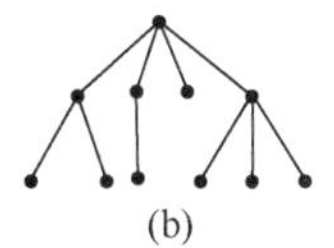
(b)

图 8.36

(2) 求出每个字符的编码;

(3) 求出传送电文的总长度;

(4) 并译出编码系列 1100 0111 0001 0101 的相应电文.

40. 假设用于通信的电文由字符集$\{a, e, h, n, p, r, w, y\}$中的字母构成, 这 8 个字母在电文中出现的概率分别为{12%, 8%, 15%, 7%, 6%, 10%, 5%, 10%}.

(1) 为这8个字母设计最佳前缀码, 并给出happy new year的编码信息;

(2) 若用三位二进制数(0–7)对这个8个字母进行等长编码, 则最佳前缀码的平均码长是等长编码的百分之几? 它使电文总长平均压缩多少?

41. (1) 用二元有序正则树表示下面算式:

$$((b+(c+d))*a)\div((e*f)-(g+h)*(i*j));$$

(2) 用 3 种遍历法访问(1)中的二元树, 并写出遍历结果.

42. 一棵二元树的中序遍历序列为 *BCDAFEHJIG*, 后序遍历序列为 *ECBFJIHGEA*.

(1) 画出此二元树;

(2) 将此二元树转换为树或森林.

43. 分别写出下列表达式的后序遍历.

(1) $(a+b)*c$;

(2) $\ln(a+b)-c+e*f$.

44. 在图 8.37 所标记的二元树中, 用 3 种遍历法访问图中的二元树, 写出遍历结果.

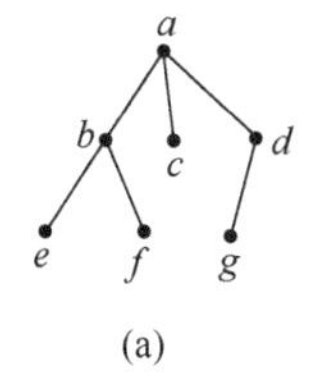

(a)

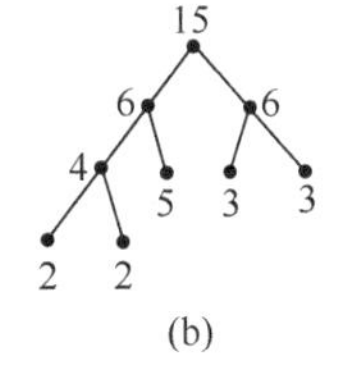

(b)

图 8.37

第四篇　数 理 逻 辑

研究人的思维形式和规律的科学称为逻辑学, 由于研究的对象和方法各有侧重而又分为形式逻辑、辨证逻辑和数理逻辑. 数理逻辑是应用数学的方法研究推理的科学, 其方法就是建立一套表意符号体系, 将所研究的对象及其相互关系形式化, 变成像数学演算一样进行简单的逻辑推理, 因此, 数理逻辑又称符号逻辑, 其最基本的内容是命题逻辑和谓词逻辑.

本篇分为两章, 其中第 9 章主要介绍命题逻辑及其公理化理论, 第 10 章介绍谓词逻辑的经典内容. 通过本篇的学习读者可以对数理逻辑的基本内容与方法有一个完整的了解, 特别是能掌握用数学方法研究形式逻辑的推理方法及公理化的要领.

第 9 章　命 题 逻 辑

命题逻辑是数理逻辑的基础, 它以命题为研究对象, 通过引入一套完整的符号体系及推理规则来研究命题, 它也称为命题演算.

9.1　命题与联结词

9.1.1　命题

所谓**命题**, 是指具有真假意义的陈述句. 也就是说能够确定或分辨其真假的陈述句, 且真或假二者必居其一, 也只居其一. 因此, 要判断给定句子是否为命题, 应该分为两步: 首先判定它是否为陈述句, 其次判断它是否有唯一的真值.

命题是真就说其真值为真, 命题是假就说它的真值为假. 真值只取两个: 真(True)或假(False), 分别用符号 T 和 F 表示. 真值为真的命题称为**真命题**, 真值为假的命题称为**假命题**. 真命题表达的判断正确, 假命题表达的判断错误. 任何命题的真值都是唯一的.

例 9.1.1　判断下列句子是否为命题.

(1) 3 是素数.

(2) 雪是黑色的.

(3) 请不要吸烟!

(4) 您上网了吗?

(5) 这朵花真美丽啊!

解 上述5个句子中, (3)是祈使句, (4)是疑问句, (5)是感叹句, 因而这3个句子都不是命题. 余下的两个句子都是陈述句, (1)的真值为真, 是真命题, (2)的真值为假, 因而是假命题.

一个陈述句的真假, 与人的思想情感、语句所处环境、判断标准、认知程度等有密切的关系, 但是尽管如此, 只要能区分真假, 都认为是命题.

例 9.1.2 判断下列句子是否为命题.

(1) $x + y>6$.

(2) 张骞出使西域那天, 长安在下雪.

(3) 哥德巴赫猜想是正确的.

(4) 1+1=10.

(5) 这杯牛奶太浓.

解 (1) 不是命题, 因为它没有确定的真值. 当x=4, y=5时, 4+5>6正确, 而当x=2, y=3时, 2+3>6不正确.

(2) 是命题, 虽然事过境迁已无法考证当时的情况, 但是它是有真假的. 要将“已知其真假”与“本身能分辨真假”区分开, 凡是本身能区分真假的陈述句都认为是命题.

(3) 是命题, 只是限于目前的理论和技术还无法证明其真假, 将来有一天总可以判断出它是真的还是假的, 但其真值是唯一的.

(4) 是命题, 当它表示的数为二进制时, 此命题是真的, 但如果它表示的数为十进制或其他进制时, 那么此命题是假的.

(5) 是命题, 虽然这个语句的真假似乎不能唯一的判定, 因为它因人而异, 但是可以认为这个语句的真假取决于说话人的主观判断, 即可以认为, 此语句是:“我认为这杯牛奶太浓”的缩写.

例 9.1.3 判断语句“我正在说假话”是否为命题.

解 如果他是在说假话, 那么他说的“我正在说假话”是假的. 这说明他是在说真话, 于是我们得出一个矛盾结论: 如果他是在说假话, 那么他是在讲真话. 另一方面, 如果他是在说真话, 那么他说的“我正在说假话”是真的, 也就是说, 它在说假话. 于是我们又得出一个矛盾结论: 如果他是在讲真话, 那么他在说假话.

经过分析, 我们得出他既非说假话也不是在讲真话, 从而无法判断该语句的真假, 因此它不是命题. 这种由真推出假, 又由假推出真的陈述句称为**悖论**. 凡是悖论都不是命题.

根据命题的构成形式, 可以将命题分为两种类型: 第一种类型是不能再细分为更简单的命题, 称为**原子命题**或**简单命题**, 我们用大写字母 $P, Q, R, \cdots$ 或带下标的大写字母如 $P_i, Q_i, R_i, \cdots$ 来表示. 第二种类型是由原子命题、标点符号和命题联结词构成的命题, 称为**复合命题**.

表示命题的符号称为命题标识符, 将表示命题的符号放在该命题的前面, 称为命题符号化.

例 9.1.4 “3 是偶数”、“今天我去教室自习”, 则记为

P: 3 是偶数.

Q: 今天我去教室自习.

此时, P 是假命题, Q 的真值暂时不知道.

一个命题标识符如果表示确定的命题, 那么称为**命题常元**, 命题常元的值只能在“真、假”中选取. 如例 9.1.4 中 P, Q 都是命题常元.

如果命题标识符可以表示任意变化的命题, 那么称为**命题变元**. 由于命题变元可以表示任意命题, 因此它的真值是不确定的, 故命题变元不是命题, 只有当命题变元被赋予一个指定的命题时, 命题变元才有确定的真值, 此时命题变元就变成了命题常元.

9.1.2 命题联结词

在日常语言中, 由一些简单的陈述句, 通过一些联结词可以组成较为复杂的语句, 但联结词的使用, 一般没有很严格的定义, 因此有的联结词具有不精确性. 例如, 联结词“或”, 有时表示二者具有相容性, 有时表示二者具有排斥性. 在数理逻辑中不允许这种二义性的存在, 因而对联结词必须给出精确的定义. 同时, 为了便于书写和进行推演, 必须将联结词作出明确的规定和符号化. 下面介绍 5 种常用的联结词.

1. 否定词

定义 9.1.1 设 P 为一命题, 复合命题“非 P”或“P 的否定”称为 P 的否定式, 记作 $\neg P$, 读作“非 P”. $\neg$ 为否定联结词.

$\neg P$ 的逻辑关系是 $\neg P$ 为真当且仅当 P 为假.

用运算对象的真值来决定一个应用运算符的命题的真值, 列成表格形式, 称为运算符的**真值表**. 一般在真值表的左边列出运算对象的真值的所有可能组合, 结果命题的真值列在最右边一列, 为了方便阅读, 我们通常在真值表中用符号 1 代表真, 符号 0 代表假. 在公式或文字叙述中用符号 T 代表真, F 代表假. 联结词 $\neg$ 的真值表如表 9.1 所示.

表 9.1

P	$\neg P$
1	0
0	1

例 9.1.5　设 P: 张洋是三好学生, 则 $\neg P$: 张洋不是三好学生.

例 9.1.6　设 P: 教室里都是男生, 则 $\neg P$: 教室里不都是男生 (不能译成“教室里没有男生”).

2. 合取词

定义 9.1.2　设 P 和 Q 是两个命题. 复合命题“P 并且 Q”称为 P 与 Q 的合取式, 记作 $P\wedge Q$, 读作“P 与 Q”或“P 且 Q”. $\wedge$ 为合取联结词.

$P\wedge Q$ 的逻辑关系是: $P\wedge Q$ 为真当且仅当 P 和 Q 都为真, 其真值表如表 9.2 所示.

表 9.2

P	Q	$P\wedge Q$
0	0	0
0	1	0
1	0	0
1	1	1

在自然语言中, 往往由于心理的、习惯的、修辞等原因, 对同一个命题联结词可有不同的表示方法, 与 $\wedge$ 相对应的常用的联结词有: “同时”“和”“与”“以及”“而且”“又”“既……又……”“不仅……而且……”“虽然……但是……”“尽管……仍然……”“一面……一面……”等.

例 9.1.7　将下列命题符号化.

(1) 张洋既用功又聪明.

(2) 张洋不仅不聪明而且又不用功.

(3) 张洋虽然聪明, 但不用功.

(4) 张洋不是不聪明, 而是不用功.

解　设 P: 张洋用功, Q: 张洋聪明, 则上述命题可分别符号化为 $P\wedge Q$, $\neg Q\wedge\neg P$, $Q\wedge\neg P$, $\neg(\neg Q)\wedge\neg P$.

在自然语言中, 我们不能一见到“和”,“与”就用“$\wedge$”, 而是要分清它是原子命题还是复合命题. 例如, “张洋和张涛是兄弟”, “张洋与王硕是朋友”, 这两个命题中分别有“和”及“与”, 可是它们都是原子命题而非复合命题, 因此, 只能分别符号化为 P, Q.

在数理逻辑中, 我们关心的只是复合命题与构成复合命题的各原子命题之间的真值关系, 即抽象的逻辑关系, 而不关心各语句的具体内容, 两个逻辑上完全没有联系的命题也可以通过联结词而形成新的复合命题.

例 9.1.8 设 P: 地球是方的, Q: 3 是素数.

上述命题的合取为 $P \wedge Q$: 地球是方的并且 3 是素数.

在自然语言中, 这两个命题是完全没有联系的, 它们不能组成一个命题, 但在数理逻辑中, $P \wedge Q$ 是一个新的命题, 由于 P 的真值为 F, Q 的真值为 T, 故 $P \wedge Q$ 的真值为 F.

3. 析取词

定义 9.1.3 设 P 和 Q 是两个命题. 复合命题“P 或 Q”称为 P 与 Q 的析取式, 记作 $P \vee Q$, 读作“P 或 Q”. $\vee$ 为析取联结词.

$P \vee Q$ 的逻辑关系是 $P \vee Q$ 为真当且仅当 P 和 Q 中至少有一个为真, 其真值表如表 9.3 所示.

表 9.3

P	Q	$P \vee Q$
0	0	0
0	1	1
1	0	1
1	1	1

在自然语言中“或”具有两种逻辑含义: 一种是“可兼或”, 一种是“排斥或”. 析取联结词 $\vee$ 表示可兼或, 排斥或用其他符号表示.

例 9.1.9 将下列命题符号化.

(1) 张洋爱唱歌或爱听音乐.

(2) 李欣只能挑选 202 或 203 房间.

解 (1) 设 P: 张洋爱唱歌, Q: 张洋爱听音乐; 这里的“或”是“可兼或”, 即两者可以同时为真, 因此可以符号化为 $P \vee Q$.

(2) 设 P: 李欣挑选 202 房间, Q: 李欣挑选 203 房间; 这里的“或”是“排斥或”. P, Q 的联合取值情况有四种: 同真, 同假, 一真一假(两种情况). 如果也符号

化为 $P \vee Q$, 李欣就可能同时得到两个房间, 这违背题意, 因而不能符号化为 $P \vee Q$.

如何做到只能挑选一个房间呢? 可用多个联结词符号化为

$$(P \wedge \neg Q) \vee (\neg P \wedge Q).$$

此复合命题为真的充要条件是 P, Q 中一个为真, 一个为假, 它准确地表达了题目的要求. 当 P 为真 Q 为假时, 李欣得到 202 房间, 当 P 为假 Q 为真时, 李欣得到 203 房间, 其他情况下, 他得不到任何房间.

4. 蕴涵词

定义 9.1.4 设 P 和 Q 是两个命题. 复合命题"如果 P, 那么 Q"称为 P 与 Q 的蕴涵式, 记作 $P \to Q$, 读作"P 蕴涵 Q". $\to$为蕴涵联结词. 我们称 P 为**前提**或**前件**, 称 Q 为**结论**或**后件**.

$P \to Q$ 的逻辑关系表示 Q 是 P 的必要条件, P 是 Q 的充分条件. $P \to Q$ 为假当且仅当 P 为真且 Q 为假. 其真值表如表 9. 4 所示.

表 9.4

P	Q	$P \to Q$
0	0	1
0	1	1
1	0	0
1	1	1

在自然语言里, $P \to Q$ 有多种不同的叙述方式. 例如: "若 P, 则 Q"; "如果 P, 那么 Q"; "只要 P, 就 Q"; "因为 P, 所以 Q"; "P 仅当 Q"; "Q 每当 P"; "只有 Q 才 P"; "除非 Q 才 P"; "除非 Q, 否则非 P"等. 以上各种叙述方式表面看起来其风格上有很大差异, 强调的侧重点不同, 但表达的都是 P 是 Q 的充分条件, 因而上述各种叙述方式都应符号化为 $P \to Q$.

例 9.1.10 将下列命题符号化.

(1) 如果我得到奖学金, 那么我就去买书.

(2) 只要我得到奖学金, 我就去买书.

(3) 我只有去买书才能得到奖学金.

(4) 除非我去买书, 否则我得不到奖学金.

解 设 P: 我得到奖学金, Q: 我去买书. 这 4 个命题都可以符号化为: $P \to Q$.

在自然语言中, "如果 P, 那么 Q"中的前件 P 与后件 Q 往往具有某种内在联系(**形式蕴涵**), 而在数理逻辑中, P 与 Q 可以无任何内在联系(**实质蕴涵**).

例 9.1.11 设 P: 桔子是紫色的, Q: 太阳从西方出来.

$P\to Q$: 如果桔子是紫色的, 那么太阳从西方出来.

在数学或其他自然科学中, "如果 P, 那么 Q" 往往表达的是前件 P 为真, 后件 Q 也为真的推理关系. 当前提为假时, 不管结论是真是假, 往往无法判断其真假. 但在数理逻辑中, 作为一种规定, 当 P 为假时, 无论 Q 是真是假, $P\to Q$ 均为真. 也就是说, 只有 P 为真 Q 为假这一种情况使得复合命题 $P\to Q$ 为假.

例 9.1.12 张洋对李欣说: "我去图书馆一定帮你借那本书". 可以将这句话符号化为: $P\to Q$, 其中 P: 张洋去图书馆, Q: 张洋借那本书. 后来张洋因有事未去图书馆, 即 P=F, 此时按规定 $P\to Q$ 为真. 我们应理解为张洋讲了真话, 即他要是去图书馆, 我们相信他一定会为李欣借书. 这种理解也称为"善意推定".

5. 等值词

定义 9.1.5 设 P 和 Q 是两个命题. 复合命题"P 当且仅当 Q"称为 P 与 Q 的等价式, 记作 $P\leftrightarrow Q$, 读作"P 等值于 Q". $\leftrightarrow$为等值联结词.

$P\leftrightarrow Q$ 所表示的逻辑关系是, P 与 Q 互为充分必要条件. $P\leftrightarrow Q$ 为真当且仅当 P 和 Q 同时为真或同时为假. 其真值表如表 9.5 所示.

表 9.5

P	Q	$P\leftrightarrow Q$
0	0	1
0	1	0
1	0	0
1	1	1

在自然语言里, $P\leftrightarrow Q$ 也有多种不同的叙述方式. 例如: "充分必要"; "相同"; "相等"; "一样"; "等同"等.

例 9.1.13 将下列命题符号化, 并讨论它们的真值.

(1) π是无理数当且仅当加拿大位于亚洲.

(2) 若两圆 A, B 的面积相等, 则它们的半径相等; 反之亦然.

(3) 2+3=5 的充要条件是π是无理数.

(4) 当张洋心情愉快时, 她就唱歌; 反之, 当她唱歌时, 一定心情愉快.

解 (1) 设 P: π是无理数, Q: 加拿大位于亚洲. 符号化为: $P\leftrightarrow Q$, 真值为 F.

(2) 设 P: 两圆 A, B 的面积相等, Q: 两圆 A, B 的半径相等. 符号化为: $P\leftrightarrow Q$, 真值为 T.

(3) 设 P: 2+3=5,　Q: π是无理数. 符号化为 $P\leftrightarrow Q$, 真值为 T.

(4) 设 P: 张洋心情愉快, Q: 张洋唱歌. 符号化为 $P\leftrightarrow Q$, 真值由具体情况而定.

以上定义了 5 种最基本、最常用、也是最重要的联结词$\neg$, $\wedge$, $\vee$, $\rightarrow$, $\leftrightarrow$, 这 5 种联结词的真值由其真值表唯一决定, 而不由命题的含义确定, 因此它们的真值表必须熟练掌握.

利用联结词可以将一些复合命题符号化. 基本步骤如下:

(1) 确定句子是否为命题, 不是就不必翻译;

(2) 找出所有的原子命题, 将它们符号化;

(3) 确定句子中连接词是否能对应于并且对应于哪一个命题联结词;

(4) 按逻辑关系使用联结词把原子命题逐个联结起来, 组成复合命题的符号表示.

在复合命题的符号化中涉及括号的使用问题, 目前我们均使用圆括号, 为了减少括号的使用, 在此作如下规定:

(1) 5 种联结词结合力的强弱顺序约定为: $\neg$, $\wedge$, $\vee$, $\rightarrow$, $\leftrightarrow$.

(2) 相同的联结词, 按从左至右顺序执行, 括号可省去.

(3) 最外层的括号总可以省去, 没有括号时按上述先后顺序执行.

例如, 复合命题

$$(\neg((P\wedge(\neg Q))\vee R)\leftrightarrow((R\wedge P)\wedge Q))$$

可按上述规定, 省去一部分括号, 写成

$$\neg(P\wedge\neg Q\vee R)\leftrightarrow R\wedge P\wedge Q.$$

例 9.1.14　将下列命题符号化.

(1) 大雁北回, 春天来了.

(2) 情况并非如此, 如果他不来, 那么我也不去.

(3) 如果我上街, 我就去书店看看, 除非我很累.

(4) 张洋是密码专业的学生, 她生于 1987 年或 1988 年, 她是郑州人.

解　各命题符号化如下.

(1) $P\leftrightarrow Q$, 其中, P: 大雁北回, Q: 春天来了.

(2) $\neg(\neg P\rightarrow\neg Q)$, 其中, P: 他来, Q: 我去.

(3) $\neg R\rightarrow(P\rightarrow Q)$, 其中, P: 我上街, Q: 我去书店看看, R: 我很累.

此句中的联结词“除非”表示唯一的条件, 相当于“如果不……”的意思, 因而$\neg R$ 可看作 $P\rightarrow Q$ 的前提.

(4) $P\wedge(Q\wedge\neg R\vee\neg Q\wedge R)\wedge S$, 其中, P: 张洋是密码专业的学生, Q: 她生于 1987 年, R: 她生于 1988 年, S: 她是郑州人.

9.2 命题公式与分类

9.2.1 命题公式

通过9.1节的讨论, 我们已经引入了五个命题联结词, 得到了五个最简单的复合命题形式: $\neg P, P\wedge Q, P\vee Q, P\to Q, P\leftrightarrow Q$, 从这些复合命题出发, 由命题联结词再经过各种组合, 可以构成更多、更复杂的复合命题形式. 这些由命题常元, 命题变元, 联结词, 括号等组成的符号串一般称为命题公式, 那么怎样的组合形式才是命题逻辑的命题公式呢? 下面给出命题公式的严格定义.

定义 9.2.1 命题公式可由以下规则生成:

(1) (**基础**) 单个命题变元是命题公式;

(2) (**归纳**) 若 A 和 B 是命题公式, 则$(\neg A), (A\wedge B), (A\vee B), (A\to B), (A\leftrightarrow B)$是命题公式;

(3) (**界限**) 有限次应用(1)和(2)所得到的符号串都是命题公式.

这种定义称为归纳定义, 也称递归定义. 由这种定义产生的公式称为**合式公式**. 今后我们将合式公式称为**命题公式**, 或简称为**公式**.

为了简化圆括号的使用且不至引起表达的混淆, 我们规定合式公式的最外层括号可以略去.

设 P, Q, R 为命题变元, 按照上述定义, 下列符号串都是命题公式.

$$P\wedge\neg Q;$$
$$(R\leftrightarrow Q\vee P);$$
$$((P\to\neg Q)\vee Q)\leftrightarrow(P\wedge R).$$

而下列符号串

$$PQ\leftrightarrow\neg R;$$
$$(P\vee\to Q);$$
$$(P\vee Q\to R))$$

都不是命题公式.

在命题公式中, 由于命题变元的出现, 因而真值一般是不确定的. 仅当命题公式中所有的命题变元都解释成具体的命题之后, 命题公式就变成了真值确定的命题了. 这个命题的真值, 依赖于命题变元的真值.

例如, 给定命题公式: $(P\vee Q)\to R$.

若将P解释成: 2是素数, Q解释成：3是偶数, R解释成: π是无理数, 则P与R被解释成真命题, Q被解释成假命题, 此时公式$(P\vee Q)\to R$被解释成"若2是素数或3是偶数, 则π是无理数", 此为真命题. 若P, Q的解释不变, R被解释为: π是有理数,则$(P\vee Q)\to R$被解释成"若2是素数或3是偶数，则π是有理数"，此为假命题.

将命题变元P解释成真命题，相当于指定P的真值为T，解释成假命题，相当于指定P的真值为F.

一般地，命题公式的解释或赋值定义如下.

定义9.2.2　设A是一个由n个命题变元$P_1, P_2, \cdots, P_n$所组成的命题公式，给$P_1, P_2, \cdots, P_n$各指定一个真值，称为对A的一种**指派**或**赋值**或**解释**. 若指定的一组值使A的真值为T，则称这组值为A的**成真赋值**；若使A的真值为F，则称这组值为A的**成假赋值**.

含有 n 个命题变元的命题公式，共有 2^n 种不同赋值. 在命题公式 A 中，对于命题变元真值指派的每一种可能的组合，都能唯一地确定 A 的真值，将命题变元的所有可能取值的组合列成一个表，称为 A 的**真值表**.

构造命题公式真值表的具体步骤如下:

(1) 找出公式中所含的全体命题变元$P_1, P_2, \cdots, P_n$ (若无下角标就按字典顺序排列)，列出 2^n 种赋值. 本书规定，赋值从 00…0 开始，然后按二进制加法依次写出各赋值，直到 11…1 为止;

(2) 按联结词出现的先后次序及括号顺序，写出命题公式的各个层次;

(3) 对应各组赋值，利用联结词的真值表逐步计算出各个层次的真值，直至最后计算出命题公式的真值.

例 9.2.1　构造下列命题公式的真值表.

(1) $(P\to Q)\to(P\to(P\wedge Q))$;

(2) $\neg P\leftrightarrow(P\wedge(P\vee Q))$;

(3) $(P\vee Q)\to R$.

解　命题公式的真值表分别为表 9.6、表 9.7、表 9.8.

表 9.6

P　Q	$P\to Q$	$P\wedge Q$	$P\to(P\wedge Q)$	$(P\to Q)\to(P\to(P\wedge Q))$
0　0	1	0	1	1
0　1	1	0	1	1
1　0	0	0	0	1
1　1	1	1	1	1

表 9.7

P　Q	$\neg P$	$P\vee Q$	$P\wedge(P\vee Q)$	$\neg P\leftrightarrow(P\wedge(P\vee Q))$
0　0	1	0	0	0
0　1	1	1	0	0
1　0	0	1	1	0
1　1	0	1	1	0

表 9.8

$P\ \ Q\ \ R$	$P \vee Q$	$(P \vee Q) \to R$
0 0 0	0	1
0 0 1	0	1
0 1 0	1	0
0 1 1	1	1
1 0 0	1	0
1 0 1	1	1
1 1 0	1	0
1 1 1	1	1

由表 9.8 可以看出, 000, 001, 011, 101, 111 是(3)的成真赋值, 其余的都是成假赋值. 而由表 9.6 (表 9.7)可以看出, 不论对命题变元作何种赋值, 命题公式的真值永远为真(假).

9.2.2 命题公式的分类

根据命题公式在各种赋值下的取值情况, 可将命题公式分为 3 类:

定义 9.2.3 设 A 是一个命题公式.

(1) 若 A 在它的各种赋值下取值均为真, 则称 A 是**重言式或永真式**.

(2) 若 A 在它的各种赋值下取值均为假, 则称 A 是**矛盾式或永假式**.

(3) 若 A 不是矛盾式, 则称 A 是**可满足式**.

由定义可知, 重言式与矛盾式都是与真值指派无关的命题公式. 此外, 重言式的否定是矛盾式, 矛盾式的否定是重言式, 所以二者研究其一即可. 两个重言式的合取、析取、蕴涵、等值均为重言式. 另外重言式还一定是可满足式, 但反之不真. 若公式 A 是可满足式, 且它至少存在一个成假赋值, 则称 A 为**非重言式的可满足式**.

给定一个命题公式, 利用真值表不但能准确地给出命题公式的成真赋值和成假赋值,而且还能判断公式的类型. 若真值表最后一列全为 1, 则公式为重言式; 若真值表最后一列全为 0, 则公式为矛盾式; 若真值表最后一列中至少有一个 1, 则公式为可满足式.

例如, 在例 9.2.1 中, 由真值表可知, (1)为重言式, (2)为矛盾式, (3)为非重言式的可满足式.

例 9.2.2 用真值表判断下列命题公式的类型.

(1) $\neg(P \vee Q) \leftrightarrow \neg P \wedge \neg Q$;

(2) $P \wedge (((P \vee Q) \wedge \neg P) \to Q)$.

解　(1) 命题公式的真值表如表 9.9 所示.

表 9.9

P Q	$\neg P$	$\neg Q$	$P\vee Q$	$\neg(P\vee Q)$	$\neg P\wedge\neg Q$	$\neg(P\vee Q)\leftrightarrow\neg P\wedge\neg Q$
0 0	1	1	0	1	1	1
0 1	1	0	1	0	0	1
1 0	0	1	1	0	0	1
1 1	0	0	1	0	0	1

从表中可见, 在每组真值指派下公式$\neg(P\vee Q)\leftrightarrow\neg P\wedge\neg Q$ 的真值都是 1, 所以命题公式是重言式.

(2) 命题公式的真值表如表 9.10 所示.

表 9.10

P Q	$\neg P$	$P\vee Q$	$(P\vee Q)\wedge\neg P$	$((P\vee Q)\wedge\neg P)\to Q$	$P\wedge(((P\vee Q)\wedge\neg P)\to Q)$
0 0	1	0	0	1	0
0 1	1	1	1	1	0
1 0	0	1	0	1	1
1 1	0	1	0	1	1

从表中可见, $P\wedge(((P\vee Q)\wedge\neg P)\to Q)$是非重言式的可满足式.

9.3　等价公式与等值演算

命题公式的形式可以是多种多样的, 在这众多命题公式中, 其真值表是否也有无穷多种形式呢? 答案是否定的. 许多表面看起来是不同的命题形式, 但它们的真值表却是完全相同的. 例如, $P\vee\neg Q$, $Q\to P$ 与$\neg P\to(P\vee\neg Q)$ 所对应的真值表如表 9.11 所示.

表 9.11

P Q	$P\vee\neg Q$	$Q\to P$	$\neg P\to(P\vee\neg Q)$
0 0	1	1	1
0 1	0	0	0
1 0	1	1	1
1 1	1	1	1

定义 9.3.1　设 A 和 B 是两个命题公式, $P_1, P_2, \cdots, P_n$ 是所有出现在 A 和 B 中

的命题变元, 若给 $P_1, P_2, \cdots, P_n$ 任一组赋值, A 和 B 的真值都相同, 则称 A 和 B 是**等价的**, 记作 $A \Leftrightarrow B$, 称为**逻辑恒等式**, 读作 A 恒等于 B.

在这里请读者注意 $\leftrightarrow$ 和 $\Leftrightarrow$ 的区别与联系. $\leftrightarrow$ 是逻辑联结词, $A \leftrightarrow B$ 是一个命题公式, 表示一个复合命题, $A \leftrightarrow B$ 有真值表; 而 $\Leftrightarrow$ 表示两个命题公式等值, 是两个命题公式间的一种等价关系, 即满足自反性、对称性和传递性; $A \Leftrightarrow B$ 不是命题, 因而没有真值表.

定理 9.3.1 设 A 和 B 是两个命题公式, 则 $A \Leftrightarrow B$ 当且仅当 $A \leftrightarrow B$ 是重言式.

证 **充分性** 若 $A \leftrightarrow B$ 为重言式, 则 A、B 有相同的真值, 所以 $A \Leftrightarrow B$.

必要性 若 $A \Leftrightarrow B$, 即 A, B 有相同的真值表, 所以 $A \leftrightarrow B$ 为重言式.

由等价的定义和定理 9.3.1, 验证两公式 A 和 B 是否等价, 只需判断公式 A 和 B 的真值表是否相同或 $A \leftrightarrow B$ 是否为重言式即可.

例 9.3.1 证明: $P \to (Q \to R) \Leftrightarrow P \wedge Q \to R$.

证 列出公式 $P \to (Q \to R)$、$P \wedge Q \to R$ 或 $P \to (Q \to R) \leftrightarrow P \wedge Q \to R$ 的真值表, 如表 9.12.

表 9.12

P Q R	$Q \to R$	$P \to (Q \to R)$	$P \wedge Q$	$P \wedge Q \to R$	$P \to (Q \to R) \leftrightarrow P \wedge Q \to R$
0 0 0	1	1	0	1	1
0 0 1	1	1	0	1	1
0 1 0	0	1	0	1	1
0 1 1	1	1	0	1	1
1 0 0	1	1	0	1	1
1 0 1	1	1	0	1	1
1 1 0	0	0	1	0	1
1 1 1	1	1	1	1	1

由真值表可知, 公式 $P \to (Q \to R)$ 与 $P \wedge Q \to R$ 的真值完全相同, 故 $P \to (Q \to R) \Leftrightarrow P \wedge Q \to R$. 或由真值表的最后一列可知, $P \to (Q \to R) \leftrightarrow P \wedge Q \to R$ 是重言式.

例 9.3.2 判断命题公式 $P \leftrightarrow Q$ 与 $(\neg P \vee \neg Q) \wedge (P \vee Q)$ 是否等价.

解 列出公式 $P \leftrightarrow Q$, $(\neg P \vee \neg Q) \wedge (P \vee Q)$ 的真值表如表 9.13 所示.

表 9.13

P	Q	$\neg P$	$\neg Q$	$\neg P \vee \neg Q$	$P \vee Q$	$P \leftrightarrow Q$	$(\neg P \vee \neg Q) \wedge (P \vee Q)$
0	0	1	1	1	0	1	0
0	1	1	0	1	1	0	1
1	0	0	1	1	1	0	1
1	1	0	0	0	1	1	0

由表可知, 公式 $P\leftrightarrow Q$ 与$(\neg P\vee\neg Q)\wedge(P\vee Q)$的真值完全不相同, 故 $P\leftrightarrow Q$ 与$(\neg P\vee\neg Q)\wedge(P\vee Q)$不等价.

表 9.14 列出了 24 个常用的重要恒等式, 表中符号 P、Q、R 代表任意命题公式.

表 9.14

E_1	$\neg\neg P\Leftrightarrow P$	双否定
E_2 E_3	$P\vee P\Leftrightarrow P$ $P\wedge P\Leftrightarrow P$	幂等律
E_4 E_5	$P\vee Q\Leftrightarrow Q\vee P$ $P\wedge Q\Leftrightarrow Q\wedge P$	交换律
E_6 E_7	$(P\vee Q)\vee R\Leftrightarrow P\vee(Q\vee R)$ $(P\wedge Q)\wedge R\Leftrightarrow P\wedge(Q\wedge R)$	结合律
E_8 E_9	$P\wedge(Q\vee R)\Leftrightarrow(P\wedge Q)\vee(P\wedge R)$ $P\vee(Q\wedge R)\Leftrightarrow(P\vee Q)\wedge(P\vee R)$	分配律
E_{10} E_{11}	$\neg(P\vee Q)\Leftrightarrow\neg P\wedge\neg Q$ $\neg(P\wedge Q)\Leftrightarrow\neg P\vee\neg Q$	德·摩根律
E_{12} E_{13}	$P\vee(P\wedge Q)\Leftrightarrow P$ $P\wedge(P\vee Q)\Leftrightarrow P$	吸收律
E_{14} E_{15}	$P\vee \mathrm{T}\Leftrightarrow \mathrm{T}$ $P\wedge \mathrm{F}\Leftrightarrow \mathrm{F}$	零律
E_{16} E_{17}	$P\wedge \mathrm{T}\Leftrightarrow P$ $P\vee \mathrm{F}\Leftrightarrow P$	同一律
E_{18}	$P\vee\neg P\Leftrightarrow \mathrm{T}$	排中律
E_{19}	$P\wedge\neg P\Leftrightarrow \mathrm{F}$	矛盾律
E_{20}	$P\rightarrow Q\Leftrightarrow\neg P\vee Q$	蕴涵等值式
E_{21}	$P\leftrightarrow Q\Leftrightarrow(P\rightarrow Q)\wedge(Q\rightarrow P)$	等价等值式
E_{22}	$P\rightarrow Q\Leftrightarrow\neg Q\rightarrow\neg P$	逆反律
E_{23}	$(P\wedge Q\rightarrow R)\Leftrightarrow P\rightarrow(Q\rightarrow R)$	输出律
E_{24}	$(P\rightarrow Q)\wedge(P\rightarrow\neg Q)\Leftrightarrow\neg P$	归谬律

这些命题公式都可以用真值表来予以验证.

利用上述基本恒等式, 不用真值表就可以推出更多的恒等式. 由已知的恒等式推演出另外一些恒等式的过程称为**等值演算**. 在等值演算时, 还要用到一个重要的置换规则.

定义 9.3.2 设 A 是命题公式 C 中的一部分且 A 本身也是命题公式, 则称 A 为 C 的子公式.

例 9.3.3 $P\wedge Q$, $(P\wedge Q)\vee R$ 和 $W\wedge B$ 都是命题公式 $(P\wedge Q)\vee R\to W\wedge B$ 的子公式.

定理 9.3.2 设 A 是 C 的子公式, B 是一命题公式且 $A\Leftrightarrow B$, 如果将 C 中的 A 用 B 代换后得到的公式为 D, 那么 $C\Leftrightarrow D$.

证 因 $A\Leftrightarrow B$, 即对它们的命题变元的任何指派 A 与 B 的真值都相同, 故用 B 替换 A 后, 公式 D 与 C 的命题变元做相应的任何指派, 它们的真值亦相同, 因此 $C\Leftrightarrow D$ 成立.

定理 9.3.2 通常称为**置换规则**.

例 9.3.4 对命题公式 $R\wedge T\to(Q\to R)$, 我们用 $\neg Q\vee R$ 代换 $Q\to R$, 可得公式

$$P\wedge T\to(Q\to R)\Leftrightarrow P\wedge T\to(\neg Q\vee R).$$

利用公式 $P\vee\neg P\Leftrightarrow T$, 再对其中的 T 作代换, 可得公式

$$P\wedge T\to(\neg Q\vee R)\Leftrightarrow P\wedge(P\wedge\neg P)\to(\neg Q\vee R).$$

利用置换规则可以构造更为复杂的命题恒等式, 可以结合基本恒等式去验证两个命题公式恒等, 也可以判断命题公式的类型, 还可以解决许多实际问题.

例 9.3.5 证明 $(P\vee Q)\to R\Leftrightarrow(P\to R)\wedge(Q\to R)$.

证 $(P\vee Q)\to R\Leftrightarrow\neg(P\vee Q)\vee R$ 蕴涵等值式 E_{20}

$\Leftrightarrow\neg P\wedge\neg Q\vee R$ 德·摩根律 E_{10}

$\Leftrightarrow(\neg P\vee R)\wedge(\neg Q\vee R)$ 分配律 E_9

$\Leftrightarrow(P\to R)\wedge(Q\to R)$. 蕴涵等值式 E_{20}

例 9.3.6 求出命题公式 $(P\vee\neg Q)\wedge(P\vee Q)\wedge(\neg P\vee\neg Q)$ 的最简形式.

解 $(P\vee\neg Q)\wedge(P\vee Q)\wedge(\neg P\vee\neg Q)$

$\Leftrightarrow(P\vee(\neg Q\wedge Q)\wedge(\neg P\vee\neg Q)$ 分配律 E_9

$\Leftrightarrow(P\vee \mathrm{F})\wedge(\neg P\vee\neg Q)$ 矛盾律 E_{19}

$\Leftrightarrow P\wedge(\neg P\vee\neg Q)$ 同一律 E_{17}

$\Leftrightarrow(P\wedge\neg P)\vee(P\wedge\neg Q$ 分配律 E_9

$\Leftrightarrow F\vee(P\wedge\neg Q)$ 矛盾律 E_{19}

$\Leftrightarrow P\wedge\neg Q$. 同一律 E_{17}

例 9.3.7 试证语句: “不会休息的人就不会工作, 没有丰富知识的人也不会工作”, 与语句: “工作得好的人一定会休息并且有丰富知识”具有相同的逻辑含义.

证 设命题 P: 某人工作得好, Q: 某人会休息, R: 某人有丰富的知识, 此时第一个语句符号化为

$$(\neg Q\to\neg P)\wedge(\neg R\to\neg P).$$

第二个语句符号化为

$$P\to Q\wedge R.$$

化简第一个语句命题公式

$(\neg Q\to\neg P)\wedge(\neg R\to\neg P)$

$\Leftrightarrow(P\to Q)\wedge(P\to R)$ 逆反律 E_{22}

$\Leftrightarrow(\neg P\vee Q)\wedge(\neg P\vee R)$ 蕴涵等值式 E_{20}

$\Leftrightarrow\neg P\vee(Q\wedge R)$ 分配律 E_9

$\Leftrightarrow P\to Q\wedge R.$ 蕴涵等值式 E_{20}

由此可知两个语句具有相同的逻辑含义.

例 9.3.8 判别下列公式的类型.

(1) $(P\to(Q\to R))\to((P\to Q)\to(P\to R))$;

(2) $(Q\wedge(P\to\neg Q)\to P)\wedge\neg(Q\to P)$;

(3) $\neg P\to\neg(P\to Q)$.

解 (1) $(P\to(Q\to R))\to((P\to Q)\to(P\to R))$

$\Leftrightarrow\neg(\neg P\vee\neg Q\vee R)\vee(\neg(\neg P\vee Q)\vee(\neg P\vee R))$ 蕴涵等值式 E_{20}

$\Leftrightarrow(P\wedge Q\wedge\neg R)\vee(P\wedge\neg Q)\vee(\neg P\vee R)$ 德·摩根律 E_{10}

$\Leftrightarrow(P\wedge Q\wedge\neg R)\vee((P\vee\neg P\vee R)\wedge(\neg Q\vee\neg P\vee R))$ 分配律 E_9

$\Leftrightarrow(P\wedge Q\wedge\neg R)\vee(\mathrm{T}\wedge(\neg Q\vee\neg P\vee R))$ 排中律 E_{18}

$\Leftrightarrow(P\wedge Q\wedge\neg R)\vee(\neg Q\vee\neg P\vee R)$ 同一律 E_{16}、零律 E_{14}

$\Leftrightarrow(P\wedge Q\wedge\neg R)\vee\neg(P\wedge Q\wedge\neg R)$ 德·摩根律 E_{10}

$\Leftrightarrow\mathrm{T}.$ 排中律 E_{18}

由此可知, (1)为重言式.

(2) $((Q\wedge(P\to\neg Q))\to P)\wedge\neg(Q\to P)$

$\Leftrightarrow(\neg(Q\wedge(\neg P\vee\neg Q))\vee P)\wedge\neg(\neg Q\vee P)$ 蕴涵等值式 E_{20}

$\Leftrightarrow(\neg Q\vee(P\wedge Q)\vee P)\wedge(Q\wedge\neg P)$ 德·摩根律 E_{10}

$\Leftrightarrow(\neg Q\wedge Q\wedge\neg P)\vee(P\wedge Q\wedge Q\wedge\neg P)\vee(P\wedge Q\wedge\neg P)$ 分配律 E_9

$\Leftrightarrow\mathrm{F}\vee\mathrm{F}\vee\mathrm{F}$ 矛盾律 E_{18}、零律 E_{15}

$\Leftrightarrow\mathrm{F}.$ 矛盾律 E_{18}

由此可知, (2)为矛盾式.

(3) $\neg P\to\neg(P\to Q)$

$\Leftrightarrow P\vee\neg(\neg P\vee Q)$ 蕴涵等值式 E_{20}

$\Leftrightarrow P\vee(P\wedge\neg Q)$ 德·摩根律 E_{10}

$\Leftrightarrow P.$ 吸收律 E_{13}

由演算结果可知, 对于 P, Q, 11 和 10 都是(3)的成真赋值; 01 和 00 都是(3)的成假赋值. 易知(3)为非重言式的可满足式.

上面我们介绍的命题演算每一步都是等值的, 下面我们介绍另一种非等值的演算.

定义 9.3.3 设 A, B 是两个命题公式, 若 $A\to B$ 是重言式, 则称 A 永真蕴涵 B, 记作 $A\Rightarrow B$. $A\Rightarrow B$ 称为永真蕴涵式.

由定义可知, $A\Rightarrow B$ 当且仅当 $A\to B$ 是重言式, 因此, 永真蕴涵式可以用真值表或等值演算的方法证明. 除此之外, 也可以采用以下分析法证明.

(1) 当A取值为T时, 若能推出B也取值为T, 则此蕴涵式永真;

(2) 当B取值为F时, 若能推出A也取值为F, 则此蕴涵式永真.

例 9.3.9 证明 $\neg Q\wedge(P\to Q)\Rightarrow\neg P$.

证 方法一 $\neg Q\wedge(P\to Q)\to\neg P$

$\Leftrightarrow\neg(\neg Q\wedge(\neg P\vee Q))\vee\neg P$ 蕴涵等值式 E_{20}

$\Leftrightarrow(Q\vee(P\wedge\neg Q))\vee\neg P$ 德·摩根律 E_{10}

$\Leftrightarrow(Q\vee P)\wedge(Q\vee\neg Q)\vee\neg P$ 分配律 E_9

$\Leftrightarrow(Q\vee P)\wedge T\vee\neg P$ 排中律 E_{18}

$\Leftrightarrow Q\vee P\vee\neg P$ 零律 E_{14}

$\Leftrightarrow$ T. 排中律 E_{18}

所以$\neg Q\wedge(P\to Q)\to\neg P$ 是重言式, 从而$\neg Q\wedge(P\to Q)\Rightarrow\neg P$.

方法二 设$\neg Q\wedge(P\to Q)$是真, 则$\neg Q$, $P\to Q$ 是真, 所以 Q 是假, P 是假. 因而$\neg P$ 是真.故$\neg Q\wedge(P\to Q)\Rightarrow\neg P$.

方法三 设$\neg P$ 是假, 则 P 是真. 以下分情况讨论:

(a) 若 Q 为真, 则$\neg Q$ 是假, 所以$\neg Q\wedge(P\to Q)$是假.

(b) 若 Q 为假, 则 $P\to Q$ 是假, 所以$\neg Q\wedge(P\to Q)$是假.

故有$\neg Q\wedge(P\to Q)\Rightarrow\neg P$.

表 9.15 列出了常见的基本永真蕴涵式.

表 9.15

I_1	$P\wedge Q\Rightarrow P$
I_2	$P\wedge Q\Rightarrow Q$
I_3	$P\Rightarrow P\vee Q$
I_4	$Q\Rightarrow P\vee Q$
I_5	$\neg P\Rightarrow P\to Q$
I_6	$Q\Rightarrow P\to Q$
I_7	$\neg(P\to Q)\Rightarrow P$
I_8	$\neg(P\to Q)\Rightarrow\neg Q$

续表

I_9	$\neg P\wedge(P\vee Q)\Rightarrow Q$
I_{10}	$\neg Q\wedge(P\vee Q)\Rightarrow P$
I_{11}	$P\wedge(P\to Q)\Rightarrow Q$
I_{12}	$\neg Q\wedge(P\to Q)\Rightarrow\neg P$
I_{13}	$(P\to Q)\wedge(Q\to R)\Rightarrow P\to R$
I_{14}	$P\to Q\Rightarrow(Q\to R)\to(P\to R)$
I_{15}	$(P\to Q)\wedge(R\to S)\Rightarrow P\wedge R\to Q\wedge S$
I_{16}	$(P\leftrightarrow Q)\wedge(Q\leftrightarrow R)\Rightarrow P\leftrightarrow R$

这些永真蕴涵式是以后进行推理的基础, 应在理解的基础上熟练掌握.

永真蕴涵式具有以下性质:

(1) 设 A, B, C 为命题公式, 若 $A\Rightarrow B$、$B\Rightarrow C$, 则 $A\Rightarrow C$;

(2) 若 $A\Rightarrow B, A\Rightarrow C$, 则 $A\Rightarrow B\wedge C$;

(3) $A\Leftrightarrow B$ 当且仅当 $A\Rightarrow B$ 且 $B\Rightarrow A$.

证 (1) 由 $A\Rightarrow B$、$B\Rightarrow C$ 知, $A\to B$ 是重言式, $B\to C$ 是重言式, 则 $(A\to B)\wedge(B\to C)$ 是重言式, 所以由公式 I_{13} 得 $A\to C$ 也为重言式, 即 $A\Rightarrow C$.

(2) A 为真时, B 和 C 都为真, 因此 $B\wedge C$ 为真, 所以 $A\to B\wedge C$ 永真, 即 $A\Rightarrow B\wedge C$.

(3) 由等价的定义, $A\Leftrightarrow B$ 当且仅当 $A\leftrightarrow B$ 是重言式. 但 $A\leftrightarrow B\Leftrightarrow(A\to B)\wedge(B\to A)$. 因而当且仅当 $(A\to B)\wedge(B\to A)$ 是重言式. 因此, 当且仅当 $(A\to B)$ 且 $(B\to A)$ 是重言式, 于是当且仅当 $A\Rightarrow B$ 且 $B\Rightarrow A$.

9.4 联结词的扩充

前面我们介绍了 5 类常用的联结词, 但仅有这些联结词, 要想直接表达所有命题及命题间的联系仍是困难的, 有必要再定义一些新的联结词.

1. 异或

定义 9.4.1 设 P 和 Q 是两个命题. 复合命题 "P 或(排斥)Q" 称为 P 与 Q 的**排斥或**或**异或**, 记作 $P\bigtriangledown Q$, 读作 "P 异或 Q" . $\bigtriangledown$ 称为异或联结词.

$P\bigtriangledown Q$ 的逻辑关系是 $P\bigtriangledown Q$ 为真当且仅当 P 和 Q 中恰有一个为真, 其真值表如表 9.16 所示.

表 9.16

P	Q	$P\overline{\vee}Q$
0	0	0
0	1	1
1	0	1
1	1	0

由异或联结词$\overline{\vee}$的定义, 易证如下性质:

设 P, Q, R 为命题公式, 则有

(1) $P\overline{\vee}Q \Leftrightarrow Q\overline{\vee}P$;　　交换律

(2) $P\overline{\vee}(Q\overline{\vee}R) \Leftrightarrow (P\overline{\vee}Q)\overline{\vee}R$;　　结合律

(3) $P\wedge(Q\overline{\vee}R) \Leftrightarrow (P\wedge Q)\overline{\vee}(P\wedge R)$;　　分配律

(4) $P\overline{\vee}Q \Leftrightarrow (\neg P\wedge Q)\vee(P\wedge\neg Q)$;

(5) $P\overline{\vee}P \Leftrightarrow F$, $\mathrm{T}\overline{\vee}P \Leftrightarrow \neg P$, $\mathrm{F}\overline{\vee}P \Leftrightarrow P$.

2. 与非

定义 9.4.2　设 P 和 Q 是两个命题. 复合命题“P 与 Q 的否定”称为 P 与 Q 的**与非**, 记作 $P\uparrow Q$, 读做“P 与非 Q”. $\uparrow$ 称为与非联结词.

$P\uparrow Q$的逻辑关系是$P\uparrow Q$为真当且仅当P和Q不同时为真, 其真值表如表 9.17 所示.

表 9.17

P	Q	$P\uparrow Q$
0	0	1
0	1	1
1	0	1
1	1	0

由与非联结词$\uparrow$的定义, 易知 $P\uparrow Q \Leftrightarrow \neg(P\wedge Q)$.

与非具有以下性质:

(1) $P\uparrow Q \Leftrightarrow Q\uparrow P$;

(2) $P\uparrow P \Leftrightarrow \neg P$;

(3) $(P\uparrow Q)\uparrow(P\uparrow Q) \Leftrightarrow P\wedge Q$;

(4) $(P\uparrow P)\uparrow(Q\uparrow Q) \Leftrightarrow P\vee Q$.

3. 或非

定义 9.4.3　设 P 和 Q 是两个命题. 复合命题“P 或 Q 的否定”称为 P 和 Q 的**或非**, 记作 $P\downarrow Q$, 读做“P 或非 Q”. $\downarrow$ 称为或非联结词.

$P\downarrow Q$ 的逻辑关系是 $P\downarrow Q$ 为真当且仅当 P 和 Q 同时为假, 其真值表如表 9.18 所示.

表 9.18

P	Q	$P\downarrow Q$
0	0	1
0	1	0
1	0	0
1	1	0

由或非联结词$\downarrow$的定义, 易知 $P\downarrow Q \Leftrightarrow \neg(P\vee Q)$.

或非具有以下性质:

(1) $P\downarrow Q \Leftrightarrow Q\downarrow P$;

(2) $P\downarrow P \Leftrightarrow \neg P$;

(3) $(P\downarrow Q)\downarrow(P\downarrow Q) \Leftrightarrow P\vee Q$;

(4) $(P\downarrow P)\downarrow(Q\downarrow Q) \Leftrightarrow P\wedge Q$.

4. 蕴涵否定

定义 9.4.4　设 P 和 Q 是两个命题. 复合命题“P 蕴涵 Q 的条件否定”可记作 $P\nrightarrow Q$, $\nrightarrow$ 称为条件否定联结词.

$P\nrightarrow Q$ 的逻辑关系是 $P\nrightarrow Q$ 为真当且仅当 P 为真, Q 为假, 其真值表如表 9.19 所示.

表 9.19

P	Q	$P\nrightarrow Q$
0	0	0
0	1	0
1	0	1
1	1	0

由条件否定联结词 $\nrightarrow$ 的定义, 易知 $P\nrightarrow Q \Leftrightarrow \neg(P\rightarrow Q)$.

到现在为止, 我们已经学习了 9 个联结词, 是否还需要定义其他新的联结词呢?

我们知道, 命题联结词在命题演算中是通过真值表定义的. n 个命题变元, 共有 2^n 个可能的赋值, 它可以构成 2^{2^n} 个不等价的命题公式.

以两个命题变元为例, 恰可构成 2^4 个不等价的命题公式. 如表 9.20 所示.

表 9.20

P Q	联结词 1	联结词 2	联结词 3	联结词 4	联结词 5	联结词 6	联结词 7	联结词 8
0 0	0	0	0	0	0	0	0	0
0 1	0	0	0	0	1	1	1	1
1 0	0	0	1	1	0	0	1	1
1 1	0	1	0	1	0	1	0	1
命题公式	F	$P\wedge Q$	$P\not\rightarrow Q$	P	$Q\not\rightarrow P$	Q	$P\overline{\vee}Q$	$P\vee Q$

P Q	联结词 9	联结词 10	联结词 11	联结词 12	联结词 13	联结词 14	联结词 15	联结词 16
0 0	1	1	1	1	1	1	1	1
0 1	0	0	0	0	1	1	1	1
1 0	0	0	1	1	0	0	1	1
1 1	0	1	0	1	0	1	0	1
命题公式	$P\downarrow Q$	$P\leftrightarrow Q$	$\neg Q$	$Q\rightarrow P$	$\neg P$	$P\rightarrow Q$	$P\uparrow Q$	T

从上表分析可知, 除常量 F, T 及命题变元外, 9 个联结词就足够了.

虽然我们定义了 9 个联结词, 但这些并非都是必要的, 由上述定义以及基本的等价公式可知, 这些联结词之间可以进行相互转化, 即凡能用这九种联结词表达的公式, 通过转换可用较少的联结词来表达, 由此产生了联结词的全功能集问题. 换言之, 为了表达全部的命题公式, 至少需用多少联结词?

定义 9.4.5 设 S 是一个联结词集合, 用其中联结词构成的公式足以把一切的命题公式等价地表示出来, 则称 S 为**全功能集**, 包含最少联结词的全功能集称为**最小全功能集**.

定理 9.4.1 $\{\neg, \wedge\}$是最小全功能集.

证 由于 $P\leftrightarrow Q \Leftrightarrow (P\rightarrow Q)\wedge(Q\rightarrow P)$, 故可把包含$\leftrightarrow$的公式等价变换为包含$\rightarrow$, $\wedge$的公式. 而

$P\rightarrow Q \Leftrightarrow \neg P\vee Q \Leftrightarrow \neg(P\wedge\neg Q)$;

$P\vee Q \Leftrightarrow \neg(\neg P\wedge\neg Q)$;

$P\uparrow Q \Leftrightarrow \neg(P\wedge Q)$;　　$P\downarrow Q \Leftrightarrow \neg(P\vee Q) \Leftrightarrow \neg P\wedge\neg Q$;

$P\overline{\vee} Q \Leftrightarrow \neg(P\leftrightarrow Q)$;　　$P\not\rightarrow Q \Leftrightarrow \neg(P\rightarrow Q)$.

因此任一命题公式都可由$\{\neg, \wedge\}$组成的命题公式所代替, 所以, $\{\neg, \wedge\}$是全功能集.

全功能集$\{\neg, \wedge\}$不能再缩小为$\{\neg\}$或$\{\wedge\}$. 若$\{\wedge\}$为全功能集, 则$\neg P$可以只用联结词$\wedge$的命题公式来表示, 但把其中的命题变元均赋值为真, 公式必为真, 而$\neg P$ 却为假, 从而矛盾. 对于$\{\neg\}$, 同样可推出矛盾. 因此, $\{\neg\}$或$\{\wedge\}$不是全功能集, 故$\{\neg, \wedge\}$是最小全功能集.

类似地, 可以证明$\{\neg, \vee\}$, $\{\rightarrow, \neg\}$, $\{\rightarrow, \mathrm{F}\}$, $\{\nrightarrow, \neg\}$, $\{\nrightarrow, \mathrm{T}\}$, $\{\uparrow\}$, $\{\downarrow\}$也是全功能集且为最小全功能集. 最常用的全功能集为$\{\neg, \wedge, \vee\}$, 但非最小.

一般地说, 要证明联结词集合 A 是不是全功能的, 只需选一个全功能词集合 B, 一般选$\{\neg, \vee\}$或$\{\neg, \wedge\}$, 若 A 中每一联结词都能用 B 中的联结词表达, 则 A 是全功能的, 否则 A 不是全功能的.

常见的非全功能集有: $\{\leftrightarrow, \neg\}$, $\{\wedge, \vee\}$, $\{\neg\}$, $\{\bar{\vee}, \neg\}$.

例 9.4.1　证明$\{\leftrightarrow, \neg\}$不是全功能的.

证　若$\{\leftrightarrow, \neg\}$为全功能的, 则 $P\vee Q$ 必可只用$\leftrightarrow$, $\neg$等价地表示出来, 但 P, Q, $\neg P$, $\neg Q$, $P\leftrightarrow Q$ 的真值表列作为 4 维(0, 1)-向量都恰有两个 1, 而 $P\vee Q$ 的真值表有 3 个 1 和一个 0, 所以 $P\vee Q$ 显然不能只用$\leftrightarrow$, $\neg$等价地表示出来. 这个矛盾证明了所需结论.

例 9.4.2　将公式 $(\neg P\wedge\neg Q)\vee(\neg R\vee S)$ 用全功能联结词集$\{\rightarrow, \neg\}$等价表示出来.

解

$$
\begin{aligned}
&(\neg P\wedge\neg Q)\vee(\neg R\vee S)\\
\Leftrightarrow\ &\neg(P\vee Q)\vee(R\rightarrow S)\\
\Leftrightarrow\ &(P\vee Q)\rightarrow(R\rightarrow S)\\
\Leftrightarrow\ &(\neg P\rightarrow Q)\rightarrow(R\rightarrow S).
\end{aligned}
$$

9.5　对偶与范式

9.5.1　对偶原理

定义 9.5.1　设有公式 A, 其中仅有联结词$\wedge$, $\vee$, $\neg$, 将 A 中$\wedge$, $\vee$, T, F 分别换以$\vee$, $\wedge$, F, T 得到公式 A^*, 则称 A^*为 A 的**对偶公式**. 对偶是相互的, A 也是 A^* 的对偶公式.

例 9.5.1　写出公式 $A=\neg P\wedge Q\vee R\vee \mathrm{F}$ 的对偶式.

解　恢复公式中省略的括号, 得

$$A=(\neg P\wedge Q)\vee R\vee \mathrm{F}.$$

代换得对偶式

$$A^*=(\neg P\vee Q)\wedge R\wedge \mathrm{T}.$$

例 9.5.2　求公式 $A=P\uparrow Q$ 的对偶式.

解　公式 A 中不显含$\wedge$, $\vee$, $\neg$, T, F, 先用全功能集$\{\neg, \wedge, \vee\}$作转化, 得

$$A\Leftrightarrow\neg(P\wedge Q),$$

故

$$A^*\Leftrightarrow\neg(P\vee Q)\Leftrightarrow P\downarrow Q.$$

由此可见,$\uparrow$和$\downarrow$是对偶的.

关于对偶式有如下定理(证明略).

定理 9.5.1　设 A 和 A^*是对偶式, $P_1, P_2, \cdots, P_n$ 是出现于 A 和 A^*中的所有命题变元, 则

$$\neg A(P_1, P_2, \cdots, P_n)\Leftrightarrow A^*(\neg P_1, \neg P_2, \cdots, \neg P_n).$$

例 9.5.3　设 $A(P, Q, R)=\neg P\vee(\neg Q\wedge R)$, 验证定理 9.5.1.

解　$A^*(P, Q, R)=\neg P\wedge(\neg Q\vee R)$.

$$A^*(\neg P, \neg Q, \neg R)\Leftrightarrow\neg\neg P\wedge(\neg\neg Q\vee\neg R))\Leftrightarrow P\wedge(Q\vee\neg R),$$

$$\neg A(P, Q, R)\Leftrightarrow\neg(\neg P\vee(\neg Q\wedge R))\Leftrightarrow P\wedge(Q\vee\neg R).$$

故　$A^*(P, Q, R)\Leftrightarrow\neg A(\neg P, \neg Q, \neg R)$.

定理 9.5.2　设 $A\Rightarrow B$, 且 A, B 是由命题变元 $P_1, P_2, \cdots, P_n$ 及联结词$\wedge$, $\vee$, $\neg$ 构成的命题公式, 则 $B^*\Rightarrow A^*$.

证　$A\Rightarrow B$ 意味着 $A(P_1, P_2, \cdots, P_n)\to B(P_1, P_2, \cdots, P_n)$永真, 从而

$$\neg B(P_1, P_2, \cdots, P_n)\to\neg A(P_1, P_2, \cdots, P_n)\text{永真}.$$

由定理 9.5.1 可得 $B^*(\neg P_1, \neg P_2, \cdots, \neg P_n)\to A^*(\neg P_1, \neg P_2, \cdots, \neg P_n)$永真; 利用置换规则, 以$\neg P_i$代替 P_i 即得 $B^*\Rightarrow A^*$.

定理 9.5.3 (对偶原理)　设 A, B 是两个命题公式, 如果 $A\Leftrightarrow B$, 那么 $A^*\Leftrightarrow B^*$, 其中 A^*与 B^*分别是 A, B 的对偶式.

证　$A\Leftrightarrow B$ 意味着 $A\Rightarrow B$ 且 $B\Rightarrow A$, 从而 $B^*\Rightarrow A^*$, $A^*\Rightarrow B^*$, 所以, $A^*\Leftrightarrow B^*$.

利用对偶原理可以寻找更多的恒等式.

例 9.5.4　设恒等式 $(P\vee Q)\wedge(\neg P\wedge(\neg P\wedge Q))\Leftrightarrow\neg P\wedge Q$, 利用对偶原理可得

$$(P\wedge Q)\vee(\neg P\vee(\neg P\vee Q))\Leftrightarrow\neg P\vee Q.$$

9.5.2 范式

由于同一个命题公式可以有不同的表示形式, 而不同的表示形式可以显示不同的特征, 这给我们研究命题公式带来了一定的困难. 因此, 从理论上讲, 有必要

对命题公式的标准形式进行一个深入的研究，使公式达到规范化. 为此，我们引入范式这一概念，通过范式给各种千变万化的公式提供了一个统一的表示形式.

定义 9.5.2 由有限个命题变元和命题变元的否定构成的析取式称为**简单析取式**或**基本和**；由有限个命题变元和命题变元的否定构成的合取式称为**简单合取式**或**基本积**.

例 9.5.5 给定命题变元 P, Q, R，则

$$P,\quad \neg Q,\quad P\vee\neg Q,\quad \neg P\vee Q,\quad \neg P\vee\neg Q\vee R,\quad P\vee\neg Q\vee R$$

都是简单析取式.

$$P,\quad \neg P,\quad \neg Q,\quad P\wedge\neg Q,\quad P\wedge Q,\quad P\wedge Q\wedge R,\quad \neg P\wedge\neg Q\wedge R$$

都是简单合取式.

注意，一个命题变元 P 及其否定 $\neg P$ 既是简单析取式，又是简单合取式.

定理 9.5.4 简单析取式为重言式，当且仅当它含有一个命题变元及其否定.

定理 9.5.5 简单合取式为矛盾式，当且仅当它含有一个命题变元及其否定.

注意，上面两个定理是对偶的，仅证明定理 9.5.4.

证 充分性 若 A 含有 P 与 $\neg P$，则 $A=(P\vee\neg P)\vee B \Leftrightarrow \mathrm{T}\vee B \Leftrightarrow \mathrm{T}$.

必要性 设 $A=A_1\vee A_2\vee\cdots\vee A_n \Leftrightarrow \mathrm{T}$，我们证明存在命题变元 P，使得 $\{P, \neg P\}\subseteq\{A_1, A_2, \cdots, A_n\}$. 否则，若 A 只含有 $P, \neg P$ 之一，对 A 中不带否定词的每个命题变元指派 F，带否定词的指派 T，则在此指派下 A 的真值为 F，这与 A 为重言式矛盾.

定义 9.5.3 (1) 如果命题公式 A 等价于一个仅由有限个简单合取式构成的析取式，那么称它是 A 的**析取范式**，记作 $A\Leftrightarrow A_1\vee A_2\vee\cdots\vee A_n\,(n\geqslant 1)$，$A_i$ 为简单合取式.

(2) 如果命题公式 A 等价于一个仅由有限个简单析取式构成的合取式，那么称它是 A 的**合取范式**，记作 $A\Leftrightarrow A_1\wedge A_2\wedge\cdots\wedge A_n\,(n\geqslant 1)$，$A_i$ 为简单析取式.

(3) 析取范式与合取范式统称为**范式**.

例 9.5.6 给定命题变元 P, Q, R，设 $A_1=\neg P$，$A_2=P\wedge\neg Q$，$A_3=P\wedge Q\wedge\neg R$，则由 A_1, A_2, A_3 构造的析取范式为

$$A_1\vee A_2\vee A_3=\neg P\vee(P\wedge\neg Q)\vee(P\wedge Q\wedge\neg R).$$

设 $A_1=P$，$A_2=P\vee\neg Q\vee R$，$A_3=P\vee Q\vee\neg R$，则由 A_1, A_2, A_3 构造的合取范式为

$$A_1\wedge A_2\wedge A_3=P\wedge(P\vee\neg Q\vee R)\wedge(P\vee Q\vee\neg R).$$

定理 9.5.6 任一命题公式 A 都存在与其等价的析取范式和合取范式.

证 因为联结词集 $\{\neg, \wedge, \vee\}$ 是全功能集，首先，若公式中出现联结词 $\rightarrow$，$\leftrightarrow$，$\bar{\vee}$，$\nrightarrow$，$\uparrow$，$\downarrow$，由基本等值式可消去公式中的这些联结词. 所用基本等值式为

$$P\to Q \Leftrightarrow \neg P\vee Q;$$

$$P\leftrightarrow Q \Leftrightarrow (P\to Q)\wedge(Q\to P) \Leftrightarrow (\neg P\vee Q)\wedge(\neg Q\vee P);$$

$$P\,\bar{\vee}\,Q \Leftrightarrow (\neg P\wedge Q)\vee(P\wedge\neg Q);$$

$$P\nrightarrow Q \Leftrightarrow \neg(P\to Q) \Leftrightarrow \neg(\neg P\vee Q) \Leftrightarrow P\wedge\neg Q;$$

$$P\uparrow Q \Leftrightarrow \neg(P\wedge Q);$$

$$P\downarrow Q \Leftrightarrow \neg P\wedge\neg Q.$$

其次, 在范式中不能出现如下形式的公式: $\neg\neg P$, $\neg(P\wedge Q)$, $\neg(P\vee Q)$, 否则, 对其利用双否定律和德·摩根律, 可得

$$\neg\neg P \Leftrightarrow P;$$

$$\neg(P\wedge Q) \Leftrightarrow \neg P\vee\neg Q;$$

$$\neg(P\vee Q) \Leftrightarrow \neg P\wedge\neg Q.$$

再次, 在析取范式中不能出现如下形式的公式: $P\wedge(Q\vee R)$; 在合取范式中不能出现如下形式的公式: $P\vee(Q\wedge R)$, 否则, 利用分配律, 可得

$P\wedge(Q\vee R) \Leftrightarrow (P\wedge Q)\vee(P\wedge Q)$ ——$\wedge$对$\vee$的分配律求析取范式.

$P\vee(Q\wedge R) \Leftrightarrow (P\vee Q)\wedge(P\vee Q)$ ——$\vee$对$\wedge$的分配律求合取范式.

由以上 3 步, 可将任一公式化成与之等值的析取范式或合取范式.

例 9.5.7 求 $A=(P\to Q)\to P$ 的析取范式和合取范式.

解

$$\begin{aligned}A&=(P\to Q)\to P\\&\Leftrightarrow(\neg P\vee Q)\to P\\&\Leftrightarrow\neg(\neg P\vee Q)\vee P\\&\Leftrightarrow(P\wedge\neg Q)\vee P.\end{aligned}$$

故$(P\wedge\neg Q)\vee P$ 为 A 的析取范式.

$$\begin{aligned}A&=(P\to Q)\to P\\&\Leftrightarrow(P\wedge\neg Q)\vee P\\&\Leftrightarrow(P\vee P)\wedge(\neg Q\vee P)\\&\Leftrightarrow P\wedge(\neg Q\vee P).\end{aligned}$$

故 $P\wedge(\neg Q\vee P)$为 A 的合取范式.

一个命题公式的析取范式和合取范式不是唯一的, 我们把运算符最少的析取范式和合取范式称为**最简析取范式**和**最简合取范式**.

例 9.5.8 求 $A=\neg(P\vee Q)\leftrightarrow(P\wedge Q)$ 的最简析取范式、合取范式.

解 $A=\neg(P\vee Q)\leftrightarrow(P\wedge Q)$

$$\begin{aligned}&\Leftrightarrow(P\vee Q)\wedge(\neg P\vee\neg Q)\\&\Leftrightarrow(P\wedge\neg P)\vee(P\wedge\neg Q)\vee(Q\wedge\neg P)\vee(Q\wedge\neg Q)\\&\Leftrightarrow(P\wedge\neg Q)\vee(Q\wedge\neg P).\end{aligned}$$

$(P\wedge\neg Q)\vee(Q\wedge\neg P)$为 A 的最简析取范式.

$$\begin{aligned}A&=\neg(P\vee Q)\leftrightarrow(P\wedge Q)\\&\Leftrightarrow((P\vee Q)\vee(P\wedge Q))\wedge(\neg(P\wedge Q)\vee\neg(P\vee Q))\\&\Leftrightarrow((P\vee Q\vee P)\wedge(P\vee Q\vee Q))\wedge(\neg P\vee\neg Q\vee(\neg P\wedge\neg Q))\\&\Leftrightarrow(P\vee Q)\wedge((\neg P\vee\neg Q\vee\neg P)\wedge(\neg P\vee\neg Q\vee\neg Q))\\&\Leftrightarrow(P\vee Q)\wedge(\neg P\vee\neg Q).\end{aligned}$$

$(P\vee Q)\wedge(\neg P\vee\neg Q)$为 A 的最简合取范式.

范式为命题公式提供了一种统一的表达形式，但表达形式的不唯一性也给研究问题带来了不便，下面引进更为标准的范式.

9.5.3　主范式

定义 9.5.4　(1) 在 n 个命题变元的简单合取式中，若每一个命题变元与其否定不同时存在，而两者之一必出现一次且仅出现一次，则这种简单合取式叫**极小项**.

(2) 在 n 个命题变元的简单析取式中，若每一个命题变元与其否定不同时存在，而两者之一必出现一次且仅出现一次，则这种简单析取式叫**极大项**.

由 n 个命题变元可构成 2^n 个不同的极小项，对应于每个极小项，我们把命题变元赋值为 1，把命题变元的否定赋值为 0，则每一极小项对应一个二进制数(为该极小项的成真赋值)，因而也对应一个十进制数；把对应的十进制数当足标，用 m_i 表示对应极小项，因此，m_i 就是该极小项的标识符，每个极小项与其标识符是一一对应的.

类似地，n 个变元可构成 2^n 个不同的极大项，与极小项记法相反，在极大项中把命题变元赋值为 0，把命题变元的否定赋值为 1，则每一极大项也对应一个二进制数(为该极大项的成假赋值)，因而也对应一个十进制数；把对应的十进制数当足标，用 M_i 表示对应极大项. 因此，M_i 就是该极大项的标识符，每个极大项与其标识符也是一一对应的.

表 9.21、表 9.22 分别给出了 n=2 和 n=3 时的极小项与极大项.

表 9.21

		极小项				极大项			
		m_0	m_1	m_2	m_3	M_0	M_1	M_2	M_3
P	Q	$\neg P\wedge\neg Q$	$\neg P\wedge Q$	$P\wedge\neg Q$	$P\wedge Q$	$P\vee Q$	$P\vee\neg Q$	$\neg P\vee Q$	$\neg P\vee\neg Q$
0	0	1	0	0	0	0	1	1	1
0	1	0	1	0	0	1	0	1	1
1	0	0	0	1	0	1	1	0	1
1	1	0	0	0	1	1	1	1	0

表 9.22

极小项			极大项		
公式	成真赋值	标识符	公式	成假赋值	标识符
$\neg P\wedge\neg Q\wedge\neg R$	000	m_0	$P\vee Q\vee R$	000	M_0
$\neg P\wedge\neg Q\wedge R$	001	m_1	$P\vee Q\vee\neg R$	001	M_1
$\neg P\wedge Q\wedge\neg R$	010	m_2	$P\vee\neg Q\vee R$	010	M_2
$\neg P\wedge Q\wedge R$	011	m_3	$P\vee\neg Q\vee\neg R$	011	M_3
$P\wedge\neg Q\wedge\neg R$	100	m_4	$\neg P\vee Q\vee R$	100	M_4
$P\wedge\neg Q\wedge R$	101	m_5	$\neg P\vee Q\vee\neg R$	101	M_5
$P\wedge Q\wedge\neg R$	110	m_6	$\neg P\vee\neg Q\vee R$	110	M_6
$P\wedge Q\wedge R$	111	m_7	$\neg P\vee\neg Q\vee\neg R$	111	M_7

对于极小项和极大项, 当且仅当将极小项对应的指派代入该极小项, 该极小项的值才为 1; 当且仅当将极大项的对应指派代入该极大项, 该极大项的值才为 0.

极小项具有如下性质:

(1) 每个极小项具有一个编码, 当赋值与该编码相同时, 该极小项的真值为 T, 其余 2^n-1 种赋值的真值为 F;

(2) 任意两个不同的极小项的合取式为永假式;

(3) 全体极小项的析取式为永真式;

(4) $\neg m_i \Leftrightarrow M_i$.

极大项具有类似相反的性质:

(1) 每个极大项具有一个编码, 当赋值与该编码相同时, 该极大项的真值为 F, 其余 2^n-1 种赋值的真值为 T;

(2) 任意两个不同的极大项的析取式为永真式;

(3) 全体极大项的合取式为永假式;

(4) $\neg M_i \Leftrightarrow m_i$.

定义 9.5.5 (1) 由有限个极小项组成的析取范式, 如果与给定的命题公式 A 等价, 那么称它是 A 的**主析取范式**.

(2) 由有限个极大项组成的合取范式, 如果与给定的命题公式 A 等价, 那么称它是 A 的**主合取范式**.

(3) 主析取范式和主合取范式统称**主范式**.

定理 9.5.7 任一命题公式都存在着与之等价的主范式, 并且是唯一的.

证 仅对主析取范式给出证明, 主合取范式类似可证.

存在性 设 A 是任一含 n 个命题变元的命题公式. 由定理 9.5.6 可知, 存在与 A 等值的析取范式 A', 即 $A \Leftrightarrow A'$, 若 A'的某个简单合取式 A_i 中既不含命题变元 P_j, 也不含它的否定式$\neg P_j$, 则将 A_i 展开成如下形式:

$$A_i \Leftrightarrow A_i \wedge \mathrm{T} \Leftrightarrow A_i \wedge (P_j \vee \neg P_j)$$
$$\Leftrightarrow (A_i \wedge P_j) \vee (A_i \wedge \neg P_j).$$

继续这个过程, 直到所有的简单合取式都含有所有命题变元或它的否定式.

若在等值演算过程中, 出现重复的命题变元、极小项和矛盾式时, 都应“消去”. 如用 P 代替 $P \wedge P$, Q 代替 $Q \vee Q$, F 代替矛盾式等, 最后就将 A 化成与之等值的主析取范式 A''.

唯一性 假设命题公式 A 存在两个与之等值的主析取范式 B 和 C, 即 $A \Leftrightarrow B$ 且 $A \Leftrightarrow C$, 则 $B \Leftrightarrow C$. 由于 B 和 C 是两个不同的主析取范式, 不妨设极小项 m_i 只出现在 B 中而不出现在 C 中. 于是, 角标 i 的二进制表示为 B 的成真赋值, 却为 C 的成假赋值, 这与 $B \Leftrightarrow C$ 矛盾, 因而 B 与 C 中包含的极小项都相同, 即 B 与 C 为同一个主析取范式.

对于主范式, 我们可以得到下面的一些结论.

(1) 公式为重言式的充分必要条件是它的主析取范式包含所有的极小项, 此时无主合取范式或者说主合取范式为“空”.

(2) 公式为矛盾式的充分必要条件是它的主合取范式包含所有的极大项, 此时无主析取范式或者说主析取范式为“空”.

(3) 两个命题公式等价的充分必要条件是它们的主范式相等.

(4) n 个命题变元的主析取范式及主合取范式都有 2^{2^n} 个不同的公式.

下面介绍求主范式的两种常用方法.

1. 等值演算法

主范式等值演算法步骤:

(1) 把给定命题公式化成析(合)取范式;

(2) 删除析(合)取范式中所有为永假(真)的简单合取式(简单析取式);

(3) 用等幂律将重复出现的变元化简为一次出现;

(4) 用同一律补进析(合)取范式中未出现的所有变元, 即插入 $P \vee \neg P$ ($P \wedge \neg P$), 然后利用$\wedge$对$\vee$($\vee$对$\wedge$)的分配律展开公式.

例 9.5.9 求 $A=(P \to (Q \wedge R)) \wedge (\neg P \to (\neg Q \wedge \neg R))$的主析取范式与主合取范式.

解 求主析取范式.

$$A=(P \to (Q \wedge R)) \wedge (\neg P \to (\neg Q \wedge \neg R))$$
$$\Leftrightarrow (\neg P \vee (Q \wedge R)) \wedge (P \vee (\neg Q \wedge \neg R))$$

$\Leftrightarrow (\neg P \wedge P) \vee (Q \wedge R \wedge P) \vee (\neg P \wedge \neg Q \wedge \neg R) \vee ((Q \wedge R) \wedge (\neg Q \wedge \neg R))$

$\Leftrightarrow \mathrm{F} \vee (P \wedge Q \wedge R) \vee (\neg P \wedge \neg Q \wedge \neg R) \vee \mathrm{F}$

$\Leftrightarrow (P \wedge Q \wedge R) \vee (\neg P \wedge \neg Q \wedge \neg R)$

$\Leftrightarrow m_7 \vee m_0$

$\Leftrightarrow \sum(0, 7).$

求主合取范式.

$A = (P \to (Q \wedge R)) \wedge (\neg P \to (\neg Q \wedge \neg R))$

$\Leftrightarrow (\neg P \vee (Q \wedge R)) \wedge (P \vee (\neg Q \wedge \neg R))$

$\Leftrightarrow (\neg P \vee Q) \wedge (\neg P \vee R) \wedge (P \vee \neg Q) \wedge (P \vee \neg R)$

$\Leftrightarrow (\neg P \vee Q \vee (R \wedge \neg R)) \wedge (\neg P \vee (Q \wedge \neg Q) \vee R) \wedge (P \vee \neg Q \vee (R \wedge \neg R))$
$\wedge (P \vee (Q \wedge \neg Q) \vee \neg R)$

$\Leftrightarrow (\neg P \vee Q \vee R) \wedge (\neg P \vee Q \vee \neg R) \wedge (\neg P \vee Q \vee R) \wedge (\neg P \vee \neg Q \vee R)$
$\wedge (P \vee \neg Q \vee R) \wedge (P \vee \neg Q \vee \neg R) \wedge (P \vee Q \vee \neg R) \wedge (P \vee \neg Q \vee \neg R)$

$\Leftrightarrow (\neg P \vee Q \vee R) \wedge (\neg P \vee Q \vee \neg R) \wedge (\neg P \vee \neg Q \vee R) \wedge (P \vee \neg Q \vee R)$
$\wedge (P \vee \neg Q \vee \neg R) \wedge (P \vee Q \vee \neg R)$

$\Leftrightarrow M_4 \wedge M_5 \wedge M_6 \wedge M_2 \wedge M_3 \wedge M_1$

$\Leftrightarrow \prod(1, 2, 3, 4, 5, 6).$

注意, 主析取范式与主合取范式的简记式中的足标是互补的, 因此, 可由其中一个求出另外一个.

事实上, 设命题公式 A 含有 n 个命题变元, A 的主析取范式含有 k $(0<k<2^n)$个极小项, 即

$$A \Leftrightarrow m_{i_1} \vee m_{i_2} \vee \cdots \vee m_{i_k}, \quad 0 \leqslant i_j \leqslant 2^n-1, \quad j=1, 2, \cdots, k$$

没有出现的极小项为 m_{j_1}, m_{j_2}, $\cdots$ $m_{j_{2^n-k}}$, 对应的二进制数为$\neg A$ 的成真赋值, 因而

$$\neg A \Leftrightarrow m_{j_1} \vee m_{j_2} \vee \cdots \vee m_{j_{2^n-k}}.$$

所以

$$\begin{aligned} A &\Leftrightarrow \neg(m_{j_1} \vee m_{j_2} \vee \cdots \vee m_{j_{2^n-k}}) \\ &\Leftrightarrow \neg m_{j_1} \wedge \neg m_{j_2} \wedge \cdots \wedge \neg m_{j_{2^n-k}} \\ &\Leftrightarrow M_{j_1} \wedge M_{j_2} \wedge \cdots \wedge M_{j_{2^n-k}}. \end{aligned}$$

从而, 由公式的主析取范式得到它的主合取范式.

2. 真值表法

定理 9.5.8　在真值表中, 公式 A 的真值为 T 的所有赋值对应的极小项的析取

式为 A 的主析取范式.

证 设公式 A 的真值为 T 的所有赋值所对应的极小项为 $m_1, m_2, \cdots, m_k$, 这些极小项的析取式为 B, 下证 $A \Leftrightarrow B$, 即证明 A 与 B 在相应赋值下具有相同的真值.

首先, 使 A 为 T 的某一赋值所对应的极小项为 m_i, 则因为 m_i 为 T, 而 $m_1, m_2, \cdots, m_{i-1}, m_{i+1}, \cdots, m_k$ 均为 F, 故 B 为 T.

其次, 使 A 为 F 的某一赋值所对应的极小项不在 B 中, 即此赋值使 $m_1, m_2, \cdots, m_k$ 均为 F, 故 B 为 F. 因此 $A \Leftrightarrow B$.

类似地, 在真值表中, 公式 A 的真值为 F 的赋值所对应的极大项的合取式为 A 的主合取范式.

例 9.5.10 求公式 $G=(P\wedge Q)\vee(\neg P\wedge R)\vee(Q\wedge R)$ 的主析取范式与主合取范式.

解 列出公式 G 的真值表如表 9.23 所示.

表 9.23

P	Q	R	G
0	0	0	0
0	0	1	1
0	1	0	0
0	1	1	1
1	0	0	0
1	0	1	0
1	1	0	1
1	1	1	1

由真值表中的成真赋值, 写出对应的所有极小项, 其主析取范式为

$$
\begin{aligned}
G &\Leftrightarrow (\neg P\wedge\neg Q\wedge R)\vee(\neg P\wedge Q\wedge R)\vee(P\wedge Q\wedge\neg R)\vee(P\wedge Q\wedge R)\\
&\Leftrightarrow m_1\vee m_3\vee m_6\vee m_7\\
&\Leftrightarrow \sum(1, 3, 6, 7).
\end{aligned}
$$

由真值表中的成假赋值, 写出对应的所有极大项, 其主合取范式为

$$
\begin{aligned}
G &\Leftrightarrow (P\vee Q\vee R)\wedge(P\vee\neg Q\vee R)\wedge(\neg P\vee Q\vee R)\wedge(\neg P\vee Q\vee\neg R)\\
&\Leftrightarrow M_0\wedge M_2\wedge M_4\wedge M_5\\
&\Leftrightarrow \prod(0, 2, 4, 5).
\end{aligned}
$$

应用主析取范式可以分析和解决一些实际问题, 现举一例.

例 9.5.11 某科研所要从 3 名科研骨干 A, B, C 中挑选 1~2 名出国进修. 由于工作原因, 选派时要满足以下条件:

(1) 若 A 去, 则 C 同去;

(2) 若 B 去, 则 C 不能去;

(3) 若 C 不去, 则 A 或 B 可以去.

问应如何制定选派方案?

解　首先将简单命题符号化, 写出各复合命题, 然后写出由各复合命题组成的合取式(前提), 将合取式化成主析取范式, 这样每个极小项就是一种可能产生的结果, 去掉不符合题意的极小项, 即得结论.

设 P: 派 A 去, Q: 派 B 去, R: 派 C 去. 由已知条件可得公式

$$(P \to R) \wedge (Q \to \neg R) \wedge (\neg R \to (P \vee Q)).$$

经过演算可得主析取范式

$$(P \to R) \wedge (Q \to \neg R) \wedge (\neg R \to (P \vee Q))$$
$$\Leftrightarrow m_1 \vee m_2 \vee m_5.$$

其中, $m_1 = \neg P \wedge \neg Q \wedge R$, $m_2 = \neg P \wedge Q \wedge \neg R$, $m_5 = P \wedge \neg Q \wedge R$, 由此可知, 选派方案有 3 种:

(a) C 去, 而 A, B 都不去;

(b) B 去, 而 A, C 都不去;

(c) A, C 去, 而 B 不去.

9.6　推 理 理 论

推理也称**论证**, 它是由已知命题得到新的命题的思维过程, 其中已知命题称为推理的前提或假设, 推得的新命题称为推理的结论.

定义 9.6.1　设 $A_1, A_2, \cdots, A_n, B$ 都是命题公式, 若 $A_1 \wedge A_2 \wedge \cdots \wedge A_n \to B$ 是重言式, 则称由前提 $A_1, A_2, \cdots, A_n$ 推出 B 的推理是**有效的**或**正确的**, 并称 B 是 $A_1, A_2, \cdots, A_n$ 的**有效结论**.

需要说明的是:

(1) 由前提 $A_1, A_2, \cdots, A_n$ 推出结论 B 的推理是否正确与诸前提的排列次序无关, 因而前提中的公式是一个有限公式的集合;

(2) 由前提 $A_1, A_2, \cdots, A_n$ 推出结论 B 的推理是正确的, 可记作

$$A_1 \wedge A_2 \wedge \cdots \wedge A_n \Rightarrow B$$

或

前提:　$A_1, A_2, \cdots, A_n$,

结论:　B,

称为推理的**形式结构**.

(3) 推理正确并不能保证结论 B 一定为真, 这与一般数学中的推理不同. 因为结论 B 的真假还取决于前提 $A_1 \wedge A_2 \wedge \cdots \wedge A_n$ 的真假. 前提和结论的取值情况有以下四种: ① $A_1 \wedge A_2 \wedge \cdots \wedge A_n$ 为 0, B 为 0; ② $A_1 \wedge A_2 \wedge \cdots \wedge A_n$ 为 0, B 为 1; ③$A_1 \wedge A_2 \wedge \cdots \wedge A_n$ 为 1, B 为 0; ④ $A_1 \wedge A_2 \wedge \cdots \wedge A_n$ 为 1, B 为 1.

只要不出现③中的情况, 推理就是正确的. 因而判断推理是否正确, 就是判断是否会出现③中的情况. 而对于其他情况, 前提为真时, 结论必然为真; 前提为假时, 结论可能为真也可能为假, 这就是定义中只说 B 是 $A_1 \wedge A_2 \wedge \cdots \wedge A_n$ 的有效结论而不说是正确结论的原因. “有效”是指结论的推出是合乎推理规则的.

判断推理正确的方法就是判断永真蕴涵式的方法, 主要有: 真值表法、等值演算法和构造证明法.

例 9.6.1 判断如下推理是否正确.

(1) 如果抽烟益于健康, 那么香烟就被医生作为处方. 香烟不被医生作为处方. 所以抽烟不益于健康.

(2) 如果税收降低, 那么收入就会增加. 收入增加了. 所以税收降低了.

解 解这类推理问题, 应先将命题符号化, 写出前提、结论和推理的形式结构, 然后再进行判断.

(1) 设 P: 抽烟益于健康, Q: 香烟被医生作为处方. 推理的形式结构为

前提: $P \to Q, \neg Q$

结论: $\neg P$

或 $(P \to Q) \wedge \neg Q \Rightarrow \neg P$.

(Ⅰ) 真值表法

列出真值表如表 9.24 所示. 真值表的最后一列全为 1, 因而推理是正确的.

表 9.24

P	Q	$P \to Q$	$\neg Q$	$(P \to Q) \wedge \neg Q \to \neg P$
0	0	1	1	1
0	1	1	0	1
1	0	0	1	1
1	1	1	0	1

(Ⅱ) 等值演算法

$$(P \to Q) \wedge \neg Q \to \neg P$$
$$\Leftrightarrow \neg((\neg P \vee Q) \wedge \neg Q) \vee \neg P$$
$$\Leftrightarrow (P \wedge \neg Q) \vee Q \vee \neg P$$

$$\Leftrightarrow (P\wedge\neg Q)\vee\neg(P\wedge\neg Q)$$
$$\Leftrightarrow \mathrm{T}.$$

故$(P\to Q)\wedge\neg Q\to\neg P$为重言式，因此推理是正确的.

(2) 设P: 税收降低，Q: 收入增加，推理的形式结构:

$$(P\to Q)\wedge Q\Rightarrow P.$$

由于

$$((P\to Q)\wedge Q)\to P$$
$$\Leftrightarrow m_0\vee m_2\vee m_3$$
$$\Leftrightarrow \sum(0,2,3).$$

可见$((P\to Q)\wedge Q)\to P$不是重言式，所以推理不正确.

还可以利用赋值的方法来判断. 例如，当P的真值为F，Q的真值为T，则$P\to Q$、Q的真值均为T，但$(P\to Q)\wedge Q\to P$的真值为F. 故推理不正确.

在逻辑推理过程中，如果命题变元较多时，利用列真值表或者等值演算的方法都不方便，那么就需要引入构造证明的方法. 这种方法必须在给定的规则下进行，而常用的一些规则是建立在永真蕴涵式的基础之上的，重要的推理规则有以下9条，现列表给出，见表9.25.

表 9.25

推理规则	永真蕴涵形式	名称
P / $\therefore P\vee Q$	$P\Rightarrow P\vee Q$	加法式
$P\wedge Q$ / $\therefore P$	$P\wedge Q\Rightarrow P$	简化式
$P\to Q$, P / $\therefore Q$	$(P\to Q)\wedge P\Rightarrow Q$	假言推理
$P\to Q$, $\neg Q$ / $\therefore\neg P$	$(P\to Q)\wedge\neg Q\Rightarrow\neg P$	拒取式
$P\vee Q$, $\neg P$ / $\therefore Q$	$(P\vee Q)\wedge\neg P\Rightarrow Q$	析取三段论
$P\to Q$, $Q\to R$ / $\therefore P\to R$	$(P\to Q)\wedge(Q\to R)\Rightarrow P\to R$	前提三段论
P, Q / $\therefore P\wedge Q$		合取式

续表

推理规则	永真蕴涵形式	名称
$(P\to Q)\wedge(R\to S)$ $P\vee R$ $\therefore Q\vee S$	$(P\to Q)\wedge(R\to S)\wedge(P\vee R)\Rightarrow Q\vee S$	构造性二难推理
$(P\to Q)\wedge(R\to S)$ $\neg Q\vee\neg S$ $\therefore\neg P\vee\neg R$	$(P\to Q)\wedge(R\to S)\wedge(\neg Q\vee\neg S)\Rightarrow\neg P\vee\neg R$	破坏性二难推理

由于 $A\Leftrightarrow B$ 等价于 $A\Rightarrow B$ 和 $B\Rightarrow A$ 同时成立, 所以恒等式也是推理规则. 常用作推理规则的恒等式见表 9.14.

在证明中还常用到如下推理规则:

(1) P 规则: 在证明的任何步骤上, 都可以引入前提;

(2) T 规则: 在证明的任何步骤上, 所证明的结论都可以作为后续证明的前提;

(3) 代入规则: 在证明的任何步骤上, 命题公式中的任何子公式都可以用与之等价的命题公式进行置换.

由一组前提，利用推理规则及已知的等值式、蕴涵式，推演得到有效结论. 在书写方式上, 应标明推导过程的步骤序号, 注释推理理由. 也可以将前提作为“树叶”，公式作为“节点”，推理变换作为“弧”，画出“树型”结构, 简明表达推理过程.

下面通过例题说明如何利用构造证明法证明推理的有效性.

例 9.6.2 证明 $R\wedge(P\vee Q)$是前提 $P\vee Q$, $Q\to R$, $P\to S$, $\neg S$ 的有效结论.

证

步骤	断言	根据
①	$P\to S$	P
②	$\neg S$	P
③	$\neg P$	T, ①, ②, 拒取式
④	$P\vee Q$	P
⑤	Q	T, ③, ④, 析取三段论
⑥	$Q\to R$	P
⑦	R	T, ⑤, ⑥, 假言推理
⑧	$R\wedge(P\vee Q)$	T, ④, ⑦, 合取式

此题对应的“树型”结构如图 9.1 所示.

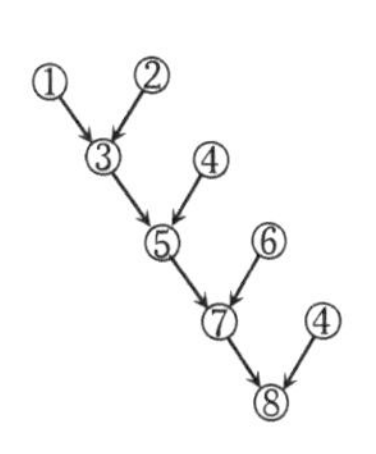

图 9.1

例 9.6.3 构造下面推理的证明.

如果我认真学习, 那么我就能通过离散数学考试. 如果我不热衷于上网玩游戏, 那么我就会认真学习. 但我没通过离散数学考试. 因此我热衷于上网玩游戏.

解　设 P: 我认真学习, Q: 我通过离散数学考试, R: 我上网玩游戏. 推理的形式结构为

前提: $P \to Q, \neg R \to P, \neg Q$.

结论: R.

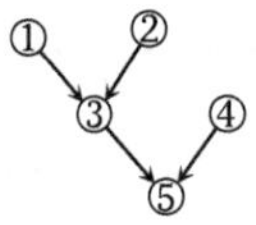

步骤	断言	根据
①	$P \to Q$	P
②	$\neg Q$	P
③	$\neg P$	T, ①, ②, 拒取式
④	$\neg R \to P$	P
⑤	R	T, ③, ④, 拒取式

图 9.2

此题对应的“树型”结构如图 9.2 所示.

上述证明过程, 本质上与数学中的推理是一致的, 只不过这里每一语句是形式化的, 并且都是根据推理规则得出的, 这样就不容易产生推理错误. 如果结论不是有效的, 那么就不能构造出这样的证明.

在使用构造证明法进行推理时, 针对不同的前提和结论, 我们往往采用不同的证法, 下面我们介绍两种常用的证明方法.

1. 附加前提法

对于 $A_1 \wedge A_2 \wedge \cdots \wedge A_n \Rightarrow (A \to B)$形式结构的证明, 结论为蕴涵式. 此时利用等值演算有

$$
\begin{aligned}
& A_1 \wedge A_2 \wedge \cdots \wedge A_n \to (A \to B) \\
\Leftrightarrow & \neg(A_1 \wedge A_2 \wedge \cdots \wedge A_n) \vee (\neg A \vee B) \\
\Leftrightarrow & (\neg A_1 \vee \neg A_2 \vee \cdots \vee \neg A_n) \vee (\neg A \vee B) \\
\Leftrightarrow & (\neg A_1 \vee \neg A_2 \vee \cdots \vee \neg A_n \vee \neg A) \vee B \\
\Leftrightarrow & \neg(A_1 \wedge A_2 \wedge \cdots \wedge A_n \wedge A) \vee B \\
\Leftrightarrow & A_1 \wedge A_2 \wedge \cdots \wedge A_n \wedge A \to B.
\end{aligned}
$$

原来结论中的前提 A 已经变成前提了, 即相当于将结论 $A \to B$ 中的前件 A 附加于原前提 $A_1, A_2, \cdots, A_n$ 之中, 而证明 B 为真. 这时 A 称为**附加前提**, 这种证明方法称为 CP **规则**, 或**附加前提法**.

例 9.6.4　用 CP 规则证明: $\neg P \vee Q, R \vee \neg Q, R \to S \Rightarrow P \to S$.

证　将 P 作为附加前提.

步骤	断言	根据
①	P	P(附加前提)
②	$\neg P\vee Q$	P
③	Q	T, ①, ②, 析取三段论
④	$R\vee\neg Q$	P
⑤	R	T, ③, ④, 析取三段论
⑥	$R\to S$	P
⑦	S	T, ⑤, ⑥, 假言推理
⑧	$P\to S$	CP

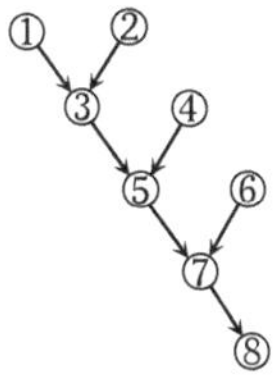

① ② ③ ④ ⑤ ⑥ ⑦ ⑧

图 9.3

此题对应的“树型”结构如图 9.3 所示.

2. 反证法(归谬法)

定义 9.6.2 设 $H_1, H_2, \cdots, H_n$ 是 n 个命题公式, 若 $H_1\wedge H_2\wedge\cdots\wedge H_n$ 是可满足式, 则称命题公式集合 $\{H_1, H_2, \cdots, H_n\}$ 是**相容的或一致的**, 否则(即 $H_1\wedge H_2\wedge\cdots\wedge H_n$ 为矛盾式)称为**不相容的或非一致的**.

把不相容的概念应用于命题公式的证明, 就得到了命题逻辑中的反证法.

定理 9.6.1 设命题公式集合 $\{H_1, H_2, \cdots, H_n\}$ 是相容的, 则从前提集合出发可以等价地推出公式 H 的充要条件是从前提集合 $\{H_1, H_2, \cdots, H_n, \neg H\}$ 出发, 可以等价地推出一个矛盾式.

证 必要性 由于 $H_1\wedge H_2\wedge\cdots\wedge H_n\Rightarrow H$, 所以

$$H_1\wedge H_2\wedge\cdots\wedge H_n\to H$$

为永真式, 而

$$\begin{aligned}&H_1\wedge H_2\wedge\cdots\wedge H_n\to H\\ \Leftrightarrow&\neg(H_1\wedge H_2\wedge\cdots\wedge H_n)\vee H\\ \Leftrightarrow&\neg(H_1\wedge H_2\wedge\cdots\wedge H_n\wedge\neg H).\end{aligned}$$

故 $\neg(H_1\wedge H_2\wedge\cdots\wedge H_n\wedge\neg H)$ 为永真式, 从而 $H_1\wedge H_2\wedge\cdots\wedge H_n\wedge\neg H$ 为矛盾式. 因此要证明 $H_1\wedge H_2\wedge\cdots\wedge H_n\Rightarrow H$, 就转化为证明 $\{H_1, H_2, \cdots, H_n, \neg H\}$ 为不相容的, 即证明

$$H_1\wedge H_2\wedge\cdots\wedge H_n\wedge\neg H\Rightarrow R\wedge\neg R$$

其中, R 可以是任意的命题公式, 而 $R\wedge\neg R$ 必是矛盾式.

充分性 由于 $H_1\wedge H_2\wedge\cdots\wedge H_n\wedge\neg H\Rightarrow R\wedge\neg R$, 所以 $H_1\wedge H_2\wedge\cdots\wedge H_n\wedge\neg H\to R\wedge\neg R$ 为永真式, 因 $R\wedge\neg R$ 是矛盾式, 所以

$$H_1, H_2, \cdots, H_n, \neg H$$

必是不相容的. 而

$$H_1 \wedge H_2 \wedge \cdots \wedge H_n \wedge \neg H$$
$$\Leftrightarrow \neg(\neg(H_1 \wedge H_2 \wedge \cdots \wedge H_n) \vee H)$$
$$\Leftrightarrow \neg(H_1 \wedge H_2 \wedge \cdots \wedge H_n \to H)$$

所以$\neg(H_1 \wedge H_2 \wedge \cdots \wedge H_n \to H)$为矛盾式, 即 $H_1 \wedge H_2 \wedge \cdots \wedge H_n \to H$ 为永真式, 所以

$$H_1 \wedge H_2 \wedge \cdots \wedge H_n \Rightarrow H.$$

这一定理给出了一种新的证明方法, 即可以将结论的否定加入到前提集合中构成一组新的前提, 然后证明这组新的前提集合是不相容的, 即蕴涵一个矛盾式. 这种证明方法称为**反证法**, 又称为**归谬法**, 其中$\neg H$ 称为**假设前提**.

例 9.6.5　构造下面推理的证明.

如果小张守第一垒并且小李向 B 队投球, 那么 A 队将取胜; 或者 A 队未取胜, 或者 A 队获得联赛第一名; A 队没有获得联赛的第一名; 小张守第一垒. 因此, 小李没有向 B 队投球.

证　将简单命题符号化: 设 P: 小张守第一垒, Q: 小李向 B 队投球, R: A 队取胜, S: A 队获得联赛第一名. 推理的形式结构:

前提：$(P \wedge Q) \to R, \neg R \vee S, \neg S, P$

结论：$\neg Q$

步骤	断言	根据
①	Q	P(附加前提)
②	$\neg R \vee S$	P
③	$\neg S$	P
④	$\neg R$	T, ②, ③, 析取三段论
⑤	$(P \wedge Q) \to R$	P
⑥	$\neg(P \wedge Q)$	T, ④, ⑤, 拒取式
⑦	$\neg P \vee \neg Q$	T, ⑥, 置换
⑧	P	P
⑨	$\neg Q$	T, ⑦, ⑧, 析取三段论
⑩	$Q \wedge \neg Q$ (矛盾)	T, ①, ⑨, 合取式

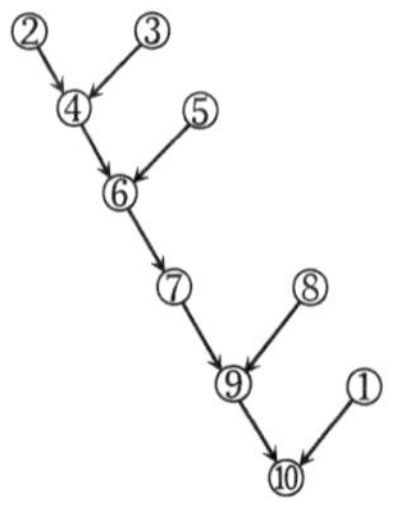

图 9.4

此题对应的“树型”结构如图 9.4 所示.

反证法有时在证明时十分方便, 但它不是必不可少的证明方法, 总可以不使用它而用 CP 规则来代替. 因为, 它实际上本身就是 CP 规则的一种变形. 因为若已证得

$$H_1 \wedge H_2 \wedge \cdots \wedge H_n \wedge \neg H \Rightarrow R \wedge \neg R$$

则由 CP 规则得

$$H_1 \wedge H_2 \wedge \cdots \wedge H_n \Rightarrow \neg H \to R \wedge \neg R$$
$$\Leftrightarrow \neg\neg H \vee (R \wedge \neg R)$$
$$\Leftrightarrow H.$$

即

$$H_1 \wedge H_2 \wedge \cdots \wedge H_n \Rightarrow H.$$

所以，对于任意一个命题公式，如果存在一种间接证明方法，那么必然存在一种直接证明方法，反过来也成立. 因此，从逻辑的角度来讲，间接证明法与直接证明法同样有效，只是其方便程度因问题的不同而不同. 大家可根据实际问题选择一种方法加以证明. 但在一般的数学证明中，由反证法转换成直接证明法绝非易事.

命题逻辑

习　题　9

1. 判断下列语句是否为命题，如果是命题指出其真值.

(1) 2 是有理数吗?

(2) 离散数学是计算机科学系的一门必修课.

(3) $x^2 + x + 5=0$.

(4) 此处严禁游泳!

(5) 3000 年 10 月 1 日天气寒冷.

(6) 如果股票价格上涨，那么我将赚钱.

(7) 2 既是素数又是偶数.

(8) 这朵玫瑰真鲜艳啊!

2. 给出下列命题的否定.

(1) 明天下雨或明天下雪;

(2) 4 是一个偶数并且 7 是一个奇数;

(3) 郑州处处清洁;

(4) 2+3>1.

3. 将下列命题符号化.

(1) 明天晴到多云，西北风四级，最高温度 15 度;

(2) 若要人不知，除非己莫为;

(3) 今天不是星期一就是星期二;

(4) 如果我掌握了英语、法语, 那么学习其他欧洲的语言就容易多了;

(5) 我明天或后天去郑州是谣传;

(6) 不管明天你和他去不去书店, 我都去;

(7) 我今天进城, 除非下雨;

(8) 一个数是素数当且仅当它只能被 1 和它自身整除;

(9) 如果晚上做完了作业并且没有其他的事, 那么他就会看电视或听音乐;

(10) 仅当你走, 我将留下.

4. 设 P: 这个材料有趣, Q: 这些习题很难, R: 这门课程让人喜欢. 将下列句子用符号形式写出.

(1) 这个材料有趣, 并且这些习题很难;

(2) 这个材料无趣, 习题也不难, 而且这门课程也不让人喜欢;

(3) 如果这个材料无趣, 习题也不难, 那么这门课程就不会让人喜欢;

(4) 这个材料有趣, 意味着这些习题很难, 并且反之亦然;

(5) 或者这个材料有趣, 或者这些习题很难, 并且两者恰具其一.

5. 设命题 P: 今天星期一, Q: 草地是湿的, R: 我去书店, 用中文写出下列语句.

(1) $\neg P\wedge R$;

(2) $P\leftrightarrow\neg Q\vee R$;

(3) $Q\rightarrow\neg P$;

(4) $(P\rightarrow Q)\wedge(Q\rightarrow R)$.

6. 讨论下列各题并解释你的答案.

(1) 如果 $P\rightarrow Q$ 为假, 那么能否确定$\neg(P\vee Q)\rightarrow Q$ 的真值?

(2) 如果 $P\rightarrow Q$ 为假, 那么能否确定$\neg P\wedge(P\rightarrow Q)$的真值?

(3) 如果 $P\rightarrow Q$ 为真, 那么能否确定$(P\wedge Q)\rightarrow\neg Q$ 的真值?

(4) 如果 $P\rightarrow Q$ 为真, 那么能否确定$\neg(P\rightarrow Q)\wedge\neg P$ 的真值?

7. 设 $P\rightarrow Q$ 为一命题, 则称$\neg P\rightarrow\neg Q$, $Q\rightarrow P$ 和$\neg Q\rightarrow\neg P$ 分别为 $P\rightarrow Q$ 的**逆命题**, **反命题**和**逆反命题**. 试写出命题: “如果你能持之以恒, 那么就会自学成才”的逆命题, 反命题和逆反命题, 并分析它们与条件命题 $P\rightarrow Q$ 之间的真值取值关系.

8. 设 P 的真值为 T, Q 的真值为 F, R 的真值为 T, 求下列命题公式的真值.

(1) $P\rightarrow Q\vee R$;

(2) $(\neg P\vee Q)\wedge R$;

(3) $(\neg P\vee Q)\wedge R\leftrightarrow(P\vee Q)\wedge(R\wedge Q)$;

(4) $\neg(P\wedge(Q\rightarrow(R\vee\neg P)\rightarrow(R\wedge\neg Q)))$.

9. 判定下列符号串是否为命题公式，若是，请给出它的真值表.

(1) $\neg P\wedge$;

(2) $P\wedge(QR\leftrightarrow S)$;

(3) $(P\vee Q)\to\neg P$;

(4) $(P\to Q)\leftrightarrow(\neg Q\to\neg P)$;

(5) $P\wedge Q\to\neg(P\to Q)$;

(6) $(P\to Q)\vee R\to P$;

(7) $((P\to Q)\vee(Q\to R))\to(P\to R)$;

(8) $((P\wedge Q)\to R)\leftrightarrow((P\to R)\vee(Q\to R))$.

10. 求下列公式的所有成真赋值和成假赋值.

(1) $P\to(P\vee(Q\to P))$;

(2) $(\neg P\to Q)\vee(R\wedge P)$;

(3) $((P\leftrightarrow Q)\wedge Q)\leftrightarrow P$;

(4) $((P\vee Q)\to(Q\wedge R))\to(P\wedge\neg R)$.

11. 在什么情况下，下面的命题是真的:

说戏院是寒冷的或者是人们常去的地方是不对的，并且说别墅是温暖的或者戏院是讨厌的也是假的.

12. 构造下列命题公式的真值表，并判断它们是何种类型的公式.

(1) $(P\wedge Q)\to P$;

(2) $(Q\to P)\wedge(\neg P\wedge Q)$;

(3) $(P\vee Q)\to(Q\wedge R)\to(P\wedge\neg R)$;

(4) $(P\wedge(P\to Q))\to Q$;

(5) $(\neg P\leftrightarrow Q)\leftrightarrow\neg(P\leftrightarrow Q)$;

(6) $\neg(P\to Q)\vee Q\vee R$;

(7) $(\neg P\vee Q)\wedge\neg(\neg P\wedge\neg Q)$;

(8) $\neg(P\to Q)\wedge Q$.

13. 求下列命题公式的最简等价式.

(1) $P\wedge(\neg P\wedge(\neg Q\vee Q))$;

(2) $((P\to Q)\wedge(Q\to R))\to(P\to R)$;

(3) $(P\vee(Q\wedge S))\wedge(P\vee(Q\vee S))$;

(4) $(\neg P\wedge Q\wedge R)\vee(P\wedge Q\wedge R)$.

14. 将下列语句化简.

(1) 并非“室内很冷或很乱”，也不是“室外暖和且室内太脏”；

(2) 我没有陪你去钓鱼是不对的，而你去钓鱼没有叫我也是不对的;

(3) 南京热、重庆热，南京与重庆都热，没有不热的重庆，也没有不热的南京;

(4) 情况并非如此: 如果他不来, 那么我也不去.

15. 对下列命题公式, 找出仅用$\vee$和$\neg$表示的等价式.

(1) $P\wedge Q\rightarrow R$;

(2) $(P\leftrightarrow Q)\wedge(\neg R\wedge P)\rightarrow Q$;

(3) $P\wedge(\neg Q\wedge R\rightarrow P)$;

(4) $\neg P\wedge\neg Q\vee(R\rightarrow\neg P)$.

16. 设 A、B、C 为任意的命题公式.

(1) 如果有 $A\wedge C\Leftrightarrow B\wedge C$, 是否一定有 $A\Leftrightarrow B$?

(2) 如果有 $A\vee C\Leftrightarrow B\vee C$, 是否一定有 $A\Leftrightarrow B$?

(3) 如果有$\neg A\Leftrightarrow\neg B$, 是否一定有 $A\Leftrightarrow B$?

(4) 如果有 $A\rightarrow C\Leftrightarrow B\rightarrow C$, 是否一定有 $A\Leftrightarrow B$?

(5) 如果有 $A\leftrightarrow C\Leftrightarrow B\leftrightarrow C$, 是否一定有 $A\Leftrightarrow B$?

17. 判断下列命题公式是否等价.

(1) $P\rightarrow Q$ 与 $\neg P\rightarrow\neg Q$;

(2) $(P\rightarrow Q)\rightarrow R$ 与 $Q\rightarrow(P\rightarrow R)$;

(3) $\neg(P\wedge Q)$与$\neg(P\vee Q)$;

(4) $P\rightarrow(Q\rightarrow R)$ 与 $\neg(P\wedge Q)\vee R$.

18. 证明下列逻辑等价式.

(1) $P\leftrightarrow Q\Leftrightarrow(P\wedge Q)\vee(\neg P\wedge\neg Q)$;

(2) $(P\rightarrow Q)\wedge(R\rightarrow Q)\Leftrightarrow(P\vee R)\rightarrow Q$;

(3) $P\rightarrow(Q\rightarrow R)\Leftrightarrow Q\rightarrow(P\rightarrow R)$;

(4) $P\Leftrightarrow(P\wedge Q)\vee(P\wedge\neg Q)$;

(5) $\neg(\neg P\vee\neg Q)\vee\neg(\neg P\vee Q)\Leftrightarrow P$;

(6) $(P\wedge\neg Q)\vee(\neg P\wedge Q)\Leftrightarrow(P\vee Q)\wedge\neg(P\wedge Q)$.

19. 利用等值演算法判断下列公式的类型.

(1) $\neg(P\wedge Q\rightarrow Q)$;

(2) $(P\rightarrow(P\vee Q))\vee(P\rightarrow R)$;

(3) $P\rightarrow(P\wedge(Q\rightarrow P))$;

(4) $Q\wedge\neg(\neg P\rightarrow(\neg P\wedge Q))$;

(5) $\neg(P\rightarrow Q)\wedge Q$.

20. 证明下列蕴涵式.

(1) $P\rightarrow(Q\rightarrow R)\Rightarrow(P\rightarrow Q)\rightarrow(P\rightarrow R)$;

(2) $\neg(P\vee Q)\vee R\Rightarrow P\vee(\neg Q\vee R)$;

(3) $P\rightarrow Q\Rightarrow P\rightarrow P\wedge Q$;

(4) $(P\vee Q)\wedge(P\rightarrow R)\wedge(Q\rightarrow R)\Rightarrow R$.

21. 仅用↑表示下列命题公式.

(1) $P\to Q$;

(2) $P\to(\neg P\to Q)$;

(3) $P\downarrow Q$;

(4) $(P\vee Q)\to R$.

22. 写出$((\neg P\to Q)\wedge R)\to(P\vee Q)$的等价式, 其中仅含联结词∧和¬.

23. 证明下列等价式.

(1) $\neg(P\uparrow Q)\Leftrightarrow\neg P\downarrow\neg Q$;

(2) $(P\,\overline{\vee}\,Q)\vee(P\downarrow Q)\Leftrightarrow(P\uparrow Q)\vee(P\downarrow Q)$.

24. 证明联结词↑和↓是可交换的, 但不满足结合律.

25. 证明$\{\to,\neg\}$是最小全功能集.

26. 试将下列公式用全功能集合$\{\neg,\ \vee\}$等价表示出来.

(1) $P\to(Q\vee\neg R)\wedge(\neg P\wedge Q)$;

(2) $P\,\overline{\vee}\,(Q\downarrow\neg R)\leftrightarrow\neg Q$;

(3) $P\leftrightarrow(Q\to(R\vee P))$;

(4) $((P\vee Q)\wedge R)\to(P\to Q)$.

27. 某电路中有一个灯泡和三个开关 A, B, C. 已知当且仅当在下述四种情况下灯亮:

(1) C 的扳键向上, A, B 的扳键向下;

(2) A 的扳键向上, B, C 的扳键向下;

(3) B, C 的扳键向上, A 的扳键向下;

(4) A, B 的扳键向上, C 的扳键向下.

设 G 表示灯亮, P, Q, R 分别表示 A, B, C 的扳键向上.

① 写出 G 用 P, Q, R 表示的命题公式;

② 在全功能集$\{\neg,\to,\leftrightarrow\}$中化简 G (要求 G 中含尽可能少的联结词).

28. 已知命题公式 F, G, H, R 的真值表如表 9.26, 分别给出用联结词集$\{\neg,\to\}$, $\{\neg,\ \wedge\}$, $\{\downarrow\}$中的联结词表示的与 F, G, H, R 等价的一个命题公式.

表 9.26

P	Q	F	G	H	R
0	0	0	1	0	1
0	1	0	0	1	1
1	0	1	1	0	0
1	1	0	0	1	0

29. 设$A(P, Q, R)=R\uparrow(Q\wedge\neg(R\downarrow P))$, 求它的对偶$A^*(P, Q, R))$, 并在全功能集合$\{\wedge, \vee, \neg\}$中, 求出与$A$及$A^*$等价的公式.

30. 求下列命题公式的析取范式、合取范式.

(1) $(\neg P\vee\neg Q)\to(P\leftrightarrow\neg Q)$;

(2) $P\vee(\neg P\to(Q\vee(\neg Q\to R)))$;

(3) $P\wedge Q\vee\neg P\wedge Q\wedge R$;

(4) $P\to(P\wedge(Q\to R))$;

(5) $\neg(P\downarrow Q)\leftrightarrow(\neg P\uparrow\neg Q)$;

(6) $(P\to Q)\to R$.

31. 写出下列含有 4 个命题变元的极大项或极小项.

(1) m_5, m_7, m_{10}, $\neg m_{12}$;

(2) M_3, $\neg M_8$, M_{10}, M_{15}.

32. 写出下列含有 3 个命题变元的命题公式.

(1) $m_{110}\wedge M_{110}$, $m_{101}\vee M_{101}$;

(2) $m_{110}\wedge m_{011}$, $M_{110}\wedge M_{011}$;

(3) $\sum(0, 1, 5, 7)$, $\prod(2, 3, 5)$.

33. 已知命题公式$A(P, Q, R)$的主合取范式是$\prod(0, 3, 4)$, 写出它的主析取范式.

34. 求下列命题公式的主析取范式、主合取范式, 并写出相应的成真赋值.

(1) $(P\to\neg Q)\leftrightarrow R$;

(2) $\neg((P\to\neg Q)\to R)$;

(3) $(P\to Q)\wedge P\to Q$;

(4) $\neg((P\to Q)\wedge(R\to P))\vee\neg(R\to\neg Q)\to\neg P$;

(5) $((P\to Q)\to Q)\to((Q\to P)\to P)$;

(6) $(P\to(Q\wedge R))\wedge(\neg P\to(\neg Q\wedge\neg R))$.

35. 设命题公式A的真值表如表 9.27 所示, 试求出A的主析取范式和主合取范式.

表 9.27

P	Q	R	A
0	0	0	1
0	0	1	1
0	1	0	0
0	1	1	1
1	0	0	0
1	0	1	0
1	1	0	1
1	1	1	0

36. 某勘探队有3名队员. 有一天取得一块矿样, 3人的判断如下:

甲说: 这不是铁, 也不是铜;

乙说: 这不是铁, 是锡;

丙说: 这不是锡, 是铁.

经实验室鉴定后发现, 其中一人两个判断都正确, 一个人判对一半, 另一个全错了.根据以上情况判断矿样的种类.

37. A、B、C、D四人做竞赛游戏, 其中三人报告情况如下:

A: C第一, B第二;

B: C第二, D第三;

C: A第二, D第四.

后经核实发现每个人的报告都是至少有一个为真, 问实际名次究竟如何?

38. 甲乙丙丁 4 给人有且仅有两个人参加围棋优胜比赛. 关于谁参加竞赛, 下列4种判断都是正确的:

甲和乙只有一人参加;

丙参加, 丁必参加;

乙或丁至多参加一人;

丁不参加, 甲也不参加.

请推出哪两个人参加了围棋比赛.

39. 用真值表技术判断下列结论是否有效?

(1) $H_1: P\to Q$, $H_2: P$, $C: Q$;

(2) $H_1: P\to Q$, $H_2: \neg P$, $C: \neg Q$;

(3) $H_1: \neg(P\wedge\neg Q)$, $H_2: \neg Q\vee R$, $H_3: \neg R$, $C: \neg P$;

(4) $H_1: \neg P\vee Q$, $H_2: R\to\neg Q$, $C: \neg P\to\neg R$.

40. 对下列每一组前提, 列出能得出的恰当结论和应用于此结论的推理规则.

(1) 如果我步行去上班, 那么我到达时会很累. 我上班到达时不累;

(2) 如果我步行去上班, 那么我到达时会很累. 我步行去上班;

(3) 我将成为名人或我不会成为作家. 我将成为作家;

(4) 我是胖的或者瘦的, 我无疑不是瘦的;

(5) 如果我努力且我有天赋, 那么我将成为画家. 如果我成为画家, 那么我是幸福的;

(6) 天气是晴朗或阴暗的, 天气晴朗使我愉快而天气阴暗使我烦恼.

41. 分析下列每段话各包含了什么推理规则, 写出所对应的推理规则.

(1) 在公共汽车上, 一个四、五岁的男孩指着北京饭店大楼对身旁的爷爷说: “真高! 真漂亮! ” 接着, 爷爷和孙子有下面一段对话:

“爷爷, 咱们干吗不住到这儿来? ”

“等你长大了好好念书. 只有书念得好, 才能住进这样漂亮的高楼.”

“爷爷, 你一定没好好学习.”

“哄”的一声, 车上的人都笑了.

(2) 《红楼梦》第六十四回载: 贾宝玉从林黛玉的丫环雪雁处得知林黛玉在私室内用瓜果私祭时想: “大约必是七月因为瓜果之节, 家家都上秋季的坟, 林妹妹有感于心, 所以在私室自己奠祭……”, 怎么办呢? 贾宝玉又想: “但我此刻走去, 见她伤感, 必极力劝解, 又怕她烦恼郁结于心; 若不去, 又恐她过于伤感, 无人劝止, 两件皆足致疾……”.

42. 判断如下推理是否正确.

(1) 如果小张和小王去看电影, 那么小李也去看电影, 小赵不去看电影或小张去看电影. 小王去看电影. 所以当小赵去看电影时, 小李也去.

(2) 若下午气温超过 30 摄氏度, 则王小燕去游泳. 若她去游泳, 则她就不去看电影了. 所以, 若王小燕没去看电影, 则下午气温必超过 30 摄氏度.

(3) 在某一次足球比赛中, 四支球队进行了比赛, 已知情况如下:

若 A 队得第一, 则 B 队或 C 队获亚军;

若 C 队获亚军, 则 A 队不能获冠军;

若 D 队获亚军, 则 B 队不能获亚军.

A 队获第一.

所以, D 队不是亚军.

(4) 如果张洋很高兴, 那么她通过了离散数学考试. 张洋很难过. 所以, 张洋没有通过离散数学考试.

43. 将下列命题符号化, 写出其推理的形式结构并构造推理证明.

(1) 如果今天是星期一, 那么 10 点钟要进行离散数学或数据结构两门课程中的一门课的考试; 如果数据结构课程的老师生病, 那么不考数据结构; 今天是星期一, 并且数据结构课程的老师生病. 所以今天进行离散数学的考试.

(2) 如果小王是理科学生, 他必学好数学; 如果小王不是文科生, 他必是理科生; 小王没学好数学. 所以, 小王是文科生.

(3) 明天是晴天, 或是雨天; 若明天是晴天, 我就去看电影; 若我看电影, 我就不看书. 所以, 如果我看书, 那么明天是雨天.

(4) 如果厂方拒绝增加工资, 那么罢工不会停止; 除非罢工超过一年并且工厂厂长辞职. 因此, 若厂方拒绝增加工资, 而罢工又刚刚开始, 罢工是不会停止的.

44. 用 CP 规则证明下列各推理的有效性.

(1) $P\to(Q\to R), S\to P, Q \Rightarrow S\to R$;

(2) $P\to Q \Rightarrow P\to(P\wedge Q)$;

(3) $\neg P \vee Q, R \to \neg Q \Rightarrow P \to \neg R$;

(4) $P \to (Q \to R), Q \to (R \to S) \Rightarrow P \to (Q \to S)$;

(5) $(P \vee Q) \to R \Rightarrow (P \wedge Q) \to R$;

(6) $(P \vee Q) \to (R \wedge S), S \vee T \to U \Rightarrow P \to U$.

45. 用反证法证明下列推理的有效性.

(1) $R \to \neg Q, R \vee S, S \to \neg Q, P \to Q \Rightarrow \neg P$;

(2) $\neg P \wedge \neg Q \Rightarrow \neg (P \wedge Q)$;

(3) $P \vee Q \to R \wedge S, T \vee S \to U \Rightarrow P \to U$;

(4) $(P \to Q) \wedge (C \to D), (Q \to E) \wedge (D \to F), \neg (E \wedge F), P \to C \Rightarrow \neg P$.

46. 将下列命题符号化并推理出其有效结论.

(1) 小李或者小张是三好学生. 如果小李是三好学生, 你是知道的, 如果小张是三好学生, 小赵也是三好学生; 你不知道小李是三好学生, 问谁是三好学生?

(2) 张三说李四在说谎, 李四说王五在说谎, 王五说张三, 李四都在说谎, 问他们三人谁说真话, 谁说假话?

47. 一位计算机工作者协助公安人员审查一起谋杀案, 经调查, 他认为下列情况均是真的.

(1) 会计张某或邻居王某谋害了厂长;

(2) 如果会计张某谋害了厂长, 那么谋害不可能发生在半夜;

(3) 如果邻居王某的证词不正确, 那么在半夜时房子里灯光未灭;

(4) 如果邻居王某的证词是正确的, 那么谋害发生在半夜;

(5) 在半夜房子里的灯光灭了, 且会计张某曾贪污过.

谁谋害了厂长?

第10章 谓词逻辑

在命题逻辑中，原子命题是最基本的单位，原子命题是不能再进行分解的，并且命题逻辑也不考虑命题之间的内在联系和数量关系，因而命题逻辑具有局限性，甚至无法判断一些简单而常见的推理. 例如，著名的苏格拉底三段论:

所有的人都是要死的;

苏格拉底是人;

所以，苏格拉底是要死的.

凭直觉这个推理是正确的，但是在命题逻辑中却无法判断它的正确性. 因为在命题逻辑中只能将推理中出现的三个简单命题依次符号化为 P, Q, R，将推理的形式结构符号化为 $(P\wedge Q)\to R$，由于该命题公式不是重言式，所以不能由它判断推理的正确性.

为了克服命题逻辑的局限性，就应该将原子命题再细分，分解出个体词，谓词和量词，才能更好地揭示个体与总体、前提和结论的内在联系和数量关系，这就是谓词逻辑所研究的内容. 谓词逻辑也称**一阶谓词逻辑**.

10.1 个体、谓词和量词

10.1.1 个体与谓词

首先考察三种不同的命题模型.

例 10.1.1 考虑下列 3 个命题.

(1) π是无理数.

(2) 张洋毕业于北京大学.

(3) $15=3\times 5$.

其中“π”，“无理数”，“张洋”，“北京大学”，“15”，“3”，“5”都是命题中的思维对象，是可以独立存在的具体或抽象的客体，称为**个体**. 表示具体或特定的个体的词称为**个体常元**，一般用小写英文字母 $a, b, c, \cdots$表示. 表示泛指的或不确定的个体的词称为**个体变元**，常用 $x, y, z, \cdots$表示.

个体变元的取值范围称为**个体域**或**论述域**. 个体域可以是有限集合，例如，$\{1, 2\}$，$\{a, b, c\}$，{无理数，张洋，北京大学，15}；也可以是无穷集合，例如，自然数集

合 **N**, 实数集合 **R** 等. 由宇宙间一切事物组成的个体域称为**全总个体域**. 常用 D 表示. 本书在论述或推理中如没有指明所采用的个体域, 都是使用全总个体域.

在例 10.1.1 中, 我们还分别得到了 3 种模式: “x 是无理数”刻画 x 的性质; “x 毕业于 y”刻画 x 和 y 的关系; “$x = y \times z$”刻画 x, y, z 的关系.

定义 10.1.1　用来刻画个体的性质或个体之间关系的词称为**谓词**, 刻画一个个体性质的词称为**一元谓词**, 刻画 n 个个体之间关系的词称为 n **元谓词**.

例如, “…是无理数”是一元谓词; “…毕业于…”是二元谓词; “…=…×…”是三元谓词.

与个体词一样, 谓词也有常元和变元之分. 表示具体性质或关系的谓词称为**谓词常元**; 表示抽象的、泛指的性质或关系的谓词称为**谓词变元**. 谓词常元和谓词变元都用大写英文字母 $F, G, H, \cdots$ 来表示, 可根据上、下文来区分.

单独一个谓词不能表达一个完整的命题, 如“…是大学生”. 用谓词表示命题, 谓词必须跟随一定数量的个体后才有明确的含义, 并能分辨其真假. 一般地, 一个由 n 个个体和 n 元谓词所组成的命题可表示为 $F(a_1, a_2, \cdots, a_n)$, 称为**谓词命名式**, 简称为**谓词**, 其中 F 表示 n 元谓词, $a_1, a_2, \cdots, a_n$ 分别表示 n 个个体.

需要说明三点:

(1) 代表个体名称的字母 $a_1, a_2, \cdots, a_n$, 它们在谓词命名式的排列次序是很重要的. 例如, 郑州位于北京和武汉之间, 此命题是真的, 其中“郑州”, “北京”, “武汉” 3 个个体不能随便交换, 如写成武汉位于北京和郑州之间, 则此命题是假的.

(2) 谓词命名式 $F(x_1, x_2, \cdots, x_n)$表示 $x_1, x_2, \cdots, x_n$ 具有关系 F, 它可以看成是 n 个个体的函数, 又称为 n **元命题函数**, 但它不是命题. 要想使它成为命题, 必须用谓词常元取代 F, 用个体常元 $a_1, a_2, \cdots, a_n$ 取代 $x_1, x_2, \cdots, x_n$, 得到 $F(a_1, a_2, \cdots, a_n)$ 才是命题.

例如, $F(x)$是一个一元谓词, 它不是命题. 当令 $F(x)$表示“x 是无理数”后, 该谓词中的谓词部分已是常元, 但它仍不是命题, 当 x 表示π时, $F(\pi)$才是命题, 并且是真命题. 若 x 表示 5 时, 则 $F(5)$是假命题.

(3) 有时候将不带个体变元的谓词称为 0 **元谓词**. 例如, 上述的 $F(\pi)$, $F(5)$等都是 0 元谓词. 命题是 0 元谓词, 所以谓词是命题概念的扩充, 命题是谓词的一种特殊情况.

有了谓词的概念后, 我们就可以更深刻地刻画一些命题.

例 10.1.2　将下列命题用 0 元谓词符号化.

(1) 如果 5 大于 4, 那么 4 大于 6.

(2) 这个漂亮的实验室建成了.

(3) 这个人正在打开那个大红书柜.

解 (1) 设 $F(x, y)$: x 大于 y.

$$a: 4,\ b: 5,\ c: 6.$$

则命题符号化为

$$F(b, a) \rightarrow F(a, c).$$

(2) 设 $F(x)$: x 建成了, $G(x)$: x 是漂亮的, $H(x)$: x 是实验室.

$$a: \text{这个}.$$

则命题符号化为

$$G(a) \wedge H(a) \wedge F(a).$$

(3) 设 $F(x, y)$: x 正在打开 y, $G(x)$: x 是人, $R(y)$: y 是大红书柜.

$$a: \text{这个},\ b: \text{那个}.$$

则命题符号化为

$$G(a) \wedge R(b) \wedge F(a, b).$$

命题(3)也可以作如下符号化:

设 $F(x, y)$: x 正在打开 y, $G(x)$: x 是人, $P(y)$: y 是大的, $R(y)$: y 是红的, $Q(y)$: y 是书柜

$$a: \text{这个},\ b: \text{那个}.$$

则命题符号化为

$$G(a) \wedge P(b) \wedge R(b) \wedge Q(b) \wedge F(a, b).$$

由例 10.1.2 中(3)可以看出, 当命题用谓词符号化时, 由于对个体描述性质的刻画深度不同, 就可以翻译成不同形式的谓词公式. 如上例中, $R(y)$表示 y 是大红书柜, 而 $P(y) \wedge R(y) \wedge Q(y)$也表示 y 是大红书柜, 但后者更方便对于书柜的大小、颜色进行讨论.

例 10.1.3 用谓词表达下述命题: 某人大于 18 岁, 身体健康, 无色盲, 大学毕业, 则他可参加飞行员考试.

解 设 $F(x)$: x 超过 18 岁, $G(x)$: x 身体健康, $H(x)$: x 色盲, $K(x)$: x 大学毕业, $M(x)$: x 参加飞行员考试.

$$a: \text{某人}.$$

则命题符号化为

$$F(a) \wedge G(a) \wedge \neg H(a) \wedge K(a) \rightarrow M(a).$$

需要说明的是, 命题的符号化没有一般的标准, 只要能表明命题的意思, 满足后面对于推理有效性的讨论要求就可以了. 但由于日常语言表达的丰富多样性,

因此, 对日常语言的符号化是很困难的, 这里给出一个大体的准则, 根据这些准则可以写出其谓词表达式.

名词: 专用名词(如张洋、北京、中国等)为个体.

通用名词(如楼房、人、实验室等)为谓词.

代名词: 人称代词(如你、我、他), 指示代词(如这个、那个)是个体, 不定代词(如任何、每个、有些、一些)是量词(量词概念下面即将介绍).

形容词: 一般是谓词.

数量词: 一般是量词.

动词: 一般是谓词.

副词: 与所修饰的动词合并为一谓词, 不再分解.

连接词: 一般是命题联结词.

前置词: 与别的有关文字合并为一, 本身不独立表示. 例如, 说实在的, 这里的风景真漂亮.

10.1.2 量词

有了个体和谓词之后, 还不足以表达日常生活中的各种命题. 例如: 对于命题"所有的整数都是有理数"和"有些正整数是素数", 仅用个体词和谓词是很难表达的. 因为谓词中的每个个体变元只能用来填放一个个体名称, 如果某个个体变元 x 需要被赋予若干个名称, 就需要对这个个体变元进行量化说明, 标明这个 x 已不再是一个纯粹的个体变元, 而是一个可用于表示某一集合 S 上的某些元素或每个元素. 为了表示这种个体被量化的含义, 有必要引入描述个体变元数量关系的词, 称为**量词**. 量词可分两种: 全称量词($\forall x$)和存在量词($\exists x$), 其中的 x 称为量词的**指导变元**.

1. 全称量词

日常生活和数学中所用的"一切的""所有的""每一个""任意的""凡""都"等词可统称为**全称量词**, 将它们符号化为"$\forall$", 并用$\forall x$, $\forall y$ 等表示个体域里的所有个体, 而用$\forall xF(x)$表示个体域里所有个体 x 都有性质 F.

2. 存在量词

日常生活和数学中所用的"存在""有一个""有的""至少存在一个"等词统称为**存在量词**, 将它们都符号化为"$\exists$". 并用$\exists x$ 等表示个体域里"对某些 x"或"至少有一 x", 它的意思是肯定存在一个, 但不排斥多于一个, 而$\exists xF(x)$表示个体域里存在个体 x 具有性质 F.

在谓词 $P(x)$, $Q(x, y)$等的前边加上全称量词$\forall x$, 称为变元 x 被**全称量化**; 加上存在量词$\exists x$, 称为变元 x 被**存在量化**.

例 10.1.4　分别在个体域(a)和(b)中, 将下面两个命题符号化.

(1) 凡是人都要呼吸.

(2) 有的人用左手写字.

其中: (a) 个体域 D_1 为人类集合;

(b) 个体域 D_2 为全总个体域.

解　(a) 个体域 D_1 为人类集合. 设 $F(x)$: x 呼吸, $G(x)$: x 用左手写字.

(1) 在个体域中除了人外, 再无别的东西, 因而, 命题符号化为

$$\forall xF(x).$$

(2) 在个体域中除了人外, 再无别的东西, 因而, 命题符号化为

$$\exists xG(x).$$

(b) 个体域 D_2 为全总个体域.

在这种情况下, (1)不能符号化为$\forall xF(x)$, (2)不能符号化为$\exists xG(x)$的形式. 原因是, 在全总个体域中, 除人以外, 还有万物, 此时$\forall xF(x)$表示宇宙间的一切事物都要呼吸, 这与原命题不符. $\exists xG(x)$表示在宇宙间的一切事物中存在用左手写字的, 显然也没有表达出原命题的真实意思. 因而必须引入一个特殊谓词将人从宇宙间的一切事物中分离出来. 在全总个体域中, 以上两命题可以叙述如下.

(1) 对所有个体而言, 如果它是人, 那么它是要呼吸的.

(2) 存在着个体, 它是人并且它用左手写字.

于是, 在符号化时, 将引进的特殊谓词符号化

$$M(x): x \text{ 是人}$$

称为**特性谓词**. 有了特性谓词, 上述两个命题符号化为

(1) $\forall x(M(x)\to F(x))$;

(2) $\exists x(M(x)\wedge G(x))$.

在全总个体域中进行命题符号化时, 特性谓词所起的作用就是将被量化的变元作出属性说明, 使得个体变元的讨论范围更加明确.

在命题符号化时一定要正确使用特性谓词, 对于特性谓词的引入有以下两条规则.

(1) 对全称量词, 特性谓词作为蕴涵式前件而加入.

(2) 对存在量词, 特性谓词作为合取式的合取项而加入.

在例 10.1.4 的个体域 D_2 中, 能否将命题(1)符号化为$\forall x(M(x)\wedge F(x))$, 将命题(2)符号化为$\exists x(M(x)\to G(x))$?

命题(1)符号化为$\forall x(M(x)\wedge F(x))$似乎也不错, 但在全总个体域中, 除人外还

有不是人的 x, $\forall x(M(x)\wedge F(x))$的意义是“对所有的 x, x 都是人并且 x 都要呼吸”, 所以它是不正确的. 命题(2)符号化为$\exists x(M(x)\rightarrow G(x))$的意义是“存在着某个 x, 只要 x 是人, x 就用左手写字”, 所以它也与原命题意义不符.

有了量词的概念后, 谓词逻辑的表达能力就广泛多了, 它所能刻画的命题也普遍、深刻的多了, 下面举一些例子.

例 10.1.5 会叫的狗未必咬人.

解 设特性谓词 $D(x)$: x 是狗, $F(x)$: x 会叫, $G(x)$: x 咬人. 命题符号化为

$$\exists x(D(x)\wedge F(x)\wedge \neg G(x)).$$

例 10.1.6 任何整数或是正的或是负的.

解 设特性谓词 $Z(x)$: x 是整数, $F(x)$: x 是正的, $G(x)$: x 是负的. 命题符号化为

$$\forall x(Z(x)\rightarrow F(x)\vee G(x)).$$

例 10.1.7 金子是发光的, 但发光的不一定都是金子.

解 设谓词 $F(x)$: x 发光, $G(x)$: x 是金子. 命题符号化为

$$\forall x(G(x)\rightarrow F(x))\wedge \exists x(F(x)\wedge \neg G(x)).$$

例 10.1.8 对于所有的实数 x, 均有 $x^2-4=(x-2)(x+2)$.

解 设特性谓词 $R(x)$: x 是实数, $F(x)$: $x^2-4=(x-2)(x+2)$. 命题符号化为

$$\forall x(R(x)\rightarrow F(x)).$$

对于多元谓词可以多重量化, 方法与一元谓词类似.

例 10.1.9 所有的运动员都钦佩某些教练.

解 设 $F(x)$: x 是运动员, $G(x)$: x 是教练, $Q(x, y)$: x 钦佩 y. 命题符号化为

$$\forall x(F(x)\rightarrow \exists y(G(y)\wedge Q(x, y))).$$

例 10.1.10 所有人不是一样高.

解 设 $M(x)$: x 是人, $G(x, y)$: x 与 y 一样高, $H(x, y)$: x 与 y 是不同的人. 命题符号化为

$$\forall x\forall y(M(x)\wedge M(y)\wedge H(x, y)\rightarrow \neg G(x, y)).$$

注意, 一般多个量词出现时, 它们的顺序不能随意调换, 交换顺序后会改变原命题的含义.

例如, 在个体域为实数集时, 考虑命题“对于任意的 x, 都存在 y, 使得 $x+y=10$”, 命题符号化为

$$\forall x\exists yH(x, y).$$

其中 $H(x, y)$表示 $x+y=10$, 命题为真.

如果交换量词的顺序, 得

$$\exists y\forall xH(x, y).$$

其意义为“存在着 y, 对于任意的 x, 都有 $x+y=10$”, 与原命题意义不同, 并且是假命题.

10.2 谓词公式与变元的约束和解释

10.2.1 谓词公式

与命题逻辑一样, 在谓词逻辑中, 为了更准确和规范地进行演算和推理, 必须给出谓词逻辑中合式公式的抽象定义, 以及它们的分类及解释.

定义 10.2.1 在谓词表达式中, 不出现命题联结词和量词的谓词命名式 $P(x_1, x_2, \cdots, x_n)$称为谓词演算的**原子公式**.

从原子谓词公式出发, 我们可以定义谓词演算的合式公式, 简称为**谓词公式**.

定义 10.2.2 谓词演算的合式公式由下列递归规则所生成.

(1) **基础** 单个原子公式是谓词公式.

(2) **归纳** 若 A 和 B 是谓词公式, 则$\neg A, A\wedge B, A\vee B, A\rightarrow B, A\leftrightarrow B$ 是谓词公式.
若 A 是谓词公式, 则$\forall xA, \exists xA$ 是谓词公式.

(3) **界限** 只有有限步应用(1)和(2)生成的公式才是谓词公式.

由上述定义, 命题公式也是谓词公式. 与命题公式一样, 对谓词公式亦约定最外层的括号可以省掉, 但需注意, 量词后面若有括号则不能省略.

例 10.2.1 下列公式都是谓词公式.

$$P\leftrightarrow Q,\quad F(x)\wedge G(y),\quad \neg\forall xF(x, a, y)\rightarrow\exists xG(y).$$

但

$$\forall xF(x)\wedge\exists x,\quad \neg\forall x(F(x)\rightarrow\exists xG(y).$$

都不是谓词公式.

例 10.2.2 写出命题“某些人对某些药物过敏”的谓词公式.

解 设 $F(x, y)$: x 对 y 过敏, $M(x)$: x 是人, $G(x)$: x 是药物. 命题可表示为

$$\exists x\exists y(M(x)\wedge G(y)\wedge F(x, y)).$$

例 10.2.3 写出命题“不管黑猫白猫, 抓住老鼠就是好猫”的谓词公式.

解 设 $C(x)$: x 是猫, $W(x)$: x 是白的, $B(x)$: x 是黑的, $G(x)$: x 是好的, $M(x)$: x 是老鼠, $K(x, y)$: x 抓住 y. 命题符号化为

$$\forall x\forall y(C(x)\wedge M(y)\wedge(B(x)\vee W(x))\wedge K(x, y)\rightarrow G(x)).$$

10.2.2 变元的约束

定义 10.2.3 在谓词公式$\forall xA$, $\exists xA$ 中, A 为相应量词的**辖域**.在量词$\forall x$ 和$\exists x$ 的辖域内, 个体变元 x 的一切出现称为**约束出现**, 其中 x 称为**约束变元**. 个体变元的非约束出现称为变元的**自由出现**, 称这样的个体变元为**自由变元**.

由上述定义, 若量词后有括号, 则括号内的子公式就是该量词的辖域; 若量词后无括号, 则与量词邻接的子公式为该量词的辖域. 判定公式中的个体变元是约束变元还是自由变元, 关键在于看它是约束出现还是自由出现. 此外, 当量词公式中出现多个量词时, 约束变元受到最近量词的限制而与前面的量词无关.

例 10.2.4 指出下列公式中各量词的辖域, 自由变元及约束变元.

(1) $\forall x(F(x, y)\to G(x, z))$;

(2) $\forall x(F(x, y)\to \exists yG(x, y, z))\wedge L(x, z)$;

(3) $\exists x\forall y((F(x)\wedge G(y))\to \forall xR(x))$.

解 (1) 量词的指导变元是 x, $\forall x$ 的辖域是 $F(x, y)\to G(x, z)$, 其中 x 是约束变元, y 和 z 是自由变元.

(2) $\forall x$ 的辖域是 $F(x, y)\to \exists yG(x, y, z)$, 在这一部分中, x 是约束出现, 故 x 是约束变元, 而 $F(x, y)$中的 y 是自由出现, 故 y 为自由变元. 但$\exists y$ 的辖域是 $G(x, y, z)$, 因而在 $G(x, y, z)$中 y 是约束出现, 故此时 y 是约束变元, z 是自由变元. 在 $L(x, z)$中 x, z 是自由变元. 因此整个公式中, x, y 既是约束变元又是自由变元, z 是自由变元.

(3) $\exists x$ 和$\forall y$ 的辖域都是 $F(x)\wedge G(y)\to \forall xR(x)$, x 和 y 都是约束变元, 但 $R(x)$中的 x 是受$\forall x$ 的约束, 而不受$\exists x$ 的约束.

在一个公式中, 允许一个变元既是约束变元又是自由变元, 但是为了避免概念上的混淆, 我们可以对约束变元进行改名, 使得同一个变元在一个公式中仅以一种形式呈现, 即呈现自由出现或约束出现.

一个公式的约束变元与其使用的符号名称是无关的. 例如, 设 $F(x)$: x 大于 0, 那么$\forall xF(x)$与$\forall yF(y)$具有相同的意义.

改名规则 公式中约束变元符号的更改需要遵循以下规则:

(1) 约束变元改名时, 必须对该变元的指导变元及辖域中所有受该指导变元约束的个体变元同时更改, 而公式的其余部分不变.

(2) 改名时所选用的符号必须是量词辖域内未出现的符号, 最好是公式中未出现的符号.

例 10.2.5 对公式$\forall x(F(x, y)\to \exists yG(x, y, z))\wedge L(x, z)$进行改名.

解 由于 x, y 是约束变元, 可对 x, y 改名得

$$\forall w(F(w, y)\to\exists uG(w, u, z))\wedge L(x, z).$$

但

$$\forall w(F(w, u)\to\exists uG(w, u, z))\wedge L(x, z),$$

$$\forall w(F(w, y)\to\exists zG(x, z, z))\wedge L(x, z)$$

都是错误的.

对于公式中的自由变元, 也允许更改, 这种更改叫代入. 自由变元的代入也遵循一定的规则, 称为代入规则.

代入规则　公式中的自由变元符号的更改需要遵循以下规则:

(1) 代入时, 需在公式中出现该自由变元的每一处进行代入.

(2) 用以代入的变元符号不允许在原公式中以任何的约束形式出现.

例 10.2.6　对公式$\forall xF(x, y)\wedge R(x, y)$进行代入.

解　对自由变元 x, y 分别代以 u 和 w, 经代入后公式为

$$\forall xF(x, w)\wedge R(u, w).$$

但

$$\forall xF(x, x)\wedge R(u, x);$$

$$\forall xF(x, w)\wedge R(x, y)$$

等都是错误的.

10.2.3　谓词公式的解释

在谓词逻辑中, 谓词公式是一个符号串, 一般含有个体变元、命题变元和谓词, 只有当公式中的各类变元用个体域中确定的个体代入, 命题变元用确定的命题代入后, 原公式才变成为一个命题, 这种使谓词公式成为命题的一组指派, 称为谓词公式的一个**解释**.

例 10.2.7　给定解释 I 如下:

个体域为实数集合 $\mathbf{R}$;

个体常元 a=0;

谓词 $F(x)$: x 是整数, $G(x, y)$: $x>y$, $R(x, y)$: $x+y^2>0$.

在解释 I 下, 确定公式$\forall x\forall y(F(x)\wedge F(y)\wedge G(x, a)\to R(x, y))$的真值.

解　在解释 I 下, 公式表示的命题为

"对于任意的 x, y, 若 x 与 y 都是整数, 且 $x>0$, 则 $x+y^2>0$".

这是真命题.

例 10.2.8　对谓词公式$\forall x(F(x)\to G(x))$给出一个为真一个为假的两种解释.

解　(1) 对公式给出为真的解释 I:

个体域 D_1: 实数集合 $\mathbf{R}$;

谓词 $F(x)$: x 是自然数; $G(x)$: x 是整数.

在解释 I 下, 命题为“自然数都是整数”, 这是真命题.

(2) 对公式给出为假的解释 I:

个体域: $D_2=\{2, 3\}$;

谓词 $F(x)$: $F(2)=\mathrm{F}, F(3)=\mathrm{T}; G(2)=\mathrm{T}, G(3)=\mathrm{F}$.

在解释 I 下

$$\forall x(F(x)\to G(x)) \Leftrightarrow (F(2)\to G(2))\wedge(F(3)\to G(3))$$
$$\Leftrightarrow \mathrm{T}\wedge\mathrm{F} \Leftrightarrow \mathrm{F}.$$

例 10.2.9　讨论下列公式在给定解释下的真值.

(1) $P(a)\to\exists xP(x)$;

(2) $P(a)\to\forall xP(x)$;

(3) $\neg P(x, y)\wedge P(x, y)$.

解　(1) 对任何的解释 I:

当 $P(a)$取值为真时, $\exists xP(x)$也必为真, 此时, $P(a)\to\exists xP(x)$的真值为真.

当 $P(a)$取值为假时, $\exists xP(x)$可为真, 也可为假, 此时, $P(a)\to\exists xP(x)$的真值也为真.

所以, 公式 $P(a)\to\exists xP(x)$就是关于任意谓词公式与任意赋值下恒取“T”值的谓词公式.

(2) 给定解释 I_1 为

个体域: $D=\{2, 3\}$;

谓词 $P(x)$: $P(2)=\mathrm{T}, P(3)=\mathrm{F}$;

个体常元 $a=2$.

在解释 I_1 下, 则有

$$P(a)\to\forall x\, P(x) \Leftrightarrow P(2)\to(P(2)\wedge P(3))$$
$$\Leftrightarrow \mathrm{T}\to(\mathrm{T}\wedge\mathrm{F}) \Leftrightarrow \mathrm{F}.$$

对解释 I_2, 令个体常元 $a=3$, 其他解释不变, 则在解释 I_2 下, 有

$$P(a)\to\forall x\, P(x) \Leftrightarrow P(3)\to(P(2)\wedge P(3))$$
$$\Leftrightarrow \mathrm{F}\to(\mathrm{T}\wedge\mathrm{F}) \Leftrightarrow \mathrm{T}.$$

(3) 在谓词公式中, 无论对变元作何种赋值, 公式均取真值 F. 这是由于对谓词 $P(x, y)$而言, 不外乎其真值为 T 或 F, 这时公式总有

$$\neg P(x, y)\wedge P(x, y) \Leftrightarrow \mathrm{F}.$$

10.2.4 谓词公式的分类

从上面例 10.2.9 可以看出, 与命题公式一样, 我们也可以对谓词公式进行分类. 但由于谓词公式的真值依赖于给定的解释, 因此, 其分类也相对复杂一些.

定义 10.2.4 设给定谓词公式 A, 其个体域为 D.

(1) 如果 A 在 D 中的任何解释下, 公式 A 的值总是为真, 那么称 A 为 D 上的**永真式**(或称**逻辑有效式**);

(2) 如果 A 在 D 中的任何解释下, 公式 A 的值总是为假, 那么称 A 为 D 上的**矛盾式**(或**永假式**);

(3) 如果至少存在着一个 D 中的解释, 使公式 A 的值为真, 那么称 A 为 D 上的**可满足式**.

定义 10.2.5 设给定谓词公式 A.

(1) 如果 A 在任何解释下, 公式 A 的值总为真, 那么称 A 为**永真式**(或称**逻辑有效式**);

(2) 如果 A 在任何解释下, 公式 A 的值总为假, 那么称 A 为**矛盾式**(或**永假式**);

(3) 如果至少存在着一个解释, 使公式 A 的值为真, 那么称 A 为**可满足式**.

由于谓词逻辑中的永真(矛盾)式, 要对所有解释 I 都成立, 而解释 I 依赖于它的论述域 D, 而论述域 D 是可以千变万化的, 因此, 所谓公式的“所有”解释, 实际上是无法考虑的, 这就使得谓词公式的永真和矛盾的判断变得异常困难. 到目前为止, 还没有一个可行的算法来判断谓词公式的类型. 但对于一些特殊的谓词公式还是可以判定的.

定义 10.2.6 设 A_0 是含有命题变元 $P_1, P_2, \cdots, P_n$ 的命题公式, $A_1, A_2, \cdots, A_n$ 是 n 个谓词公式, 用 $A_i\,(1\leqslant i\leqslant n)$ 代替 A_0 中的每个 P_i, 所得谓词公式 A 称为 A_0 的**代换实例**.

例 10.2.10 对于命题公式 $P\wedge Q\leftrightarrow P$, 下列谓词公式

$$F(x)\wedge G(x)\leftrightarrow F(x);$$
$$\forall xF(x)\wedge\exists xG(x)\leftrightarrow\forall xF(x);$$
$$\forall xF(x)\wedge(\exists xG(x)\rightarrow R(x))\leftrightarrow\forall xF(x)$$

都是命题公式的代换实例. 但

$$\forall x(F(x)\wedge G(x)\leftrightarrow F(x))$$

不是命题公式 $P\wedge Q\leftrightarrow P$ 的代换实例.

对于代换实例, 我们有如下简单结论.

定理 10.2.1 永真式的代换实例都是永真式; 矛盾式的代换实例都是矛盾式.

利用此定理, 我们可以判定某些特殊的谓词公式.

例 10.2.11 判断下列公式的类型.

(1) $\forall xF(x)\to(\exists x\exists yG(x, y)\to\forall xF(x))$;

(2) $\neg(\forall xF(x)\to\exists yG(y))\wedge\exists yG(y)$;

(3) $\forall x\exists yF(x, y)\to\exists x\forall yF(x, y)$.

解 (1) 由于$\forall xF(x)\to(\exists x\exists yG(x, y)\to\forall xF(x))$是 $P\to(Q\to P)$ (重言式)的代换实例, 故公式为永真式.

(2) 由于$\neg(\forall xF(x)\to\exists yG(y))\wedge\exists yG(y)$是$\neg(P\to Q)\wedge Q$ (矛盾式)的代换实例, 故公式为永假式.

(3) 取解释 I_1:

个体域为自然数集合 **N**; 谓词 $F(x, y)$: $x\leqslant y$.

在 I_1 下, 公式的前件与后件均为真, 故公式为真, 这说明公式不是矛盾式.

另取解释 I_2:

个体域为自然数集合 **N**; 谓词 $F(x, y)$: $x=y$.

在 I_2 下, 公式的前件为真而后件为假, 故公式为假, 这说明公式不是永真式. 因此公式是非永真的可满足式.

10.3 谓词演算的等价公式

10.3.1 谓词演算的等价公式

与命题逻辑中的等价公式一样, 谓词逻辑中也有一些重要的等价公式.

定义 10.3.1 设 A 和 B 是两个谓词公式, 若 $A\leftrightarrow B$ 是永真式, 则称公式 A 和 B 是等价的. 记作 $A\Leftrightarrow B$, 称 $A\Leftrightarrow B$ 为等值式.

定义 10.3.2 设 A 和 B 是两个谓词公式, 若 $A\to B$ 是永真式, 则称公式 A 永真蕴涵于 B. 记作 $A\Rightarrow B$, 称 $A\Rightarrow B$ 为永真蕴涵式.

有了谓词公式的等价和永真蕴涵的概念, 我们讨论一些常用的谓词演算的等值式和永真蕴涵式.

1. 代换实例

由定理 10.2.1 可知, 命题演算的重言式也是谓词演算的永真公式, 因此, 9.3 节表 9.14 中所列出的 24 个等值式都可以通过代换实例平行地移植到谓词逻辑中, 用谓词公式去代换命题变元, 从而构成谓词演算的等值式. 例如:

$$\forall xF(x)\vee\forall xF(x)\Leftrightarrow\forall xF(x);$$

$$x(F(x)\to G(x))\Leftrightarrow\forall x(\neg F(x)\vee G(x));$$

$$F(x)\wedge(F(x)\rightarrow G(x)) \Rightarrow G(x).$$

2. 消去或添加量词

(1) $\forall xA \Leftrightarrow A$,

$\exists xA \Leftrightarrow A$.

其中 A 是不含自由变元 x 的谓词公式, 因为 A 的真值与 x 无关, 所以上述等价式成立.

(2) $\forall xA(x) \Rightarrow A(x)$,

$A(x) \Rightarrow \exists xA(x)$.

这两个公式是根据量词的含义得出的. 前一公式的意义是: 如果断言"对一切 x, $A(x)$ 是真"成立, 那么对任一确定的 x, $A(x)$是真. 后一公式的意义是: 如果对某一确定的 x, $A(x)$是真, 那么断言"存在一 x, 使得 $A(x)$是真"成立.

例 10.3.1 由"所有的乌鸦都是黑的"必可知"乌鸦是黑的".

(3) 设个体域为有限集合 $D=\{a_1, a_2, \cdots, a_n\}$, 则有

$$\forall xA(x) \Leftrightarrow A(a_1)\wedge A(a_2)\wedge\cdots\wedge A(a_n).$$

$$\exists xA(x) \Leftrightarrow A(a_1)\vee A(a_2)\vee\cdots\vee A(a_n).$$

3. 量词的否定

(1) $\neg(\forall xA(x)) \Leftrightarrow \exists x\neg A(x)$.

(2) $\neg(\exists\, xA(x)) \Leftrightarrow \forall x\neg A(x)$.

两个公式的意义是, 否定词可通过量词深入到辖域内部. 对比这两个式子, 容易看出, 如果把 $A(x)$看作整体, 那么将$\forall x$ 和$\exists x$ 两者互换, 可从一个式子得出另一个式子, 这说明 $\forall x$ 和 $\exists x$ 具有对偶性. 另外, 由于这两个公式成立, 两个量词可以互相表达, 所以有一个量词也够了.

例 10.3.2 设 $A(x)$: x 今天来校上课, 则$\neg A(x)$: x 今天不来校上课. 而

"并不是所有人今天来上课 $\neg(\forall xA(x))$"与"有些人今天不上课$\exists x(\neg A(x))$"有相同的意义.

"并不存在一些人今天来上课 $\neg(\exists xA(x))$"与"所有人今天都不来上课$\forall x(\neg A(x))$"有相同的意义.

4. 量词辖域的收缩与扩张

设 $A(x)$是任意的含自由变元 x 的谓词公式, B 是不含自由变元 x 的谓词公式. 则

(1) ① $\forall xA(x)\vee B \Leftrightarrow \forall x(A(x)\vee B)$;

② $\forall xA(x)\wedge B \Leftrightarrow \forall x(A(x)\wedge B)$;

③ $\exists xA(x)\vee B\Leftrightarrow\exists x(A(x)\vee B)$;

④ $\exists xA(x)\wedge B\Leftrightarrow\exists x(A(x)\wedge B)$.

现在说明第一个等价式.

如果B为真, 那么等价式左、右侧都是真; 如果B为假, 那么等价式左、右侧都等价于$\forall xA(x)$, 所以, 第一个等价式是成立的. 其他类似.

(2) ① $\forall x(A(x)\to B)\Leftrightarrow\exists x\,A(x)\to B$;

② $\exists x(A(x)\to B)\Leftrightarrow\forall x\,A(x)\to B$;

③ $\exists x(A(x)\to B)\Leftrightarrow\forall xA(x)\to B$;

④ $\exists x(B\to A(x))\Leftrightarrow B\to\exists xA(x)$.

利用蕴涵等值式仅证明第一式, 其余类似.

$$\begin{aligned}\forall x(A(x)\to B)&\Leftrightarrow\forall x(\neg A(x)\vee B)\\&\Leftrightarrow\forall x\neg A(x)\vee B\\&\Leftrightarrow\neg\exists xA(x)\vee B\\&\Leftrightarrow\exists xA(x)\to B.\end{aligned}$$

5. 量词分配式

(1) $\forall x(A(x)\wedge B(x))\Leftrightarrow\forall xA(x)\wedge\forall xB(x)$

(2) $\exists x(A(x)\vee B(x))\Leftrightarrow\exists xA(x)\vee\exists xB(x)$

(3) $\exists x(A(x)\wedge B(x))\Rightarrow\exists xA(x)\wedge\exists xB(x)$

(4) $\forall xA(x)\vee\forall xB(x)\Rightarrow\forall x(A(x)\vee B(x))$

注意, 前两式是等值式, 而后两式都为蕴涵式且(3)与(4)的括号一个在左, 一个在右.

第(1)个等值式的成立是由于“对个体域中每一个体 x, 使得 $A(x)\wedge B(x)$是真”与“对个体域中每一个体x, 使得$A(x)$是真并且对每一个体x, $B(x)$是真”是等价的.

第(2)个公式可由第(1)个公式推出.

$$\forall x(\neg A(x)\wedge\neg B(x))\Leftrightarrow\forall x\neg A(x)\wedge\forall x\neg B(x)$$
$$\forall x\neg(A(x)\vee B(x))\Leftrightarrow\neg\exists x\,A(x)\wedge\neg\exists xB(x)$$
$$\neg\exists x(A(x)\vee B(x))\Leftrightarrow\neg(\exists xA(x)\vee\exists xB(x))$$

故$\exists x(A(x)\vee B(x))\Leftrightarrow\exists xA(x)\vee\exists xB(x)$.

例 10.3.3 “联欢会上所有人既唱歌又跳舞”和“联欢会上所有人唱歌且所有人跳舞”, 这两个语句意义相同.

例 10.3.4 “有些学员将去打靶或游泳”和“有些学员将去打靶或有些学员将去游泳”, 这两个语句有相同的含义.

第(3)个公式成立是由于“存在一个 x 使得 $A(x)\wedge B(x)$是真, 所以存在一个 x 使得 $A(x)$是真, 同时存在一个 x 使得 $B(x)$是真”.

下面说明它是不等价的.

取解释 I 为: 个体域是自然数 **N**, 谓词 $A(x)$: x 是奇数, $B(x)$: x 是偶数. 在解释 I 下, $\exists xA(x)$是真, $\exists xB(x)$是真, 所以 $\exists xA(x)\wedge\exists xB(x)$是真, 但$\exists x(A(x)\wedge B(x))$是假, 所以, 公式不等价.

第(4)个公式可由第(3)个公式推出.

用$\neg A(x)$和$\neg B(x)$分别取代 $A(x)$和 $B(x)$, 得

$$\exists x(\neg A(x)\wedge\neg B(x)) \Rightarrow \exists x\neg A(x)\wedge\exists x\neg B(x),$$

$$\exists x\ \neg(A(x)\vee B(x)) \Rightarrow \neg(\forall xA(x)\vee\forall xB(x)),$$

所以, $\forall xA(x)\vee\forall\ xB(x) \Rightarrow \forall x(A(x)\vee B(x))$.

6. 多量词的永真公式

(1) $\forall x\forall yP(x, y) \Leftrightarrow \forall y\forall xP(x, y)$;

(2) $\exists x\exists yP(x, y) \Leftrightarrow \exists y\exists xP(x, y)$;

(3) $\exists y\forall xP(x, y) \Rightarrow \forall x\exists yP(x, y)$.

这 3 个永真式说明, 相同量词间的次序是可以任意交换的, 但不同量词间的次序是不可以随意交换的, 只有满足(3)中形式才能单向交换.

例 10.3.5　“一队与二队所有学员开设的课程都相同”和“二队与一队所有学员开设的课程都相同”, 这两个语句有相同的含义.

例 10.3.6　“一些男学员与一些女学员在教室里”和“一些女学员与一些男学员在教室里”, 这两个语句有相同的含义.

例 10.3.7　“有些小动物为所有人所喜欢”必可知“每个人喜欢一些小动物”, 但反过来, “每个人喜欢一些小动物”不一定有“有些小动物为所有人所喜欢”.

例 10.3.8　说明永真蕴涵式 $\forall x\exists yP(x, y) \Rightarrow \exists y\forall x\, P(x, y)$是不成立的.

解　取解释 I 为: 个体域是有理数集 **Q**, 谓词 $P(x, y)$: $x+y=0$. 在解释 I 下, $\forall x\exists y(x+y=0)$是真, $\exists y\forall x(x+y=0)$是假, 因此, $\forall x\exists y(x+y=0)\rightarrow\exists y\forall x(x+y=0)$是假, 故永真蕴涵式不成立.

下面举例说明上述永真式的应用.

例 10.3.9　证明 $\exists x(P(x)\rightarrow Q(x)) \Leftrightarrow \forall xP(x)\rightarrow\exists xQ(x)$.

证　$\exists x(P(x) \rightarrow Q(x)) \Leftrightarrow \exists x(\neg P(x)\vee Q(x))$

$$\Leftrightarrow \exists x\neg P(x)\vee\exists xQ(x)$$

$$\Leftrightarrow \neg\forall xP(x)\vee\exists xQ(x)$$

$$\Leftrightarrow \forall xP(x)\rightarrow\exists xQ(x).$$

例 10.3.10　证明 $\forall x(P(x)\rightarrow Q(x)) \Rightarrow \neg\exists x(R(x)\wedge Q(x))\rightarrow(R(x)\rightarrow \neg P(x))$.

证 根据 CP 规则, 上式等价于

$$\forall x(P(x)\to Q(x))\land\neg\exists x(R(x)\land Q(x))\Rightarrow R(x)\to\neg P(x).$$

而

$$\begin{aligned}&\forall x(P(x)\to Q(x))\land\neg\exists x(R(x)\land Q(x))\\ \Leftrightarrow\ &\forall x(P(x)\to Q(x))\land\forall x\neg(R(x)\land Q(x))\\ \Leftrightarrow\ &\forall x((P(x)\to Q(x))\land(R(x)\to\neg Q(x))\\ \Leftrightarrow\ &\forall x((R(x)\to\neg Q(x))\land(\neg Q(x)\to\neg P(x))\\ \Rightarrow\ &(R(x)\to\neg Q(x))\land(\neg Q(x)\to\neg P(x))\\ \Rightarrow\ &(R(x)\to\neg P(x)).\end{aligned}$$

所以, $\forall x(P(x)\to Q(x))\Rightarrow\neg\exists x(R(x)\land Q(x))\to(R(x)\to\neg P(x))$.

10.3.2 前束范式

在命题逻辑中, 命题公式可以化成范式, 在谓词逻辑中, 谓词公式也有范式, 谓词公式的范式为研究谓词逻辑提供了一种规范的形式.

定义 10.3.3 设 A 是一个谓词公式, 若 A 具有如下形式

$$Q_1(x_1)Q_2(x_2)\cdots Q_n(x_n)B,$$

则称 A 为**前束范式**, 其中 Q_i 为$\forall$或$\exists$, x_i 为指导变元, B 为不含量词的公式.

例 10.3.11 下列谓词公式

$$\forall x\exists y(F(x)\land G(y)\to H(x,y))$$

$$\forall x\forall y\exists z(F(x)\land G(y)\land H(z)\to L(x,y,z))$$

都是前束范式. 而

$$\forall x(F(x)\to\exists y(G(y)\land H(x,y)))$$

不是前束范式.

在谓词逻辑中, 任一谓词公式的前束范式都是存在的, 但却不是唯一的. 通过量词转化公式、换名或代入规则、量词辖域的扩张公式, 总可以把量词$\forall x$, $\exists x$提到公式的最左边.

例 10.3.12 求下列公式的前束范式.

(1) $\neg\exists xF(y,x)\land\forall yG(y)$;

(2) $\forall x\forall y(\exists z(F(x,z)\land P(y,z))\to\exists uG(x,y,u))$.

解 (1) $\neg\exists xF(y,x)\land\forall yG(y)$

$\Leftrightarrow\forall x\neg F(y,x)\land\forall yG(y)$　　量词否定

$\Leftrightarrow\forall x(\neg F(y,x)\land\forall yG(y))$　　量词$\forall x$ 辖域的扩张

$\Leftrightarrow\forall x(\neg F(t,x)\land\forall yG(y))$　　对自由变元 y 改名

$\Leftrightarrow\forall x\forall y\,(\neg F(t,x)\land G(y))$.　　量词$\forall y$ 辖域的扩张

(2) 反复利用量词辖域的扩张等值式, 有

$$\forall x\forall y(\exists z(F(x,z)\wedge P(y,z))\rightarrow\exists uG(x,y,z))$$
$$\Leftrightarrow \forall x\forall y(\neg\exists z(F(x,z)\wedge P(y,z))\vee\exists uG(x,y,u))$$
$$\Leftrightarrow \forall x\forall y(\forall z(\neg F(x,z)\vee\neg P(y,z))\vee\exists uG(x,y,u))$$
$$\Leftrightarrow \forall x\forall y\forall z\exists u(\neg F(x,z)\vee\neg P(y,z)\vee G(x,y,u)).$$

注意, 进行谓词等值演算的前后顺序不同, 公式的前束范式可能不同. 例10.3.12 (1)中, $\forall y\forall x(\neg F(t,x)\wedge G(y))$也是公式$\neg\exists xF(y,x)\wedge\forall yG(y)$的前束范式.

10.4 谓词演算的推理理论

谓词演算的推理理论, 可以看作命题演算的扩充. 由于命题公式也是谓词公式, 所以命题演算中的所有推理规则见(表 9.25), 以及 P 规则、T 规则、CP 规则, 在谓词演算中仍然适用.

在谓词逻辑中, 从 n 个前提 $A_1, A_2, \cdots, A_n$ 出发推出结论 B 的推理形式结构, 依然采用如下的蕴涵式形式

$$A_1\wedge A_2\wedge\ \cdots\ \wedge A_n\rightarrow B.$$

若该式为永真式, 则称推理正确, 称 B 是 $A_1, A_2,\cdots, A_n$ 的逻辑结论, 记作

$$A_1\wedge A_2\wedge\ \cdots\ \wedge A_n\Rightarrow B.$$

与命题演算相比较, 谓词演算更需要一个形式系统, 因为不可能从公式的“语义”,即公式在各种个体域、解释下的真假来判定它们是否是永真式, 而只能从一些永真式出发, 经过形式推演来导出其他永真式.

在谓词逻辑中, 称永真的蕴涵式为推理定律, 若一个推理的形式结构正是某条推理定律, 则这个推理显然是正确的. 另外, 每个基本等值式, 均可派生出两条推理定律.

在谓词逻辑中, 某些前提和结论可能受到量词的约束, 为了使用命题逻辑中的等值式和推理定律, 必须在推理过程中有消去和添加量词的规则, 以便使谓词公式的推理过程可以类似于命题演算中推理理论那样进行. 现给出 4 条重要的推理规则.

1. 全称量词指定规则(简称 US 规则)

这条规则有两种形式:

$$\forall xA(x)\Rightarrow A(y);$$
$$\forall xA(x)\Rightarrow A(c).$$

此规则的含义: 如果个体域的所有元素都具有性质 A, 那么个体域中的任一元素具有性质 A.

规则成立的条件是

(1) y 为任意不在 $A(x)$中约束出现的个体变元;

(2) c 为任意的个体常元;

(3) 抛开量词$\forall$, x 是 $A(x)$中的自由变元, 用 y 或 c 去取代 $A(x)$中自由出现的 x 时, 一定要把所有自由出现的 x 全部代换.

2. 存在量词指定规则(简称 ES 规则)

$$\exists xA(x) \Rightarrow A(c).$$

此规则的含义: 如果已证明$\exists xA(x)$, 那么我们可以假设某一确定的个体 c 使 $A(c)$是真.

规则成立的条件是

(1) c 是使 A 为真的特定的个体常元;

(2) c 不在 $A(x)$中出现;

(3) 若 $A(x)$中除自由出现的 x 外, 还有其他自由出现的个体变元, 此规则不能使用.

3. 全称量词引入规则(简称 UG 规则)

$$A(y) \Rightarrow \forall xA(x).$$

此规则的含义: 如果 $A(y)$是可以证明的, 那么我们可以推得$\forall xA(x)$也是可以证明的.

规则成立的条件:

(1) y 是 $A(y)$中自由变元, 且 y 取任何值时 $A(y)$均为真;

(2) 取代自由变元 y 的 x 不能在 $A(y)$中出现过.

4. 存在量词引入规则(简称 EG 规则)

$$A(c) \Rightarrow \exists xA(x).$$

此规则的含义: 如果已证明对某一确定的个体 c 使 $A(c)$是真, 那么我们可以推得 $\exists xA(x)$也是真的.

规则成立的条件是

(1) c 是使 A 为真的特定的个体常元;

(2) 取代个体常元 c 的 x 不能在 $A(c)$中出现过.

对 4 条推理规则作几点说明:

(1) US 规则和 ES 规则又叫删除量词规则，其作用是在推导过程中删除量词. 一旦量词被删除了，就可以使用命题演算的各种规则与方法进行演算. UG 规则与 EG 规则的作用则是在推导过程中添加量词，使结论呈现量化的形式. 全称量词与存在量词的基本差别也突出地体现在删除和添加量词规则的使用上.

(2) 使用 ES 规则而产生的个体常元 c 不能保留在结论中，因为它是暂时性的假设，推导结束之前须使用 EG 规则使之成为约束变元.

(3) 使用 US、ES、EG、UG 规则时，千万注意规则成立的条件，否则会犯错误. 同时还应注意以下几点:

① 在使用 ES, US 规则时，谓词公式必须是前束范式.

② 在推导过程中连续使用 US 规则可以使用相同的变元，即

$$\forall xP(x) \Rightarrow P(y), \quad \forall xQ(x) \Rightarrow Q(y).$$

③ 在推导过程中，若既使用 ES 规则又使用 US 规则，则必须先使用 ES 规则后使用 US 规则方可代换相同的变元，反之不行.

$$\exists xP(x) \Rightarrow P(y), \quad \forall xQ(x) \Rightarrow Q(y).$$

④ 在推导过程中连续使用 ES 规则时，使用一次更改一个变元，不得相同.

例 10.4.1 指出下列推理中，哪些步骤上有错误? 为什么?

(1) $\forall x\exists yF(x, y)$ P

(2) $\exists yF(z, y)$ T, (1), US

(3) $F(z, c)$ T, (2), ES

(4) $\forall xF(x, c)$ T, (3), UG

(5) $\exists y\forall xF(x, y)$ T, (4), EG

解 在以上推理证明中，第三步 ES 规则引用错误. 因为 $F(z, y)$中除有自由出现的 y，还有自由出现的 z，此与 ES 规则应该满足的条件(3)相违背，从而导致了错误.

下面说明$\forall x\exists yF(x, y)\to\exists y\forall xF(x, y)$不是永真式，从而也就无法由$\forall x\exists yF(x, y)$推出$\exists y\forall xF(x, y)$.

对公式给出解释 I:

个体域 D: 实数集合 **R**，谓词 $F(x, y)$: $x>y$，则$\forall x\exists yF(x, y)$为真命题，但$\exists y\forall xF(x, y)$是假命题，故$\forall x\exists yF(x, y)\to\exists y\forall xF(x, y)$为假，因此$\forall x\exists yF(x, y)\to\exists y\forall xF(x, y)$非永真.

下面举例说明谓词逻辑的构造证明法.

例 10.4.2 证明苏格拉底三论证.

解 先将命题符号化.

设 $M(x)$: x 是人, $D(x)$: x 是要死的, c: 苏格拉底. 于是苏格拉底三段论可表示为:

$$\forall x(M(x)\to D(x))\land M(c) \Rightarrow D(c).$$

证

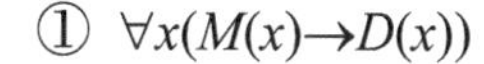

① $\forall x(M(x)\to D(x))$ P

② $M(c)\to D(c)$ T, ①, US

③ $M(c)$ P

④ $D(c)$ T, ②, ③, 假言推理

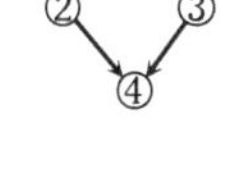

图 10.1

此题对应的“树型”结构如图 10.1 所示.

例 10.4.3 构造下面推理的证明:

任何自然数都是整数; 存在着自然数. 所以存在着整数. 个体域为实数集合 **R**.

解 先将命题符号化.

设 $F(x)$: x 为自然数, $G(x)$: x 为整数.

前提: $\forall x(F(x)\to G(x))$, $\exists xF(x)$.

结论: $\exists xG(x)$.

证

① $\exists xF(x)$ P

② $F(c)$ T, ①, ES

③ $\forall x(F(x)\to G(x))$ P

④ $F(c)\to G(c)$ T, ③, US

⑤ $G(c)$ T, ②, ④, 假言推理

⑥ $\exists xG(x)$ T, ⑤, EG

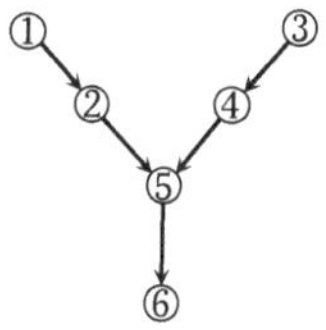

图 10.2

此题对应的“树型”结构如图 10.2 所示.

以上证明的每一步都是严格按推理规则及应满足的条件进行的. 因此, 前提的合取为真时, 结论必为真. 但如果改变推理命题序列的顺序, 那么就会产生由真前提推出假结论的错误. 若例 10.4.3 的证明按如下进行:

① $\forall x(F(x)\to G(x))$ P

② $F(c)\to G(c)$ T, ①, US

③ $\exists xF(x)$ P

④ $F(c)$ T, ③, ES

⋮ ⋮ ⋮

如果我们在②中取 $c=\pi$, 那么 $F(\pi)\to G(\pi)$为真, 而④中 $F(\pi)$为假, 这样就会从真的前提推出了假的中间结果, 这是逻辑推理中必须避免的错误.

例 10.4.4 证明: $\forall x(P(x)\vee Q(x))\Rightarrow\forall xP(x)\vee\exists xQ(x)$.

解 利用反证法

① $\neg(\forall xP(x)\vee\exists xQ(x))$ P(附加前提)

② $\neg\forall xP(x)\wedge\neg\exists xQ(x)$ T, ①, 置换

③ $\neg\forall xP(x)$　　T, ②, 简化式

④ $\exists x\neg P(x)$　　T, ③, 置换

⑤ $\neg\exists xQ(x)$　　T, ②, 简化式

⑥ $\forall x\neg Q(x)$　　T, ⑤, 置换

⑦ $\neg P(y)$　　T, ④, ES

⑧ $\neg Q(y)$　　T, ⑥, US

⑨ $\neg P(y)\wedge\neg Q(y)$　　T, ⑦, ⑧, 合取式

⑩ $\neg(P(y)\vee Q(y))$　　T, ⑨, 置换

⑪ $\forall x(P(x)\vee Q(x))$　　P

⑫ $P(y)\vee Q(y)$　　T, ⑪, US

⑬ $\neg(P(y)\vee Q(y))\wedge(P(y)\vee Q(y))$　　T, ⑩, ⑫, 合取式, 矛盾

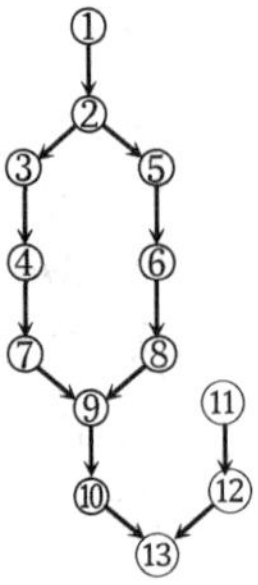

图 10.3

此题对应的“树型”结构如图 10.3 所示.

本题也可以将原永真蕴涵式转化为$\forall x(P(x)\vee Q(x)) \Rightarrow \neg\forall xP(x)\to\exists xQ(x)$, 然后利用 CP 规则来证明.

例 10.4.5 根据前提集合“每一个大学生不是文科生就是理科生; 小张不是文科生但他是优等生”, 能得出什么结论?

解 设 $P(x)$: x 是大学生, $Q(x)$: x 是文科生, $S(x)$: x 是理科生, $T(x)$: x 是优等生, c: 小张.

前提: $\forall x(P(x)\to(Q(x)\vee S(x)))$, $\neg Q(c)\wedge T(c)$.

推理形式:

① $\forall x(P(x)\to(Q(x)\vee S(x)))$　　P

② $P(c)\to(Q(c)\vee S(c))$　　T, ①, US

③ $\neg P(c)\vee Q(c)\vee S(c)$　　T, ②, 置换

④ $\neg Q(c)\wedge T(c)$　　P

⑤ $\neg Q(c)$　　T, ④, 简化式

⑥ $\neg P(c)\vee S(c)$　　T, ③, ⑤, 析取三段论

⑦ $P(c)\to S(c)$　　T, ⑥, 置换

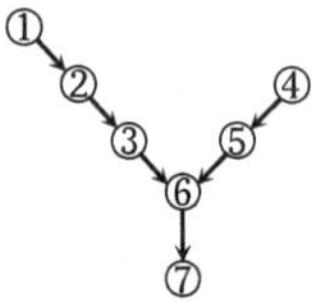

图 10.4

因此, 除前提外, 能得出结论: 如果小张是大学生, 那么他就是理科生. 此题对应的“树型”结构如图 10.4 所示.

谓词逻辑

习 题 10

1. 将下列命题用谓词表达式符号化.

(1) 每个自然数不是奇数就是偶数;

(2) 并非所有的大学生都是理科生;

(3) 勇敢者未必都是成功者;

(4) 没有不犯错误的人;

(5) 在郑州学习的大学生未必都是郑州人;

(6) 每位母亲都爱自己的孩子;

(7) 黄金比任何金属都贵重;

(8) 天下乌鸦一般黑;

(9) 每个人的外祖母都是他母亲的母亲.

2. 用 0 元谓词符号化下列命题.

(1) 他是田径或球类运动员;

(2) 中国代表团访问法国;

(3) 那位大学生正在看一本又大又厚的专著;

(4) 王老师既不老但也不健壮.

3. 用谓词表达下列命题.

那位身体强健的、用功的、肯于思考的大学生, 解决了一个数学难题.

4. 将下列各式翻译成自然语言, 然后在不同的个体域中确定各命题的真值.

(1) $\exists x\forall y(x+y=5)$;

(2) $\forall x\exists y(x+y=5)$;

(3) $\forall x\exists y(xy=x)$;

(4) $\forall x\forall y\exists z(x-y=z)$.

个体域分别为: ① 实数集; ② 整数集; ③ 正整数集.

5. 设 $P(x, y, z)$: $x+y=z$, $M(x, y, z)$: $xy=z$, $R(x, y)$: $x<y$, $S(x, y)$: $x>y$, 个体域为自然数集. 将下列命题符号化:

(1) 没有大于 0 的自然数是不对的;

(2) $x>z$ 是 $x>y$ 且 $y>z$ 的必要条件;

(3) 若 $x<y$, 则存在某些 z, 使 $z<0$, $xz\geqslant yz$;

(4) 对任意 x, 存在 y 使 $x+y=x$.

6. 将下列语句符号化为谓词公式.

(1) 每个学生都要锻炼身体;

(2) 没有只爱江山不爱美人的英雄;

(3) 所有的老虎都是吃人的;

(4) 某些汽车比所有的火车都慢, 但至少有一列火车比每辆汽车都快.

7. 设 $P(x)$: x 是质数, $E(x)$: x 是偶数, $O(x)$: x 是奇数, $D(x, y)$: x 能除尽 y. 将下列谓词公式翻译成汉语.

(1) $P(3)$;

(2) $E(3)\wedge P(5)$;

(3) $\forall x(\neg E(x)\rightarrow \neg D(2, x))$;

(4) $\forall x(O(x)\rightarrow \forall y(P(y)\rightarrow \neg D(x, y))$;

(5) $\exists x(E(x)\wedge D(x, 6))$.

8. 指出下列公式中量词的辖域, 并指出公式的约束变元, 自由变元.

(1) $\forall x\forall y(R(x, y)\wedge P(x, y))\vee \exists xH(x, y)$;

(2) $\exists x(P(x)\wedge Q(x))\rightarrow \forall xP(x)\wedge Q(x)$;

(3) $P(x)\rightarrow(\forall y\exists x(P(x)\wedge B(x, y))\rightarrow P(x))$;

(4) $\exists x\exists y(R(x, y)\wedge P(z))$.

9. 对下列谓词公式中的约束变元进行改名.

(1) $\forall x\exists y(P(x, z)\wedge Q(y))\leftrightarrow H(x, y)$;

(2) $\forall x(P(x)\wedge \exists xQ(x, z)\rightarrow \exists yR(x, y)\vee Q(x, z)$.

10. 对下列谓词公式中的自由变元进行代入.

(1) $\exists y(R(x, y)\wedge P(x))$.

(2) $\exists x(P(x)\vee \forall yQ(x, y, z))\leftrightarrow \exists zR(x, y, z)$.

11. 设个体域 $D=\{1, 2\}$, 请给出两种不同的解释 I_1 和 I_2, 使得下面公式在 I_1 下都是真命题, 而在 I_2 下都是假命题.

(1) $\forall x(P(x)\rightarrow G(x))$;

(2) $\exists x(P(x)\vee G(x))$.

12. 设个体域 $D=\{3, 6, 8\}$, 谓词 $P(x)$: $x\leqslant 3$, $G(x)$: $x>5$, $R(x)$: $x\leqslant 9$, 求下列各谓词公式的真值.

(1) $\forall x(P(x)\wedge G(x))$;

(2) $\forall x(R(x)\rightarrow P(x))\vee G(5)$;

(3) $\exists x(P(x)\vee G(x))$.

13. 求下列各式的真值.

(1) $\forall x(P(x)\rightarrow Q(x))$, 其中个体域 $D=\{1, 2\}$, 谓词 $P(x)$: $x=1$, $Q(x)$: $x=2$;

(2) $\forall x(P\rightarrow Q(x))\vee R(a)$, 其中个体域 $D=\{-2, 3, 6\}$, 谓词 P: $2>1$, $Q(x)$: $x\leqslant 3$, $R(x)$: $x>5$, a: 5.

14. 设个体域为实数集 $\mathbf{R}$, 谓词 $R_A(x)$: x 属于集合 A, $R_B(x)$: x 属于集合 B, $L(x, y)$:

$x>y$. 试按要求分别用谓词公式表示下列命题: “并非 A 中的数都不比 B 中的数大”.

(1) 只出现全称量词;

(2) 只出现存在量词;

(3) 量词全部在左边.

15. 分别给出使下列公式为真和为假的解释.

(1) $\exists xP(x)\to P(a)$;

(2) $\exists xP(x)\to\forall xP(x)$;

(3) $\forall x\forall y(P(x,y)\to P(y,x))$.

16. 设个体域为 **R**, 谓词 $P(x,y)$: $x=y$, Q 是命题变元. 试说明下列各公式的类型.

(1) $\exists x\exists yP(x,y)\wedge Q$;

(2) $\forall x\forall y(P(x,y)\vee\neg P(y,x))$;

(3) $(P(x,y)\vee\neg P(y,x))\wedge(Q\vee\neg Q)$;

(4) $P(x,y)$.

17. 判断下列公式的类型.

(1) $\forall xP(x)\vee\exists y\neg P(y)$;

(2) $((\exists xF(x)\to\exists yG(y))\wedge\exists yG(y))\to\exists xF(x)$;

(3) $\forall xF(x)\to\exists xF(x)$;

(4) $P(a)\to\neg\exists xP(x)$;

(5) $\neg(\forall xF(x)\to\exists yG(y)\wedge\exists yG(y))$;

(6) $\forall x\exists yF(x,y)\to\exists x\forall yF(x,y)$.

18. 设个体域 $D=\{a,b,c\}$, 消去下列各式的量词.

(1) $\forall x\exists y(P(x)\to Q(y))$;

(2) $\exists x\exists y(P(x)\wedge Q(y))$;

(3) $\forall xP(x)\to\exists yQ(y)$;

(4) $\forall xP(x,y)\to\exists yQ(y)$.

19. 证明下列关系式.

(1) $\neg\exists x(P(x)\wedge Q(x))\Leftrightarrow\forall x(P(x)\to\neg Q(x))$;

(2) $\neg\forall x\forall y(P(x)\wedge Q(y)\to R(x,y))\Leftrightarrow\exists x\exists y(P(x)\wedge Q(y)\wedge\neg R(x,y))$;

(3) $\exists x\exists y(P(x)\to P(y))\Leftrightarrow\forall xP(x)\to\exists yP(y)$;

(4) $\neg\forall x(P(x)\to Q(x))\Leftrightarrow\exists x(P(x)\wedge\neg Q(x))$.

20. 证明下列蕴涵式.

(1) $\neg(\exists xP(x)\wedge Q(a))\Rightarrow\exists xP(x)\to\neg Q(a)$;

(2) $\exists xP(x)\to\forall xQ(x)\Rightarrow\forall x(P(x)\to Q(x))$.

21. 求下列各式的前束范式.

(1) $\forall x(P(x)\to Q(x,y))\to(\exists yR(y)\to\exists zS(y,z))$;

(2) $\neg\forall x(P(x)\leftrightarrow\exists yQ(y))$;

(3) $\exists xP(x)\to(Q(y)\to\neg(\exists yR(y)\to\forall xS(x)))$;

(4) $\forall x(\neg(\exists xP(x,y)\to\exists yQ(y))\to R(x))$.

22. 将下列命题符号化，要求符号化的公式为前束范式.

(1) 所有的兔子都比乌龟跑的快;

(2) 有些兔子比有些乌龟跑的快.

23. 对于每一组前提集合，给出能得到的恰当结论和应用于这一情况的推理规则.

(1) 所有的牛是反刍动物，鸡不是反刍动物;

(2) 所有的偶数都能被 2 除尽，整数 8 是偶数，但 5 不是;

(3) 凡大学生都是勤奋的，张洋不勤奋;

(4) 鸟会飞，猴子不会飞.

24. 指出下列推理中的错误并说明理由.

(1)	① $\forall x(P(x)\to Q(x))$	P
	② $P(y)\to P(a)$	T, ①, US
(2)	① $P(x)\to Q(c)$	P
	② $\exists x(P(x)\to Q(x))$	T, ①, EG
(3)	① $P(x)\to Q(x)$	P
	② $\forall xP(x)\to Q(x)$	T, ①, UG
(4)	① $P(a)\to Q(b)$	P
	② $\exists x(P(x)\to Q(x))$	T, ①, UG

25. 指出下列推理中，在哪些步骤上有错误？给出正确的推理过程.

(1) $\forall x(P(x)\to Q(x))$	P
(2) $P(y)\to P(y)$	T. (1), US
(3) $\exists xP(x)$	P
(4) $P(y)$	T, (3), ES
(5) $Q(y)$	T, (2), (4), 假言推理
(6) $\exists xQ(x)$	T, (5), EG

26. 下列推理是否正确？若不正确，请指出错在第几步，并说明理由.

(1) $\exists xP(x)$	P
(2) $P(c)$	T, (1), ES
(3) $\exists xQ(x)$	P
(4) $Q(c)$	T, (3), ES
(5) $P(c)\wedge Q(c)$	T, (2), (4), 合取式

27. 判断下列结论 C 是否是给定前提的有效结论，对于非有效结论给出反例说明其错误.

(1) $\forall x\exists y(P(x)\to Q(y)), \forall y\exists z(R(y)\to Q(z))$; $C: \exists x\forall z(P(x)\to R(z))$.

(2) $\forall xP(x), \forall xQ(x)$; $C: \forall x(P(x)\wedge Q(x))$.

(3) $\forall x(P(x)\to Q(x)), \neg Q(a)$; $C: \forall x\neg P(x)$.

(4) $\forall x(P(x)\to Q(x)), \exists x(R(x)\wedge\neg Q(x))$; $C: \neg\forall x(R(x)\to P(x))$.

28. 证明下列各式.

(1) $\neg\exists x(P(x)\wedge Q(a))\Rightarrow\exists xP(x)\to\neg Q(a)$;

(2) $\forall x(\neg P(x)\to Q(x))\wedge\forall x\neg Q(x)\Rightarrow P(a)$;

(3) $\forall x(P(x)\to Q(x))\wedge\forall x(Q(x)\to R(x))\Rightarrow\forall x(P(x)\to R(x))$;

(4) $(\exists xP(x)\to\forall y(Q(y)\to R(y)))\wedge\exists x(M(x)\to\exists yQ(y))\Rightarrow\exists x(P(x)\wedge M(y))\to\exists yR(y)$.

29. 将下列命题符号化并证明论断的正确性.

(1) 有些学生相信所有的老师，任何一个学生都不相信骗子；所以，老师都不是骗子.

(2) 不存在能表示成分数的无理数，有理数都能表示成分数. 因此，有理数都不是无理数.

(3) 实数不是有理数就是无理数，无理数都不是分数，所以，若有分数，则必有有理数.

(4) 所有牛都有角，有些动物是牛，所以，有些动物有角.

(5) 每个科学家都是勤奋的，每个既勤奋又身体健康人在事业中都将获得成功. 存在着身体健康的科学家. 所以，存在着事业获得成功的人或事业半途而废的人.

(6) 每个喜欢步行的人都不喜欢坐汽车，每个人或者喜欢坐汽车或者喜欢骑自行车,并非每个人都喜欢骑自行车，因而有人不喜欢步行.

30. 符号化下列命题并证明其推理是有效的.

(1) 学会的成员都有高级职称并且是专家，有些成员是青年人. 所以有些成员是青年专家.

(2) 每个非文科的一年级学生都有辅导员，小王是一年级学生，小王是理科生. 凡小王的辅导员都是理科生. 所有的理科生都不是文科生. 所以至少有一个不是文科生的辅导员.

(3) 所有的人存款都是为了备用或者获取利息，如果有人存款不是为了利息，那么他就是为了备用，小张不需要将钱留于备用也不想获取利息. 所以小张不去存款.

(4) 所有爱学习、有毅力的人都有知识，每个有知识、爱思考的人都有所创造，有些有创造的人是科学家. 所以有些有毅力、爱学习、爱思考的人是科学家.

参 考 文 献

陈莉, 刘晓霞. 2002. 离散数学. 北京: 高等教育出版社.
方世昌. 1996. 离散数学. 3 版. 西安: 西安电子科技大学出版社.
耿素云, 等. 2004. 离散数学. 3 版. 北京: 清华大学出版社.
王树禾. 2004. 图论. 北京: 科学出版社.
吴品三. 1979. 近世代数. 北京: 高等教育出版社.
徐洁磐. 2004. 离散数学导论. 3 版. 北京: 高等教育出版社.
于筑国. 2011. 离散数学. 3 版. 北京: 国防工业出版社.
左孝凌, 李为鉴, 刘永才. 1982. 离散数学. 上海: 上海科学技术文献出版社.
Kolman B, Busby R C, Ross S C. 2005. 离散数学结构. 5 版. 罗平译. 北京: 高等教育出版社.